纺织服装高等教育"十二五"部委级规划教材

CorelDRAW 女装款式设计

CORELDRAW FOR FASHION DESIGN

马仲岭 编著

東華大學出版社

内 容 提 要

本书是一部以通用软件 CorelDRAW 为平台，以数字化手段为特色，研究探讨女装款式设计的服装设计技术著作。本书采用 CorelDRAW X3 软件，具有较好的理论性，绘图方法简单实用。通过本书学习，能够对女装款式进行数字化设计，为服装设计提供简单可行的数字化技术方法，为我国服装行业的发展、着装时装化贡献力量。

本书分别介绍了 CorelDRAW X3 的基本功能及与服装设计相关的工具与功能、服装款式设计基础、常用女装的数字化款式设计等。本书特点是：平台软件通用化、设计手段数字化。本书可以作为服装专业人员的技术参考书，可以作为各类本专科服装院校的专业教材。

图书在版编目(CIP)数据

CorelDRAW 女装款式设计/马仲岭编著. --上海：东华大学出版社，2012.6

ISBN 978-7-5669-0078-4

Ⅰ. ①C… Ⅱ. ①马… Ⅲ. ①女服-计算机辅助设计-图形软件 Ⅳ. ①TS941.717-39

中国版本图书馆 CIP 数据核字(2012)第 114766 号

CorelDRAW 女装款式设计

马仲岭 编著

东华大学出版社出版

上海市延安西路 1882 号

邮政编码：200051 电话：(021)62193056

新华书店上海发行所发行 上海市崇明县裕安印刷厂印刷

开本：889×1194 1/16 印张：13.75 字数：484 千字

2012 年 8 月第 1 版 2012 年 8 月第 1 次印刷

印数：0 001—3 000

ISBN 978-7-5669-0078-4/TS·330

定价：29.80元

前言

服装设计师就是通过市场调查，依据服装流行趋势，利用现有材料和工艺，或创造新的材料和工艺，设计出能够体现某种风格、表现某种思想、传达某种文化的服装样式的服装设计人员。这些服装样式需要通过某种方式加以表达，如口头表达、文字表达、绘画表达等，通用的表达方式是绘画表达。传统的绘画表达是手工绘画，目前这种方式还是主要表达方式之一，这就是传统意义上的服装设计师。数字化设计师就是利用现代计算机技术手段，进行服装设计的服装设计人员。

数字化女装款式设计，可以使用专业软件，也可以使用非专业软件。目前用于服装款式设计的非专业软件主要是AutoCAD、Photoshop和CorelDRAW等，因为AutoCAD是机械设计专业软件，用于服装设计还存在很多不足和缺陷，Photoshop是专业图片效果处理软件，在绘图上存在不足，CorelDRAW在绘图和效果处理等方面，都具有相对优势，并自带Corel Painter软件模块。因此本书专门讨论研究如何使用CorelDRAW X3设计软件进行女装款式设计。

本书共8章，各章内容简要介绍如下。

第1章介绍了CorelDRAW X3的界面、菜单栏、常用工具栏、交互式工具栏、工具箱、调色板、常用对话框、文件的输出等，目的是使初学读者对该软件有一个全面、系统的了解，在以后的学习操作中能够顺利地找到需要使用的工具。

第2章是服装部件款式设计，主要讲述了领子的设计与表现、袖子的设计与表现、门襟的设计与表现、口袋的设计与表现、腰头的设计与表现、常用服饰配件的数字化绘制等。

FOREWORD

第3章至第8章分别讲述了:数字化半截裙款式设计,裤子款式设计,衬衫款式设计,茄克款式设计,西装款式设计,连衣裙、婚礼服款式设计等内容。每一章都配有大量的款式插图,供读者学习参考。

运用CorelDRAW软件不仅大大提高了设计师表现设计构思的速度,也为设计者对设计作品的修改、交流以及设计资料的积累提供了方便,因而受到广大现代服装设计者的欢迎。为了使更多服装设计者能更快地掌握CorelDRAW软件,本书结合市面上常见的服装款式介绍了CorelDRAW软件在女装款式设计和制板运用中的基本方法,希望立志学习CorelDRAW软件的服装设计者能通过对本书的阅读有所收获。

需要特别强调的是尽管CorelDRAW软件能为服装设计者提供很好的帮助,但它仍然只是一个工具。要想实现优秀的款式设计,设计者的文化和审美修养以及对市场和服装流行的把握始终是十分重要的!

本书作者 2012年1月

广东佛山科学技术学院

目录

CONTENTS

第 1 章　CorelDRAW X3 简介

CorelDRAW 是世界范围内使用最广泛的平面设计软件之一，使用该软件能够完成艺术设计领域的设计任务，同样可以完成服装设计的全部任务。CorelDRAW 软件具有界面友好、操作视图化、成本低廉、通用性高等优势。因此，数字化服装设计师使用该软件，是明智的选择。

CorelDRAW X3 的功能十分强大，服装款式设计只会用到其中部分功能。本章只是对数字化服装款式设计经常涉及的软件界面、菜单栏、常用工具栏、互动式属性栏、工具箱、调色板、常用对话框等进行简单的介绍，具体的使用方法将在后面的章节中见到。这里只要求读者通过本章的学习，能够对 CorelDRAW X3 有一个基本了解，掌握常用命令和工具的功能，能够熟练地找到你需要的命令和工具。

1.1　CorelDRAW X3 的界面

通过商店购买或通过网络下载 CorelDRAW X3 软件后，在 windows 操作平台上，按说明安装软件。安装完成后，通过单击【开始】→【程序】→【CorelDRAW Graphics Suite X3】→【CorelDRAW X3】或双击快捷图标 CorelDRAW X3，即可打开 CorelDRAW X3 应用程序，其界面如图 1－1 所示。

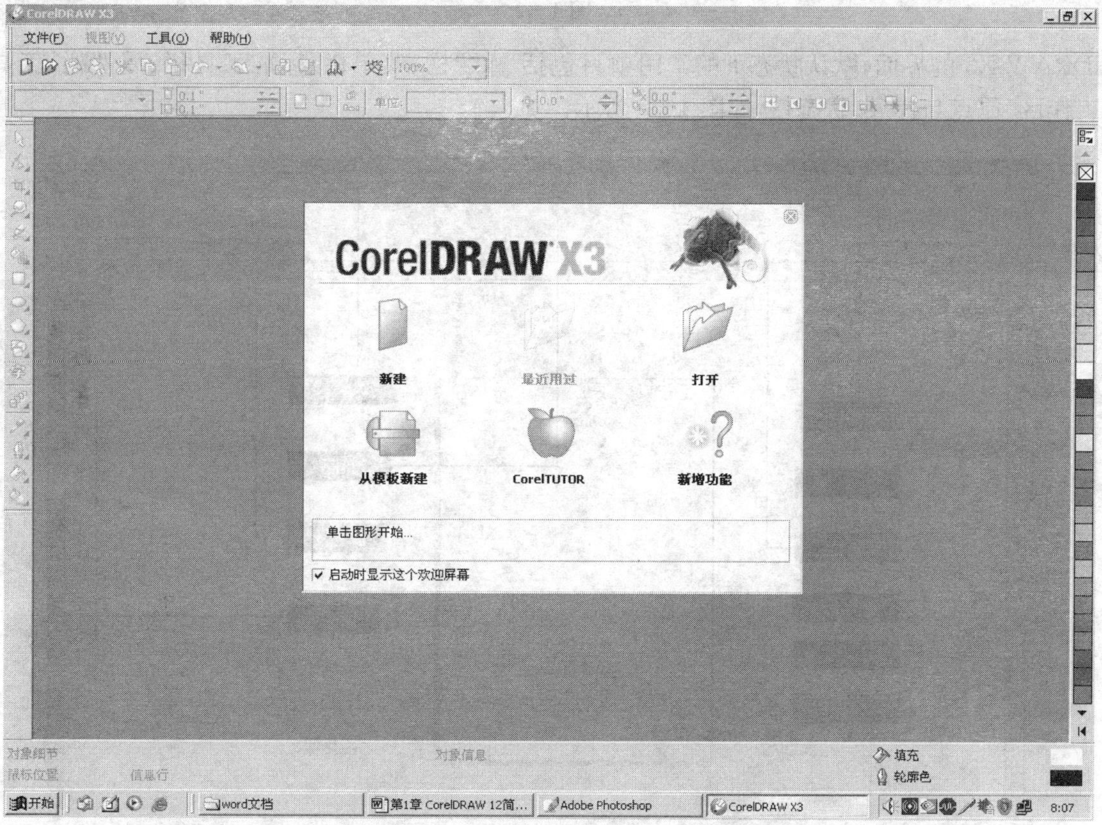

图 1－1

鼠标单击新图纸图标，即可打开一张新的图纸，如图 1－2 所示。

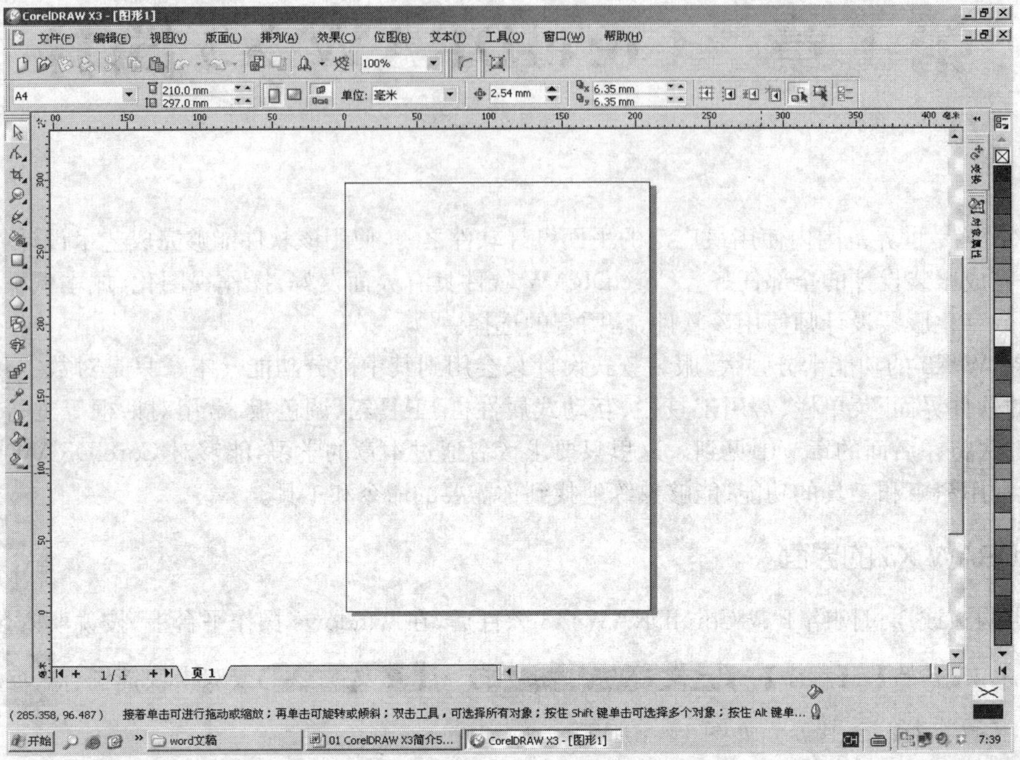

图 1－2

CorelDRAW X3 的界面，默认状态下的常用项目包括 标题栏、菜单栏、标准工具栏、属性栏、工具箱、调色板、图纸、工作区、原点与标尺、状态栏，如图 1－3 所示。

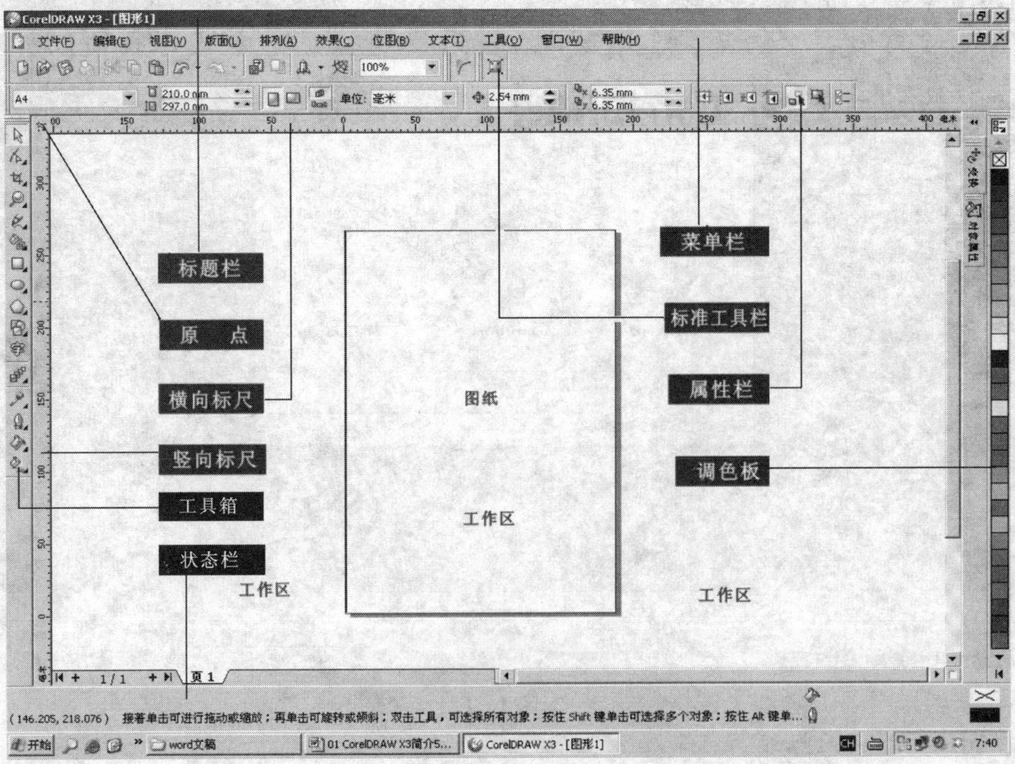

图 1－3

一、标题栏

图 1－3 最上方的标志是标题栏

。表示现在打开的界面是 CorelDRAW X3 应用程序，并且打开了一张空白图纸，其名称是[图形 1]。

二、菜单栏

图 1－3 上方第二行是菜单栏，如图 1－4 所示。菜单栏中的所有栏目都是可以展开的下拉菜单，包括：文件、编辑、视图、版面、排列、效果、位图、文本、工具、窗口、帮助等项。通过展开下拉菜单，可以找到我们绘图需要的大部分工具和命令。

图 1－4

三、标准工具栏

图 1－3 上方第三行是标准工具栏，如图 1－5 所示。标准工具栏是一般应用程序都具有的栏目，包括：新建、打开、保存、打印、剪切、复制、粘贴、撤销、重做、导入、导出、显示比例等工具，这些是我们经常用到的工具，大部分应用软件的标准工具栏都基本相同。

图 1－5

四、属性栏

图 1－3 上方第四行是属性栏，如图 1－6 所示。属性栏是交互式的属性栏，选择不同的工具或命令时，展现的属性栏是不同的。比如当打开一张空白图纸，什么也不选择时，该栏描述的是图纸的属性，包括：图纸的大小、方向、绘图单位等属性。当绘制一个图形对象，并处于选中状态时，该栏描述的是选中对象的属性等。

图 1－6

五、工具箱

图 1－3 左侧竖向摆放的项目是工具箱，为了排版方便将其横向摆放，如图 1－7 所示。工具箱中的图标是绘图的常用的 16 类工具，包括挑选工具、形状工具、剪切工具、缩放工具、智能填充工具、手绘工具、矩形工具、椭圆工具、多边形工具、基本形状工具、文本工具、交互式工具、滴管工具、轮廓工具、填充工具、交互式填充工具等。其中右下方带有黑色三角的图标，包含二级展开菜单，二级菜单中的工具是该类工具的细化工具。

图 1－7

六、调色板

图 1－3 右侧竖向摆放的项目是调色盘，为了排版方便将其竖向摆放，如图 1－8 所示。默认状态下显示的是常用颜色，鼠标按下调色板滚动按钮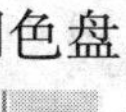，调色板会向上滚动，显示更多颜色。鼠标按下调色板展开按钮，可以展开整个调色板，显示所有颜色。

图 1－8

七、图纸和工作区

图 1－3 中，程序界面中间的白色区域是工作区，工作区内有一张图纸，默认状态下，按 A4 图纸的宽度高度显示。可以通过缩放工具或常用工具栏的显示比例，改变为按图纸的宽度显示，或任意比例显示。可以显示全部图形，也可以显示部分选中的图形等。我们今后的绘图工作即是在工作区内的图纸上进行的。

八、原点和标尺

图 1－3 中，紧靠工作区上侧的尺子是横向标尺，紧靠工作区左侧的尺子是竖向标尺，默认状态下是 10 进制显示的，绘图单位可由属性栏来进行设置。移动鼠标时，可以看到两把标尺上各有一个虚线在移动，以显示鼠标所处的准确位置，便于绘图时准确定点、定位，如图 1－9 所示。

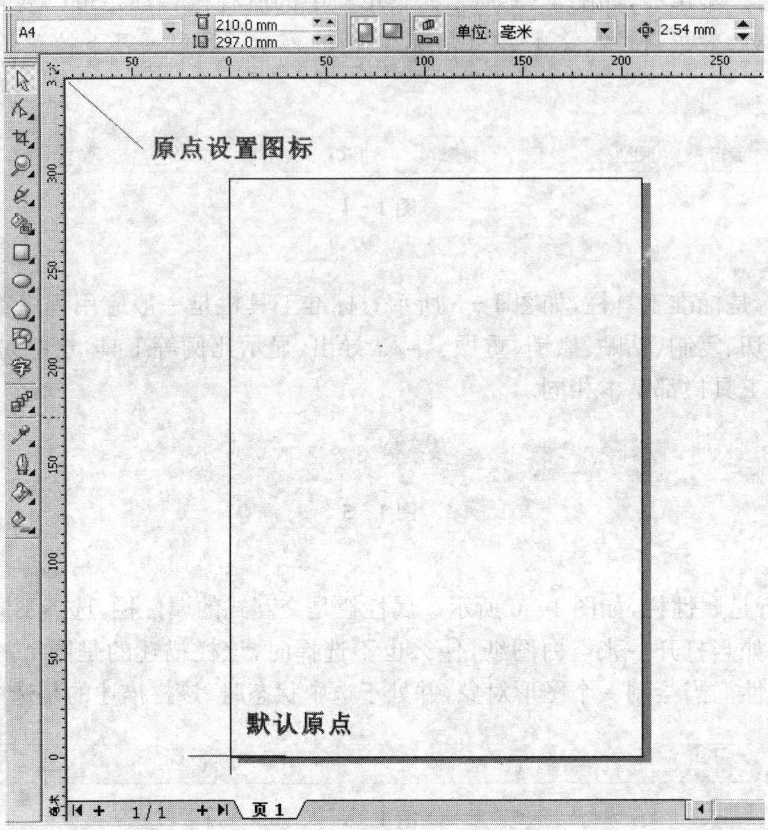

图 1－9

默认状态下，绘图原点处于图纸的左下角。横向标尺与竖向标尺交叉处的按钮是原点设置按钮，鼠标按在按钮上，拖动鼠标可以将原点放置在我们需要的任何位置，便于绘图时设置合理的起始位置，方便测量和绘图。

九、状态栏

图 1－3 中最下部是状态栏。当绘制一个图形对象并选中时，该栏显示图形对象的高度、宽度、中心位置，填充情况等当前状态数据。

1.2 CorelDRAW X3 菜单栏

CorelDRAW X3 应用程序界面上方第二行是菜单栏，如图 1－10 所示。菜单栏中的所有栏目都是可以展开的下拉菜单，包括文件、编辑、视图、版面、排列、效果、位图、文本、工具、窗口、帮助等项。通过展开下拉菜单，可以找到我们绘图需要的大部分工具和命令。

图 1－10

一、文件

单击菜单栏的【文件】，即可打开一个下拉菜单，如图 1－11 所示。

该下拉菜单的每一个命令可以完成一项工作任务，文档信息显示的是近期使用过的文件名称及路径。后面带有黑三角箭头的命令表示还可以展开二级下拉菜单。命令后面英文组合是该命令的快捷键，直接敲击规定的快捷键可以完成同样的工作任务。如 新建(N) Ctrl+N ，表示【新建】命令的快捷键是“Ctrl＋N”等。这里我们将常用命令介绍如下：

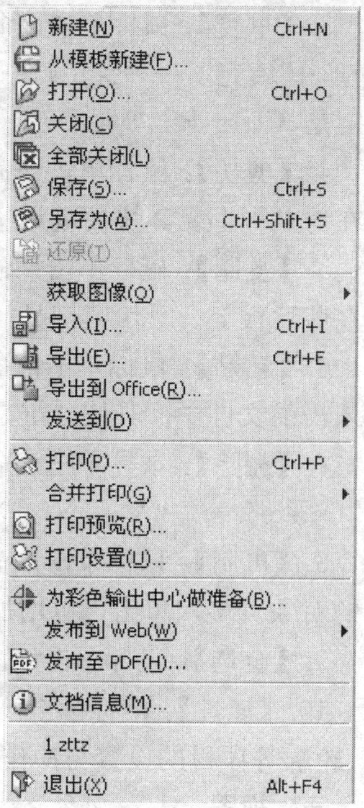

图 1－11

1.【新建】：鼠标单击该命令 新建(N) Ctrl+N ，可以打开一张空白图纸，建立一个新文件，默认状态下，属性为 A4 图纸，竖向摆放，绘图单位为毫米，文件名称为“图形 1”，其快捷键是“Ctrl＋N”。

2.【从模板新建】：鼠标单击该命令 从模板新建(F)...，可以打开模板选择对话框，我们可以从中选择合适的模板建立一个新文件。该命令可以帮助我们从已有模板建立一个新文件，以便节省时间、提高工作效率。

3.【打开】：鼠标单击该命令 打开(O)... Ctrl+O，可以打开一个文件选择对话框，我们可以从中选择、打开已经存在的某个文件，以便继续绘图工作，或对该文件进行修改等。其快捷键是“Ctrl＋O”。

4.【关闭】：鼠标单击该命令 关闭(C) ，可以关闭当前打开的文件。

5.【保存】：鼠标单击该命令 保存(S)... Ctrl+S，可以打开一个文件保存对话框，将当前文件保存在我们选定的目录下。其快捷键是“Ctrl＋S”。

6.【另存为】：鼠标单击该命令 另存为(A)... Ctrl+Shift+S，可以打开一个另存为对话框，将当前文件保存为其他名称，或保存在其他目录下。其快捷键是“Ctrl＋Shift＋S”。

7.【导入】：鼠标单击该命令 导入(I)... Ctrl+I，可以打开一个导入对话框，帮助我们选择某个已有的，JPEG 格式的位图文件，将其导入到当前文件中。其快捷键是“Ctrl＋I”。

8.【导出】：鼠标单击该命令 导出(E)... Ctrl+E，可以打开一个导出对话框，帮助我们将当前文件的全部或选中的部分图形，导出为 JPEG 格式的文件，并保存在其他目录下。其快捷键是“Ctrl＋E”。

9.【打印】：鼠标单击该命令 打印(P)... Ctrl+P，可以打开一个打印对话框，帮助我们将当前文件打印输出。其快捷键是“Ctrl＋P”。

10.【打印预览】：鼠标单击该命令 打印预览(R)...，可以打开一个打印预览对话框，帮助我们设置打印文件的准确性，以便能够正确的打印输出。

图 1－12

11.【打印设置】：鼠标单击该命令 打印设置(U)...，可以打开一个打印设置对话框，帮助我们进行打印属性的设置，包括：图纸大小、图纸方向、打印位置、分辨率等，以便我们按照自己的意愿进行打印输出。

12.【退出】：鼠标单击该命令 退出(X) Alt+F4，可以退出 CorelDRAW X3 应用程序。

二、编辑

单击【编辑】菜单，即可以打开一个下拉菜单，如图 1－12 所示。

该下拉菜单的每一个命令可以完成一项工作任务。后面带有黑三角箭头的命令表示还可以展开二级下拉菜单。命令后面英文组合是该命令的快捷键，直接敲击规定的快捷键可以完成同样的工作任务。如 撤消 (U) Ctrl+Z，表示【撤销】命令的快捷键是“Ctrl＋Z”等。这里我们将常用命令介绍如下：

1.【撤销】：鼠标单击该命令 撤消 (U) Ctrl+Z，可以将此前做过的一步操作撤销。连续单击也可以撤销此前的若干步操作。以便我们对错误的操作进行纠正。“命令”菜单会显示将要撤销的操作内容。其快捷键是“Ctrl＋Z”。

2.【重做】：鼠标单击该命令 重做 (E) Ctrl+Shift+Z，可以恢复此前撤销的一步操作内容。连续单击也可以恢复若干步操作。其快捷键是“Ctrl＋Shift＋Z”。

3.【重复】：鼠标单击该命令 重复(R) Ctrl+R，可以对选中的某个对象，重复此前的操作。如对“矩形 1”填充了一种红色，选中“矩形 2”，鼠标单击【重复】命令，“矩形 2”可以填充同样的红色，依此类推。其快捷键是“Ctrl＋R”。

4.【剪切】：鼠标单击该命令 剪切(T) Ctrl+X，可以将选中的对象从当前文件中剪切下来，并存放在剪贴板上。其快捷键是“Ctrl＋X”。

5.【复制】：鼠标单击该命令 复制(C) Ctrl+C，可以将选中的对象从当前文件中复制下来，并存放在剪贴板上。其快捷键是“Ctrl＋C”。

6.【粘贴】：鼠标单击该命令 粘贴(P) Ctrl+V，可以将通过剪切或复制，存放在剪贴板上的对象贴入当前文件中。其快捷键是“Ctrl＋V”。

7.【删除】：鼠标单击该命令 删除(L) Delete，可以将选中的对象从当前文件中删除。其快捷键是“Delete”。

8.【再制】：鼠标单击该命令 再制(D) Ctrl+D，可以对选中的对象进行一次再制，即增加一个相同的对象。多次单击可以增加多个相同的对象。其快捷键是“Ctrl＋D”。

9.【全选】：鼠标单击该命令 全选(A)，可以将当前文件中的所有对象全部选中，以便同时进行下一步操作。

10.【属性】：鼠标单击该命令 属性(I)，可以打开一个属性对话框。通过该对话框可以对选中的对象进行填充、轮廓等项目的设置与操作。

三、视图

单击【视图】菜单，即可以打开一个下拉菜单，如图 1－13 所示。

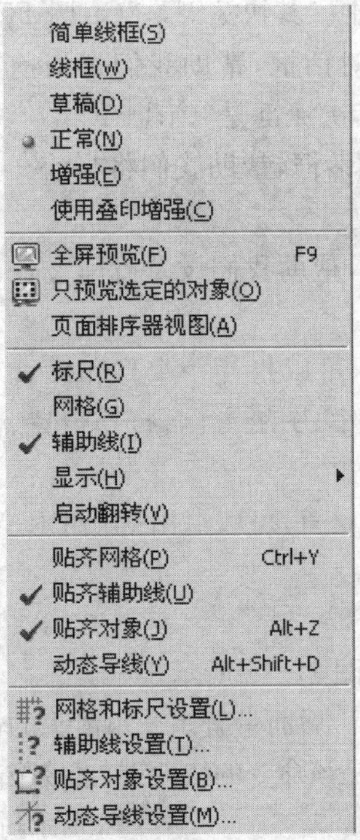

图 1－13

该下拉菜单的每一个命令可以完成一项工作任务，后面带有黑三角箭头的命令表示还可以展开的二级下拉菜单。命令后面英文组合是该命令的快捷键，直接敲击规定的快捷键可以完成同样的工作任务。这里我们将常用命令介绍如下：

1.【线框】：鼠标单击该命令 线框(W)，“命令”前面显示一个小圆球，表示当前文件的显示状态处于线框状态。文件中所有已经填充的对象，将以线框的状态显示，不再显示填充内容。

2.【正常】：鼠标单击该命令 正常(N)，“命令”前面显示一个小圆球，表示当前文件的显示状态处于正常状态。文件中所有对象都以原有正常状态显示。一般情况下，我们都是在这种状态下进行绘图操作的。

3.【全屏预览】：鼠标单击该命令 全屏预览(F) F9，计算机屏幕只显示白色工作区域。任意单击鼠标或按任意键，即可取消全屏预览，恢复正常显示状态。其快捷键是“F9”，按下快捷键，即可进入全屏预览状态，再次按下快捷键，即可恢复正常显示状态。

4.【标尺】：鼠标单击该命令 标尺(R)，“命令”前面显示一个“√”，表示该命令处于工作状态。这时界面上显示横向标尺、竖向标尺和原点设置按键。再次单击该命令，“命令”前面的“√”消失，表示该命令处于非工作状态，界面上不显示标尺和原点设置按键。一般情况下【标尺】处于工作状态。

5.【网格】：鼠标单击该命令 网格(G)，“命令”前面显示一个“√”，表示该命令处于工作状态。界面工作区显示虚线网格，便于我们绘图时的定位操作。网格的大小、密度是可以设置的。再次单击该命令，“命令”前面的“√”消失，表示该命令处于非工作状态，网格消失。一般情况下【网格】处于非工作状态。

6.【辅助线】：鼠标单击该命令 辅助线(I)，“命令”前面显示一个“√”，表示该命令处于工作状态。我们可以将鼠标按在标尺上，从横向标尺拖出一条水平辅助线，从竖向标尺拖出一条垂直辅助线。再次单击该命令，“命令”前面的“√”消失，表示该命令处于非工作状态，辅助线消失，并且不能拖出辅助线。一般情况下【辅助线】处于工作状态。

7.【对齐网格】：鼠标单击该命令 对齐网格(P) Ctrl+Y，“命令”前面显示一个“√”，表示该命令处于工作状态。不论网格显示与否，当我们移动一个对象时，该对象会自动对齐网格线，便于我们按网格线对齐多个图形对象。再次单击该命令，“命令”前面的“√”消失，表示该命令处于非工作状态，上述功能不再起作用。

8.【对齐辅助线】：鼠标单击该命令 对齐辅助线(U)，“命令”前面显示一个“√”，表示该命令处于工作状态。当我们移动一个对象时，该对象会自动对齐辅助线，便于我们按辅助线对齐多个图形对象。再次单击该命令，“命令”前面的“√”消失，表示该命令处于非工作状态，上述功能不再起作用。

9.【对齐对象】：鼠标单击该命令 对齐对象(J)，“命令”前面显示一个“√”，表示该命令处于工作状态。当我们移动一个对象时，该对象会自动对齐另一个对象，便于我们将多个对象紧密对齐。再次单击该命令，“命令”前面的“√”消失，表示该命令处于非工作状态，上述功能不再起作用。

10.【网格和标尺设置】：鼠标单击该命令 网格和标尺设置(L)...，打开一个“网格和标尺设置”对话框。通过该对话框，我们可以分别对网格和标尺的属性进行设置。“网格”设置只有在【对齐网格】命令处于工作状态时才起作用。

11.【辅助线设置】：鼠标单击该命令 辅助线设置(I)...，打开一个“辅助线设置”对话框。通过该对话框，可以按绘图需要，准确添加若干水平和垂直辅助线，帮助我们进行服装制图，就像传统服装制图绘制辅助线一样。对于不需要的辅助线，可以逐条删除。也可以分别删除所有水平或垂直辅助线。这些设置只有在【对齐辅助线】命令处于工作状态时才起作用。

12.【对齐对象设置】：鼠标单击该命令 对齐对象设置(B)...，打开一个“对齐对象设置”对话框。通过该对话框，可以对对齐对象的方式进行设置，便于我们选择适当的对齐方式。这些设置只有在【对齐对象】命令处于工作状态时才起作用。

四、版面

单击【版面】菜单，即可以打开一个下拉菜单，如图 1-14 所示。

该下拉菜单的每一个命令可以完成一项工作任务。后面带有“……”的命令，表示可以打开一个对话框。紧接命令括号内的英文字母是快捷键，我们直接敲击标有该英文字母的按键，也可以完成相同的工作任务，依此类推。这里我们将常用命令介绍如下：

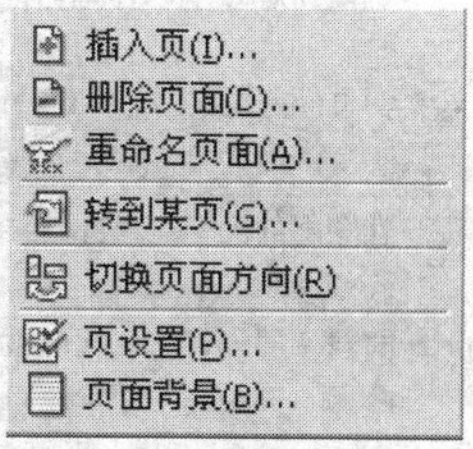

图 1-14

1.【插入页】：鼠标单击该命令 插入页(I)...，打开一个“插入页面”对话框。通过该对话框，我们可以对插入页面的数量、方向、前后位置、页面规格等进行设置，确定后即可插入新的页面。

2.【删除页面】：鼠标单击该命令 删除页面(D)...，打开一个“删除页面”对话框。通过该对话框，我们可以有选择的删除某个页面或删除某些页面。

3.【切换页面方向】：鼠标单击该命令 切换页面方向(R)，可以在横向页面和竖向页面之间进行切换。

4.【页面设置】：鼠标单击该命令 页设置(P)...，打开一个“页面设置”对话框。通过该对话框，我们可以对当前页面的规格大小、方向、版面等项目进行设置。

5.【页面背景】：鼠标单击该命令 页面背景(B)...，打开一个“页面背景”对话框。通过该对话框，我们可以对当前页面进行无背景、各种底色背景、各种位图背景等设置。

五、排列

单击【排列】菜单，即可以打开一个下拉菜单，如图 1-15 所示。

该下拉菜单的每一个命令可以完成一项工作任务。后面带有黑三角箭头的命令表示还可以展开的二级下拉菜单。命令后面英文组合是该命令的快捷键，直接敲击规定的快捷键可以完成同样的工作任务。这里我们将常用命令介绍如下：

1.【变换】：鼠标单击该命令 变换(T)，展开一个二级菜单，如图 1-16 所示。

二级菜单中包括位置、旋转、比例、大小和倾斜等 5 个命令，鼠标单击某个命令，可以打开一个对话框，如图 1-17 所示，这些命令都包含在这个对话框中。通过该对话框，我们可以对已经选中的图形对象进行位置、旋转、缩放和镜像、大小、斜切等属性的变换。

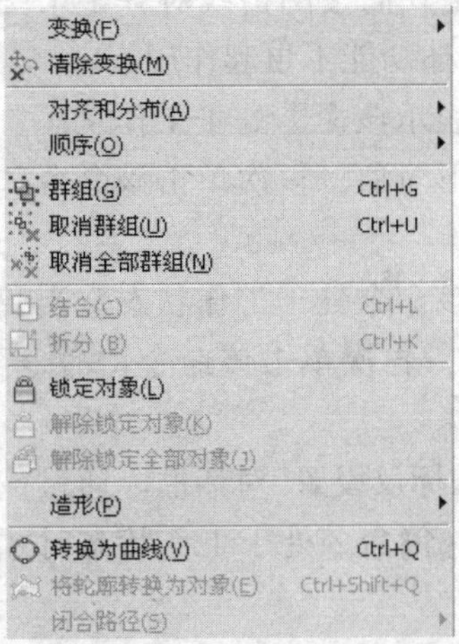

图 1－15

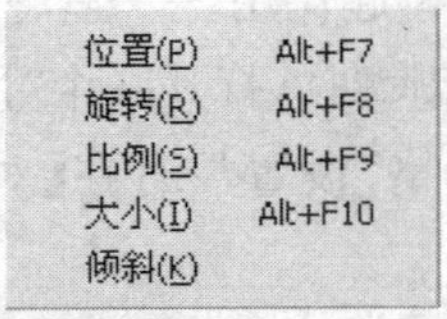

图 1－16

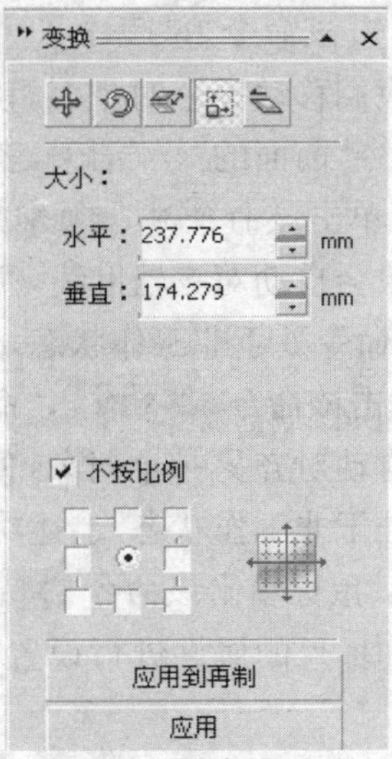

图 1－17

图 1－18

2.【清除变换】：鼠标单击该命令 清除变换(M)，可以清除已经进行的的变换。

3.【对齐和分布】：鼠标单击该命令 对齐和分布(A)，可以展开一个二级菜单，如图 1－18 所示。

通过二级菜单中的命令，我们可以将选中的一个或一组对象，进行上述菜单中的对齐操作，便于我们快速将选中的对象或对象组按要求对齐，提高工作效率。

4.【顺序】：鼠标单击该命令 顺序(O)，可以展开一个二级菜单，如图 1－19 所示。

图 1－19

通过二级菜单中的命令，我们可以将选中的一个或一组对象，进行前后位置的设置操作，满足我们绘图的需要。

5.【群组】：鼠标单击该命令 群组(G) Ctrl+G，可以将选中的两个及两个以上的对象组合为一组对象，便于我们同时移动、填充等操作。其快捷键是 Ctrl＋G。

6.【取消组合】：鼠标单击该命令 取消组合(U) Ctrl+U，可以将选中的一组对象的组合取消，变为单个对象。其快捷键是 Ctrl＋U。

7.【取消全部组合】：鼠标单击该命令 取消全部组合(N)，可以将对齐文件中的所有组合全部取消。

8.【结合】：鼠标单击该命令 结合(C) Ctrl+L，可以将选中的两个或两个以上的对象结合为一个对象，同时该对象变为曲线，可以对其进行造形编辑。其快捷键是 Ctrl＋L。

9.【拆分曲线】：鼠标单击该命令 拆分 曲线 图层 1(B) Ctrl+K，可以将选中的通过结合形成的对象，分离为单个对象。还可以对由于其他操作形成的结合对象进行分离。其快捷键是 Ctrl＋K。

10.【锁定对象】：鼠标单击该命令 锁定对象(L)，可以将选中的一个或多个对象锁定，对锁定后的对象不能进行任何编辑操作。便于我们对已经完成的一个对象或部分对象进行临时保护。

11.【解除锁定对象】：鼠标单击该命令 解除锁定对象(K)，可以将选中的已经锁定的对象锁定属性取消，又可以对其进行编辑操作了。

12.【解除锁定全部对象】：鼠标单击该命令 解除锁定全部对象(J)，可以将当前文件中的所有锁定对象解除锁定，可以对所有对象进行编辑操作。

13.【造形】：鼠标单击该命令 造形(P)，可以展开一个二级菜单，如图 1－20 所示。

通过二级菜单中的命令，可以对选中的对象进行焊接、修剪、相交等操作。

14.【转换为曲线】：鼠标单击该命令 转换为曲线 造形(P) Ctrl+Q，可以将我们利用“矩形”、“椭圆”等工具直接绘制的图形，转换为曲线图形。而后就可以对其进行造形编辑了。

图 1－20

六、文本

单击【文本】菜单，即可以打开一个下拉菜单，如图 1－21 所示。

该下拉菜单的每一个命令可以完成一项工作任务，后面带有黑三角箭头的命令表示还可以展开的二级下拉菜单。这里我们将【文本格式化】、【段落格式化】、【插入符号字符】、【使文本适合路径】等常用命令和二级菜单介绍如下：

1.【字符格式化】鼠标单击该命令 字符格式化(F) Ctrl+T ，可以打开一个对话框，如图 1－22 所示。

通过该对话框，可以对文本的字体、大小、效果等属性进行设置。

2.【段落格式化】：鼠标单击该命令 段落格式化(P) ，可以打开一个对话框，如图 1－23 所示。

通过该对话框，可以对现有的文本段落进行编辑，达到我们的要求。

3.【编辑文本】：鼠标单击该命令 编辑文本(X)... Ctrl+Shift+T ，可以打开一个对话框，如图 1－24 所示。

通过该对话框，可以对输入的文本或已有文本进行编辑，达到我们的要求。

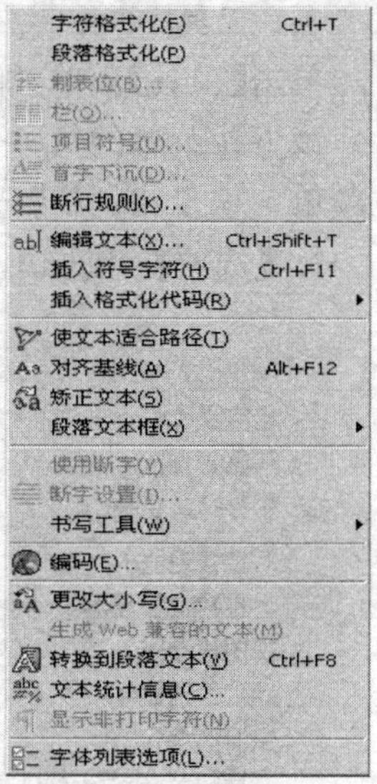

图 1－21

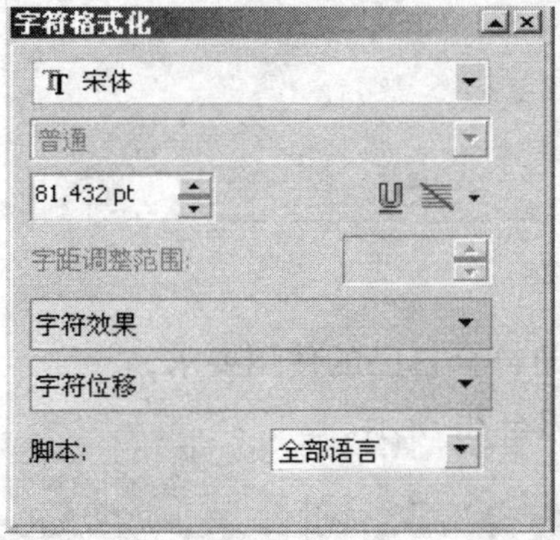

图 1－22

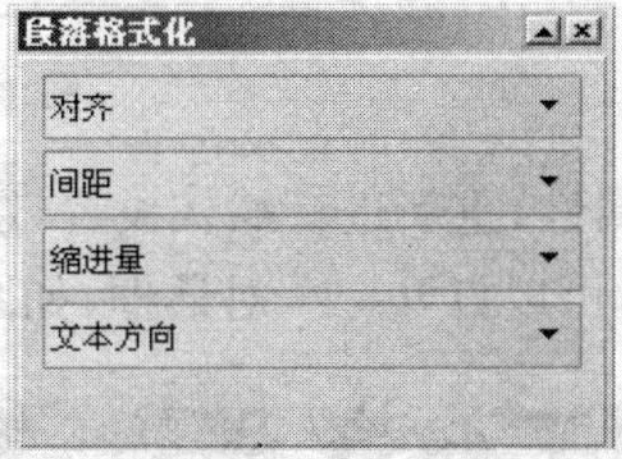

图 1－23

图 1－24

4.【插入字符】：鼠标单击该命令 插入符号字符(H) Ctrl+F11 ，可以打开一个对话框，如图 1－25 所示。

通过该对话框，可以选择合适的字符、符号、图形，插入当前文件中，以便提高工作效率。

5.【使文本适合路径】：鼠标单击该命令 使文本适合路径(T)，可以将一组或一个文本字符，按确定的路径排列，如图 1－26 所示。

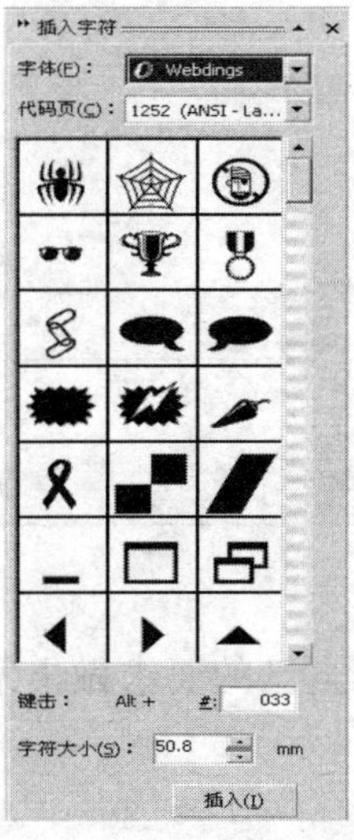

图 1－25

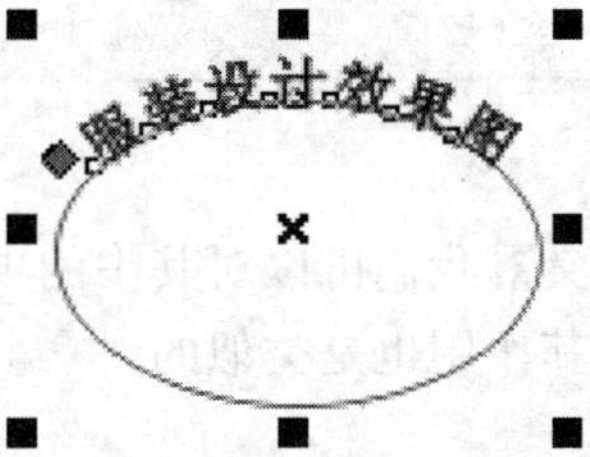

图 1－26

七、工具

单击【工具】菜单，即可以打开一个下拉菜单，如图 1－27 所示。

该下拉菜单的每一个命令可以完成一项工作任务，后面带有黑三角箭头的命令表示还可以展开的二级下拉菜单。这里我们将【选项】、【自定义】等常用命令介绍如下：

1.【选项】：鼠标单击该命令 选项(O)...，可以打开一个对话框，如图 1－28 所示。

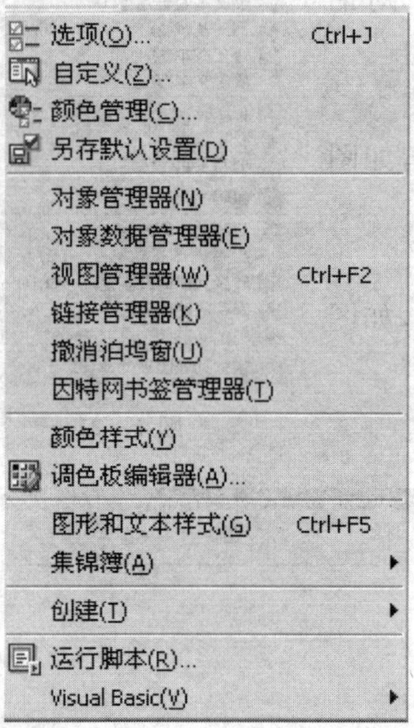

图 1－27

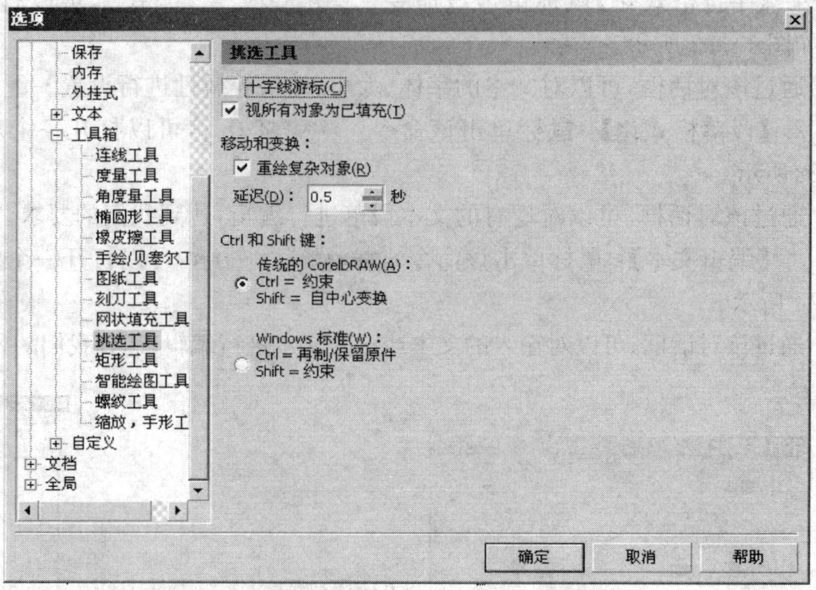

图 1－28

通过该对话框，我们可以对其中所有项目属性，重新进行默认设置，以便符合自己的使用要求。

2.【自定义】：鼠标单击该命令 自定义(Z)...，可以打开一个对话框，如图 1－29 所示。

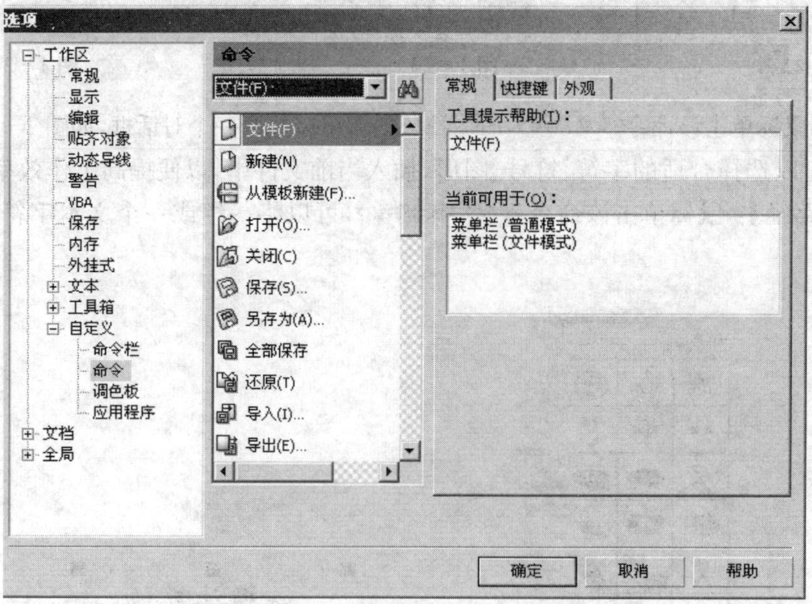

图 1－29

通过该对话框的【自定义】，我们可以对其中的项目设置，根据自己的要求做出某些改变。该对话框与前一个对话框实际上是同样的，其作用也是类似的。

八、帮助

【帮助】菜单下的命令和项目，是 CorelDRAW X3 软件的使用说明或教程，可以帮助我们学习、了解

CorelDRAW X3 的使用方法，解决使用过程中的疑问和困难。

1.3 CorelDRAW X3 标准工具栏

程序界面上方第三排是标准工具栏，如图 1－30 所示。

图 1－30

标准工具栏中的许多工具在菜单栏的项目下也可以找到，软件设计者为了用户使用方便，将其放在了标准工具栏，便于我们直接使用。常用工具和选项是：新建、打开、保存、打印、剪切、复制、粘贴、撤销、重做、导入、导出、应用程序启动器、CorelDRAW 在线、缩放级别等。

现在按标准工具栏的顺序介绍如下：

一、新建

鼠标单击该图标，可以打开一张空白图纸，建立一个新文件，默认状态下其属性为 A4 图纸，竖向摆放，绘图单位为毫米，文件名称为“图形 1”。

二、打开

鼠标单击该图标，可以打开一个文件选择对话框，我们可以从中选择、打开已经存在的某个文件，以便继续绘图工作或对该文件进行修改等。

三、保存

鼠标单击该图标，可以打开一个文件保存对话框，将当前文件保存在我们选定的目录下。

四、打印

鼠标单击该图标，可以打开一个打印对话框，帮助我们将当前文件打印输出。

五、剪切

鼠标单击该图标，可以将选中的对象从当前文件中剪切下来，并存放在剪贴板上。

六、复制

鼠标单击该图标，可以将选中的对象从当前文件中复制下来，并存放在剪贴板上。

七、粘贴

鼠标单击该图标，可以将通过剪切或复制，存放在剪贴板上的对象贴入当前文件中。

八、撤销

鼠标单击该图标，可以将此前做过的一步操作撤销。连续单击也可以撤销此前的若干步操作。以便对错误的操作进行纠正。“命令”菜单会显示将要撤销的操作内容。

九、重做

鼠标单击该图标，可以恢复此前撤销的一步操作内容。连续单击也可以恢复若干步操作。

十、导入

鼠标单击该图标，可以打开一个导入对话框，帮助我们选择某个已有的，JPEG 格式的位图文件，将其导入到当前文件中。

十一、导出

鼠标单击该图标，可以打开一个导出对话框，帮助我们将当前文件的全部或选中的部分图形，导出为 JPEG 格式的文件，并保存在其他目录下。

十二、应用程序启动器

鼠标单击该图标的下拉按钮，可以打开一个下拉菜单，如图 1－31 所示。

通过该下拉菜单包括一些与 CorelDRAW X3 相关的应用程序，包括条码向导、屏幕捕获编辑器、PHOTO－PAINT、电影动画编辑器、位图描摹等。由于这些应用程序很少使用，这里不作介绍，只是了解即可。

十三、CorelDRAW web 连接器

鼠标单击该图标，可以打开一个对话框，通过该对话框，我们可以链接与 CorelDRAW X3 相关的网站，以便了解更多内容，不过这些网站是英文网站，只有具有英文基础的人员，才可以看懂。

十四、缩放级别

鼠标单击该图标的下拉按钮，可以打开一个下拉菜单，如图 1－32 所示。

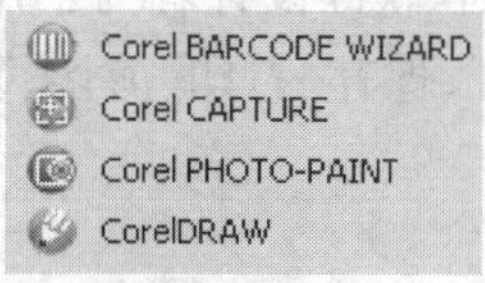

图 1－31

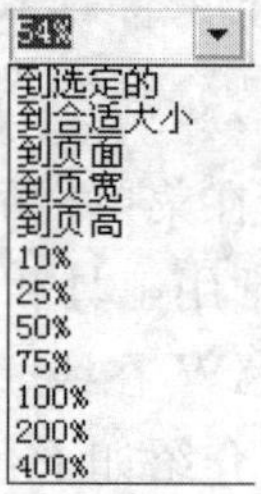

图 1－32

通过该菜单，可以选择不同的缩放比例，以方便绘图操作或察看图形。

1.4 CorelDRAW X3 互动式属性栏

程序界面上方第四排是属性栏。该属性栏是与各种工具的使用和操作相联系的，选择一个工具、进行一项操作，即显示一个相应的属性栏。通过属性栏可以对选中的对象进行属性设置和操作。选择不同的对象、进行不同的操作其属性栏的形式是不同的，可设置的属性也是不同的。因此属性栏的数量和形式多种多样。现将常用的属性栏介绍如下：它们是挑选工具属性栏、形状工具属性栏、缩放工具属性栏、手绘工具属性栏、矩形、椭圆、基本形状属性栏、文字属性栏、交互式工具属性栏等。

一、挑选工具属性栏

1. 图纸属性与设置：单击选择图标，不选择任何对象时，该属性栏显示的是当前图纸的属性，并可以通过属性栏对图纸的规格、宽度、高度、方向、绘图单位、再制偏移、对齐网格、对齐辅助线、对齐对象等属性进行设置，如图 1－33 所示。

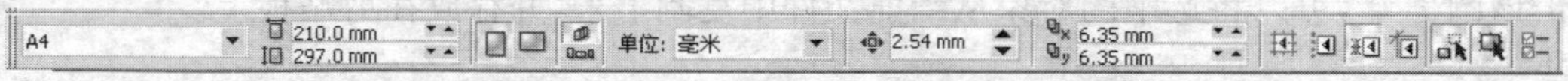

图 1－33

2. 选中一个对象时的属性与设置：当选择一个图形对象时，该属性栏显示的是该对象的属性，并可以对该对象位置、大小、比例、角度、翻转、图形边角的圆滑、轮廓宽度、到前面、到后面、转换曲线等属性进行设置，如图 1－34 所示。

图 1－34

3. 选中两个或多个对象时的属性与设置：当选中两个或多个对象时，该属性栏显示的是你选中的所有对象的共同属性，并可以进行位置、大小、比例、旋转、镜像翻转等项设置，还可以进行结合、组合、焊接、修剪、相交、简化、对齐等项操作，如图 1－35 所示。

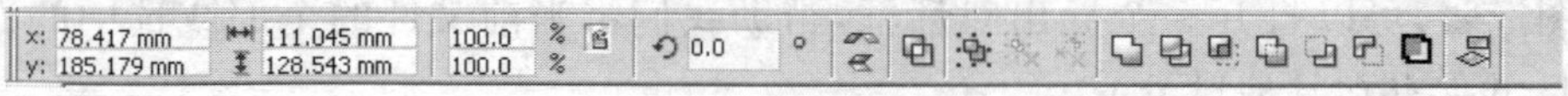

图 1－35

4. 选中两个或多个对象并组合时的属性与设置：当选中两个或多个对象并组合时，该属性栏显示的是该组对象的属性，并可以进行位置、大小、比例、旋转、镜像翻转、取消组合、取消全部组合、到前面、到后面等项设置和操作，如图 1－36 所示。

图 1－36

5. 选中两个或多个对象并结合时的属性与设置：当选中两个或多个对象并结合时，该属性栏显示的是该结合对象的属性，并可以进行位置、大小、比例、旋转、镜像翻转、拆分、线形、轮廓宽度等项设置和操作，如图 1－37 所示。

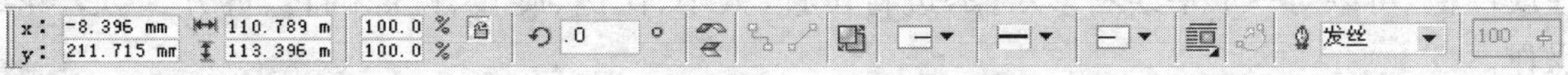

图 1－37

二、造型工具属性栏

1. 形状工具属性栏：当选择形状工具时，显示的是形状工具属性栏，如图 1－38 所示。

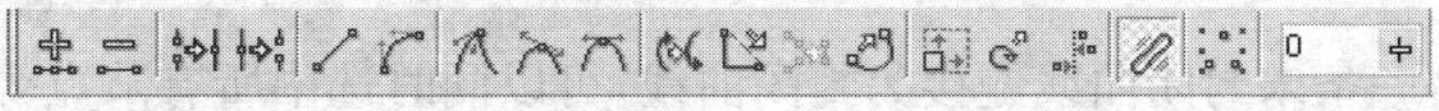

图 1－38

通过该属性栏，可以对一个曲线图形对象矩形增加节点、减少节点、连接两个节点、断开曲线、曲线变直线、直线变曲线、节点属性设置、节点连接方式设置等项操作。

2. 涂抹工具属性栏：当选择涂抹工具时，显示的是涂抹工具属性栏，如图 1－39 所示。

图 1－39

通过该属性栏，可以设置涂抹工具的大小、角度等项操作。

3. 粗糙笔刷属性栏：当选择粗糙笔刷工具时，显示的是粗糙笔刷属性栏，如图 1－40 所示。

图 1－40

通过该属性栏，可以设置笔刷的大小、刷毛的密度(频率)、角度、自动、固定等项操作。

4. 刻刀工具属性栏：当选择刻刀工具时，显示的是刻刀工具属性栏，如图 1－41 所示。

图 1－41

通过该属性栏，可以对一个图形对象进行任意形式的切割，并且可以设置切割形式。

5. 擦除工具属性栏：当选择擦除工具时，显示的是擦除工具属性栏，如图 1－42 所示。

图 1－42

通过该属性栏，可以设置擦除工具的厚度、擦除工具的形状等。

四、缩放工具属性栏

当选择缩放工具时，显示的是缩放工具属性栏，如图 1－43 所示。

图 1－43

通过该属性栏，可以进行现有比例的设置。也可以选择放大、缩小选项，进行自由缩放。还可以选择显示所有图形、显示整张图纸、按图纸宽度显示、按图纸高度显示等。

五、手绘工具属性栏

1. 手绘工具属性栏：当选择手绘工具时，显示的是手绘工具属性栏，如图 1－44 所示。

图 1－44

通过该属性栏，可以对一个手绘图形对象，进行位置、大小、比例、旋转、镜像翻转、拆分、线形、轮廓宽度等项设置和操作。

2. 贝赛尔线属性栏：当选择贝赛尔线工具时，显示的是贝赛尔线属性栏，如图 1－45 所示。

图 1－45

通过该属性栏，可以将一条未封闭曲线链接为封闭曲线，可以同时选中所有节点等项操作。

3. 艺术笔属性栏：当选择艺术笔工具时，显示的是艺术笔属性栏，如图 1－46 所示。

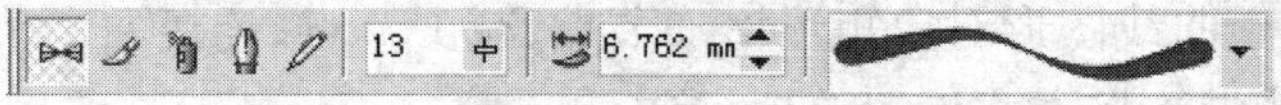

图 1－46

通过该属性栏，可以选择预设笔触、画笔笔触、喷灌、书法笔触、压力笔触，也可以设置笔触平滑度、笔触宽度等项操作。

4. 钢笔工具属性栏：当选择钢笔工具时，显示的是钢笔工具属性栏，如图 1－47 所示。

图 1－47

通过该属性栏，可以进行位置、大小、比例、旋转、镜像翻转、拆分、线形、轮廓宽度等项设置和操作。

5. 度量工具属性栏：当选择度量工具时，显示的是度量工具属性栏，如图 1－48 所示。

图 1－48

通过该属性栏，可以对图形的数据标注进行多项设置，包括：自动度量、垂直标注、水平标注、斜向标注、标注工具、角度标注、数据制式、数据精确度、数据单位、标注文本位置等。

六、矩形、椭圆、基本形状属性栏

当选择矩形工具、椭圆工具、基本形状工具时，分别显示不同的属性栏，它们的形式基本相同，如图 1－49所示。

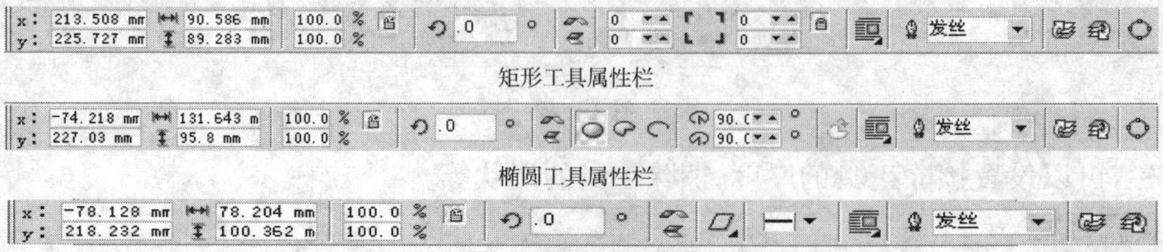

矩形工具属性栏

椭圆工具属性栏

基本形状属性栏

图 1－49

通过属性栏，都可以进行位置、大小、比例、旋转、镜像翻转、线形、轮廓宽度、到前面、到后面等项设置和操作。此外，椭圆工具属性栏还具有椭圆、饼形、弧形选项，基本形状属性栏还具有形状类型选择菜单，通过菜单选择不同的基本形状。

七、文字属性栏

当选择文字属性栏时，显示的是文字属性栏，如图 1－50 所示。

图 1－50

通过该属性栏，可以对文字进行字体、大小、格式、排列方向等项设置，还可以进行文字编辑。

八、交互式工具属性栏

1. 交互式调和工具属性栏：当选择调和工具时，显示的是交互式调和工具属性栏，如图 1－51 所示。

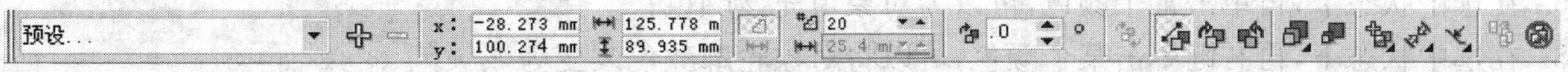

图 1－51

通过该属性栏，可以对两个图形对象之间的，形状渐变调和、色彩渐变调和进行设置，包括：图形位置、图形大小、渐变数量、渐变角度等。

2. 交互式轮廓工具属性栏：当选择轮廓工具时，显示的是交互式轮廓工具属性栏，如图 1－52 所示。

图 1－52

通过该属性栏，可以在一个图形外自动添加轮廓，并可以进行图形位置、图形大小、轮廓位置、轮廓数量、轮廓间距、轮廓颜色、填充颜色等项设置。

3. 交互式阴影工具属性栏：当选择阴影工具时，显示的是交互式阴影工具属性栏，如图 1－53 所示。

图 1－53

通过该属性栏，可以对图形的阴影进行设置，包括：阴影角度、阴影透明度、阴影羽化、阴影羽化方向、阴影颜色等。

4. 交互式透明工具属性栏：当选择透明工具时，显示的是交互式透明工具属性栏，如图 1－54 所示。

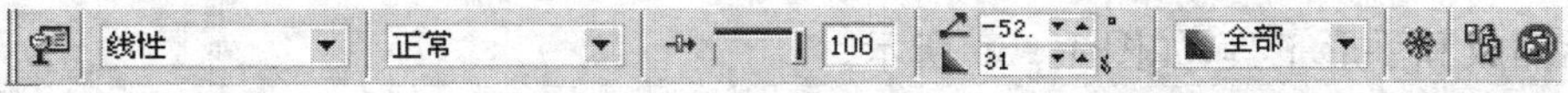

图 1－54

通过该属性栏，可以对图形的进行透明属性设置，包括：透明度类型、透明度操作、透明度中心、透明度边衬、透明度应用选择等。

1.5 CorelDRAW X3 工具箱

工具箱在默认状态下位于程序界面的左侧，并竖向摆放。它是以活动窗口的形式显示的，因此其位置、方向可以通过拖动鼠标来改变。CorelDraw X3 的工具箱涵盖了绘图、造型的大部分工具，如图 1－55 所示。

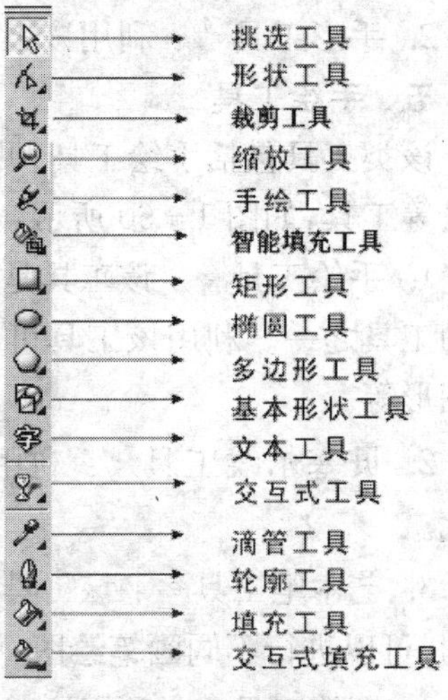

图 1－55

图中右下方带有黑色标记的图标，表示本类工具还包含其他工具。鼠标按住图标不放，会打开一个工具条，显示更多的工具，如图1－56所示。

在这些工具中，有些是很少使用或使用不到的，因此这里着重介绍服装设计中经常使用的工具。下面按照工具箱的顺序进行介绍。

图 1－56

一、挑选工具

挑选工具是一个基本工具，它具有多种功能：

1. 利用挑选工具，可以选择不同的功能按钮、打开菜单等；

2. 通过单击一个对象将其选中，选中后的对象四周出现 8 个黑色小方块；

3. 拖动鼠标会显示一个虚线方框，虚线方框包围的所有对象都同时被选中；

4. 在选中状态下，再拖动对象，可以移动该对象；

5. 在选中状态下，再次单击对象，对象四周会出现 8 个双箭头、中心出现一个圆心圆，表示该对象处于可旋转状态。四个角的某个双箭头上，并拖动光标，即可转动该对象；

6. 在选中状态下，再单击某个颜色，可以为对象填充该颜色；

8. 在选中状态下，再右键单击某个颜色，可以将对象轮廓颜色改变为该颜色。

二、形状工具

该类工具包括：形状工具、涂抹工具、粗糙笔刷和自由变换等工具。其中使用较多的工具是形状工具和粗糙笔刷，如图 1－57 所示。

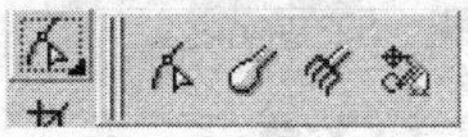

图 1－57

1. 形状工具：该工具是绘图造型的主要工具之一。利用该工具可以增减节点、移动节点；可以将直线变为曲线、曲线变为直线；可以对曲线进行形状改造等。

2. 涂抹工具：利用该工具可以对曲线图形进行不同色彩之间的穿插涂抹，实现特殊的造型效果。

3. 粗糙笔刷：这个工具对于服装设计作用较大，利用该工具可以将图形边沿进行毛边处理，实现特定服装材料的质感效果。

4. 自由变换：利用该工具可以对图形进行大小、旋转、镜像、扭曲的自由变换。

三、裁剪工具

该类工具包括：裁剪工具、刻刀工具、擦除工具和虚线段删除工具。其中使用较多的工具是刻刀工具和擦除工具，如图 1－58 所示。

图 1－58

1. 刻刀工具：利用该工具可以将现有图形进行任意切割，实现我们对图形的绘制改造。

2. 擦除工具：利用该工具可以擦除图形的轮廓和填充，实现快速造型的目的。

四、缩放工具

该类工具包括缩放和手形工具，如图 1－59 所示。

图 1－59

1. 缩放工具：该工具是绘图过程中经常使用的工具之一。利用该工具可以对图纸（包括图形）进行多种缩放变换，使我们在绘图过程中能够随时观看全图、部分图形和局部放大，以便于进行图形的精确绘制和全图的把握。

2. 手形工具：利用该工具可以自由移动图纸，使我们可以观看图纸的任意部位。

五、手绘工具

该类工具包括手绘工具、贝塞尔工具、艺术笔工具、钢笔工具、折线工具、三点曲线工具、交互式连线工具和度量等工具，如图 1－60 所示。其中手绘工具、艺术笔工具是服装设计使用较多的工具。

图 1－60

1. 手绘工具：该工具是绘图过程中最基本的画线工具，是使用较多的工具之一。利用该工具可以绘制单段直线、连续曲线、连续直线、封闭图形等。

2. 贝塞尔线工具：利用该工具可以绘制连续自由曲线，并且在绘制曲线过程中，可以随时控制曲率变化。

3. 艺术笔工具：该工具对于绘制服装设计效果图作用很大。利用艺术笔工具可以进行多种预设笔触的绘图，可以进行不同画笔绘图；可以进行不同笔触书法创作；可以进行多种图案的喷洒绘制等。

4. 钢笔工具：利用该工具可以进行连续直线、曲线的绘制和图形绘制。

5. 折线工具：利用该工具可以快速绘制连续直线和图形。

6. 三点曲线工具：利用该工具可以绘制已知三点的曲线，如领口曲线、裆部曲线等。

7. 交互式连线工具：利用该工具可以绘制多重连续垂直折线。

8. 度量工具：利用该工具可以准确测量两点之间的距离。也可以进行数据标注。

六、矩形工具

该类工具包括矩形工具和三点矩形工具，如图 1－61 所示。

图 1－61

1. 矩形工具：该工具是服装制图的常用工具。利用该工具可以绘制垂直放置的一般长方形，按住 Ctrl 键可以绘制正方形。

2. 三点矩形工具：利用该工具可以任意方向的长方形，按住 Ctrl 键可以绘制任意方向的正方形。

七、椭圆工具

该类工具包括椭圆工具和三点椭圆工具，如图 1－62 所示。

图 1－62

1. 椭圆工具：该工具是服装制图的常用工具。利用该工具可以绘制垂直放置的一般椭圆，按住 Ctrl 键可以绘制正圆。

2. 三点椭圆工具：利用该工具可以任意方向的椭圆，按住 Ctrl 键可以绘制任意方向的正圆。

八、多边形工具

该类工具包括多边形工具、图纸方格工具和螺旋等工具，如图 1－63 所示。

图 1－63

1. 多边形工具：利用该工具可以绘制任意多边形和多边星形，其边的数量可以通过属性栏进行设置。

2. 图纸方格工具：利用该工具可以绘制图纸的方格，形成任意单元表格，其行和列可以通过属性栏进行设置。

3. 螺旋工具：利用该工具可以绘制任意的螺旋形状，螺旋的密度、展开方式可以通过属性栏进行设置。

九、基本形状工具

该类工具包括基本形状、箭头形状、流程图形状、星形形状和标注形状等，如图 1－64 所示。

1. 基本形状：通过属性栏的形状选择菜单，可以选择绘制不同的形状，如图 1－65 所示。

2. 箭头形状：通过属性栏的形状选择菜单，可以选择绘制不同形状的箭头，如图 1－66 所示。

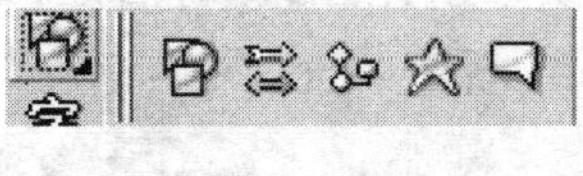

图 1－64

图 1－65

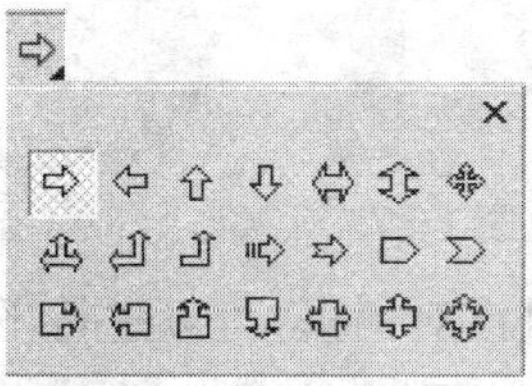

图 1－66

3. 流程图形状：通过属性栏的形状选择菜单，可以选择绘制不同形状的流程图，如图 1－67 所示。

4. 星形形状：通过属性栏的形状选择菜单，可以选择绘制不同形状的星形，如图 1－68 所示。

5. 标注形状：通过属性栏的形状选择菜单，可以选择绘制不同形状的标注，如图 1－69 所示。

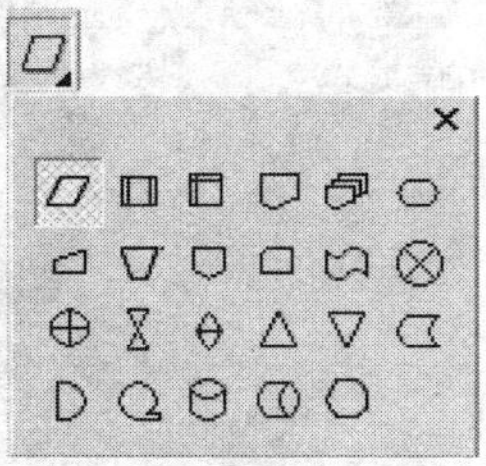

图 1－67

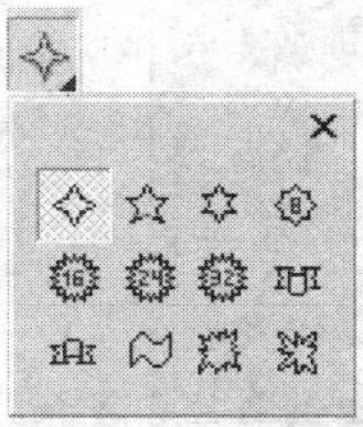

图 1－68

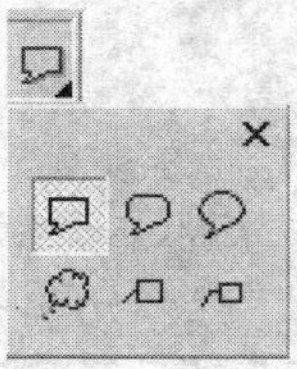

图 1－69

十、文本工具

文本工具是服装设计中的常用工具之一。利用该工具可以进行中文、英文和数字的输入。

十一、交互式工具

图 1 - 70

该类工具包括交互式调和工具、交互式轮廓工具、交互式变形工具、交互式封套工具、交互式立体化工具、交互式阴影工具和交互式透明等工具，如图 1 - 70 所示。这里着重介绍交互式调和工具、交互式轮廓工具、交互式阴影工具、交互式透明工具。

1. 交互式调和工具：利用该工具可以在任意两个色彩之间进行任意层次的渐变调和，以获得我们需要的色彩；可以在任意两个形状之间进行任意层次的渐变处理，尤其在进行服装推板操作时异常方便。

2. 交互式轮廓工具：利用该工具可以方便地对服装衣片添加缝份。

3. 交互式阴影工具：利用该工具可以对任何图形添加阴影，加强图形的立体感，使效果更逼真。

4. 交互式透明工具：利用该工具可以对已有填色图形进行透明渐变处理，以便获得更加漂亮的效果。

十二、轮廓工具

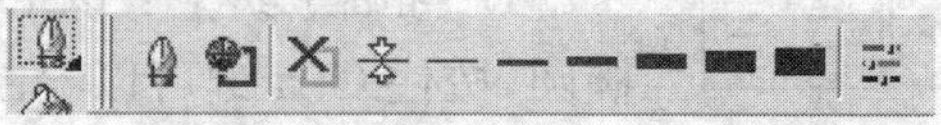

图 1 - 71

该类工具是关于轮廓的宽度、颜色的一系列工具，包括轮廓画笔对话框、轮廓颜色对话框、无轮廓和轮廓从最细到最粗的系列工具，如图 1 - 71 所示。这里重点介绍轮廓画笔对话框及常用轮廓宽度工具。

1. 轮廓笔：单击该图标可以打开【轮廓笔】对话框，如图 1 - 72 所示。通过该对话框可以设置轮廓的颜色、宽度，还可以设置画笔的样式、笔尖的形状等。

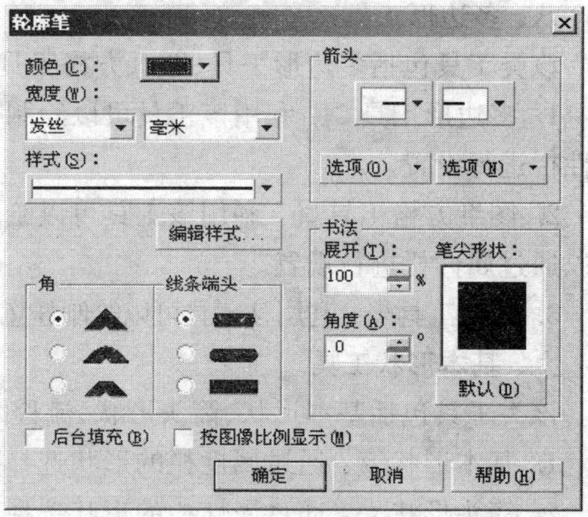

图 1 - 72

2. 常用轮廓宽度工具：利用该系列工具，可以设置轮廓自无轮廓到 24 点的不同宽度。

十三、填充工具

该类工具包括填充、喷泉式填充、图样填充、底纹填充、postscript 填充、无填充和颜色泊坞窗等 7 种工具，这里重点介绍填充对话框、喷泉式填充对话框、图样填充对话框、底纹填充对话框、无填充等工具，如图 1 - 73 所示。

图 1 - 73

1. 标准填充：单击该图标，可以打开【标准填充】对话框，如图 1 - 74 所示。通过该对话框，可以调整色彩并进行填充。

2. 喷泉式填充：单击该图标可以打开【喷泉填充方式】对话框，如图 1 - 75 所示。通过该对话框，可以进行不同类型的渐变填充，包括线性渐变填充、射线渐变填充、圆锥渐变填充、方角渐变填充等。

图 1 - 74

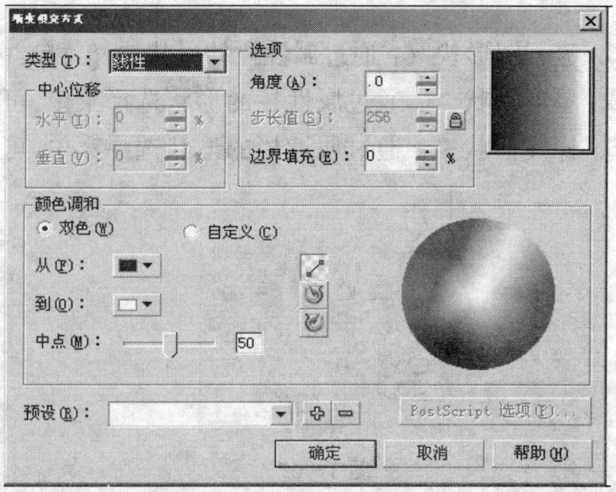

图 1 - 75

3. 图样填充：单击该图标可以打开【图样填充】对话框，如图 1－76 所示。通过该对话框可以进行双色图样填充、全色图样填充、位图图样填充。同时还可以装入已有服装材料图样，还可以对图样进行位置、角度、大小等项目的设置。

4. 底纹填充：单击该图标可以打开【底纹填充】对话框，如图 1－77 所示。通过该对话框可以选择多种不同形式的底纹，并可以对底纹进行多种项目的设置，以实现设计效果。

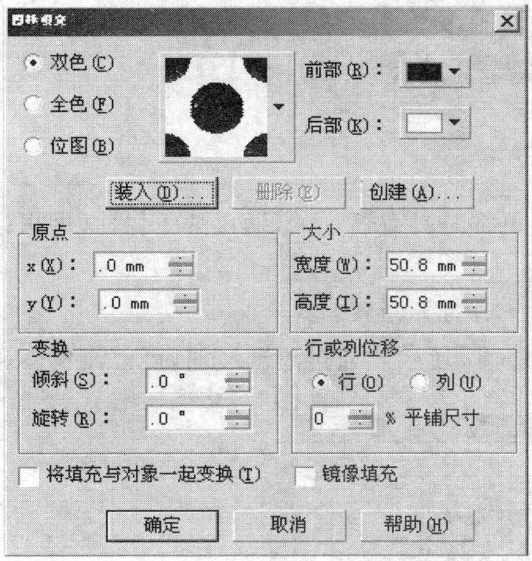

图 1－76

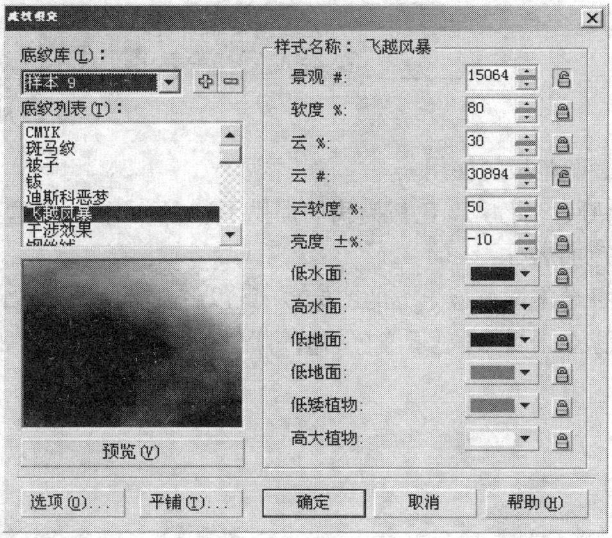

图 1－77

5. 无填充×：通过单击该工具可以删除任何图形的已有填充。

1.6 CorelDRAW X3 调色板

一、调色板的选择

程序界面右侧是调色板，默认状态下显示的是“CMYK 调色板”。通过单击界面的【窗口】→【调色板】，可以打开一个二级菜单，如图 1－78 所示。

图 1－78

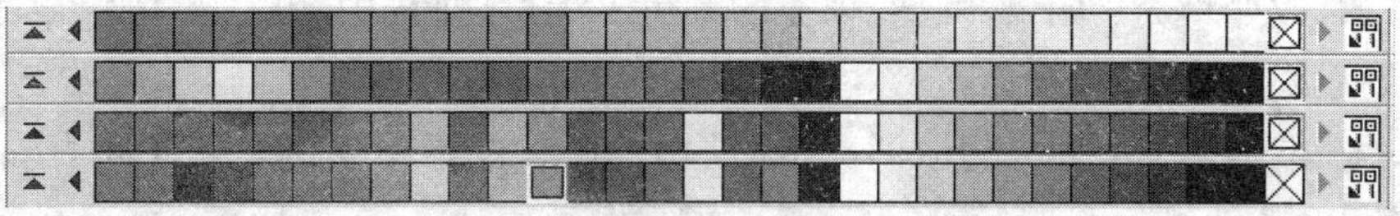

图 1－79

通过该二级菜单，可以选择【默认 CMYK 调色板】、【默认 RGB 调色板】、【标准色】、【Web－safe 色】等，这时界面右侧会出现 4 个调色板，如图 1－79 所示，最下面是 RGB 调色板。为了排版方便，这里将调色板横向放置。

一般我们选用默认 CMYK 调色板，将图 1－79 中，其他调色板前面的"√"取消，关闭其他调色板。

二、调色板的滚动与展开

调色板下部有两个图标，其中一个是滚动图标▼，鼠标单击该图标，调色板会向上滚动一个颜色，将鼠标按在该图标上，调色板会连续向上滚动；另一个是展开调色板图标◀，鼠标单击该图标，会展开调色板，如图 1－80 所示。为了排版方便，这里将调色板横向放置。

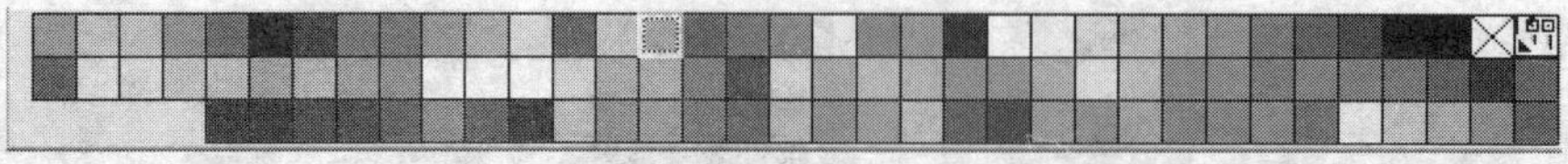

图 1－80

三、调色板的使用

1. 颜色名称：调色板为我们提供了许多常用颜色，这些颜色都是具有名称的，通过如下操作，即可以浏览所有颜色的名称：

鼠标单击调色板上方的图标，可以打开一个菜单，如图 1－81 所示。

鼠标单击目录【显示颜色名】，可以打开一个对话框，如图 1－82 所示。通过滚动按钮，可以浏览各种颜色的名称。

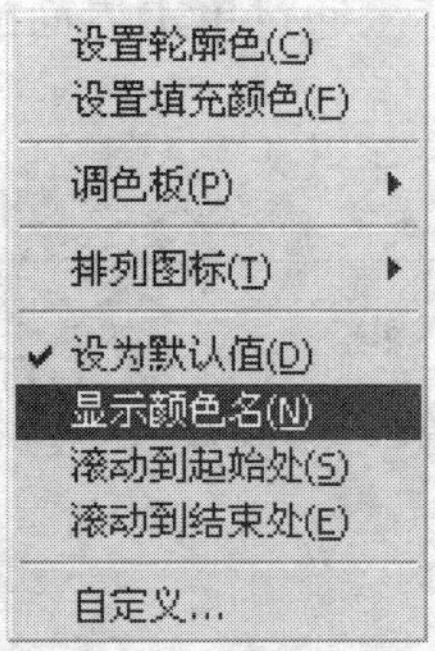

图 1－81

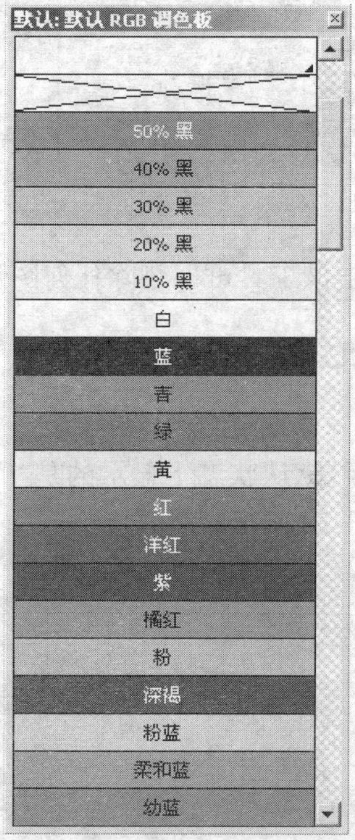

图 1－82

2. 填充颜色：当利用工具箱中的任何一种绘图工具(手绘工具、矩形工具、椭圆工具、基本形状工具)，绘制一个封闭图形，在选中状态下，鼠标单击调色板中的某个颜色，该图形即可填充该颜色。

3. 改变填充：如果对已经填充的颜色不满意，在选中状态下，鼠标单击调色板中的另一个颜色，该图形可以改变为该颜色。

4. 取消填充：如果想取消一个图形的填充，鼠标单击调色板上部的取消填充图标☒，即可取消该图形的填充。

1.7 CorelDRAW X3 常用对话框

CorelDRAW X3 提供了许多非常有用的对话框，帮助我们的绘图操作。现将与数字化服装设计关系密切的部分对话框——辅助线设置对话框、对象属性对话框、变换对话框、造型对话框进行讲解。

一、辅助线设置对话框

辅助线设置是数字化服装设计绘图的常用操作。鼠标单击程序界面菜单【视图】→【辅助线设置】，可以打开辅助线设置对话框，如图 1－83 所示。

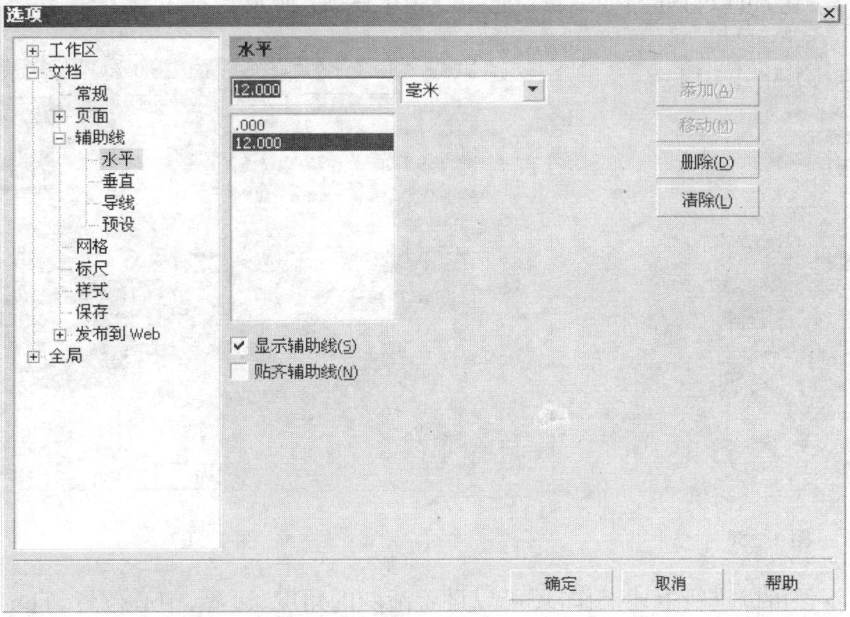

图 1－83

通过该对话框，可以在图中左侧选择“水平”、“垂直”、“导线”等项目，在右侧紧靠项目名称下方的数值栏中，输入需要的数值，鼠标单击“添加”，即可添加一条辅助线。按要求反复操作，即可设置所有辅助线。

二、对象属性对话框

鼠标单击程序界面的菜单【编辑】→【属性】，可以打开对象属性对话框，如图 1－84 所示。

该对话框中包括填充、轮廓等项目。鼠标单击对话框中的填充图标，可以展开二级对话框，如图 1－78 所示。其中包括均匀填充、渐变填充、图样填充和底纹填充等，现在分别介绍如下。

1. 均匀填充：选择“均匀填充”选项，可以打开一个对话框，如图 1－84 所示。滚动调色盘，选择合适的颜色，鼠标单击【应用】按钮，可以将该颜色填充到选中的图形中。

鼠标单击单击【高级】命令按钮，可以打开色彩编辑对话框，如图 1－85 所示。

通过该对话框，可以选择色彩模式，可以设置任意颜色，以便满足设计需要。同时还可以准确给出选定颜色的基本色调和比例。

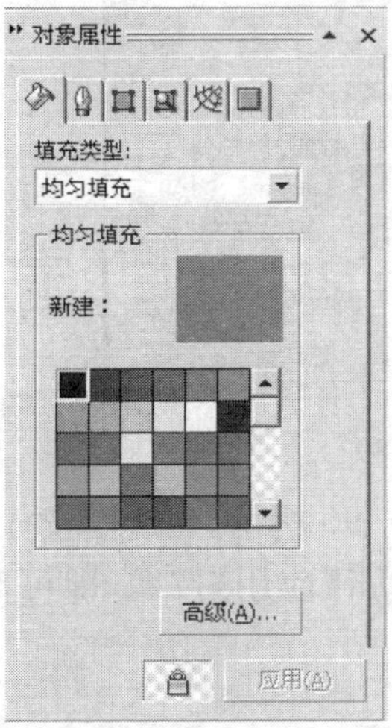

图 1－84

图 1－85

2. 渐变填充：选择“渐变填充”选项，可以打开渐变填充对话框，如图 1－86 所示。

该对话框包括线性渐变、射线渐变、圆锥渐变、方形渐变等渐变形式。通过该对话框可以选择不同的渐变形式，可以选择不同的渐变颜色。设置完成后，鼠标单击【应用】按钮，即可对一个选中的封闭图形进行渐变填充。

鼠标单击【高级】按钮，可以打开渐变编辑对话框，如图 1－87 所示。

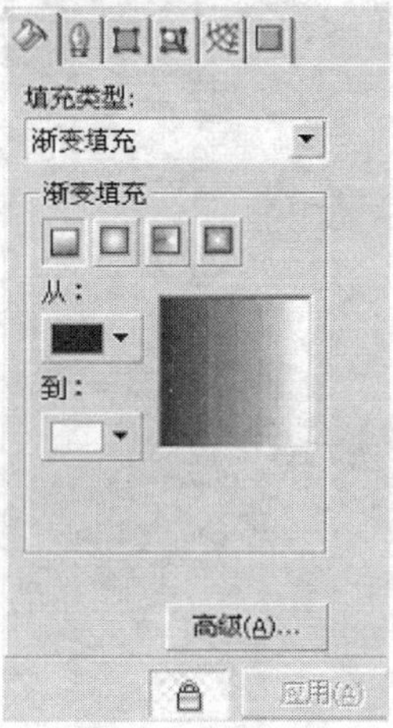

图 1－86

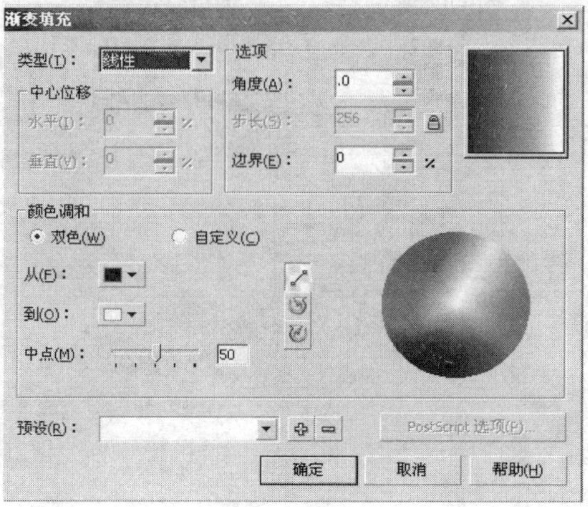

图 1－87

通过该对话框，不但可以进行上述操作，还可以设置渐变的角度、边界、中心位置、自定义中点，还可以进行预设样式渐变填充等。

3. 图样填充：选择“图样填充”选项，可以打开图案填充对话框，如图 1－88 所示。

该对话框包括双色图样填充、全色图样填充、位图图样填充等形式。通过该对话框，可以选择不同的填充形式，也可以设置双色图案填充的颜色，还可以选择现有的图案样式。设置完成后，鼠标单击【应用】按钮，即可对一个封闭图形进行填充。

鼠标单击【高级】按钮，可以打开渐变编辑对话框，如图 1－89 所示。

通过该对话框，不但可以进行上述操作，还可以设置装入其他样式文件、创建双色图案、改变原点、改变大小，还可以进行倾斜、旋转、位移、平铺尺寸、是否与对象一起变换等项设置。

图 1－88

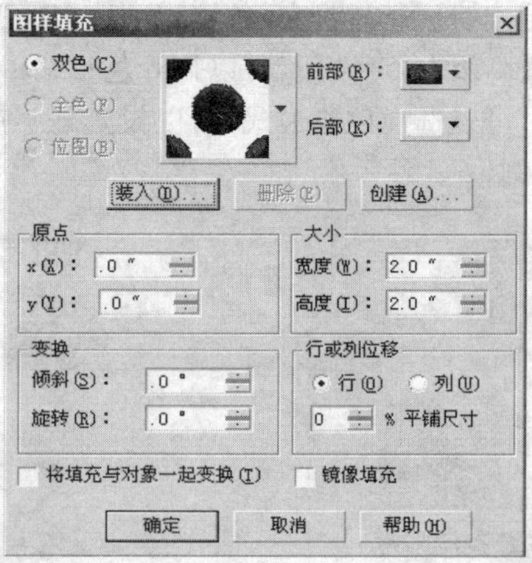

图 1－89

4. 底纹填充：选择“底纹填充”选项，可以打开底纹填充对话框，如图 1－90 所示。

通过该对话框，可以选择底纹样本，选择底纹样式，选择完成后，鼠标单击【应用】按钮，即可对一个封闭图形进行底纹填充。

鼠标单击【高级】按钮，可以打开底纹编辑对话框，如图 1－91 所示。

通过该对话框，不但可以进行上述操作，还可以对底纹的众多属性进行设置。

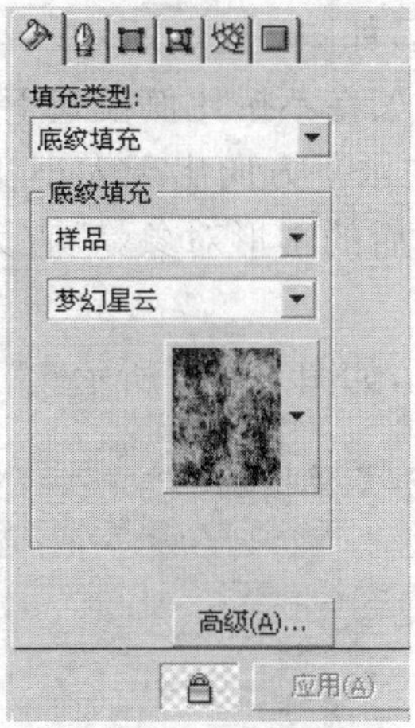

图 1－90

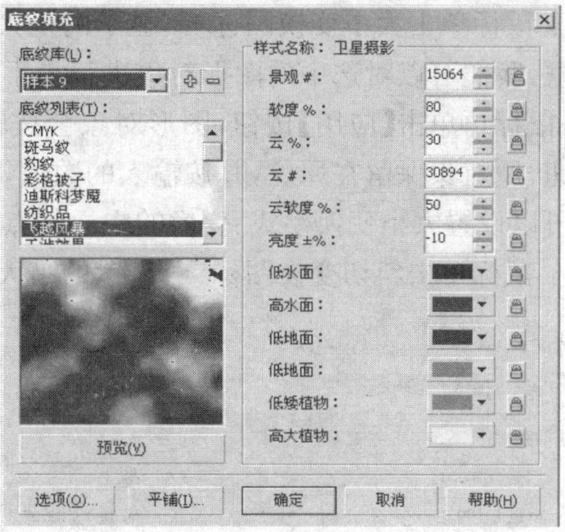

图 1－91

三、变换对话框

鼠标单击程序界面的菜单【排列】→【变换】,可以打开一个二级菜单,鼠标单击其中任何一个命令,均可以打开变换对话框,如图 1－92 所示。

该对话框中包括位置、旋转、镜像、大小、斜切等项目,现在分别介绍如下。

1. 位置变换：鼠标单击位置图标,显示的是位置对话框,如图 1－93 所示。

通过该对话框,我们可以对选中的图形对象进行精确位置的设置。如在相对位置模式下,在对话框中的水平位置“H”中输入一个数值,鼠标单击【应用】按钮,图形对象会自原位水平向右移动输入的距离。如在垂直位置“V”中输入一个数值,鼠标单击【应用】按钮,图形对象会自原位垂直向上移动输入的距离。如果鼠标单击【应用再制】按钮,原对象保留在原位,在输入数值的位置上,移动再制一个图形对象等。同时还可以设置移动模式、移动基点等。

2. 旋转变换：鼠标单击旋转图标,显示的是旋转对话框,如图 1－94 所示。

通过该对话框,我们可以对选中的图形对象进行旋转设置操作。如在相对中心模式下,在对话框中的角度中输入一个数值,鼠标单击【应用】按钮,图形对象会旋转输入的角度。如果鼠标单击【应用再制】按钮,原对象保留在原位,在输入角度的位置上,旋转再制一个图形对象等。同时还可以设置旋转模式、中心位置等。

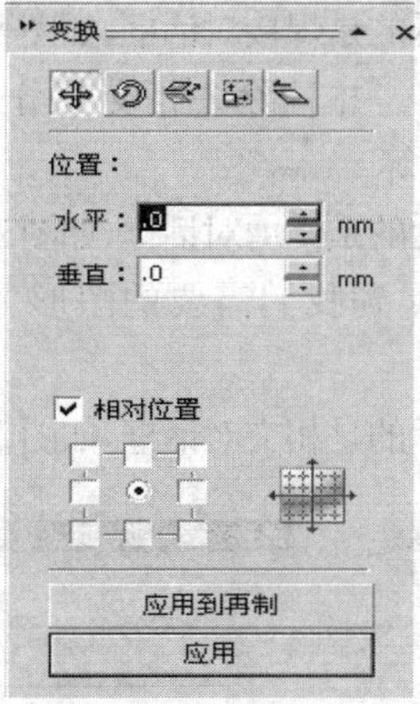

图 1－92

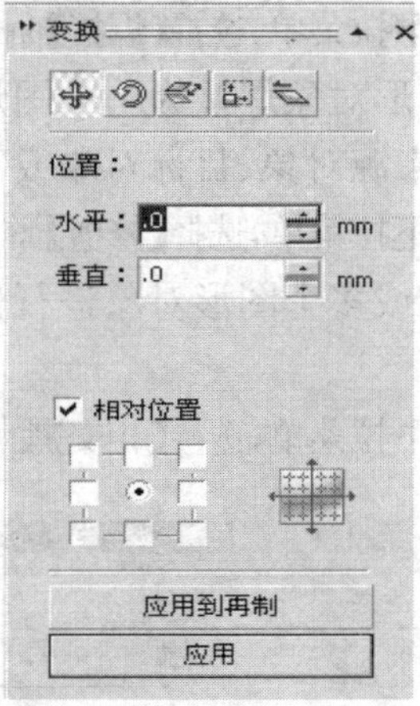

图 1－93

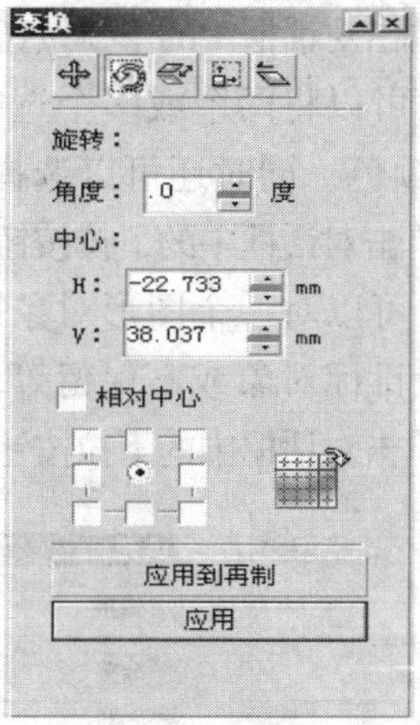

图 1－94

3. 镜像变换：鼠标单击镜像变换图标,显示的是镜像变换对话框,如图 1－95 所示。

通过该对话框,可以对选中的图形对象进行镜像变换和比例缩放设置操作,一般情况下,我们不去改变图形的比例。鼠标单击水平镜像按钮,鼠标再单击【应用】按钮,图形对象会水平镜像翻转一次。如果鼠标单击【应用再制】按钮,原对象保留在原位,可以水平镜像翻转再制一个图形对象等。同时还可以设置镜像模式、镜像翻转的中心基点等。

4. 大小变换：鼠标单击大小变换图标，显示的是大小变换对话框，如图 1－96 所示。

通过该对话框，我们可以对选中的图形对象进行大小的设置操作。如在不按比例模式下，在水平大小“H”中输入一个数值，鼠标再单击【应用】按钮，图形对象会按输入的数值，在水平方向出现大小变化。如果鼠标单击【应用再制】按钮，原对象保留在原位，并按输入的数值，再制一个变化后的图形对象，垂直大小“V”的变换原理同上。同时还可以设置大小变换模式、变换的中心基点等。

5. 斜切变换：鼠标单击斜切变换图标，显示的是大小变换对话框，如图 1－97 所示。

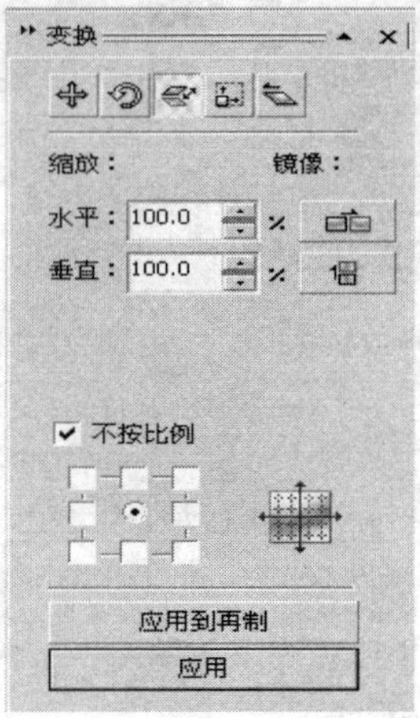

图 1－95

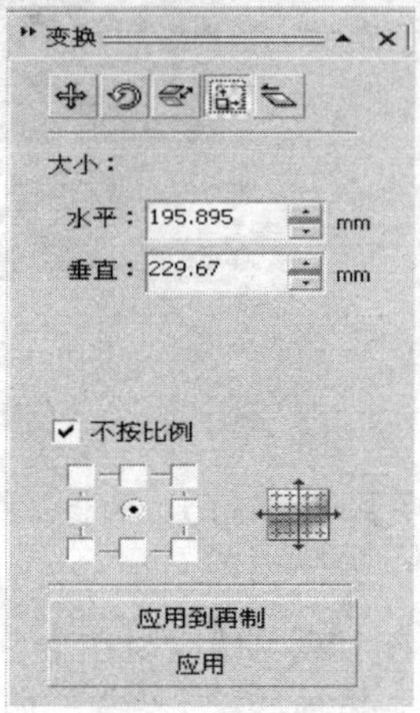

图 1－96

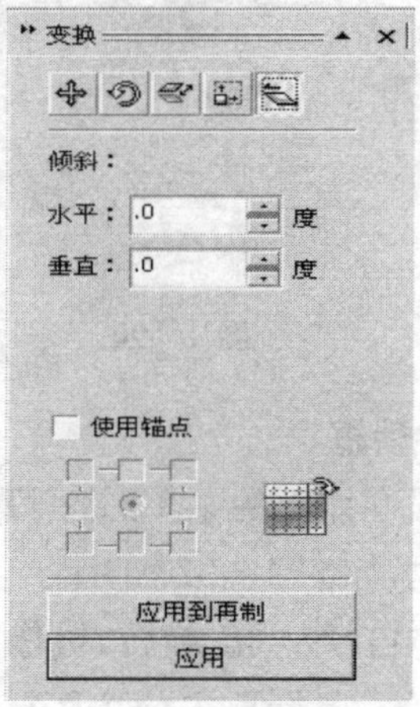

图 1－97

通过该对话框，我们可以对选中的图形对象进行斜切变换的设置操作。在水平斜切“H”中输入一个数值，鼠标再单击【应用】按钮，图形对象会按输入的数值，在水平方向出现斜切变化。如果鼠标单击【应用再制】按钮，原对象保留在原位，并按输入的数值，再制一个斜切变换后的图形对象，垂直斜切“V”的变换原理同上。同时还可以设置斜切变换模式、变换的中心基点等。

四、造型对话框

鼠标单击程序界面的菜单【排列】→【造型】，可以打开一个二级菜单，鼠标单击其中任何一个命令，均可以打开造型对话框，如图 1－98 所示。

该对话框中包括焊接、修剪、相交等项目，现在分别介绍如下。

1. 焊接：鼠标单击对话框中的下拉按钮，打开下拉菜单，选择【焊接】命令，显示的是焊接对话框，如图 1－99 所示。

通过该对话框，可以将两个或多个选中的图形对象焊接为一个图形对象。并且除去相交部分，保留焊接到的某个图形对象的颜色。同时还可以选择保留来源对象、目标对象或不保留等。

2. 修剪：鼠标单击对话框中的下拉按钮，打开下拉菜单，选择【修剪】命令，显示的是修剪对话框，如图 1－100 所示。

通过该对话框，可以对一个图形对象用一个或多个图形对象进行修剪，得到我们需要的图形。同时还可以选择保留来源对象、目标对象或不保留等。

3. 相交：鼠标单击对话框中的下拉按钮，打开下拉菜单，选择【相交】命令，显示的是相交对话框，如图 1－101 所示。

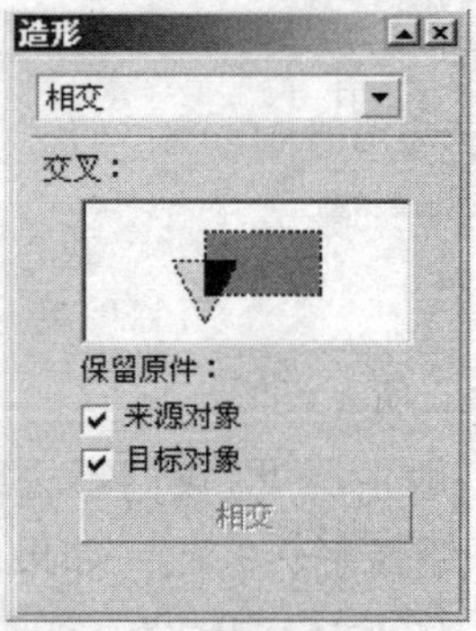

图 1－98

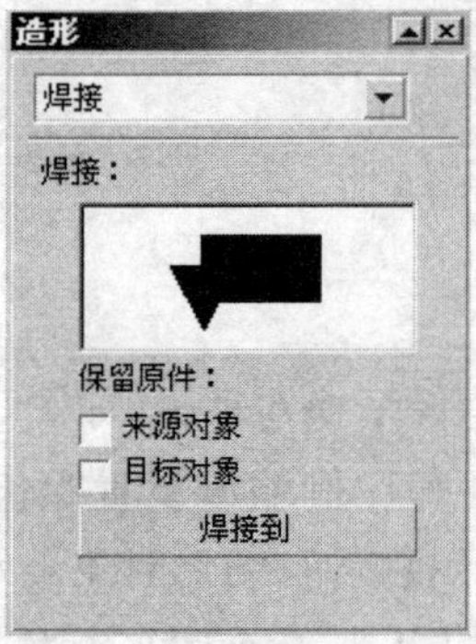

图 1－99

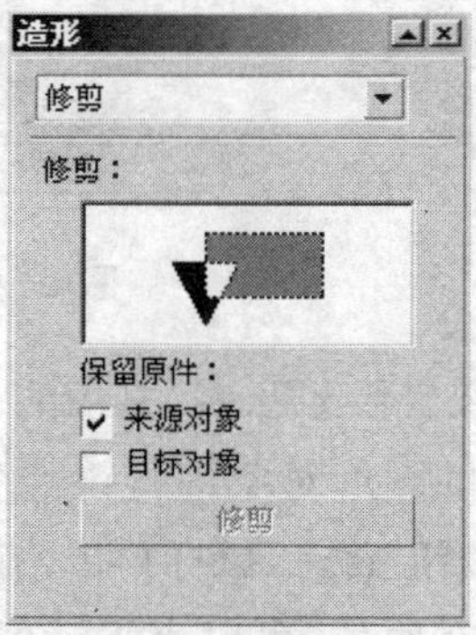

图 1－100

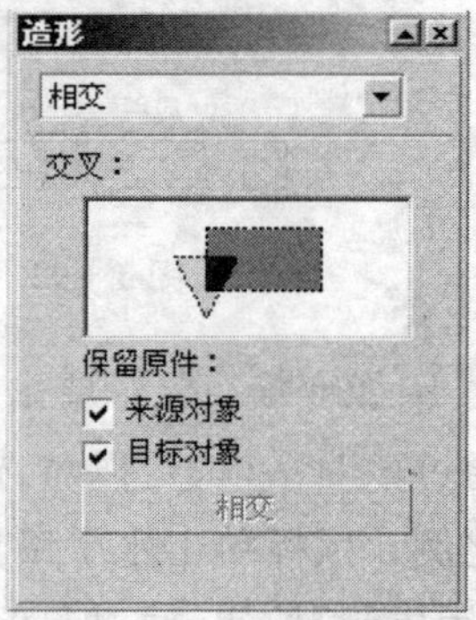

图 1－101

通过该对话框，可以对两个图形对象进行相交操作，保留两个图形重叠相交的部分。同时还可以选择保留来源对象、目标对象或不保留等。

1.8 CorelDRAW X3 的打印和输出

一、文件格式

CorelDRAW X3 的默认文件格式是“cdr”，在保存、另存为时还可以保存为其他多种图形格式。程序可以导出多种格式图形文件，也可以导入同样的多种格式文件图形。程序可以打开“cdr”文件，也可以打开其他多种格式的文件。

1. 导出保存转换格式：利用挑选工具选中图形，单击导出图标，打开导出对话框，如图1－102所示。

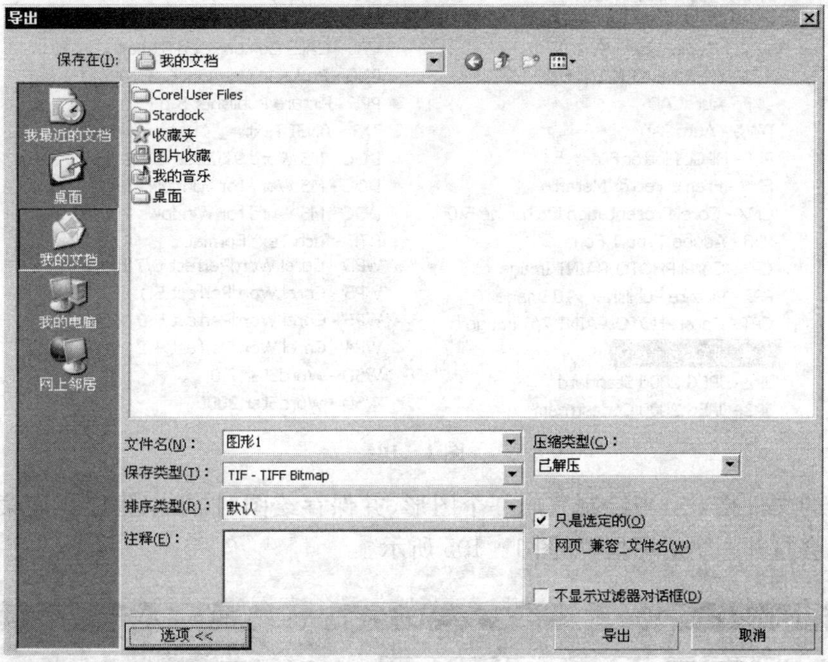

图 1－102

在“保存在”栏目选择保存地址；在“文件名”栏目输入文件名；勾选“只是选定的”；展开“保存类型”下拉菜单，根据下一步工作的需要，选择文件格式类型，其他默认即可。单击【导出】命令按钮，打开一个对话框，如图1－103所示。

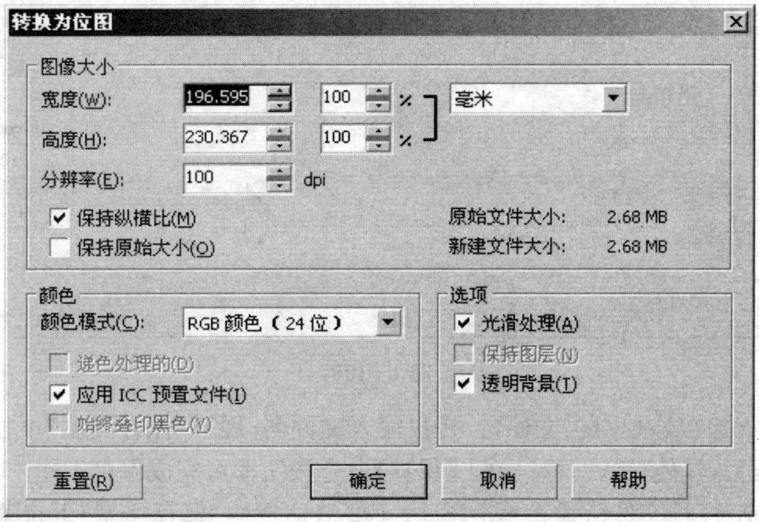

图 1－103

通过该对话框可以设置图形的高度和宽度，可以设置图形的比例、单位、分辨率、颜色模式等，一般保持默认状态即可。单击【确定】命令按钮，后面连续单击【确定】命令按钮直至完成保存工作。

常用的文件格式包括 46 种文件格式。单击图 1－104 对话框的“保存类型”下拉菜单，可以看到文件格式类型选项。其中常用的文件格式包括：JPG、GIF、TIF、PSD、AI 等，

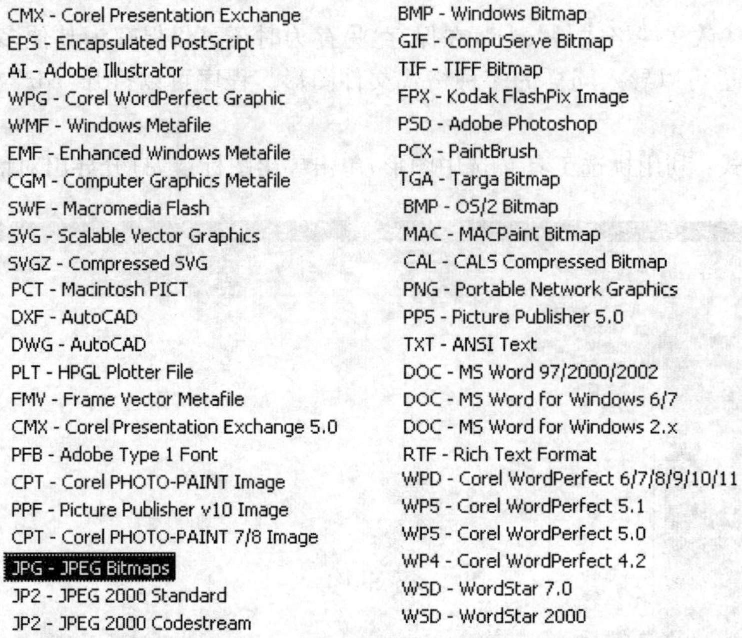

图 1－104

2. 保存、另存为的文件格式：当绘制完成一个图形，并保存绘图时，单击程序界面菜单栏的【文件】→【保存】或【另存为】命令，会打开一个对话框，如图 1－105 所示。

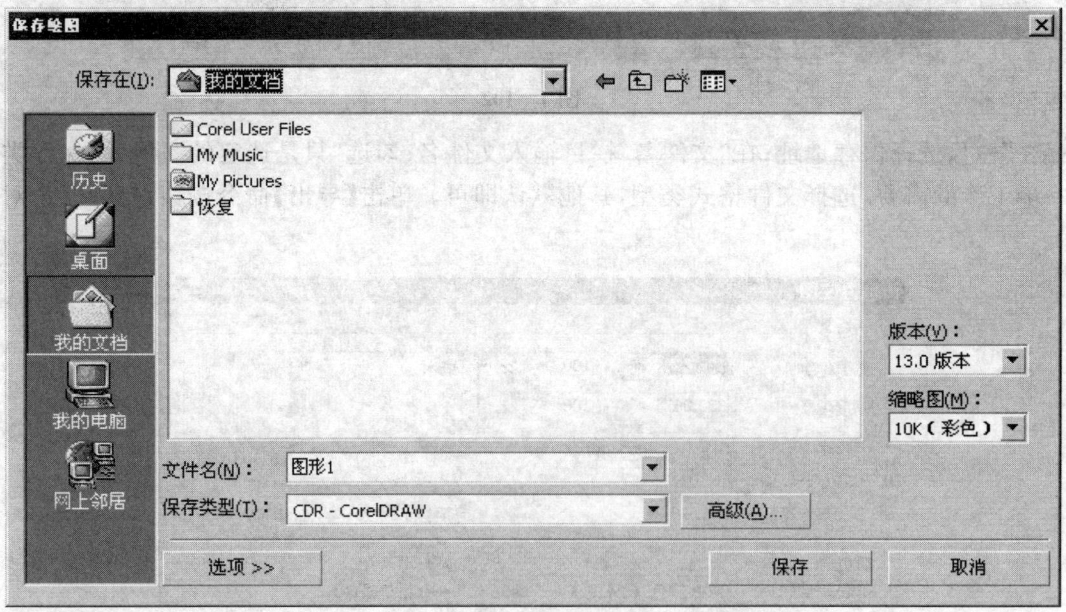

图 1－105

在“保存在”栏目选择保存地址；在“文件名”栏目输入文件名；展开“保存类型”下拉菜单，根据下一步工作的需要，选择文件格式类型，其他默认即可。单击【保存】命令按钮即可完成保存工作。

常用的文件格式包括 20 种文件格式。单击图 1－102 对话框的“保存类型”下拉菜单，其文件格式类型选项，如图 1－106 所示。其中常用的文件格式包括：CDR、CMX、AI 等。

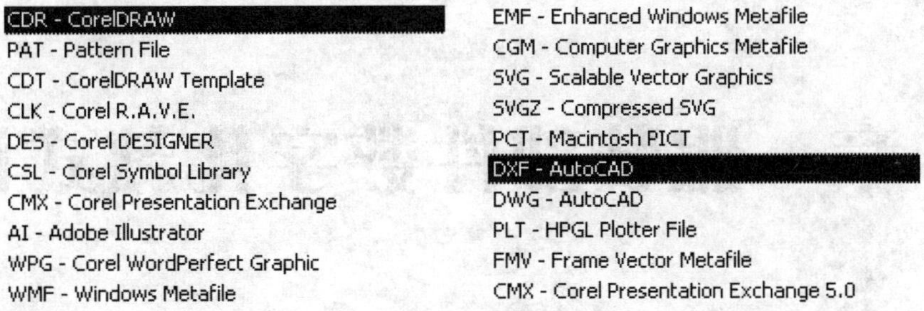

图 1－106

二、文件打印与输出

1. 当要作为一般作业、文档输出时，可以直接在程序中打印文件。操作方法与大部分程序相同。

2. 当要输出服装 CAD 样板图或排料图时，首先将文件另存为与输出仪的文件格式同样的格式，将计算机与输出仪连接，输出打印即可。CorelDRAW X3 的兼容性很强，所有计算机设备基本上都可以使用。

3. 当要使用自动裁剪设备时，同样首先将文件另存为与自动裁剪设备的文件格式相同的格式，将计算机与自动裁剪设备连接，即可自动裁剪。

第2章　服装部件数字化款式设计

服装款式是构成服装的基本形态，服装的造型设计一般是从服装的款式构思入手。在具体的服装中，服装的款式由服装的外形、领子、门襟、袖子、口袋、腰头等组合表现。因此，我们也从组成服装款式的这些元素入手开始进行服装造型的设计研究。

2.1　领子的数字化设计

领子是最引人注目的地方，同时，领子在上衣各局部的变化中总是起主导作用，因此，领子的设计通常是上衣设计的重点。

一、领子的分类和设计要点

根据领子的结构特征，领子可以分为：领口领、立领、贴身领、驳领、连身领等，如图2-1所示。

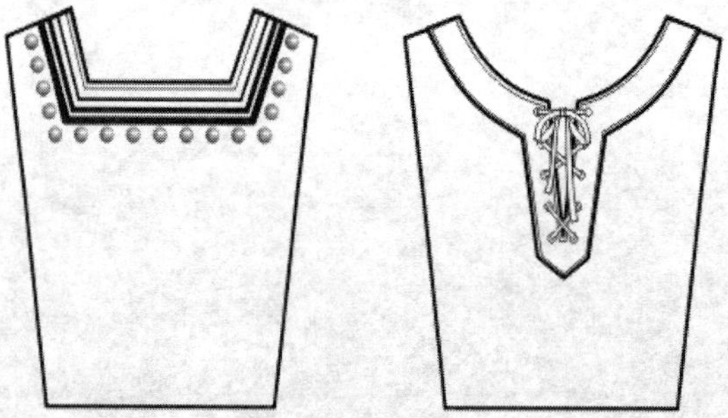

领口领

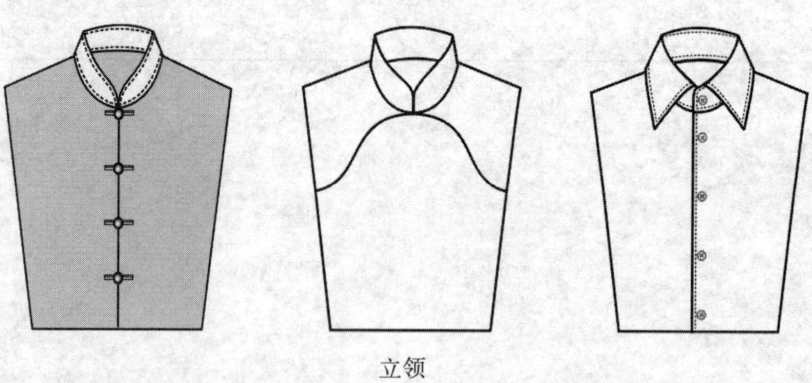

立领

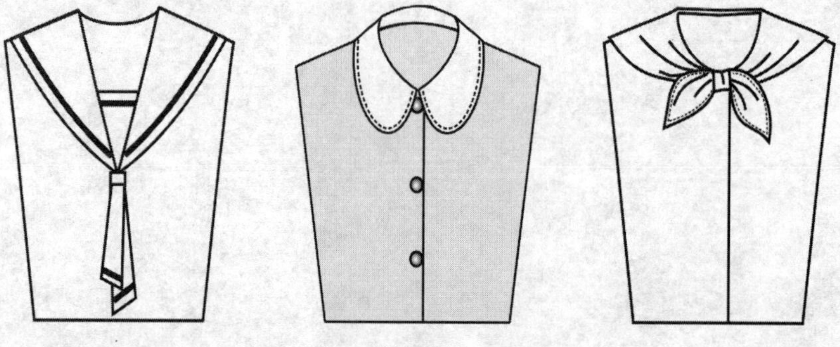

贴身领

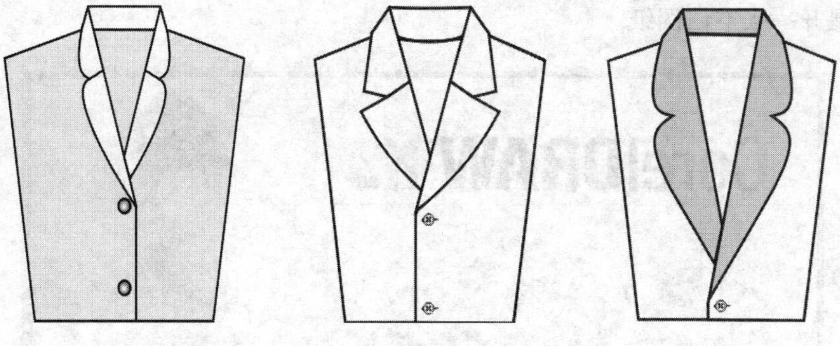

驳领

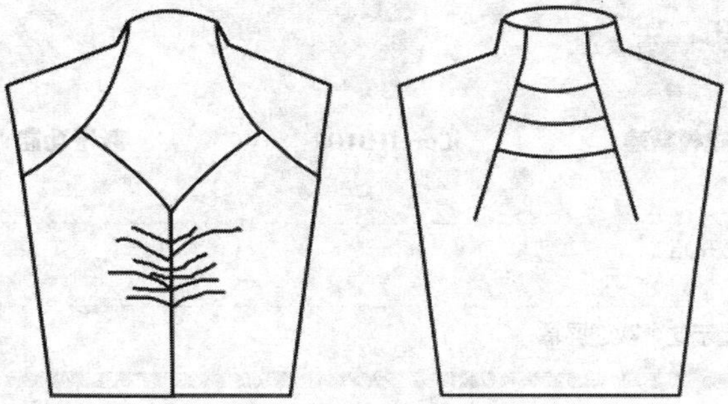

连身领

其他领型

图 2-1

各种类型的领除了结构不同以外，给人的审美感受和设计表现方法也不同。在领子的设计中，应该注意以下几点：

1. 在批量生产的服装中，应尽可能运用流行元素设计领子。

2. 针对具体穿衣人时，领子的设计要符合穿衣人的脸型和颈项特征。

3. 领子的造型要与服装的整体风格一致。

二、领口领的设计与表现

领口领是指没有领面，只有领口造型的领子。领口领的形态由衣片的领口线或服装吊带的形态来确定，常常能给人简洁、轻松的美感。

用电脑设计和表现领口领，应先确定并画好衣身上部图形，然后在肩颈点以外的适当位置设计并画好领口线，最后再对领口线作适当装饰。装饰领口线的方法有很多。如辑明线、包边、嵌边、加缝花边或荷叶边等等，设计中应根据服装的整体需要去把握。用明线装饰领口是所有领都可以用的方法，也是缝合衣片常用的方法，学会用电脑表现明线，不仅可以装饰其他的领，也可以用来处理服装中需要用明线装饰的其他部位。以下面款式图为例，介绍领口领的电脑绘制方法，如图 2-2 所示。

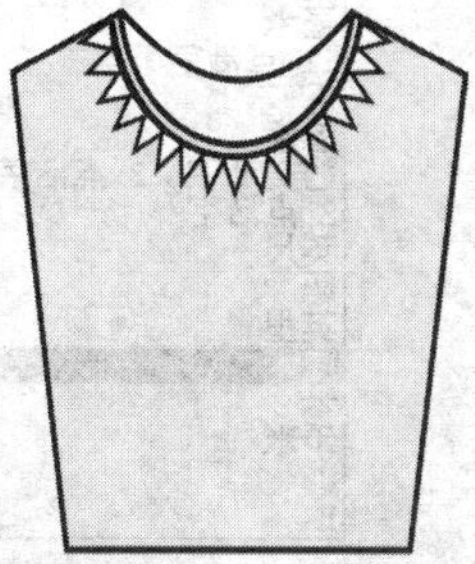

图 2-2

1. 图纸设置：打开 CorelDRAW X3，单击程序界面上的【新建】图标，或通过欢迎对话框(图 2-3),展开一张空白图纸。

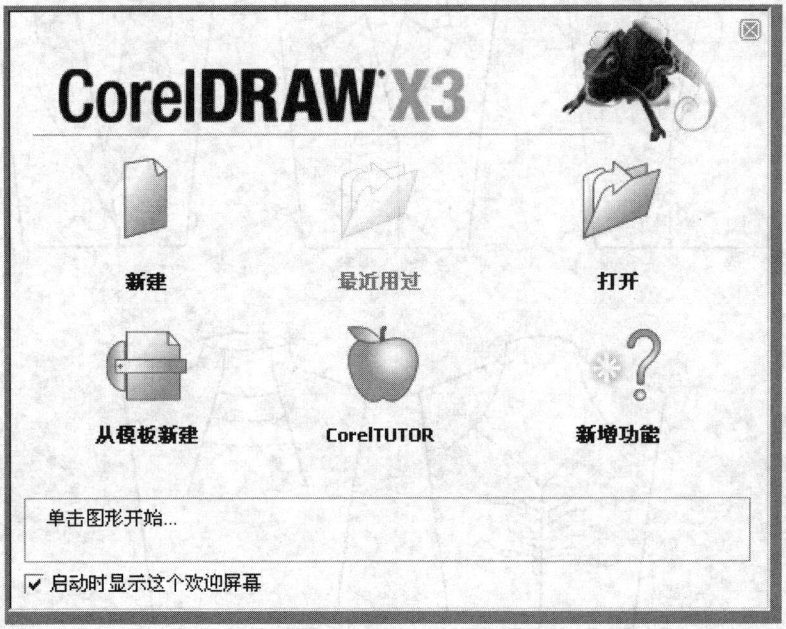

图 2-3

通过程序界面上方的"交互式属性栏"(图 2-4)对图纸进行设置。

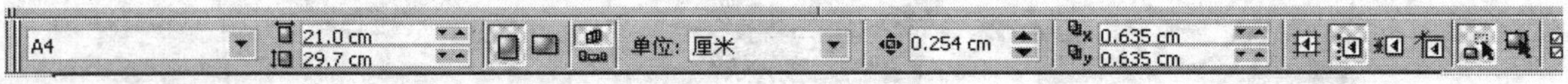

图 2-4

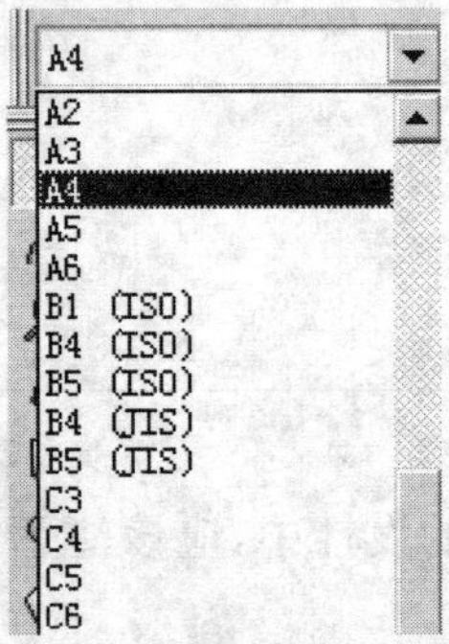

图 2-5

属性栏的第一列是图纸规格,单击右下角的下拉按钮,展开下拉菜单,选择 A4 图纸,即完成了 A4 图纸的规格设置(图 2-5)。

属性栏的第三列是图纸方向设置按钮。单击纵向按钮,设置图纸纵向摆放,即完成了图纸方向的设置。

属性栏中间是绘图数据单位的设置菜单,单击下拉按钮,展开绘图单位设置下拉菜单,选择"厘米",设置绘图单位为厘米(图 2-6),即完成了绘图单位的设置。

绘图比例的设置:双击横向标尺,打开"选项"对话框(图 2-7)。

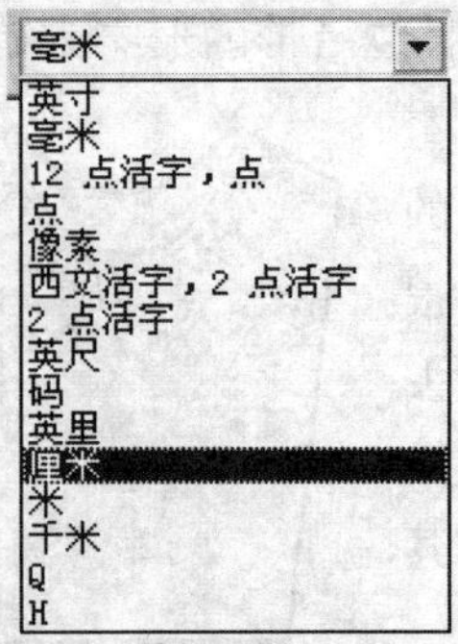

图 2-6

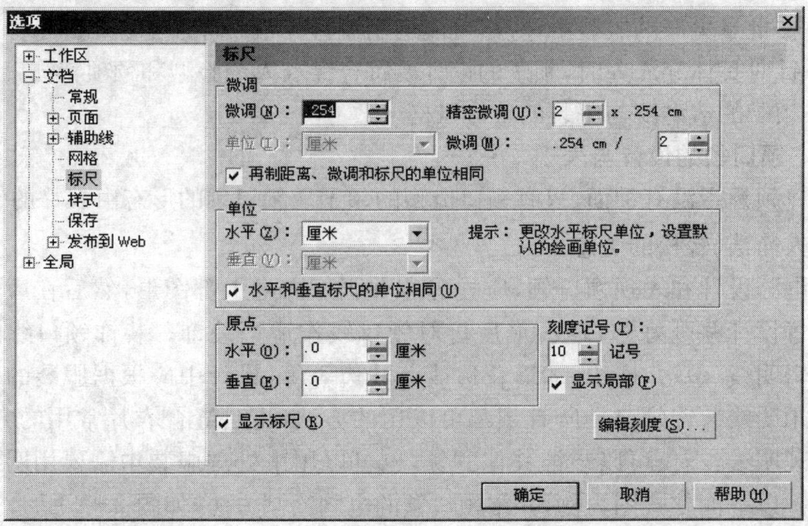

图 2-7

单击“标尺”对话框中的【编辑刻度】按钮，打开【绘图比例】对话框。将【页距离】设置为“1.0”厘米，将【实际距离】设置为“5.0”厘米，单击【确定】按钮，即完成了 1∶5 的绘图比例设置(图 2-8)。

(所有图纸设置基本相同，以后不再叙述)。

2. 原点和辅助线的设置：为了绘图的方便与准确，一般应该设置原点位置和辅助线。利用挑选工具，鼠标按在横竖标尺交叉处，拖动鼠标，将原点放置在图纸的适当位置。参照下图，鼠标按在竖向标尺上，分别拖出若干条竖向辅助线，将其放置在相应位置；鼠标按在横向标尺上，拖出若干条横向辅助线，将其辅助线相应位置(图 2-9)。

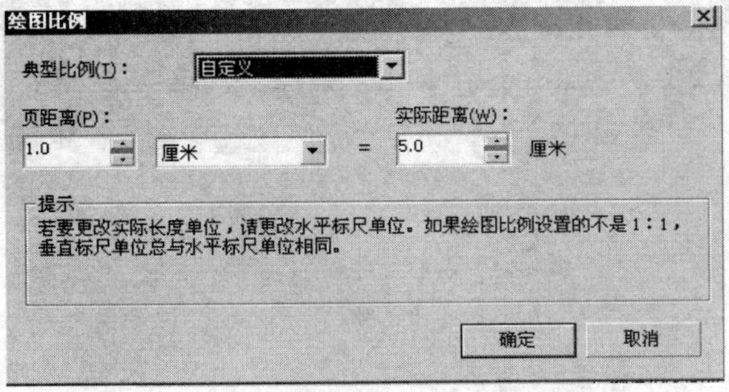

图 2-8

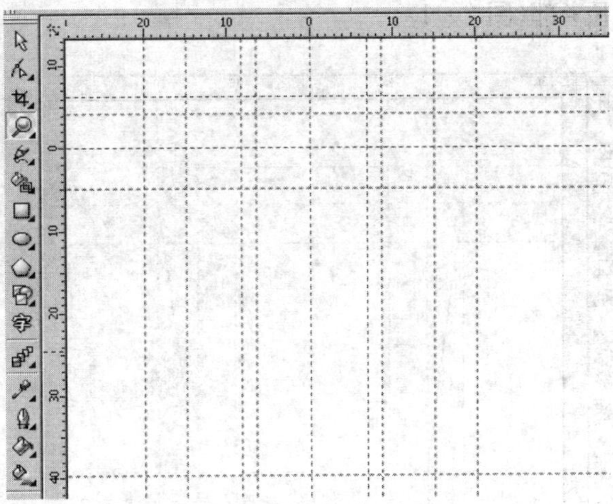

图 2-9

设置完成原点后，还可以通过辅助线设置对话框，进行精确设置。鼠标双击横向标尺，打开标尺设置对话框。在对话框的左侧，展开辅助线选项，选中水平选项。在对话框右侧上部数值栏输入需要的水平辅助线位置数据，比如：矩形高度线－40 cm，落肩线－5 cm 等，鼠标单击【确定】命令按钮。重复上述操作步骤，选中垂直选项。在对话框右侧上部数值栏输入需要的垂直辅助线位置数据，比如：矩形宽度线 20、－20 cm，领口宽度线 10、－10 cm，收腰位置线 15、－15 cm 等，鼠标单击【确定】命令按钮(图 2-10)。

(所有原点和辅助线设置基本相同，以后不再叙述)。

3. 绘制外框：利用矩形工具，参照辅助线绘制一个矩形，宽度“水平”为 40 cm、高度“垂直”为 40 cm(图 2-11)。

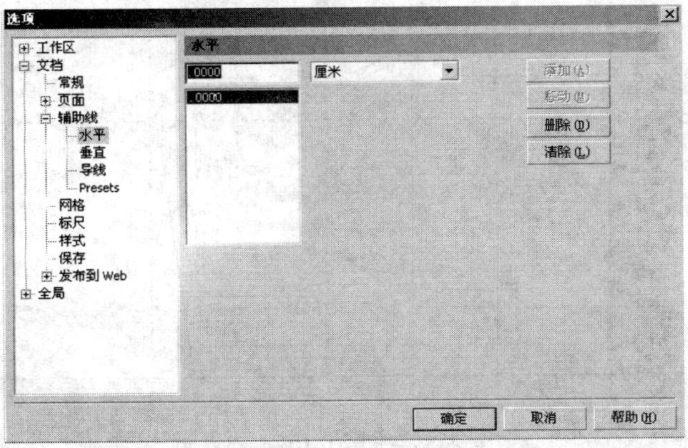

图 2-10

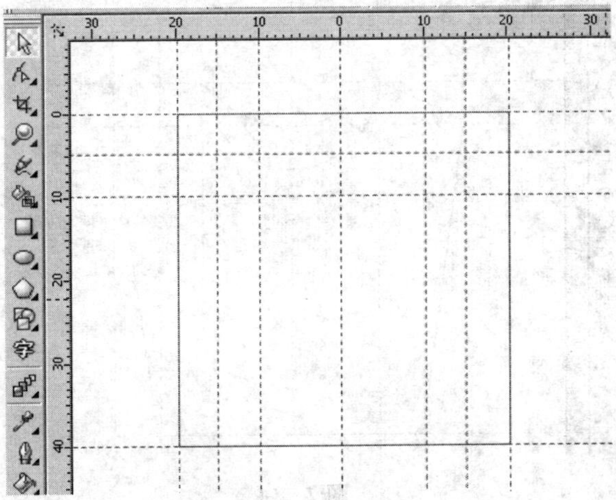

图 2-11

4. 绘制衣身：利用挑选工具选中矩形，鼠标单击交互式属性栏的转换为曲线图标，将矩形转换为曲线。利用挑选工具，将原点拖动到矩形上边的中点处。利用形状工具，在矩形上边中点两侧各 10 cm 处，分别双击鼠标，增加 2 个节点。同时将矩形上边两端的节点分别向下移动 5 cm，形成落肩。将矩形下边的两个节点分别向内移动 5 cm，形成收腰形状（图 2 - 12）。

5. 绘制领口：利用椭圆工具，以上边中点为圆心，同时按住 Ctrl 键和 Shift 键，绘制一个直径和领口宽度相同的圆形。鼠标单击交互式属性栏的曲线转换图标，将其转换为曲线。利用形状工具，同时选中圆形左右两个节点，鼠标单击交互式属性栏的尖突图标，使两个节点变为尖突。利用形状工具，选中圆形上部节点，鼠标单击属性栏的分割曲线图标，使曲线在节点处分离，这时节点处存在两个重叠的节点。利用形状工具，绘制一个虚线矩形，将两个节点同时选中，单击删除节点图标，删除两个节点，这时圆形的上半部被删除，只剩下下半部（图 2 - 13）。

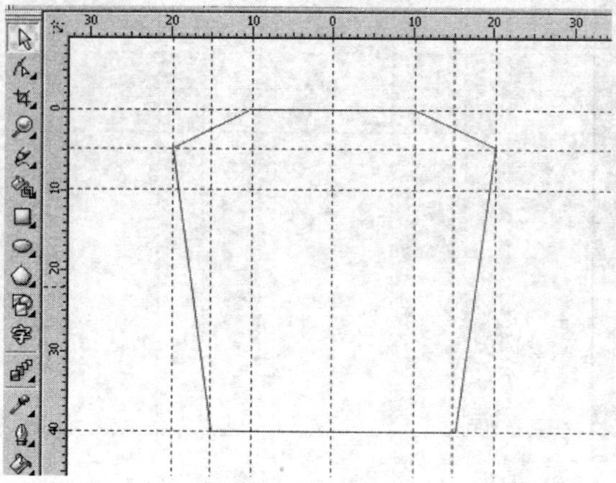

图 2 - 12

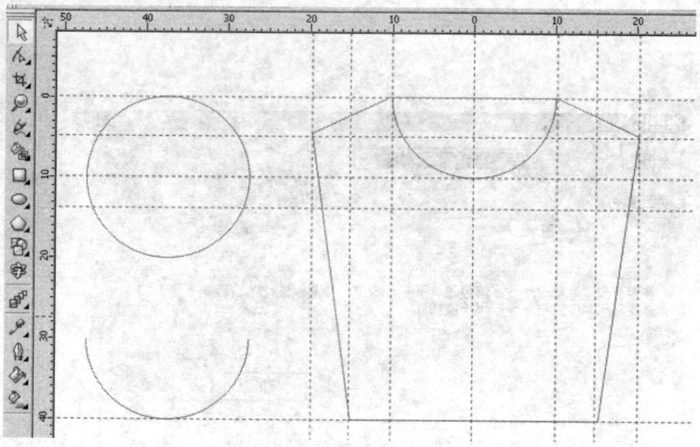

图 2 - 13

利用形状工具，选中衣身框图的领口直线。单击交互式属性栏的转换直线为曲线图标，将其修画为弯曲的曲线（图 2 - 14）。

6. 绘制双线：利用挑选工具，选中半圆形前领口，通过变换对话框的大小选项，鼠标单击【应用于再制】命令按钮，再制一个半圆。同时拖动放大半圆，并重新移动定位在适当的位置。

利用挑选工具，选中衣身图形，通过变换对话框的大小选项，单击【应用到再制】命令按钮，再制一个衣身图形。利用形状工具，选中除肩颈点以外的其他所有节点，单击交互式属性栏的分割曲线图标，并通过点击删除键，删除这些节点，只留下领口曲线。利用挑选工具选中曲线，向下移动适当距离，调整端点位置（图 2 - 15）。

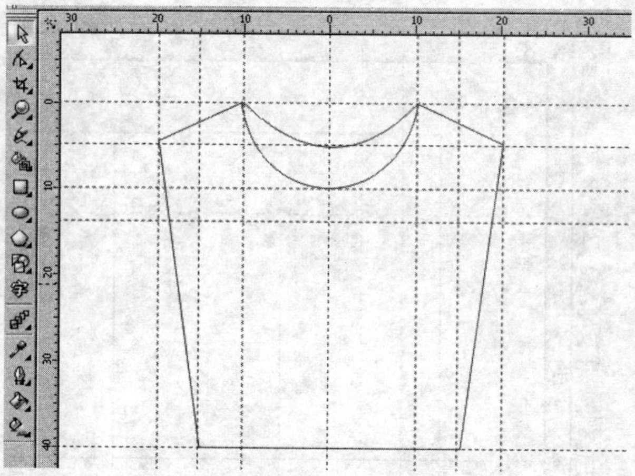

图 2 - 14

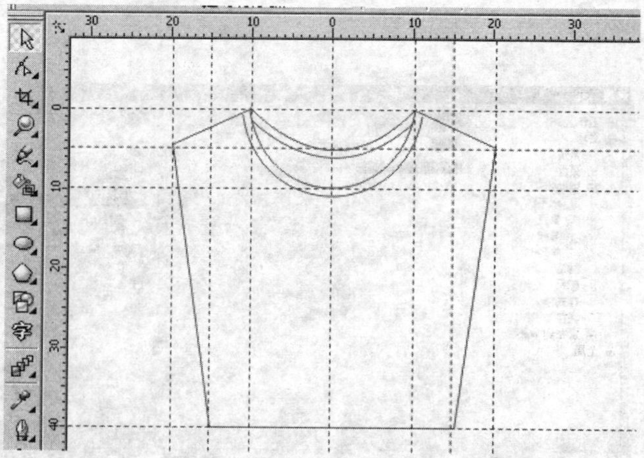

图 2 - 15

7. 绘制图案：利用手绘工具，在领口图形下边中点，绘制一个三角形，并为其填充白色。鼠标再单击一次三角形，使其处于旋转状态，同时将旋转中心移动到领口曲线的圆心处。利用变换对话框的旋转选项，设置旋转角度为−10°，鼠标单击【应用于再制】命令按钮 8 次，形成左侧图案。同理，重复上述操作，利用变换对话框的旋转选项，设置旋转角度为 10°，鼠标连续单击【应用于再制】命令按钮 8 次，形成右侧图案（图 2 - 16）。

8. 加粗轮廓线：利用挑选工具，鼠标单击工具箱的轮廓笔工具，展开选项菜单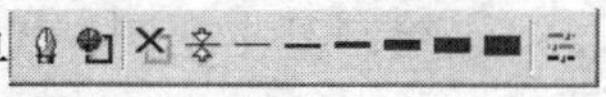，鼠标单击左侧第一个图标，打开轮廓笔属性对话框，将轮廓宽度单位设置为毫米，并选中左下角的无角选项，点击【确定】（图 2 - 17）。

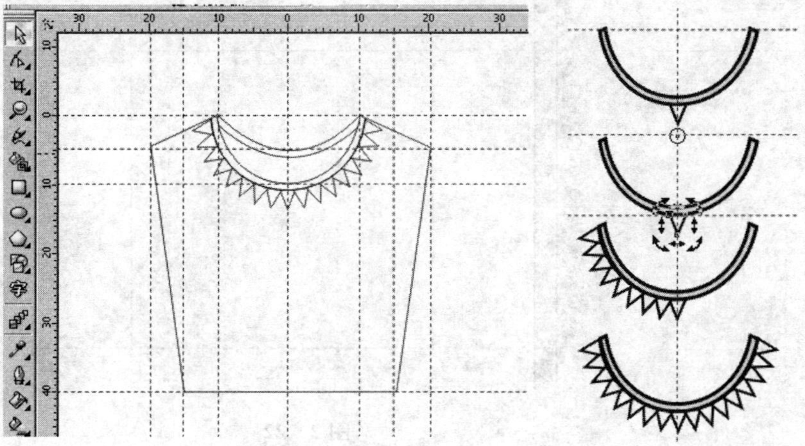

图 2 - 16

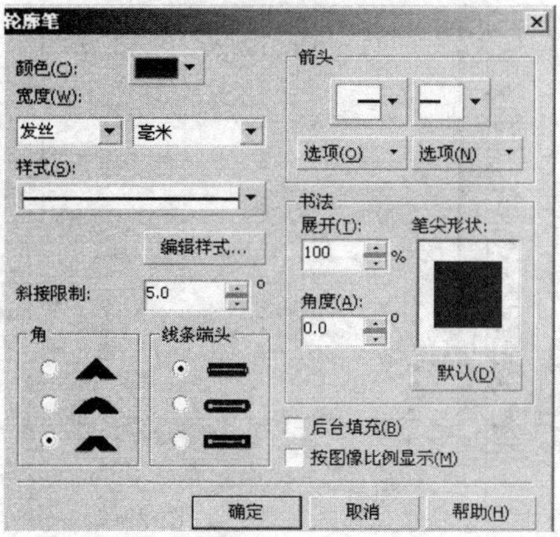

图 2 - 17

利用挑选工具框选选中整个图形，通过属性对话框的轮廓选项，设置轮廓宽度为 3.5 mm，点击【应用】命令按钮（图 2 - 18）。

9. 填充颜色：利用智能填充工具，调整填充颜色，将装饰图样和衣身内部填充为白色。将领口滚

边填充为深灰色，将衣身填充为灰色。即完成了领口领款式图的绘制（图 2 - 19）。

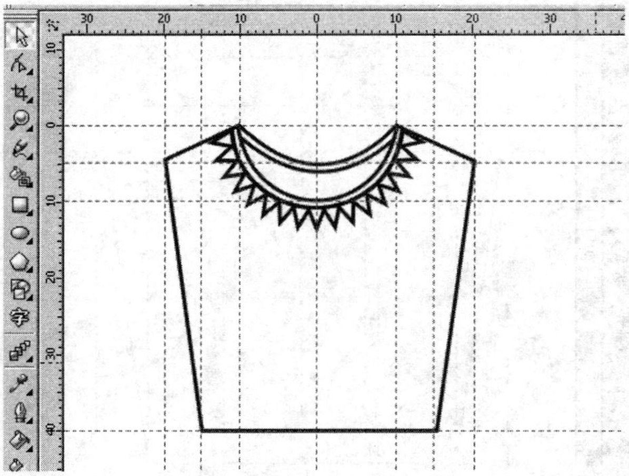

图 2 - 18

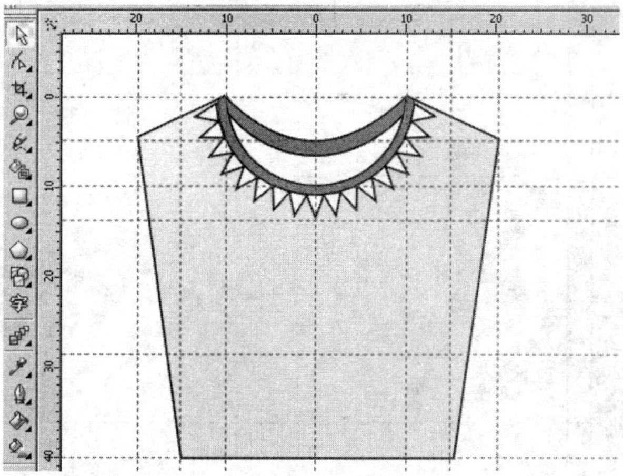

图 2 - 19

三、立领的设计与表现

立领是领面直立的领子，有的只有领座没有翻领，有的既有领座也有翻领。如中国传统的旗袍领、中山装领，男式衬衣领等，能给人庄重、挺拔的审美感受。

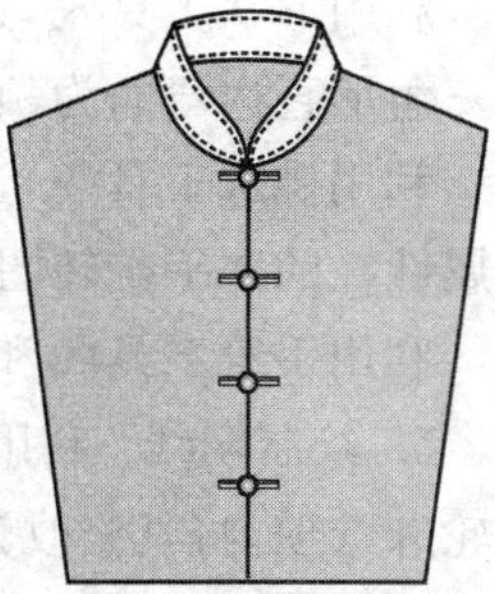

图 2 - 20

用电脑设计和表现立领可以借鉴领口领的方法，先画好衣身上部图形，然后再在领口两侧画领高线，领高线的高低和倾斜度对立领的造型和着装效果有很大影响，要注意适度把握。画好领高线以后就可以画领子了，立领变化一般不大，主要用包边、嵌边或辑明线的手法去装饰（图 2 - 20）。

1. 设置图纸、原点和辅助线：参照前述方法，设置 A4 图纸、竖向摆放、绘图单位 cm、绘图比例 1∶5。

设置原点和辅助线(图 2 - 21)。

2. 绘制基本框图：利用矩形工具，绘制一个宽度为 40 cm、高度为 40 cm 的矩形(图 2 - 22)。

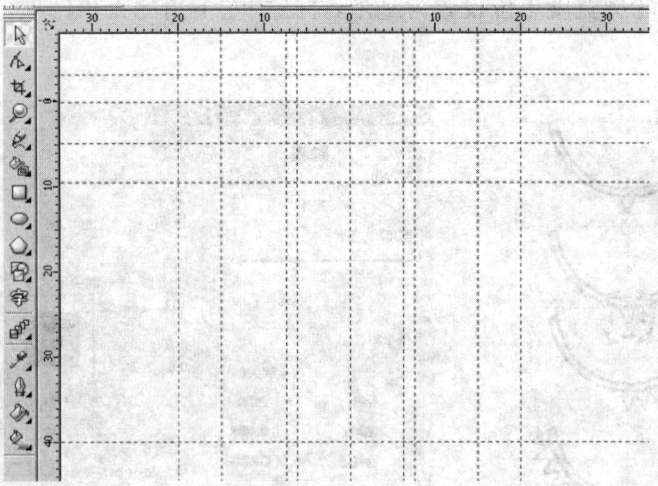

图 2 - 21

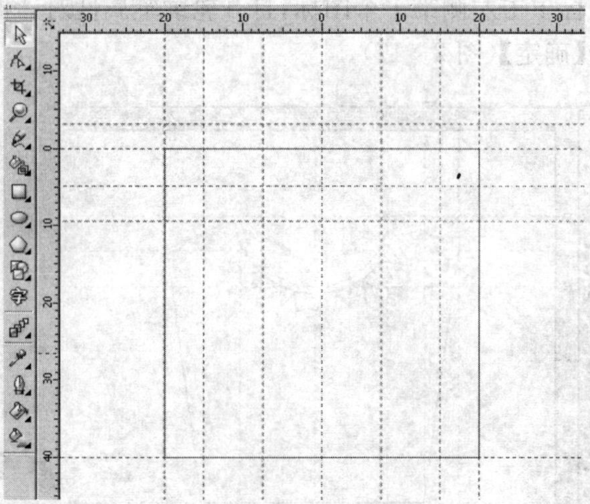

图 2 - 22

3. 绘制衣身：利用形状工具，参照辅助线在大矩形上边，分别双击鼠标，增加两个肩颈点的节点。按住 Shift 键，利用形状工具，选中大矩形两端的节点。按住 Ctrl 键，利用形状工具将两个节点向下拖至 5 厘米处，形成落肩。按住 Ctrl 键，利用形状工具，将大矩形下边的两个节点，分别向中心线拖到适当位置，形成收腰效果(图 2 - 23)。

4. 领子的绘制：利用手绘工具，绘制封闭三角形(图 2 - 24)。

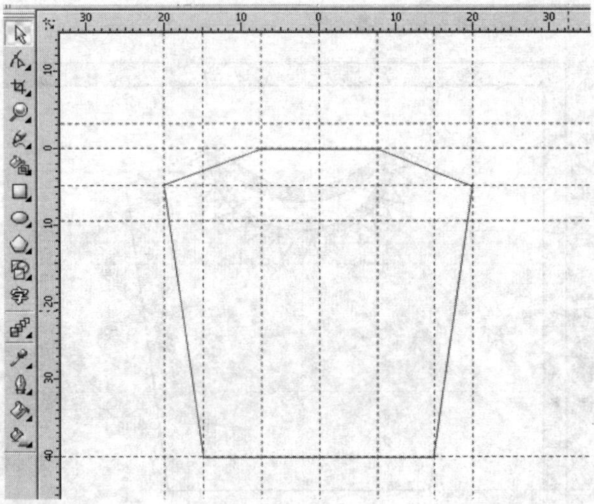

图 2 - 23

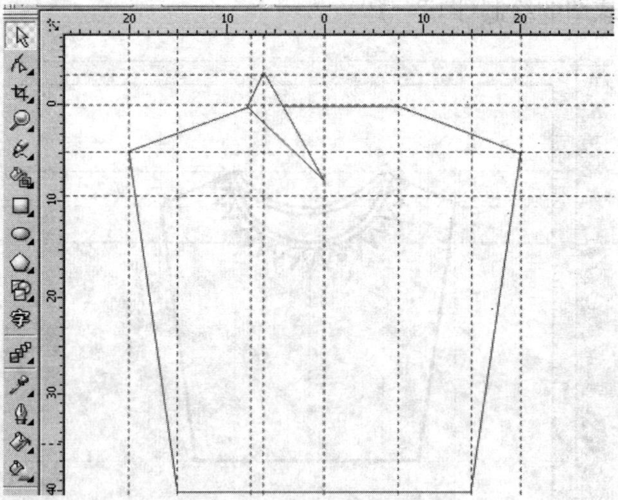

图 2 - 24

利用形状工具，选中三角形，鼠标单击属性栏的转换为曲线图标，将其转换为曲线。利用形状工具，将三角形直边弯曲为领子形状(图 2 - 25)。

利用挑选工具，选中左侧领子，鼠标单击变换对话框的【应用到再制】命令按钮，再制一个领子。鼠标单击属性栏的水平翻转图标，使领子水平翻转。按住 Ctrl 键，鼠标将其拖至右侧相应位置(图 2 - 26)。

利用手绘工具和形状工具，参照上述方法，绘制后领图形(图 2 - 27)。

5. 绘制明线：利用手绘工具和形状工具，参照绘制领子的方法，绘制领子明线，并通过交互式属性栏的轮廓选项，将其修改为虚线(图 2 - 28)。

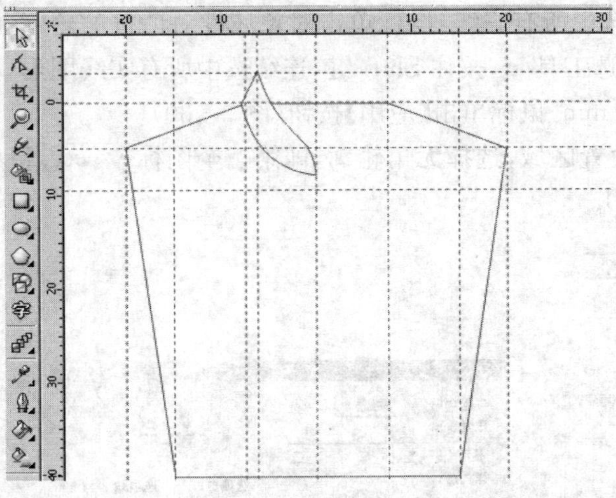

图 2－25

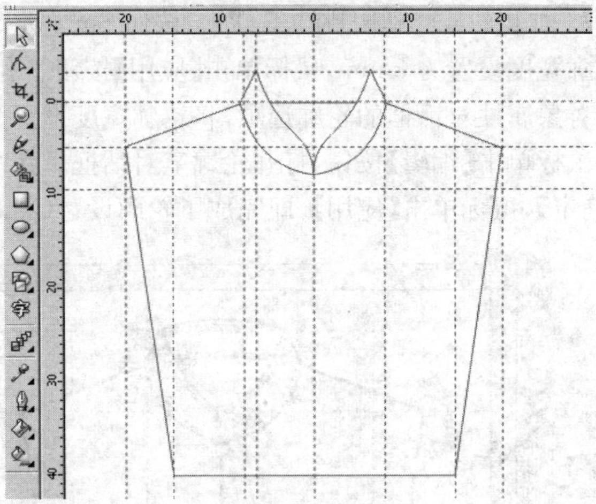

图 2－26

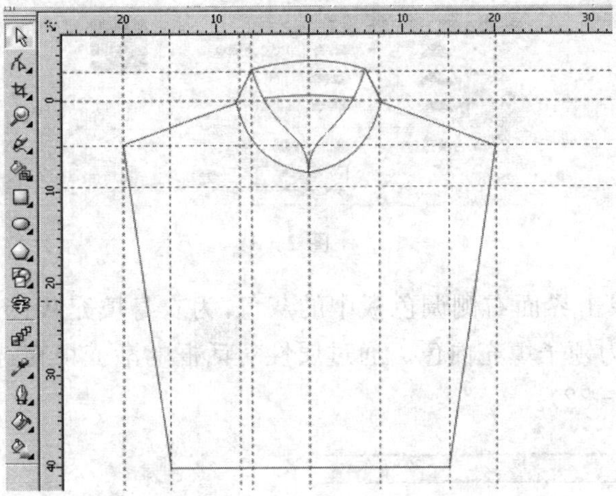

图 2－27

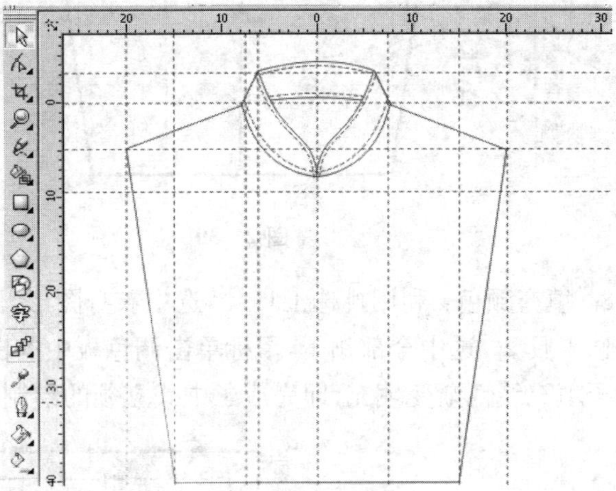

图 2－28

6. 绘制门襟和扣子：按住 Ctrl 键，利用手绘工具，自领口处开始，绘制一条直线到底边，即完成了门襟的绘制。利用矩形工具，绘制一个矩形，并设置矩形宽度为 6 cm、高度为 0.5 cm，鼠标单击【应用】命令按钮。再制一个矩形，将其放置在第一个矩形的下方，即完成了扣袢的绘制。按住 Ctrl 键，利用椭圆工具，绘制一个圆形，并设置圆形宽度和高度均为 1.3 cm，鼠标单击【应用】命令按钮，将其放置在双矩形的中点，即完成了扣子的绘制。

利用挑选工具，拖出一个虚线框，将扣袢和扣子同时框住（即同时选中），鼠标单击属性栏的群组图标，将其组合在一起。利用挑选工具将其拖放到门襟线上端。鼠标单击变换对话框的【应用到再制】命令按钮，再制 3 个扣子，并将其向下拖放到适当位置，即完成了扣子的绘制（图 2－29）。

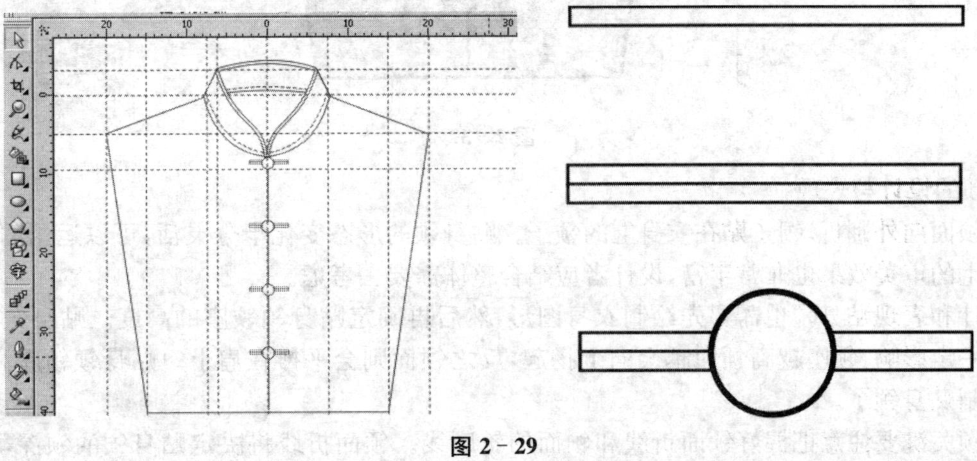

图 2－29

7. 加粗轮廓：利用挑选工具，按住 Shift 键，连续选中所有虚线，鼠标单击对象属性对话框的轮廓选项，将轮廓宽度设置为 3 mm，鼠标单击【应用】按钮。利用挑选工具，按住 Shift 键，连续选中所有实线图形，鼠标单击对象属性对话框的轮廓选项，将轮廓宽度设置为 3.5 mm，鼠标单击【应用】按钮(图 2 - 30)。

鼠标单击【编辑】按钮，打开轮廓笔对话框。在“角”设置区域，选择无角轮廓，即第三个图标，鼠标单击【确定】，鼠标单击【应用】，即完成了轮廓设置(图 2 - 31)。

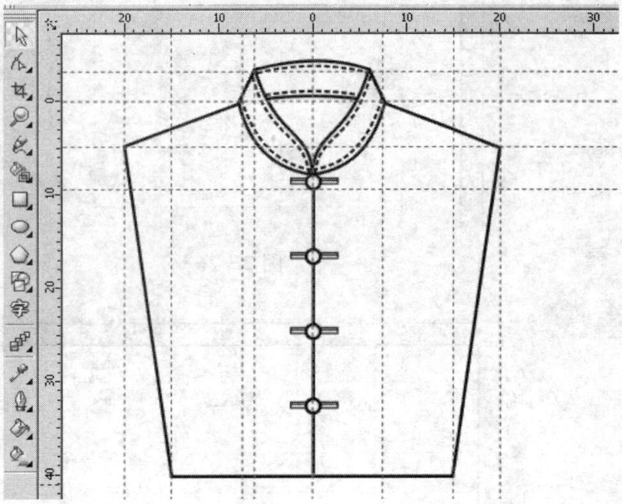

图 2 - 30

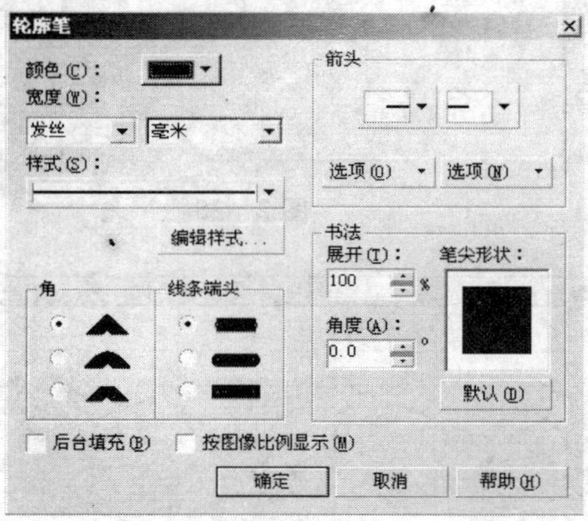

图 2 - 31

8. 填充颜色：利用挑选工具，选中衣身图形，鼠标单击界面右侧调色板中的灰色，为衣身填充灰色。利用挑选工具，选中全部领子，鼠标单击调色板中的白色，为领子填充白色。通过属性对话框的渐变填充选项，为扣子填充线性渐变填充，即完成了中式立领的绘制(图 2 - 32)。

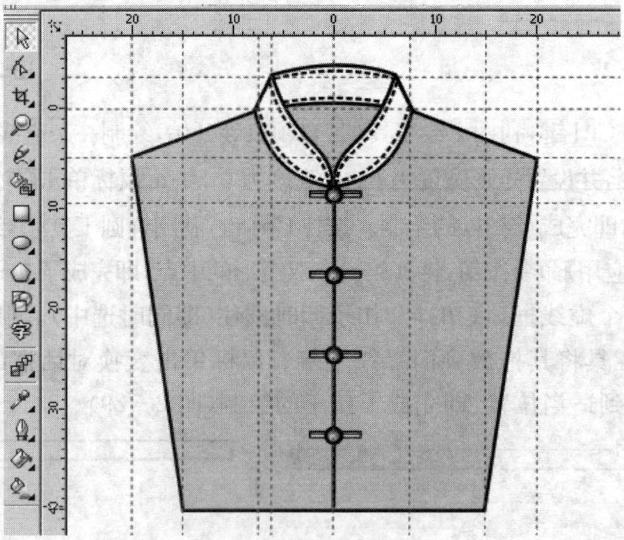

图 2 - 32

四、贴身领的设计与表现

贴身领即领面向外翻折，领子贴在衣身上的领子。贴身领的形态变化十分灵活，可以运用的装饰手法也很多，因此，能产生的审美效果也非常丰富，设计者应结合整体需要去考虑。

用电脑设计和表现贴身领也需要先绘制衣身图形，然后再确定贴身领领座的高度。贴身领领座的高度对翻领的造型有一定影响，领座越高领面越会向上扬起，反之领面则会平摊在肩上。贴身领领座高度确定之后，就可以设计绘制贴身领了。

设计贴身领关键要注意把握好领面折线和领面的轮廓线。领面折线将决定贴身领的领深，而领面的轮廓线则决定贴身领的造型。领面的造型决定之后，还可以运用包边、嵌边、刺绣图案、拼贴异色布、加缝花边、辑明线等手法去丰富它们的设计效果(图 2－33)。

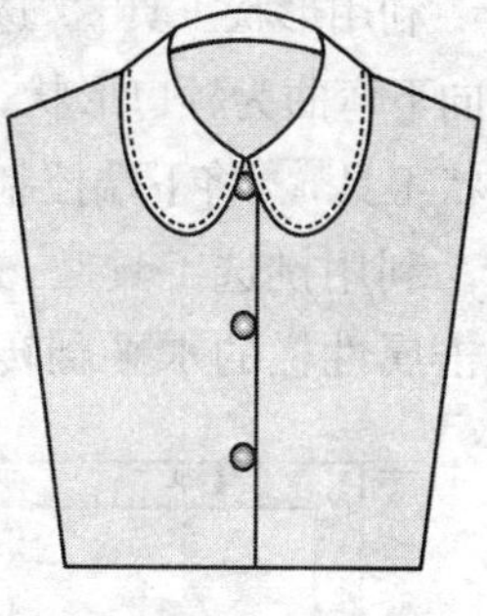

图 2－33

1. 设置原点和辅助线，绘制外框：参照前述方法设置原点和辅助线。利用矩形工具，绘制一个宽度为40 cm、高度为 40 cm 矩形。再制一个矩形，置宽度为 14 cm、高度为2 cm，按住 Ctrl 键，利用鼠标将该矩形拖至大矩形的上方，并且与之对齐(图 2－34)。

2. 绘制衣身：利用形状工具，在大矩形上边，与小矩形两个竖边交汇处，分别双击鼠标，增加两个节点。按住 Shift 键，利用形状工具，选中大矩形两端的节点。按住 Ctrl 键，利用形状工具将两个节点向下拖至 4 cm 处，形成落肩。按住 Ctrl 键，利用形状工具，将大矩形下边的两个节点，分别向中心线拖至适当位置，形成收腰效果(图 2－35)。

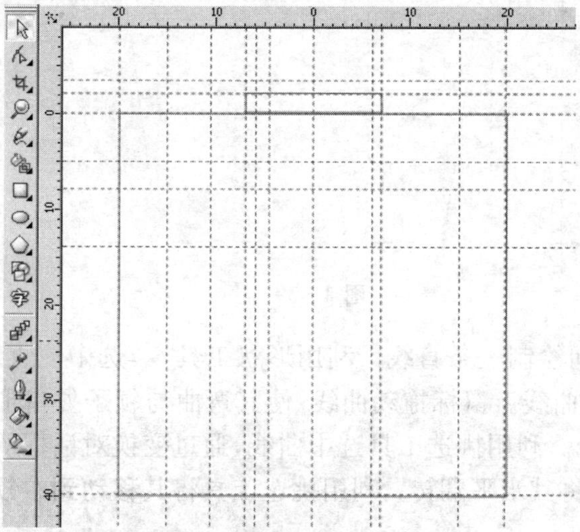

图 2－34

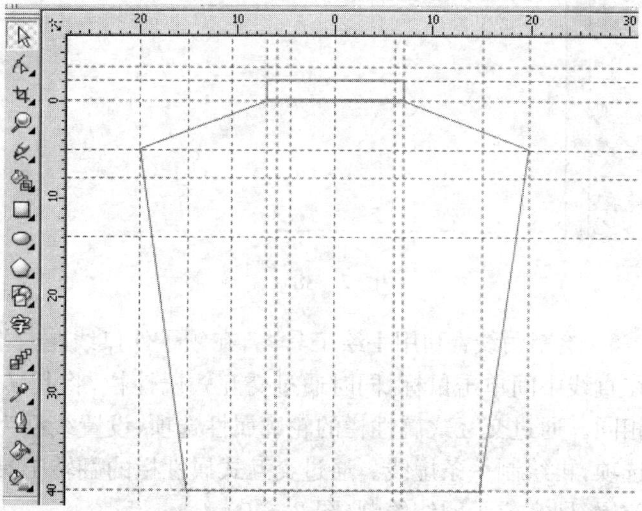

图 2－35

3. 领子绘制：利用形状工具，将小矩形上边的两个节点，分别向中心线移动。利用手绘工具，自小矩形左侧上边节点处开始，沿 A→B→C→A 三点，绘制封闭三角形 ABC(图 2－36)。

利用形状工具，选中小矩形上边，鼠标单击属性栏的转换为曲线图标，将其转换为曲线。利用形状工具，在小矩形上边的中心处，向上拖至适当位置。重复上述步骤，将小矩形下边向上拖至适当位置。同样将大矩形上边中段拖至与小矩形下边重合(图 2－37)。

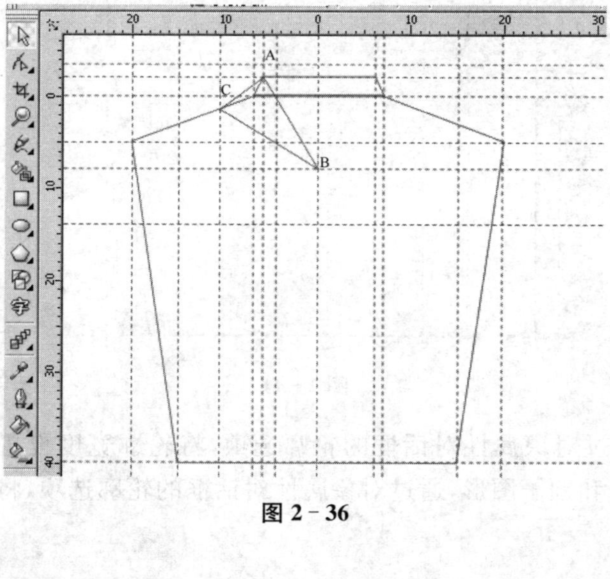

图 2－36

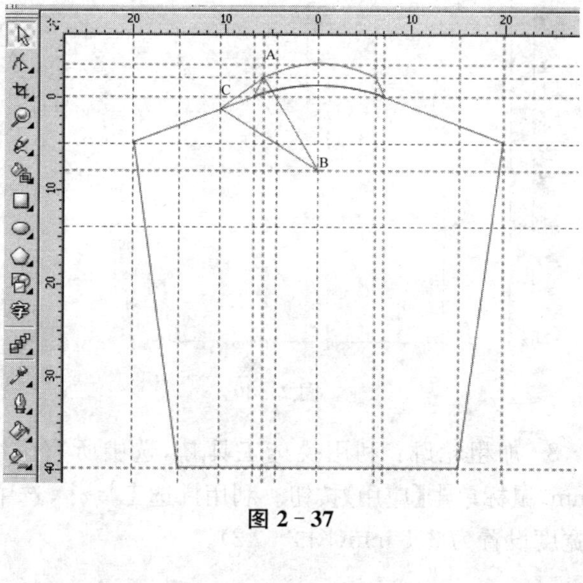

图 2－37

利用形状工具，选中BC边，鼠标单击属性栏的转换为曲线图标，将其转换为曲线。利用形状工具，将该曲线向下弯曲为领口形状。利用形状工具，选中AB边，鼠标单击属性栏的转换为曲线图标，将其转换为曲线。利用形状工具，将下端控制柄向上拖，将上端控制柄向下拖，使ABC三角形成为领子形状(图2-38)。

利用挑选工具，选中左侧领子，鼠标单击变换对话框的【应用到再制】命令按钮，再绘制一个领子。鼠标单击属性栏的水平翻转图标，使领子水平翻转。按住Ctrl键，鼠标将其拖至右侧相应位置(图2-39)。

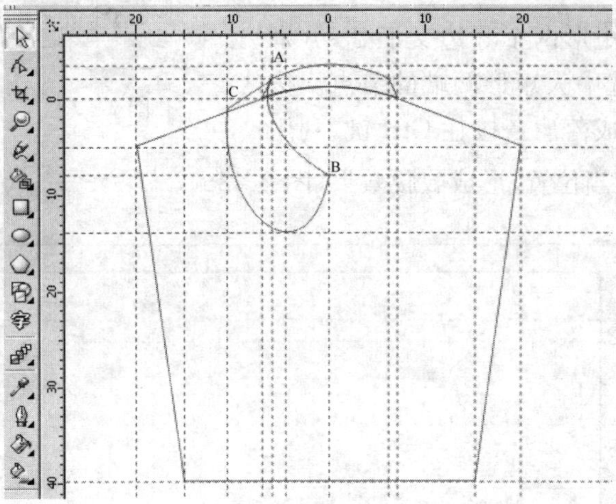

图2-38

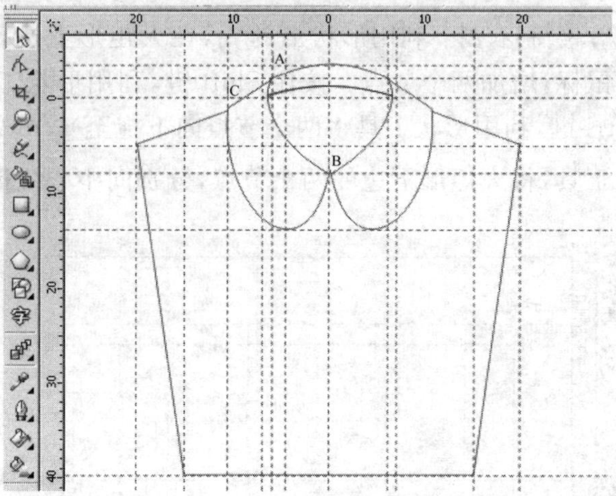

图2-39

6. 绘制明线：利用手绘工具，在领子外口线左右端之间绘制一条直线。利用形状工具，选中该直线，并在直线中间单击鼠标，同时通过交互式属性栏，将其转换为曲线。鼠标拖动曲线，使其弯曲与领子外口形线状相同。通过交互式属性栏的轮廓属性选项，设置线型为虚线。利用挑选工具选中曲线，通过变换对话框的大小选项，再绘制一条虚线。通过交互式属性栏的翻转工具，将其水平翻转。利用挑选工具将其移动到右领适当位置，即完成了明线绘制(图2-40)。

7. 绘制门襟和扣子：按住Ctrl键，利用手绘工具，自领口处开始，绘制一条直线到底边，即完成了门襟的绘制。按住Ctrl键，利用椭圆工具，绘制一个圆形，并设置圆形宽度和高度均为2 cm，鼠标单击【应用】命令按钮。即完成了扣子的绘制。利用挑选工具，将其拖放到上衣中线上。鼠标单击变换对话框的【应用到再制】命令按钮，再制2个扣子，并将其分别向下拖放到上衣中线适当位置，即完成了扣子的绘制(图2-41)。

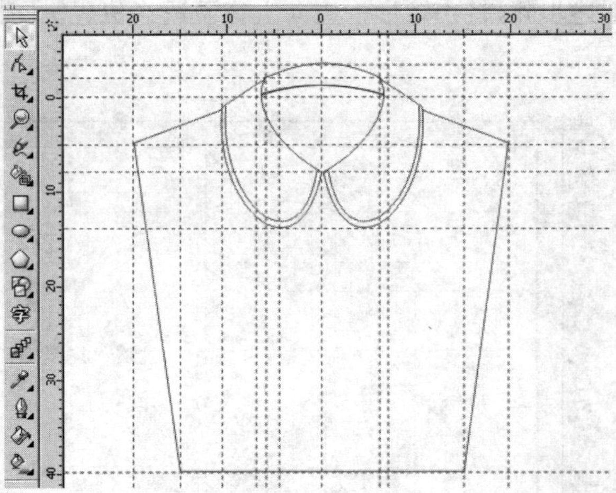

图2-40

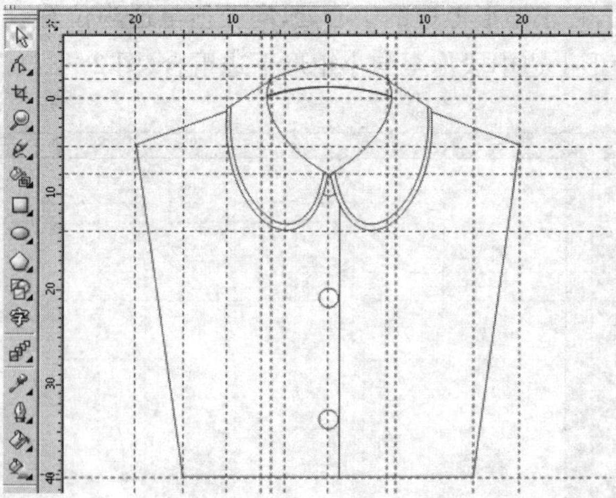

图2-41

8. 加粗轮廓：利用挑选工具，选中所有虚线，通过对象属性对话框的轮廓选项，将轮廓宽度设置为3 mm，鼠标单击【应用】按钮。利用挑选工具，选中衣身和领子图形，通过对象属性对话框的轮廓选项，将轮廓宽度设置为3.5 mm(图2-42)。

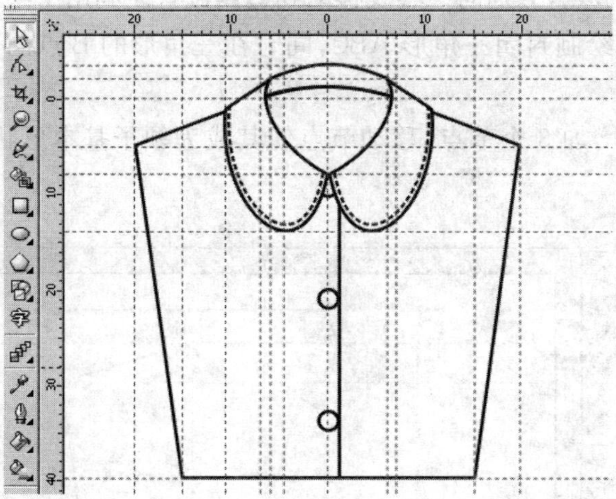

图 2-42

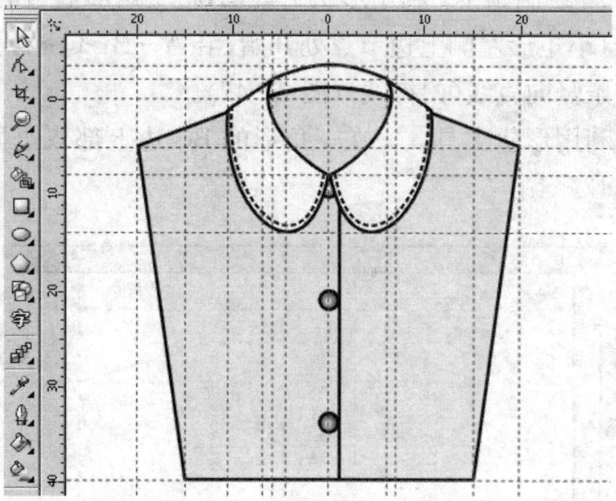

图 2-43

9. 填充颜色：利用挑选工具，选中领子图形，通过单击调色板的白色图标，为领子填充白色；利用同样的方法，为衣身填充灰色；通过对象属性对话框的渐变填充选项，为扣子填充线性渐变填充，即完成了贴身领款式图的绘制(图 2-43)。

五、驳领的设计与表现

驳领是领面和驳头一起向外翻折的领子，能给人开阔、干练的审美感受。

用电脑设计和表现驳领，需要先绘制衣身图形，并确定好领座的高度，驳领领座高度确定之后再绘制驳领。

驳领驳头和领面的折线将决定驳领的深度，而驳头和领面的轮廓线将决定驳领的造型，设计时要注意处理好领面与驳头之间的比例关系。驳领领面造型一般变化较大，也可以运用嵌边或包边工艺去装饰它(图 2-44)。

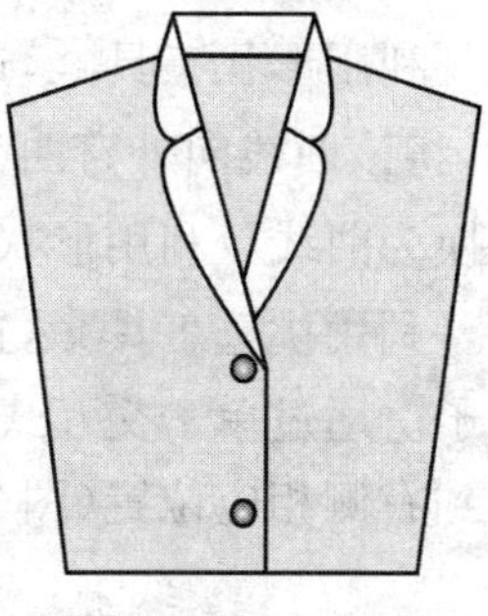

图 2-44

1. 设置原点和辅助线，绘制外框：参照前述方法设置原点和辅助线。利用矩形工具，绘制一个宽度为40 cm、高度为 40 cm 的矩形，单击属性栏的转换为曲线命令图标，将其转换为曲线。再绘制一个宽度为 14 cm、高度为 3 cm 的小矩形。利用挑选工具，将该矩形拖至大矩形的上方，并且与之对齐(图 2-45)。

2. 绘制衣身：利用形状工具，在大矩形上边，与小矩形两个竖边交汇处，分别双击鼠标，增加两个节点。按住 Shift 键，利用形状工具，选中大矩形两端的节点。按住 Ctrl 键，利用形状工具将两个节点向下拖至 5 cm 处，形成落肩。按住 Ctrl 键，利用形状工具，将大矩形下边的两个节点，分别向中心线拖至适当位置，形成收腰效果(图 2-46)。

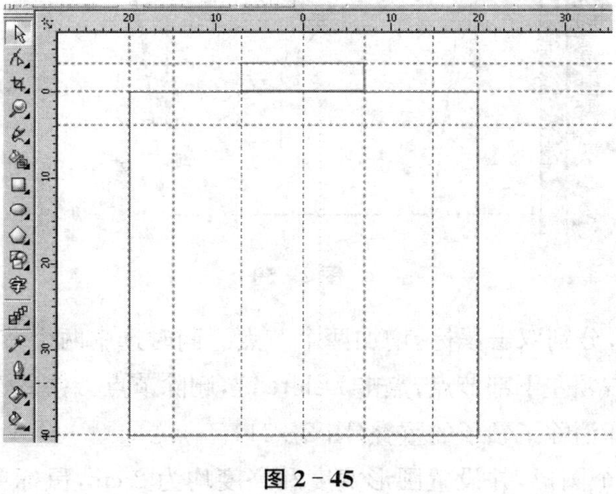

图 2-45

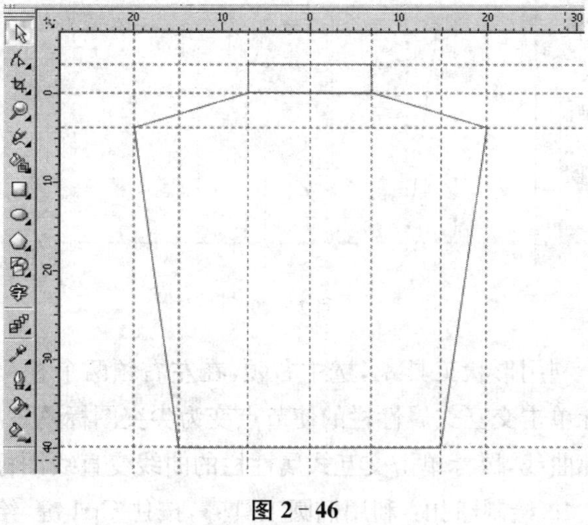

图 2-46

3. 绘制领子：利用形状工具，将小矩形上边的两个节点，分别向中心线移动到适当位置。利用手绘工具，自小矩形左侧上边节点处开始，沿 A→B→C→A 三点，绘制封闭三角形 ABC，同时在三角形的 B 点向下绘制一条竖向直线（门襟线）（图 2－47）。

利用形状工具，在三角形的 BC 边上部双击鼠标，增加 3 个节点，移动节点使其成为领子基本形状（图 2－48）。

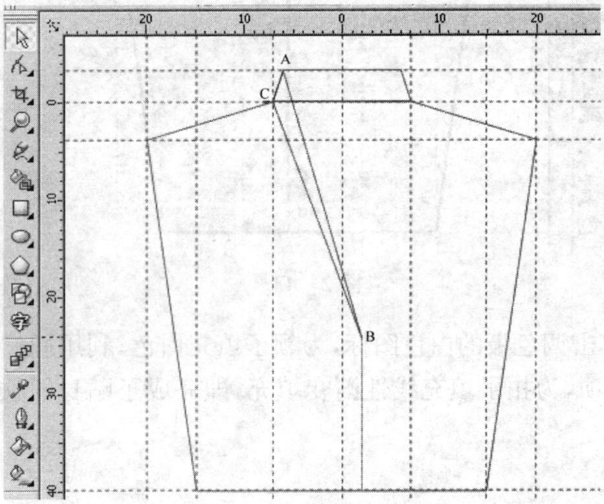

图 2－47

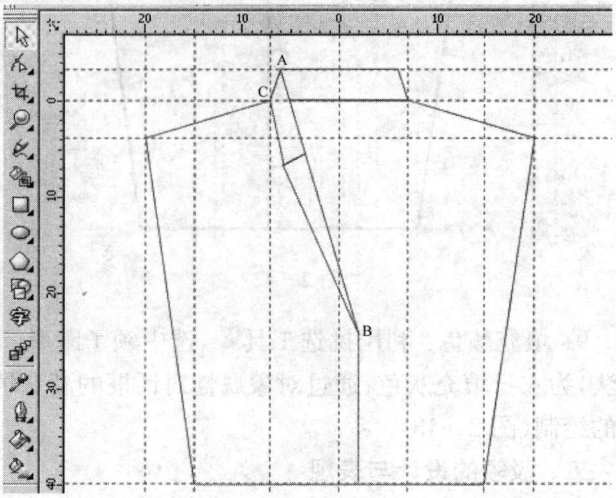

图 2－48

利用形状工具，选中领子外边，鼠标单击属性栏的转换为曲线图标，将其转换为曲线。利用形状工具，将该曲线向外弯曲为领子形状。利用形状工具，选中驳头外边，鼠标单击属性栏的转换为曲线图标，将其转换为曲线。利用形状工具，将该曲线向外弯曲成为驳头形状（图 2－49）。

利用挑选工具，选中左侧领子，通过变换对话框的大小选项，鼠标单击【应用于再制】命令按钮，再制一个领子。通过单击交互式属性栏的水平镜像按钮，将其水平翻转。利用挑选工具，按住 Ctrl 键，将其水平移动到右侧相应位置（图 2－50）。

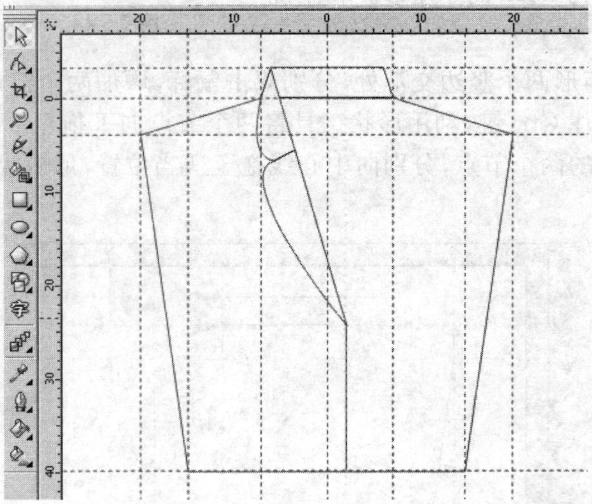

图 2－49

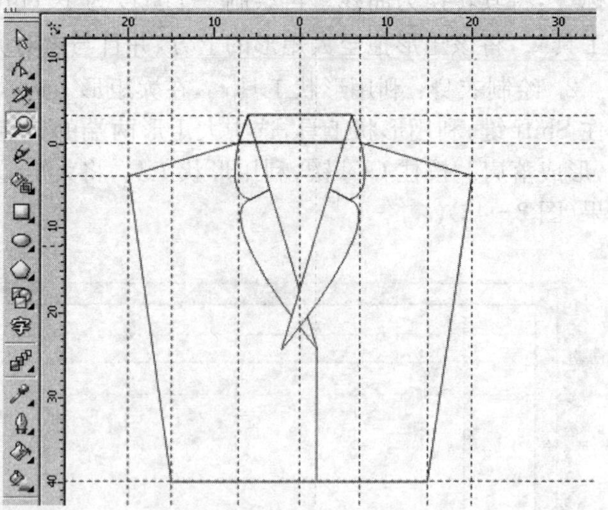

图 2－50

利用形状工具，选中右领，在左右领两个相交点上，分别双击鼠标，增加两个节点。同时选中两个节点，鼠标单击交互式属性栏的使节点变为尖突图标。选中右领左下部节点，点击 Delete 键，删除节点。接着选中下部曲线，鼠标单击交互式属性栏的曲线变直线图标，即消除了领子的重叠（图 2－51）。

4. 绘制纽扣：利用椭圆工具，按住 Ctrl 键，绘制一个圆形，并设置圆形宽度和高度均为 2 cm，鼠标单击

【应用】命令按钮。利用挑选工具 ，选中扣子，将其放置在适当位置。再制一个扣子，将其放置在下部适当位置，即完成了扣子的绘制(图 2－52)。

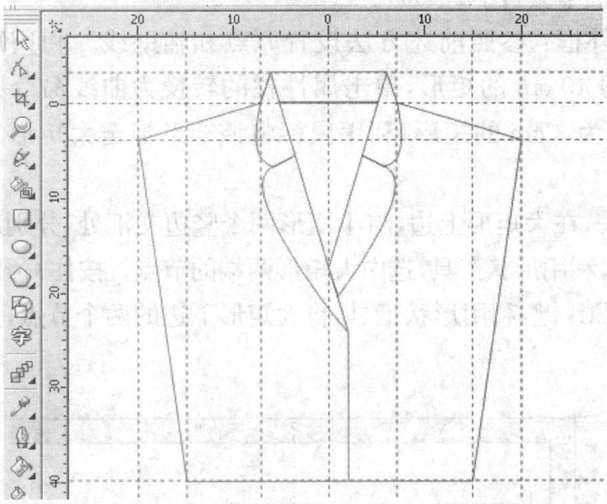

图 2－51

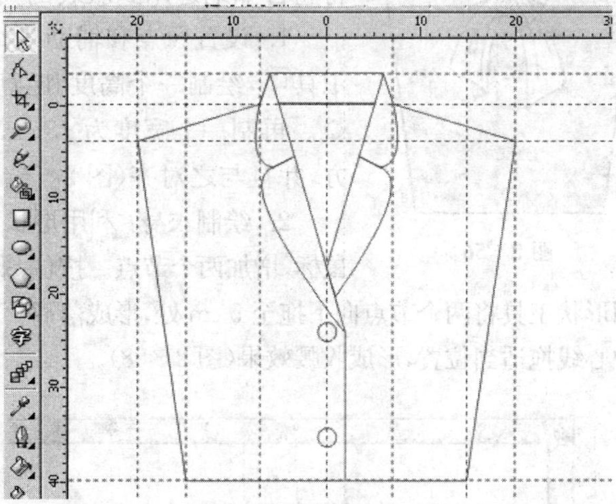

图 2－52

5. 加粗轮廓：利用挑选工具 ，在图形外部绘制一个虚线矩形，选中所有图形。鼠标单击对象属性对话框的轮廓选项，将轮廓宽度设置为 3.5 mm，鼠标单击【应用】按钮。

鼠标单击【编辑】按钮，打开轮廓笔对话框(图 2－53)。在“角”设置区域，选择无角轮廓，即第三个图标 ，鼠标单击【确定】，鼠标单击【应用】，即完成了轮廓设置(图 2－54)。

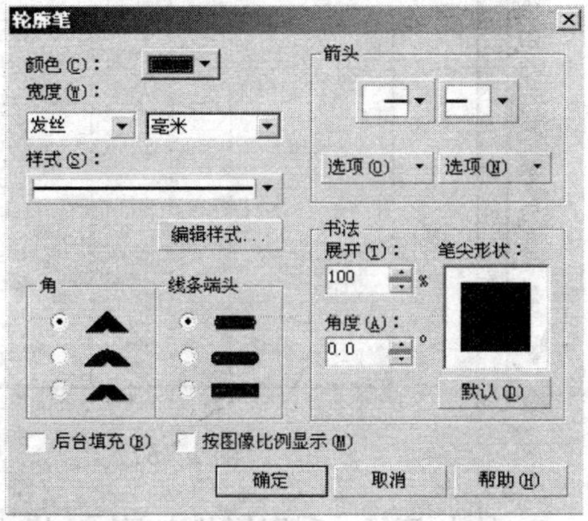

图 2－53

6. 填充颜色：利用挑选工具 ，选中衣身图形，鼠标单击界面右侧调色板中的灰色，为衣身填充灰色，并且将其放置在最后部。利用挑选工具 ，选中全部领子，鼠标单击调色板中的白色，为领子填充白色。通过对象属性对话框的渐变填充选项，为扣子填充线性渐变填充，即完成了全部驳领的绘制(图 2－55)。

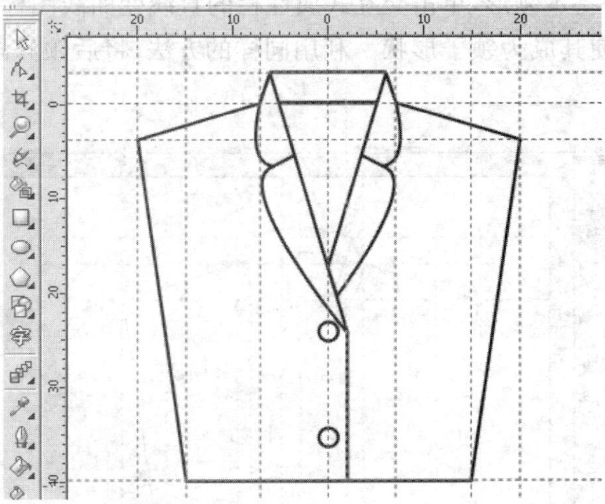

图 2－54

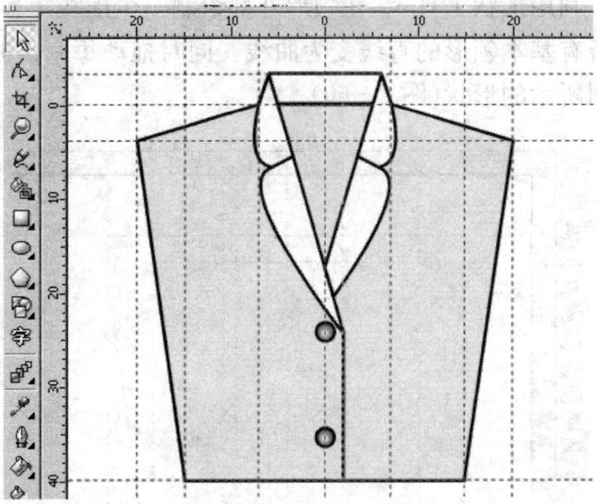

图 2－55

六、蝴蝶结领的设计与表现

蝴蝶结领是以蝴蝶结作领饰的领子，能给人俏皮、活泼的审美感受。用电脑设计和表现蝴蝶结领要注意处理好蝴蝶结的形态、蝴蝶结中“带”的宽窄、长短以及“带”扭曲中的变化，还要处理好“带”与“结”之间的关系，让

图 2 - 56

“结”将“带”束住。

蝴蝶结是服装常用的设计元素，掌握了蝴蝶结形态变化的规律后，可以在需要时将它自如地运用到服装的其它部位中去(图 2 - 56)。

1. 设置原点和辅助线，绘制外框：参照前述方法设置原点和辅助线。利用矩形工具，绘制一个高度和宽度均为 40 cm 的矩形，单击属性栏的转换为曲线命令图标。再制一个宽度为 13 cm、高度为 3 cm 的矩形，利用鼠标将该矩形拖至大矩形的上方，并且与之对齐(图 2 - 57)。

2. 绘制衣身：利用形状工具，在大矩形上边，与小矩形两个竖边交汇处，分别双击鼠标，增加两个节点。按住 Shift 键，利用形状工具，选中大矩形两端的节点。按住 Ctrl 键，利用形状工具将两个节点向下拖至 5 cm 处，形成落肩。按住 Ctrl 键，利用形状工具，将大矩形下边的两个节点，分别向中心线拖适当位置，形成收腰效果(图 2 - 58)。

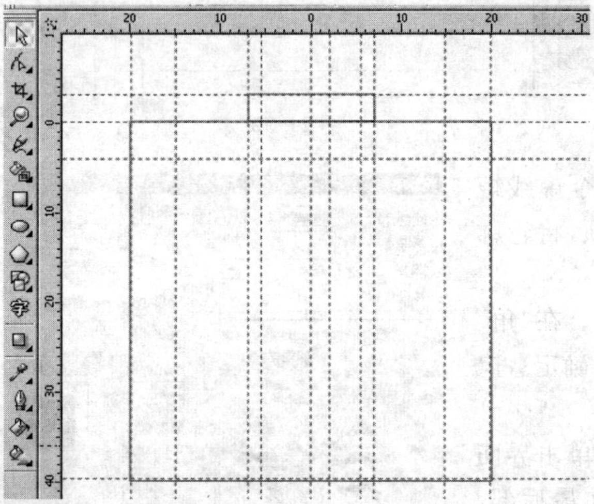

图 2 - 57

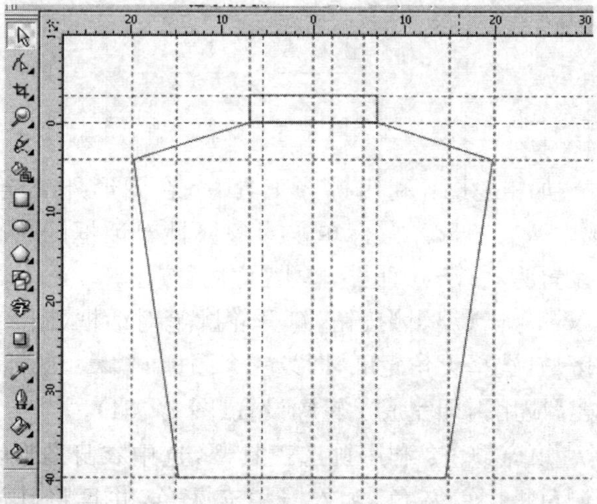

图 2 - 58

3. 绘制领子：利用形状工具，将小矩形上边的两个节点，分别向中心线移动适当距离。利用手绘工具，自小矩形左侧上边节点处开始，沿 A→B→C→D→E5 个点，绘制封闭多边形 ABCDE(图 2 - 59)。

利用形状工具，在领形外部绘制一个虚线矩形，选中基本领形，单击交互式属性栏的直线变曲线图标，将所有基本领形的直线变为曲线。同时拖动每一条曲线，使其成为领子形状。利用同样的方法，将后领修画为如图所示的形状(图 2 - 60)。

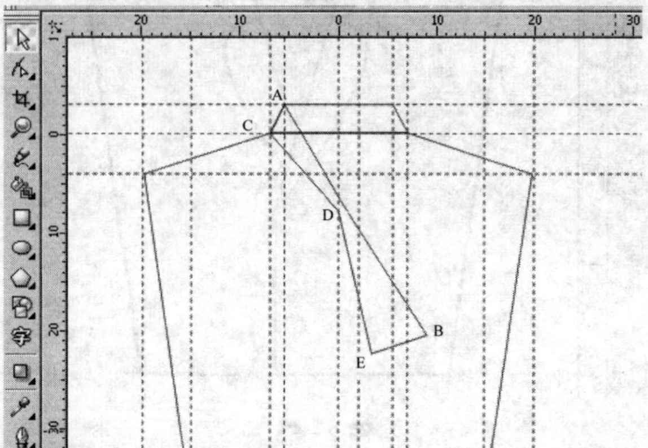

图 2 - 59

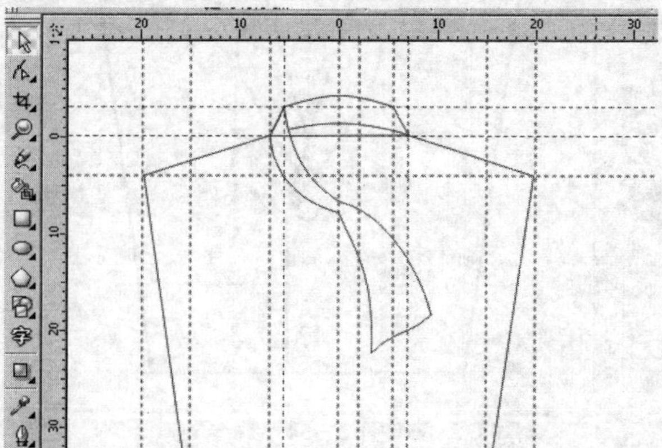

图 2 - 60

利用挑选工具，选中左侧领子，通过变换对话框的大小选项，鼠标单击【应用于再制】命令按钮，再制一个领子。通过单击交互式属性栏的水平镜像按钮，将其水平翻转。利用挑选工具，按住 Ctrl 键，将其水平移动到右侧相应位置(图 2－61)。

利用手绘工具和形状工具，在左右领交叉处，绘制蝴蝶结(图 2－62)。

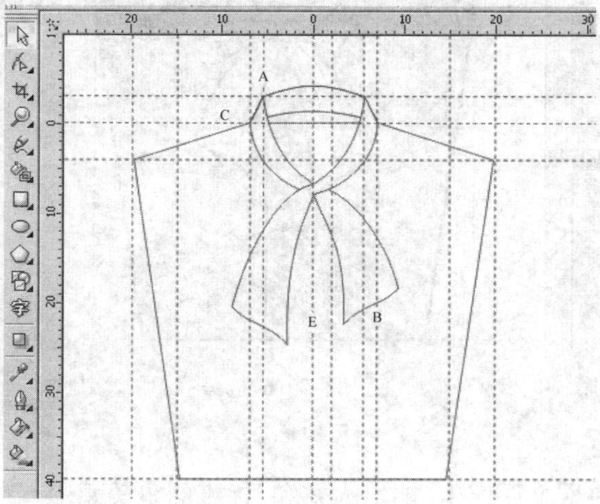

图 2－61

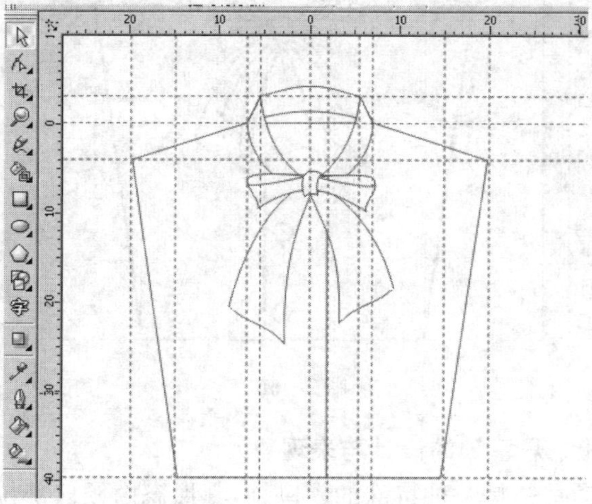

图 2－62

利用手绘工具和形状工具，在领子内部绘制折纹曲线，使其更符合领子皱褶形态(图 2－63)。

4. 绘制门襟和纽扣：利用手绘工具，在衣身中线右侧 2 cm 处，绘制一条竖向直线作为门襟线。利用椭圆工具，按住 Ctrl 键，绘制一个圆形，并设置圆形宽度和高度均为 2 cm，单击【应用】命令按钮，并将其放置在领子交叉处。通过变换对话框的大小选项，再制 3 个扣子，并分别将其放置在适当位置(图 2－64)。

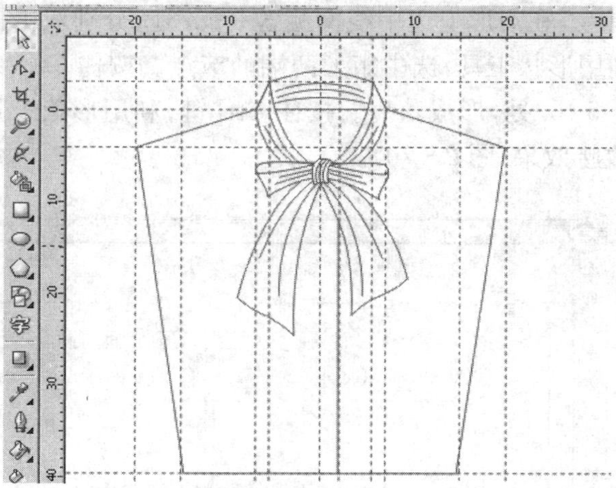

图 2－63

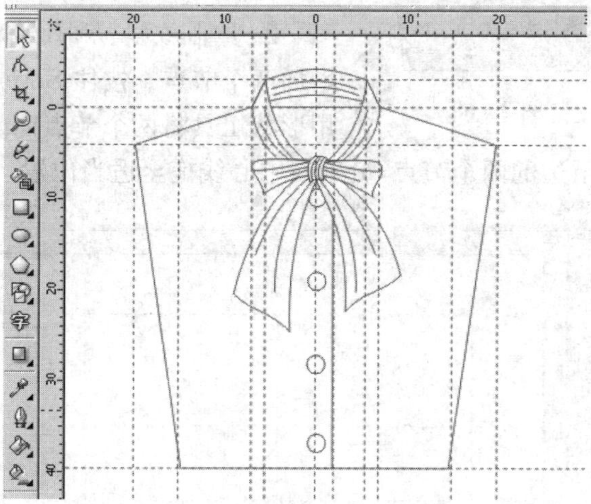

图 2－64

5. 加粗轮廓：利用挑选工具，在图形外部绘制一个虚线矩形，选中所有图形。鼠标单击对象属性对话框的轮廓选项，将轮廓宽度设置为 3.5 mm，鼠标单击【应用】按钮。再另外选中领子内部的折线，将其轮廓宽度设置为 3 mm。

鼠标单击【编辑】按钮，打开轮廓笔对话框(图 2－65)。在“角”设置区域，选择无角轮廓，即第三个图标，鼠标单击【确定】，鼠标单击【应用】，即完成了轮廓设置(图 2－66)。

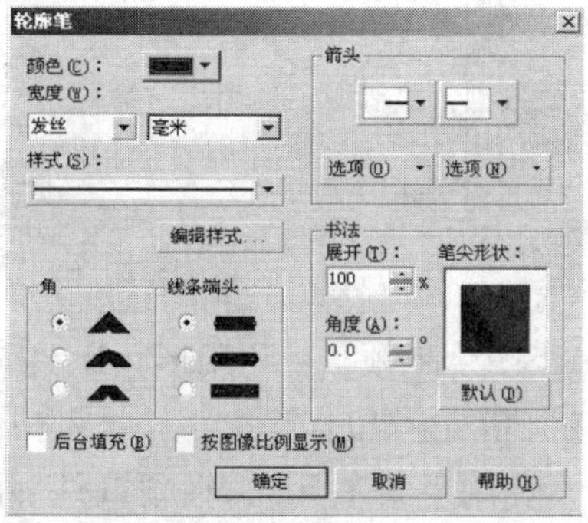

图 2－65

6. 填充颜色：利用挑选工具，选中衣身图形，鼠标单击界面右侧调色板中的灰色，为衣身填充灰色。利用同样的方法，为领子填充白色。通过对象属性对话框的渐变填充选项，为扣子填充线性渐变填充，即完成了蝴蝶结领子的绘制(图 2 - 67)。

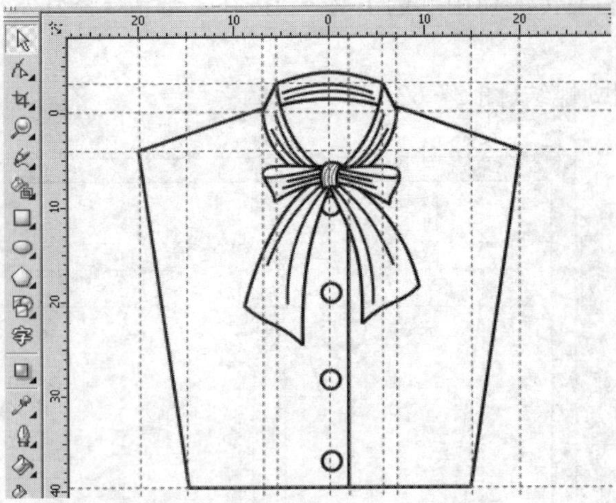

图 2 - 66

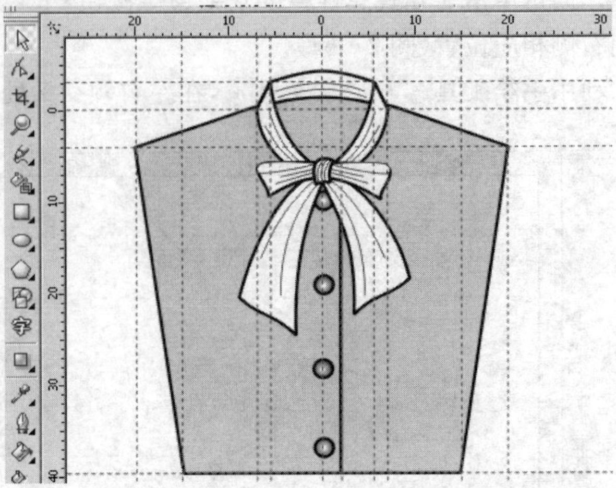

图 2 - 67

七、悬垂领的设计与表现

悬垂领是一种特殊的领口领，其形态由领口部位衣片的悬垂后产生，能给人柔和、优雅的审美感受。

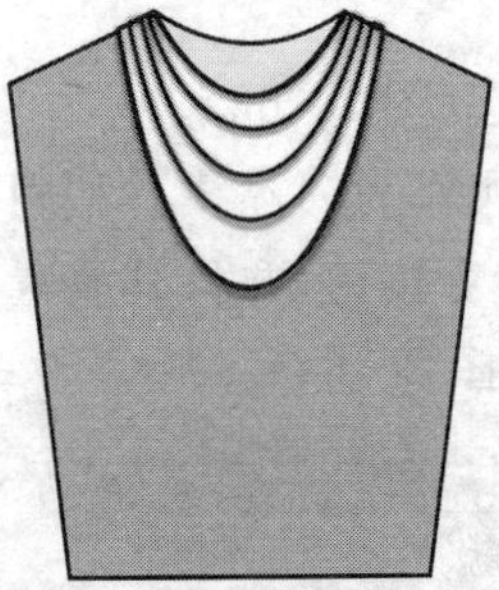

图 2 - 68

用电脑设计和表现悬垂领要注意处理好领口宽与领口深的关系。一般情况下，悬垂领的领口需要比较宽的时候，领口就不宜太深，而需要领口比较深的时候，领口就不宜太宽。否则，不仅会影响服装的穿着功能，也会影响服装的审美感受(图 2 - 68)。

1. 设置原点和辅助线，绘制外框：参照前述方法设置原点和辅助线。利用矩形工具，绘制一个宽度为40 cm、高度为 40 cm 的矩形，单击交互式属性栏的转换为曲线图标，将其转换为曲线图形(图 2 - 69)。

2. 绘制衣身：利用形状工具，在矩形上边中线两侧各 8 cm 处，分别双击鼠标，增加两个节点。按住 Shift 键，利用形状工具，选中矩形两端的节点。按住 Ctrl 键，利用形状工具将两个节点向下拖至 5 cm 处，形成落肩。按住 Ctrl 键，利用形状工具，将矩形下边的两个节点，分别向中心线拖至适当位置，形成收腰效果(图 2 - 70)。

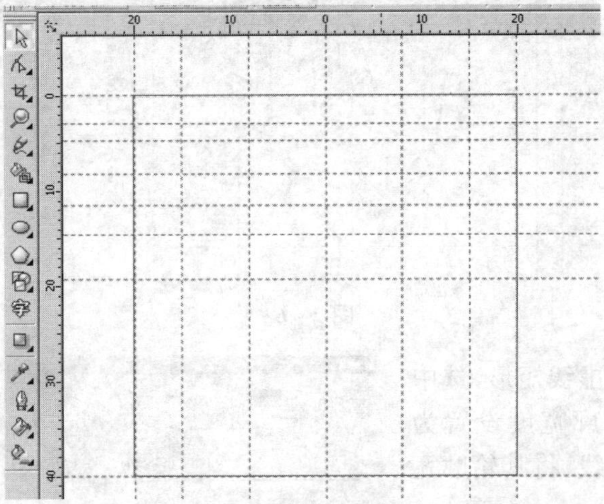

图 2 - 69

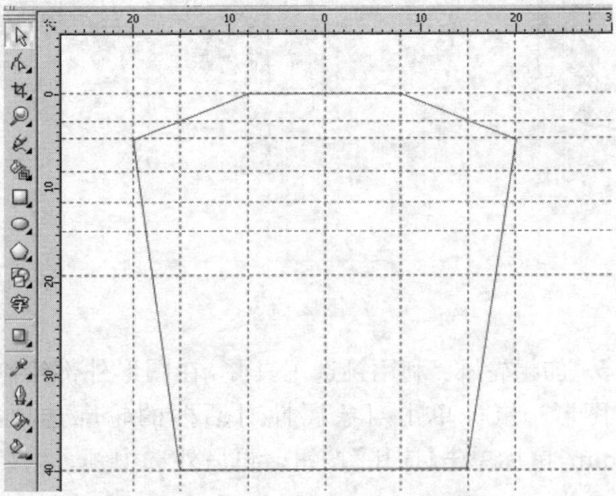

图 2 - 70

3. 绘制领子：利用形状工具，选中图形上边中间部位，将其变为曲线。向下拖动曲线，使其弯曲为领口形状(图 2 - 71)。

利用手绘工具，在领口外部的两侧肩线之间，绘制一个封闭的梯形。利用形状工具，将梯形上下边直线变为曲线并弯曲为悬垂领形状，形成领子外形(图 2 - 72)。

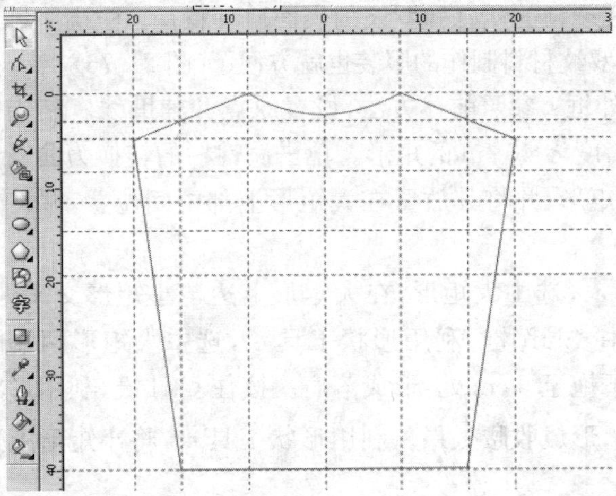
图 2 - 71

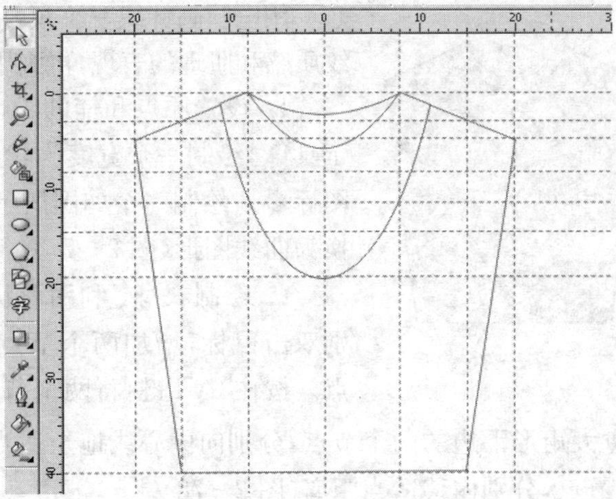
图 2 - 72

利用手绘工具〔icon〕，在领子外形内部绘制 3 条直线，利用形状工具〔icon〕，将直线变为曲线并弯曲为悬垂领的折线(图 2 - 73)。

4. 加粗轮廓：利用挑选工具〔icon〕，在图形外部绘制选项矩形，选中全部图形，通过对象属性对话框的轮廓选项，将其轮廓宽度设置为 3.5 mm(图 2 - 74)。

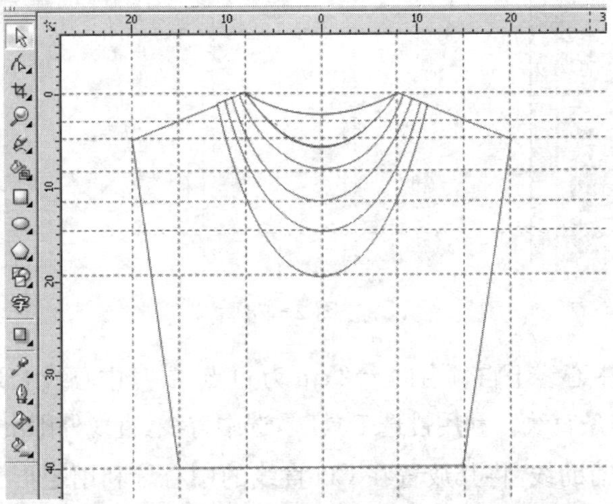
图 2 - 73

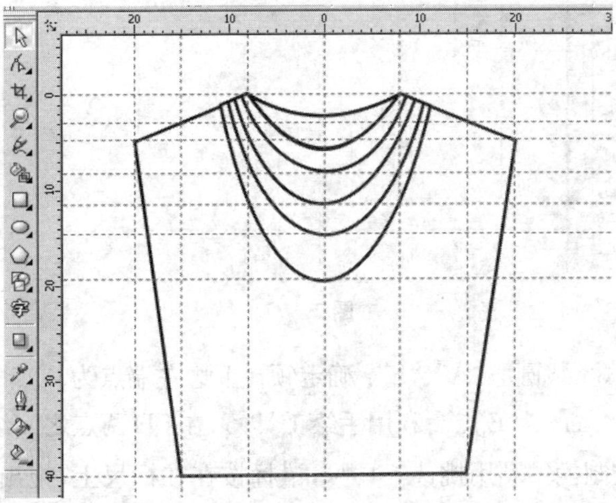
图 2 - 74

5. 填充颜色、绘制阴影：利用挑选工具〔icon〕，选中衣身图形，鼠标单击界面右侧调色板中的深灰色，为衣身填充深灰色。

利用挑选工具〔icon〕，选中领子外部图形，鼠标单击界面右侧调色板中的白色，为其填充白色。利用挑选工具〔icon〕，选中全部领子，鼠标单击工具箱的交互式工具的交互式阴影工具，自领子上部向下拖动鼠标，到领子下部，为领子添加阴影，即完成了悬垂领的绘制(图 2 - 75)。

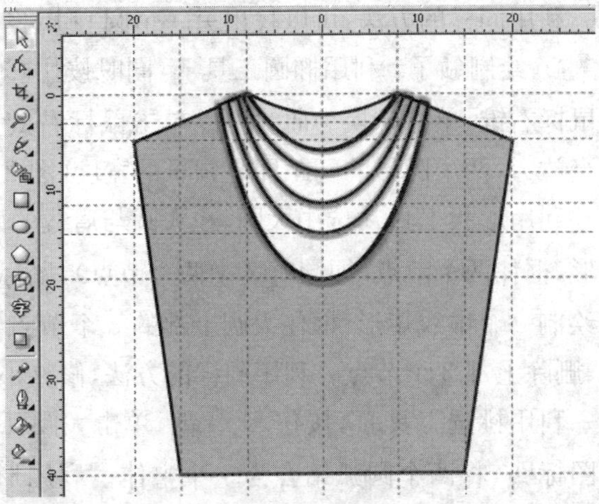
图 2 - 75

八、针织罗纹领的设计与表现

针织罗纹领是用针织罗纹材料设计并制作的领，它的形态主要是靠领口线的造型与领圈的高低来决定。比较低的针织罗纹领其审美效果与一般领口领相似，而较高的针织罗纹领的审美效果会比一般立领显得轻松。针织罗纹领不仅常用于是针织服装，在梭织服装中也可以见到。

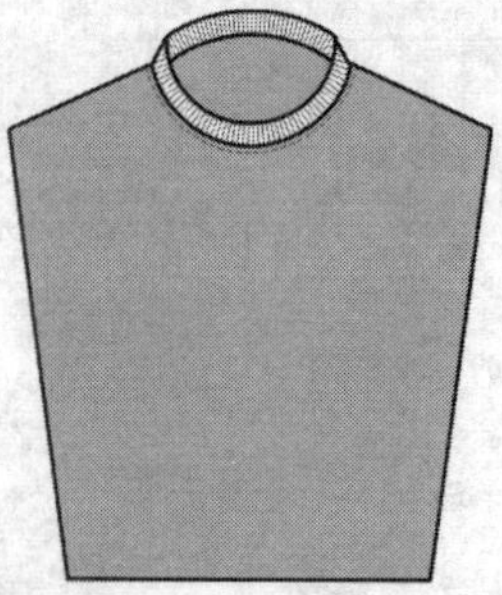

图 2－76

用电脑画针织罗纹领要注意表现领的质感和罗纹的表面肌理特征。学会了针织罗纹质感和肌理的表现，再画用针织罗纹材料制作的服装也就方便了(图 2－76)。

1. 设置原点和辅助线，绘制外框：参照前述方法，设置原点和辅助线。利用矩形工具，绘制一个宽度为40 cm、高度为 40 cm 的矩形。单击属性栏的转换为曲线命令图标。绘制一个如图所示的小矩形，并将其放置在大矩形上部中间位置，并将其转换为曲线图形(图 2－77)。

2. 绘制衣身：利用形状工具，选中大矩形，在大矩形上边与小矩形交叉处，分别双击鼠标，增加两个节点。按住 Shift 键，利用形状工具，选中大矩形两端的节点。按住 Ctrl 键，将两个节点向下拖至 5 cm 处，形成落肩。按住 Ctrl 键，利用形状工具，将大矩形下边的两个节点，分别向中心线拖至适当位置，形成收腰效果。利用形状工具，将小矩形上边的两个节点，分别内移适当距离(图 2－78)。

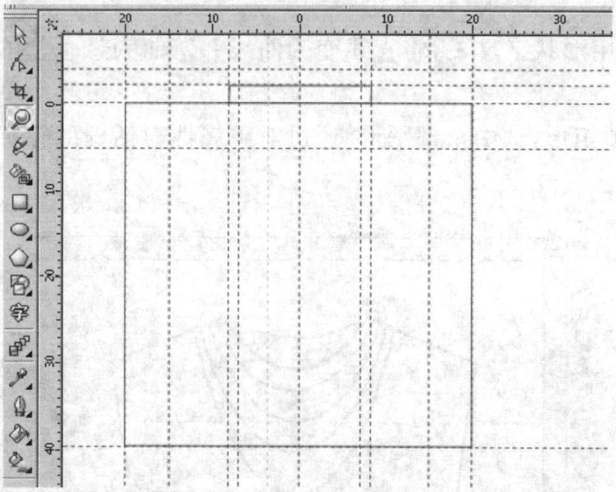

图 2－77

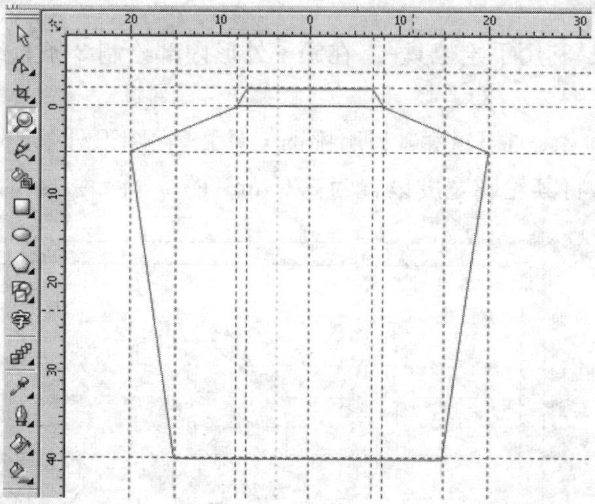

图 2－78

3. 找圆心“A”、“B”：确定领台上边左端点为 C 点、衣身中心线上自领台向上 2 cm 为 D 点、衣身中心线上 D 点向下 9 cm 为 E 点。利用手绘工具，在 CD 两点之间绘制一条直线。利用挑选工具，选中直线，直线外围出现 8 个控制柄。利用挑选工具，鼠标按在在标尺上，拖出竖向辅助线，将其放置在 CD 直线的中心。利用矩形工具，绘制一个长条矩形，将其左上角与 CD 直线中心对齐。再单击一次矩形，使其处于旋转状态，将旋转中心移动到 CD 直线的中心处，鼠标拖动旋转控制柄，使其旋转到矩形上边与 CD 直线对齐，其左边与衣身中心线的交点即是圆心 A(图 2－79)。

利用同样的方法，可以找出另一个圆心 B(图 2－80)。

4. 绘制领子：利用椭圆工具，同时按住 Ctrl 键和 Shift 键，以 B 为圆心，以 BC 为半径，绘制一个圆形，单击鼠标右键，单击转换为曲线。单击鼠标右键，单击复制(C)，复制一个圆形。按住 Shift 键，拖动鼠标使其适当放大，两个圆形的间距即是领子的宽度(图 2－81)。

利用形状工具选中大圆，在大圆与肩线的两个交点处分别双击鼠标，增加两个节点。鼠标绘制一个虚线矩形，框住两个节点(即同时选中两个节点)，鼠标单击交互式属性栏的使节点变为尖突图标。利用形状工具绘制一个虚线矩形，框住大圆上部的 3 个节点，鼠标单击交互式属性栏的分割曲线图标和删除节点图标，删除上部 3 个节点。利用同样的方法，修整小圆使端点与肩颈点对齐。

利用挑选工具，按住 Shift 键，单击大圆弧和小圆弧，同时选中两个部分圆弧。单击交互式属性栏的结合图标，将两个圆弧结合为一个整体。利用形状工具，选中左侧两个节点，单击交互式属性栏的延长曲线使之闭合图标。利用同样的方法将右侧两个节点闭合，即完成了下部领子的绘制(图 2－82)。

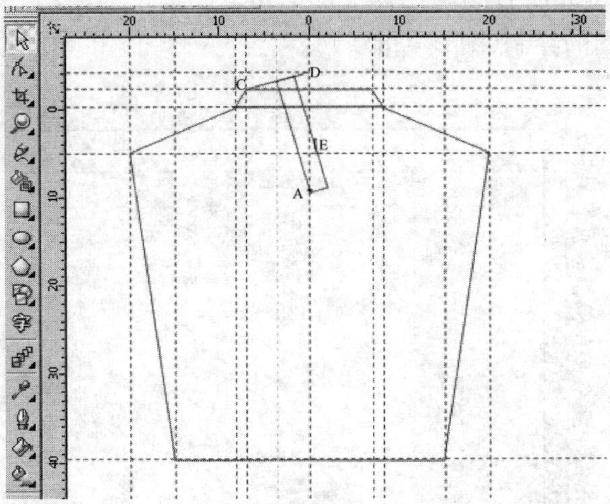

图 2－79

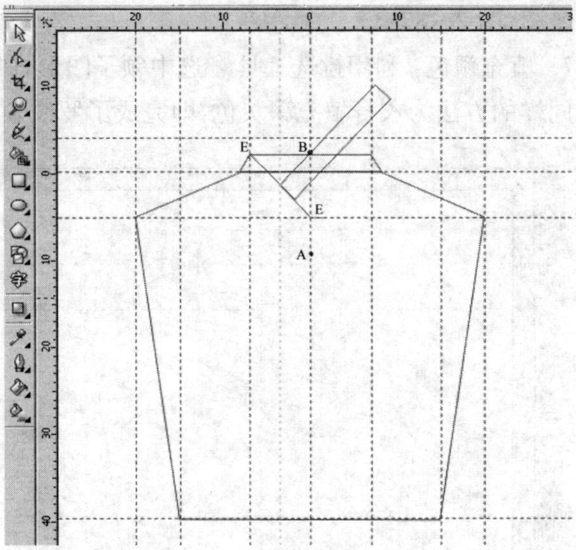

图 2－80

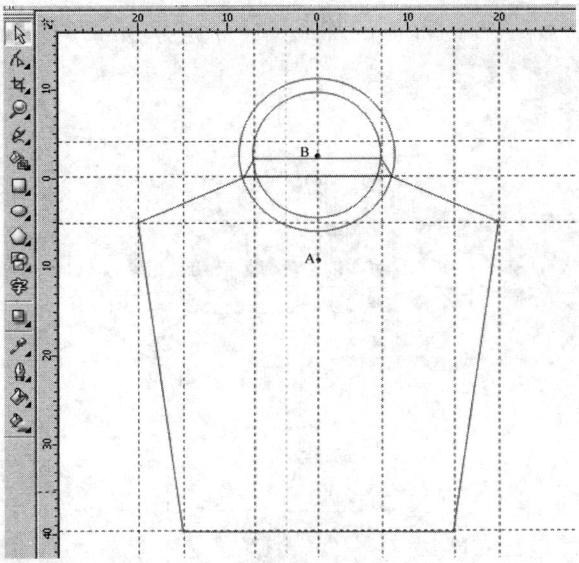

图 2－81

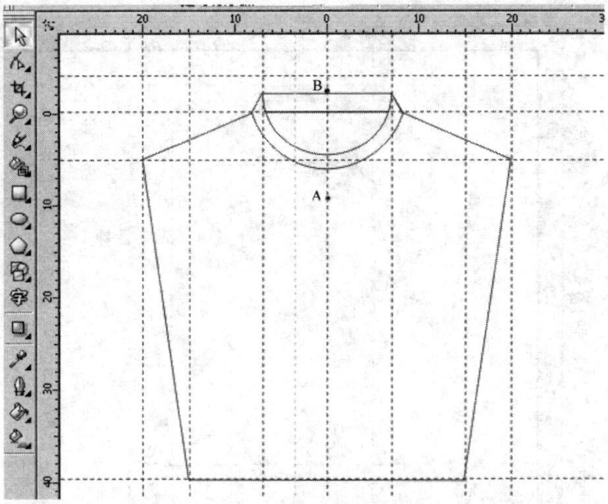

图 2－82

按照上述步骤，绘制上部领子(图 2－83)。

5. 绘制罗纹和明线：首先删除梯形。利用手绘工具，自圆心 B 始，向着左侧肩颈点绘制一条直线。利用形状工具，将直线右端节点沿直线移动到领子内侧位置。利用挑选工具，连续单击直线两次，使直线处于旋转状态，鼠标拖动旋转中心到圆心 B 处，通过变换对话框的旋转选项，设置旋转角度为 4°，鼠标连续单击【应用于再制】命令按钮，将整个领子布满短直线，形成罗纹状态。

利用同样的方法，按照上述步骤，绘制上部领子的罗纹(图 2－84)。

利用手绘工具，在领子外侧的两条肩线之间，绘制一条直线。利用形状工具选中直线，同时鼠标单击交互式属性栏的转换为曲线图标。鼠标拖动直线，使其弯曲为与领子外口吻合。利用挑选工具，选中曲线，通过交互式属性栏的领口设置选项，将曲线设置为虚线，即完成了领子罗纹和明线的绘制(图 2－85)。

6. 加粗轮廓：利用挑选工具，选中所有罗纹线。通过对象属性对话框的轮廓选项，将领子和明线宽度设置为 1.76 mm，鼠标单击【应用】命令按钮(图 2－86)。

利用挑选工具，选中其他衣身、明线和领子轮廓线，按照上述方法，将其设置为 3.5 mm，即完成了加粗轮廓的步骤(图 2－87)。

7. 填充颜色：利用挑选工具选中领子图形，鼠标单击界面右侧调色盘上部的白色图标，为其填充白色；利用同样的方法为衣身填充深灰色，即完成了罗纹领款式图的绘制(图 2－88)。

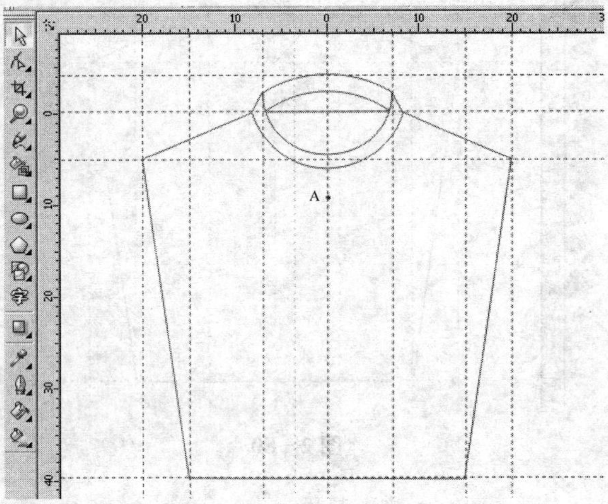

图 2－83

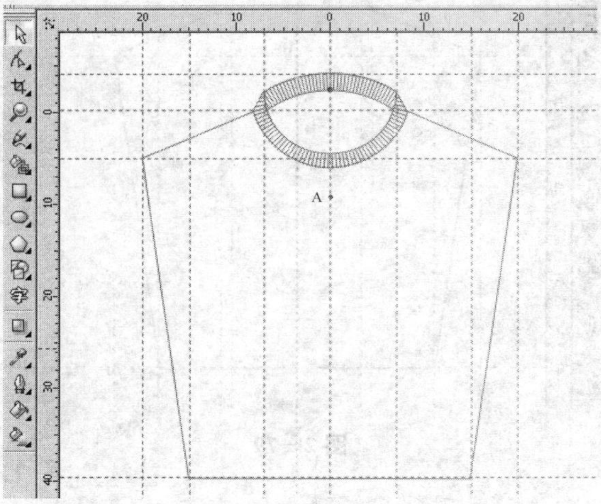

图 2－84

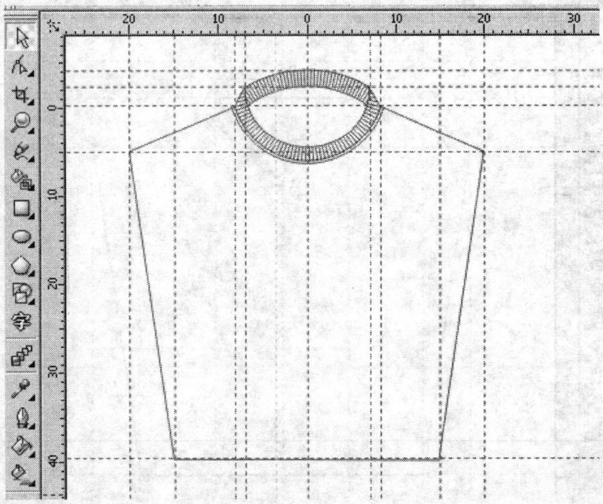

图 2－85

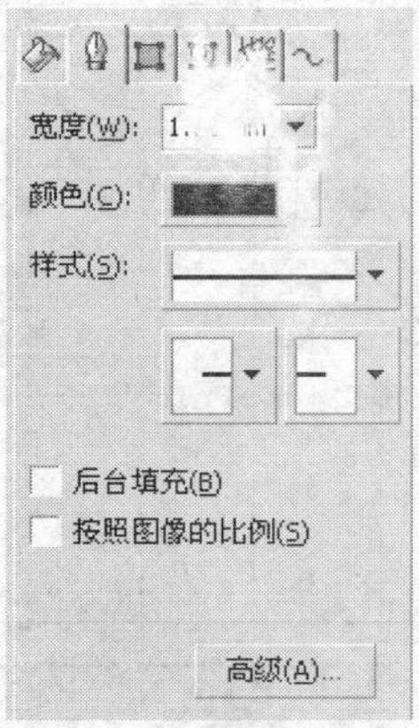

图 2－86

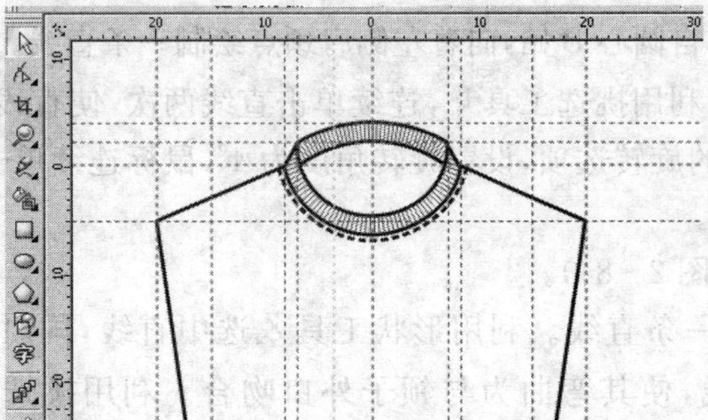

图 2－87

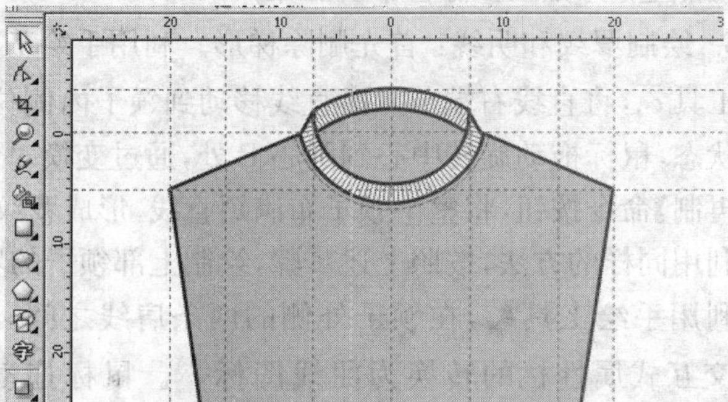

图 2－88

九、连身领的数字化绘制

连身领是指衣身或衣身的部分与领子连在一起的领子类型，如图 2－89 所示：

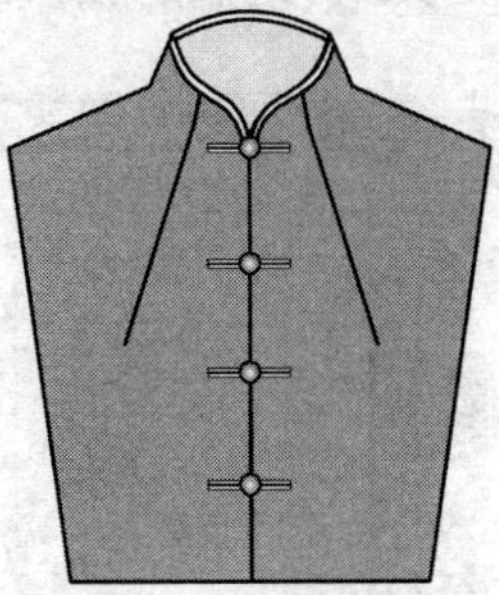

图 2－89

1. 设置原点和辅助线：参照前述方法，设置如图 2－90 所示的原点和辅助线。

2. 绘制衣身：利用矩形工具，参照辅助线，绘制一个矩形。单击交互式属性栏的转换为曲线图标，将其转换为曲线图形(图 2－91)。

利用形状工具，参照辅助线，在矩形上边通过双击鼠标，增加两个节点。分别移动相应节点，形成左侧衣身框图(图 2－92)。

利用形状工具，选中领口斜直线，单击交互式属性栏的转换直线为曲线图标，将其转换为曲线。拖动曲线，使其弯曲为领口形状。利用手绘工具，绘制省位线(图 2－93)。

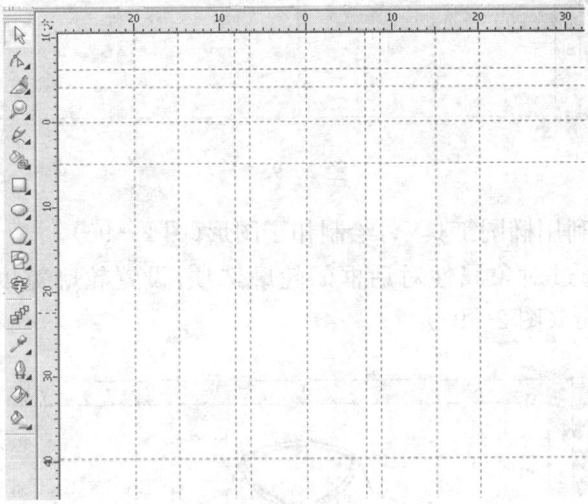

图 2－90

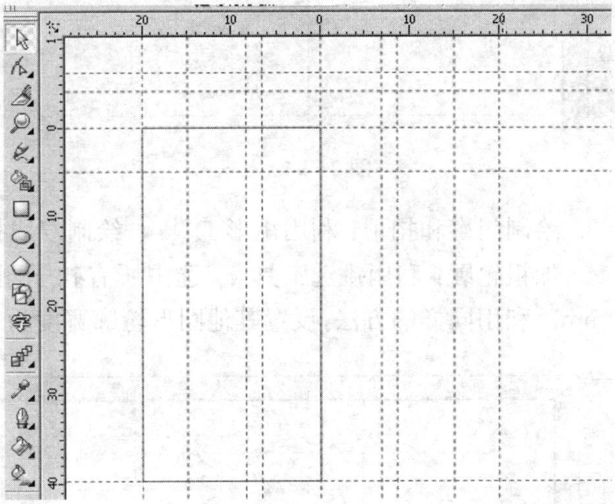

图 2－91

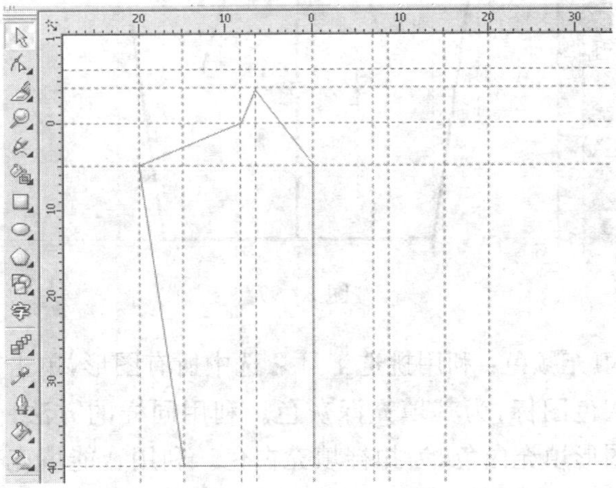

图 2－92

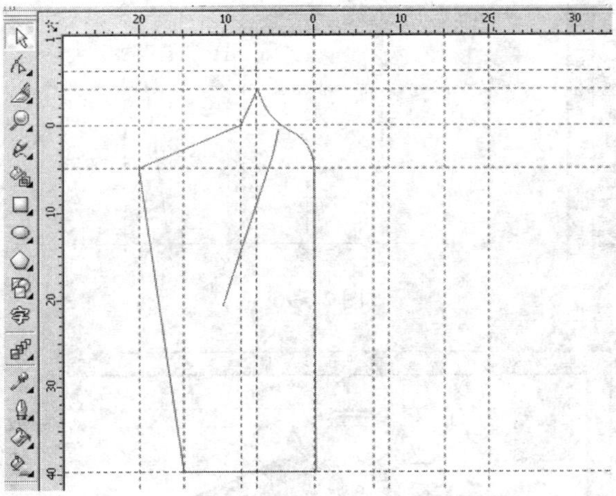

图 2－93

利用挑选工具，选中左侧衣身图形，通过变换对话框的大小选项，单击【应用到再制】命令按钮，再制一个图形。利用形状工具，断开肩端点，分别删除领口曲线以外的所有节点，只保留领口曲线。再制一个领口曲线，将其向下移动到适当位置。利用挑选工具，同时选中两条曲线，单击交互式属性栏的结合图标，将其结合为一个图形。利用形状工具，选分别选中曲线两端的两个节点，单击交互式属性栏的延长曲线使之闭合图标，使其形成封闭图形，并为其填充白色(图 2－94)。

利用挑选工具，框选选中所有图形，通过变换对话框的大小选项，单击【应用到再制】命令按钮，再制一个图形，单击交互式属性栏的水平镜像图标，使其水平翻转，将其移动到右侧相应位置。利用手绘工具和形状工具，绘制后领口的封闭图形(图 2-95)。

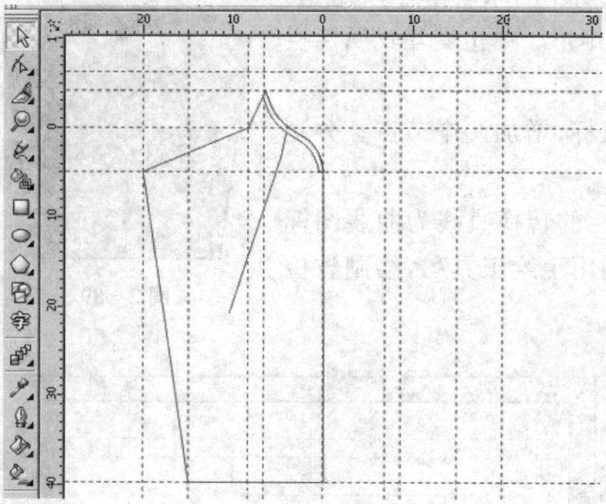

图 2-94

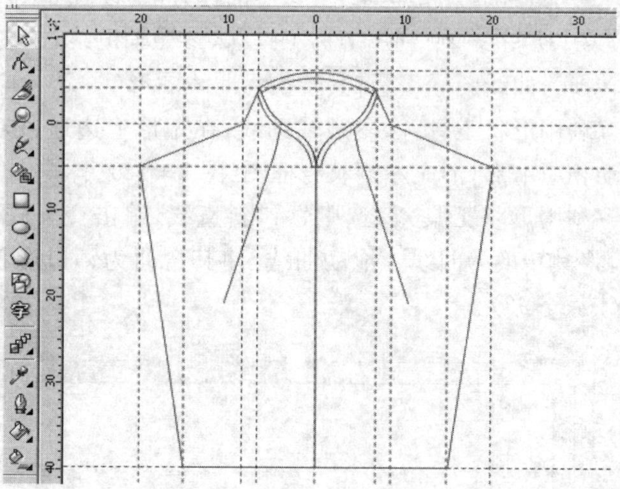

图 2-95

3. 绘制门襟和扣子：利用矩形工具，绘制双线扣襻，利用椭圆工具，绘制扣子图形(图 2-96)。

4. 加粗轮廓：利用挑选工具，选中所有扣子图形，通过对象属性对话框的轮廓选项，设置轮廓宽度为 2.5 mm。利用同样的方法，设置其他图形轮廓宽度为 3.5 mm(图 2-97)。

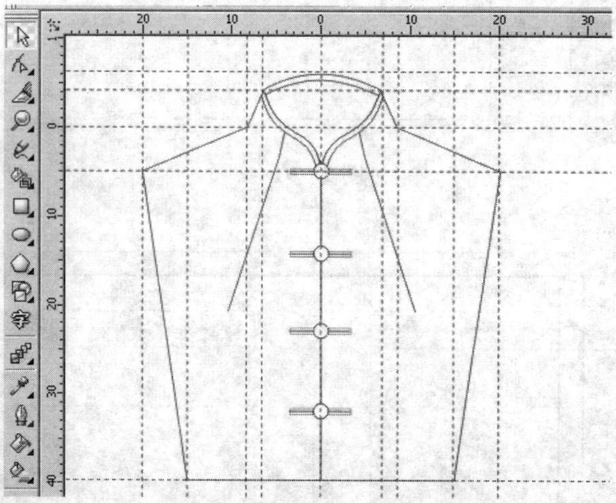

图 2-96

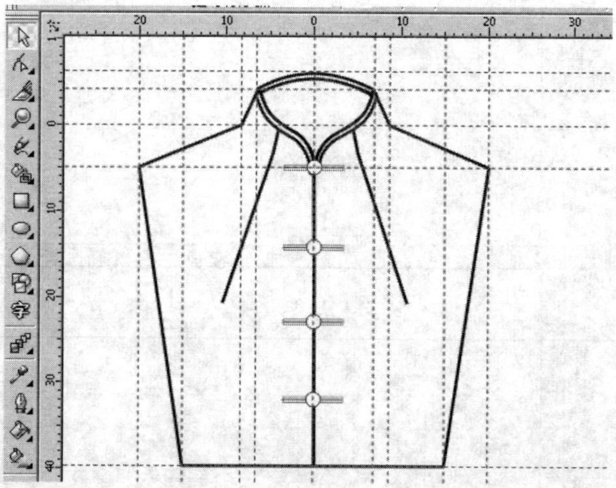

图 2-97

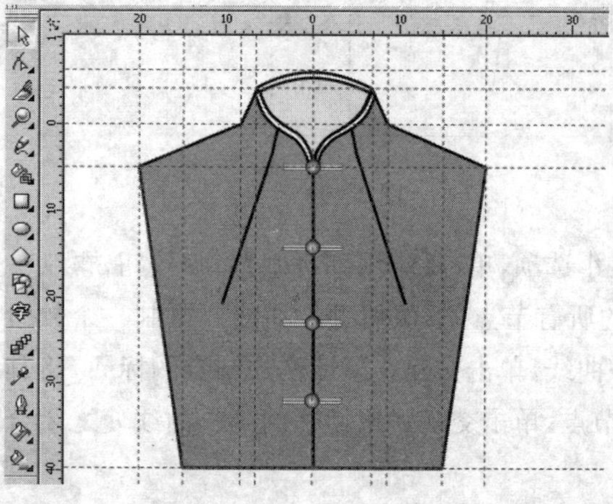

图 2-98

5. 填充颜色：利用挑选工具选中所有图形，单击调色板的深灰色图标，为其填充深灰色。利用同样的方法，为双线领口图形填充白色，为扣袢填充白色。利用智能填充工具，通过交互式属性栏，选择浅灰色，单击双线领口内部图形，为其填充浅灰色。通过对象属性对话框的渐变填充选项，为扣子填充线性渐变填充，即完成了连身领款式图的绘制(图 2-98)。

以上介绍了几种领子的基本形态的设计与表现要点。在实际运用时，可以根据服装的整体需要，将这些领子作进一步变化，或将基本形夸张、或将多种基本形综合，以创造更多更好的领型。

2.2 袖子的数字化设计

袖子是服装中包覆和美化人体上肢的重要部件。袖子的设计既要考虑服装的审美性，也要考虑服装的功能性。

一、袖子的分类设计要点

根据袖子的结构特征，袖子可以分为袖口袖、连身袖、圆袖、平袖、插肩袖等基本类型。各种类型的袖子随着袖身、袖头的变化还可以变化出各种各样的形态。下面分别介绍各类袖子的设计和表现方法。常用袖子类型如图 2－99 所示。

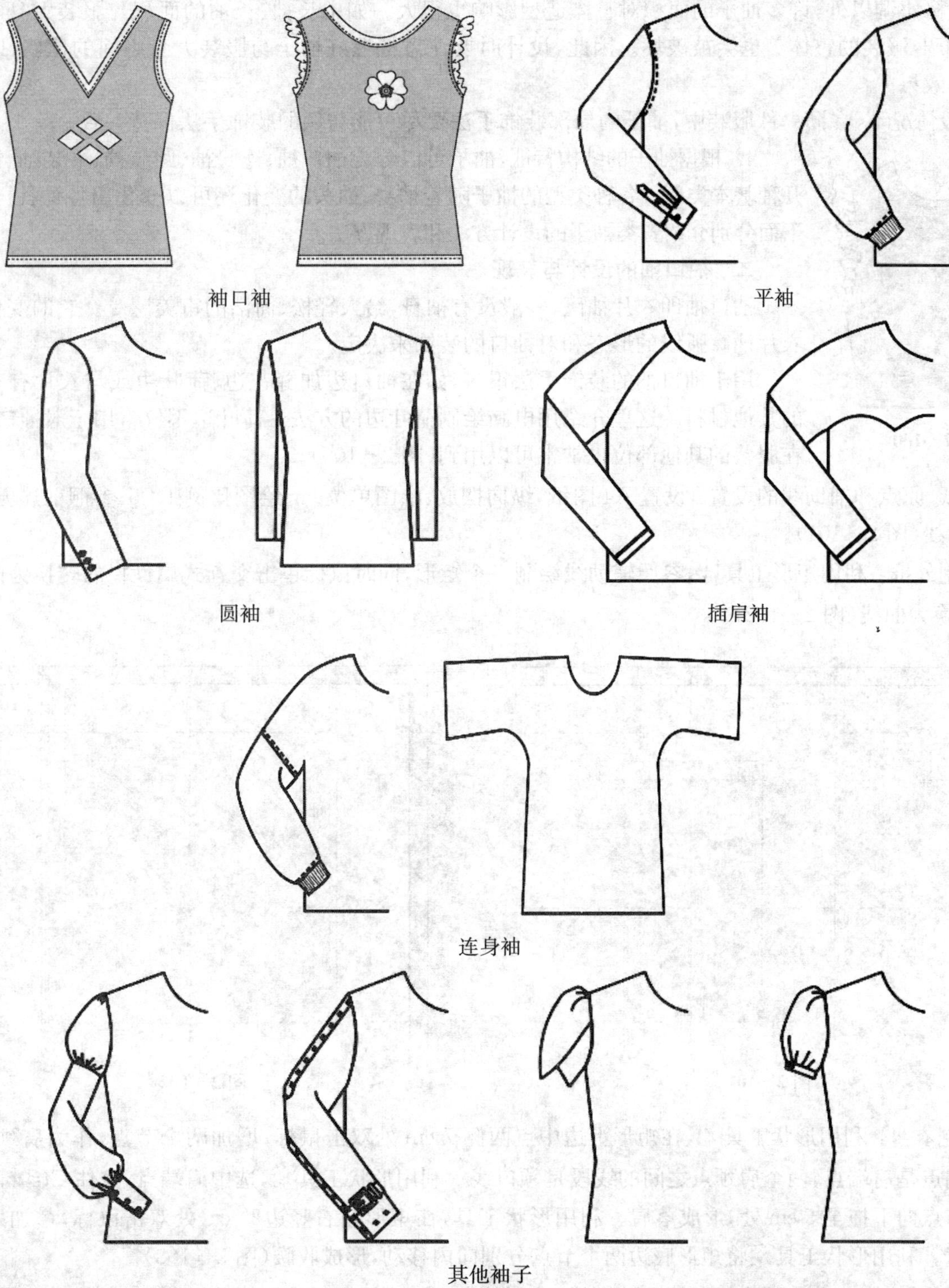

图 2－99

袖子的设计要点如下：

1. 要根据服装的使用功能来决定袖子的造型。不同的袖子对人体上肢活动会有不同的影响。如西装袖会极大地约束上肢摆动的幅度，喇叭袖会使前臂的上下活动受到牵扯，当服装需要帮助穿衣人去完成这些动作时，就不能为这些服装设计这类袖型。

2. 袖子的造型要与服装的整体风格协调。不同形态的袖子有不同的风格，如西装袖比较端庄，喇叭袖比较飘逸，灯笼袖比较活泼。让袖子的风格与服装的整体风格协调起来，服装才能产生和谐的美感。否则，服装的整体美就可能被袖子的不和谐破坏。

除了风格协调以外，许多袖子的面积对整体造型影响也很大。如中长袖、长袖的面积与服装大身之间的面积如果不协调，服装的整体美也会被破坏。因此，设计时要注意把握好袖子与服装大身之间的比例，以免影响服装的整体效果。

3. 一般情况下，在同一件服装中，袖子的局部装饰手法要尽可能与领的装饰手法保持一致。

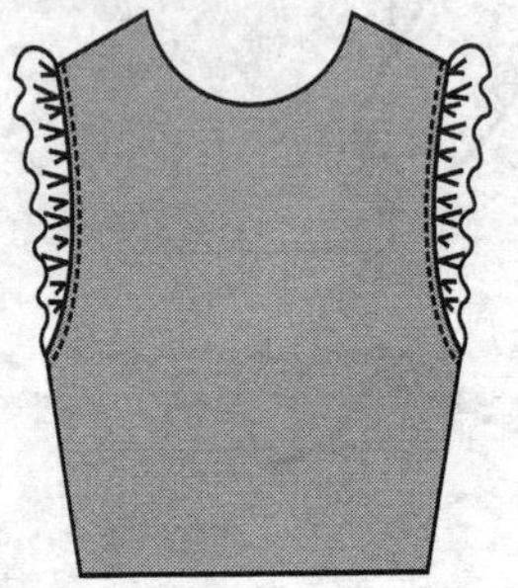

图 2－100

4. 根据袖子的结构特征，袖子可以分为袖口袖、连身袖、圆装袖、平装袖、插肩袖等几种基本类型。各种类型的袖子随着袖身、袖头的变化还可以变化出各种各样的形态。下面分别介绍各类袖子的设计方法和表现方法。

二、袖口袖的设计与表现

袖口袖即衣片袖窿，一般没有袖身，给人轻松、简洁的审美感受。它的变化主要由衣片袖窿弧线的形态和对袖口的装饰来决定。

用于袖口袖的装饰手法很多，如在袖口边加缝花边、荷叶边或与衣片有对比效果的其他材料。这里介绍用电脑绘制荷叶边的方法。荷叶边不仅常用于对袖口的装饰，在服装的其他部位也常常可以用到(图 2－100)。

1. 图纸、原点和辅助线的设置：设置 A4 图纸、纵向摆放、绘图单位cm、绘图比例 1∶5；参照前述方法，设置原点和辅助线(图 2－101)。

2. 绘制外框：利用矩形工具，参照辅助线绘制一个矩形，同时鼠标单击交互式属性栏的转换为曲线图标，将其转换为曲线(图 2－102)。

图 2－101

图 2－102

3. 绘制衣身：利用形状工具，在矩形上边中点两侧 7 cm 处双击鼠标，增加两个节点，作为肩颈点，矩形上部左右端点是肩端点，两个肩颈点之间的线段是领口线。利用形状工具，选中肩端点，按住 Ctrl 键，利用形状工具将节点向下拖至 5 cm 处，形成落肩。利用形状工具，在矩形左右竖边24 cm处双击鼠标，增加两个节点为袖窿深度。利用形状工具将矩形底边两个节点分别向内移动，形成收腰(图 2－103)。

利用形状工具，分别选中领口线和袖窿线，分别单击交互式属性栏的转换曲线图标，拖动曲线，使其弯曲为领口形状和袖窿形状(图 2－104)。

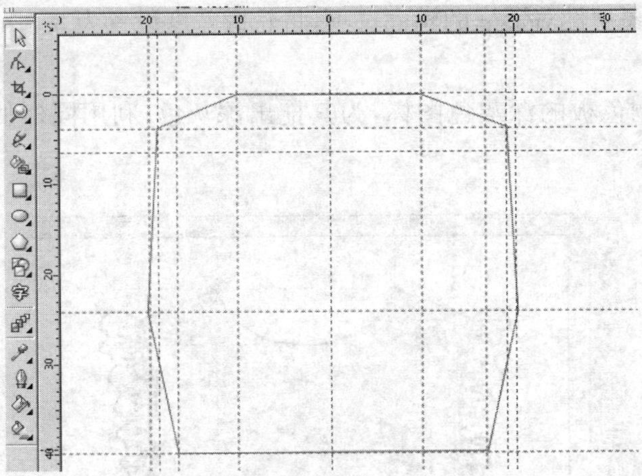

图 2－103

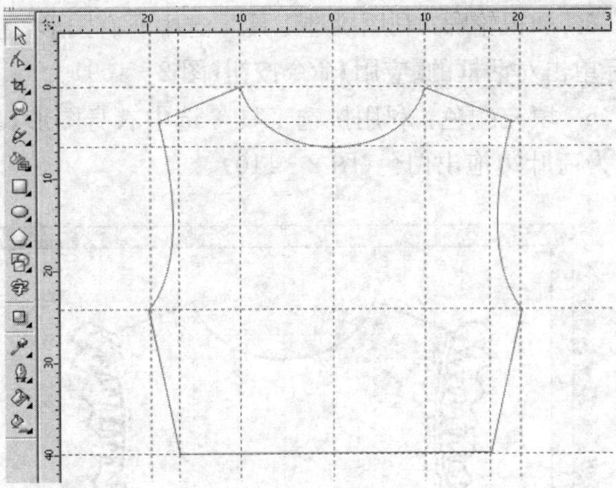

图 2－104

4. 绘制荷叶边：利用手绘工具和形状工具，绘制荷叶边造型(图 2－105)。

利用手绘工具，绘制荷叶边内部皱褶线(图 2－106)。

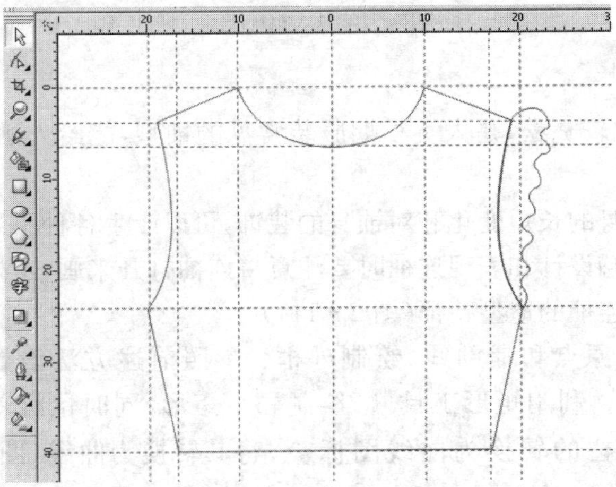

图 2－105

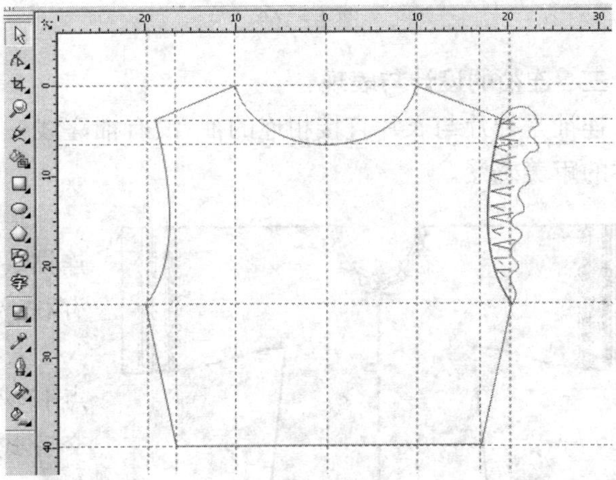

图 2－106

利用手绘工具和形状工具，通过交互式属性栏的轮廓选项，绘制袖窿明线(图 2－107)。

利用挑选工具，选中右侧袖口袖所有图形，通过变换对话框的大小选项，再制一个袖口袖图形，单击交互式属性栏的水平镜像图标，使其水平翻转，将其移动到左侧相应位置(图 2－108)。

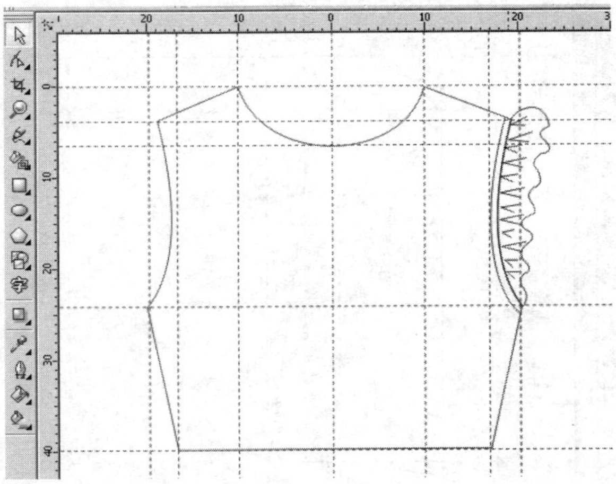

图 2－107

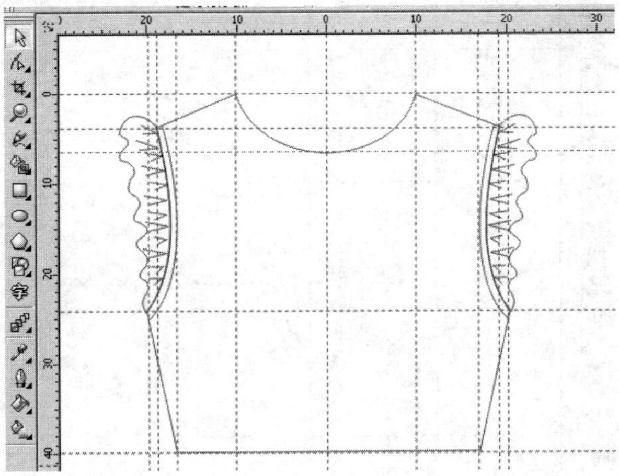

图 2－108

5. 加粗轮廓：利用挑选工具选中所有图形，通过对象属性对话框的轮廓选项，将轮廓宽度设置为 3.5 mm，鼠标单击对话框的【应用】命令按钮（图 2－109）。

6. 填充颜色：利用挑选工具选中衣身图形，单击调色板的深灰色图标，为其拖出深灰色；利用同样的方法，为荷叶边拖出白色（图 2－110）。

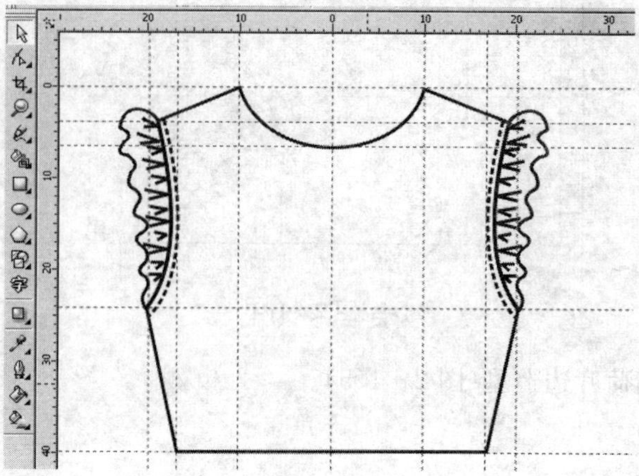
图 2－109

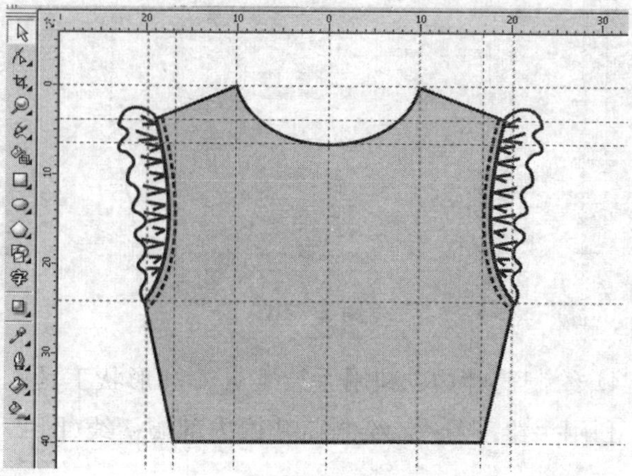
图 2－110

三、连袖的设计与表现

连袖是袖片与衣片直接相连的袖，没有袖窿线，一般比较宽松，是人类早期服装常见的袖型，能给人洒脱、含蓄的审美感受。

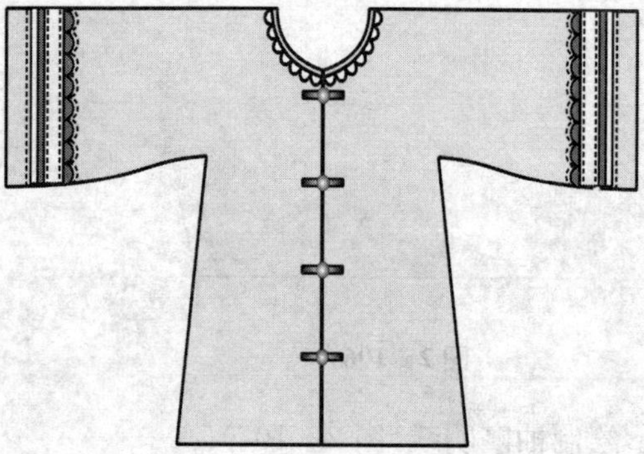
图 2－111

通过袖身的长短变化和对袖身的装饰，可以产生各种不同的连袖。用电脑设计和表现连袖时要注意将连袖打开来画，这样更有利于表现连袖的造型特征（图 2－111）。

1. 设置原点和辅助线，绘制外框：参照前述方法设置原点和辅助线。利用矩形工具，绘制一个矩形，同时鼠标单击交互式属性栏的转换为曲线图标，将其转换为曲线（图 2－112）。

2. 绘制衣身：利用形状工具，在矩形上边 5 cm、矩形右边向下 15 cm 处，分别双击鼠标，增加节点。利用形状工具，分别拖动相关节点，形成左侧衣身框图（图 2－113）。

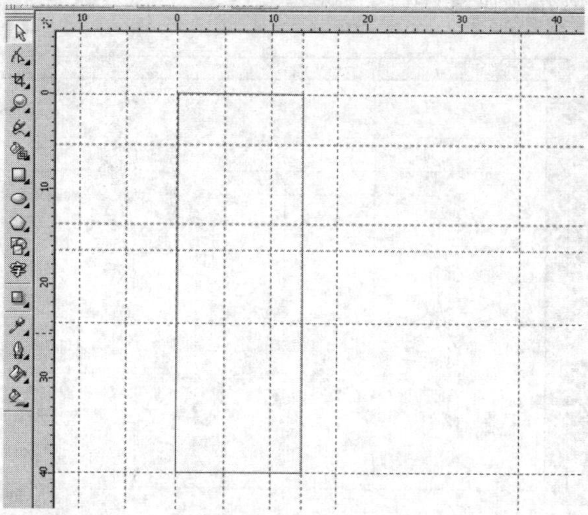
图 2－112

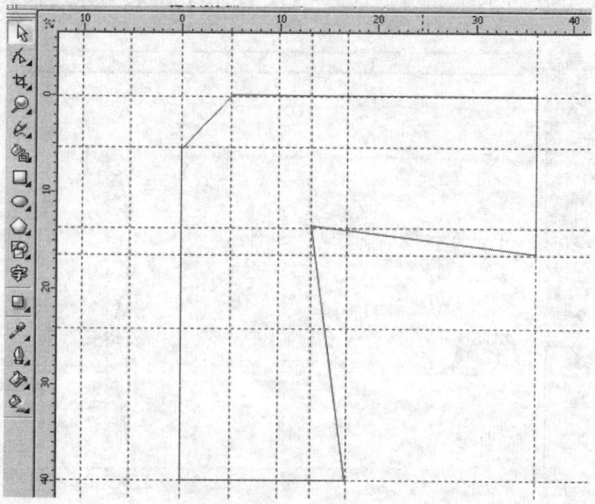
图 2－113

3. 修画相关曲线：利用形状工具，分别选中领口线和袖子底边线，单击交互式属性栏的转换为曲线图标，将其转换为曲线。鼠标拖动曲线，使其弯曲为领口造型和袖子造型(图 2－114)。

4. 绘制图案：利用矩形工具，在袖口部位绘制大小 3 个矩形。利用手绘工具和形状工具，分别绘制轮廓图案和袖口图案，绘制相关虚线明线和双线(图 2－115)。

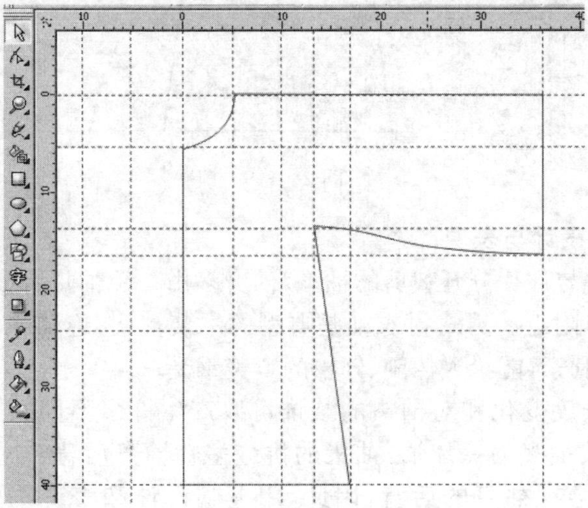

图 2－114

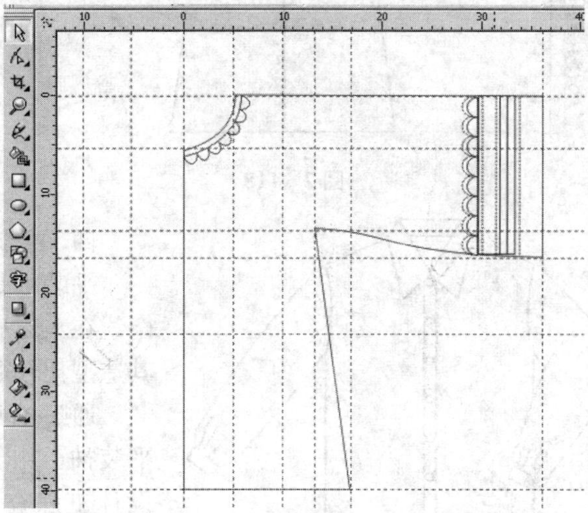

图 2－115

5. 加粗轮廓：利用挑选工具选中所有图形，通过对象属性对话框的轮廓选项，设置轮廓宽度为 3.5 mm，鼠标单击【应用】命令按钮(图 2－116)。

6. 填充颜色：利用挑选工具，选中衣身图形，单击调色板的灰色图标，为其填充浅灰色。利用同样的方法，为领口图样填充白色，为袖口图样填充深灰色。参照下图，为其他图形填充相应的颜色(图 2－117)。

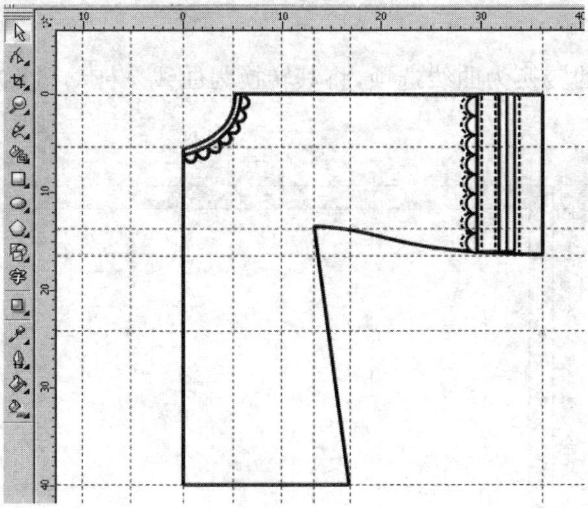

图 2－116

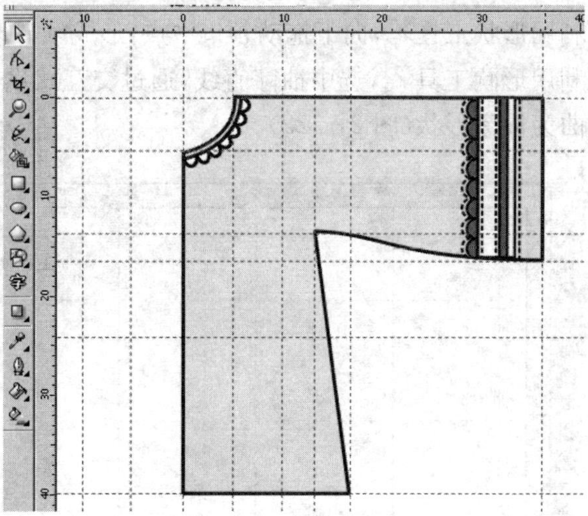

图 2－117

7. 图形完整化：利用挑选工具，选中所有图形，通过变换对话框的大小选项，单击【应用到再制】命令按钮，再制一个图形。单击交互式属性栏的水平镜像图标，将其水平翻转。按住 Ctrl 键，将其移动到左侧相应位置(图 2－118)。

8. 绘制门襟和扣子：利用矩形工具和椭圆工具，参照中式立领扣子的绘制方法，绘制门襟和扣子，并填充相应的颜色，即完成了连身袖款式图的绘制(图 2－119)。

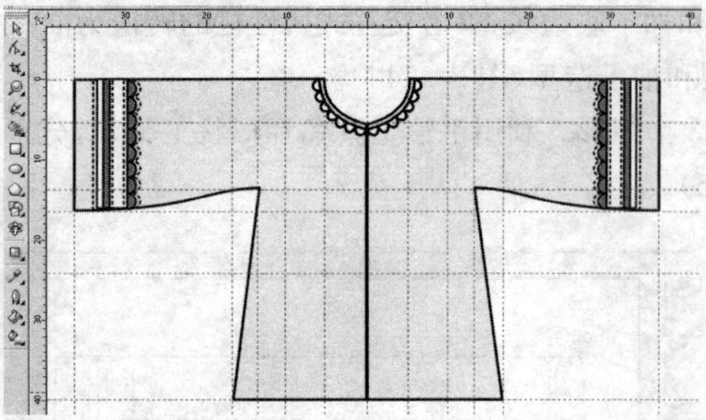

图 2-118

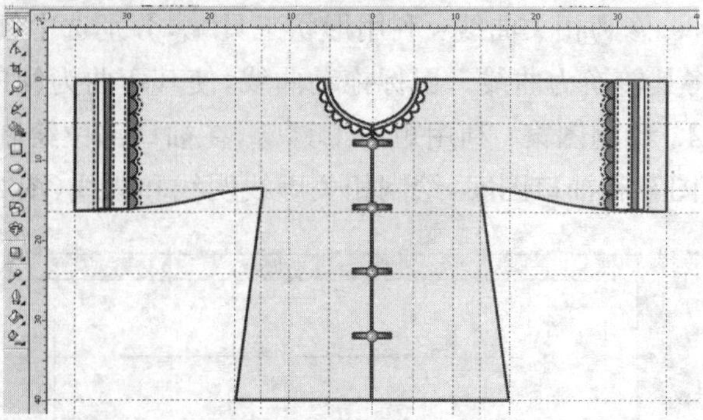

图 2-119

图 2-120

四、平装袖的设计与表现

平装袖是袖片与衣片分开裁剪的袖型，袖身多由一片袖片合成，袖窿线在人体肩关节附近。男式衬衣袖是典型的平装袖，与连袖相比较其造型比较贴身、利索，能给人休闲、轻松的审美感受。

通过袖身的长度变化和对袖头的装饰可以产生许多不同款式的平装袖。由于平装袖多为一片袖，袖头的拼缝多在袖身后背，袖头的设计重点往往也会在袖身的后背，因此，用电脑设计和表现平装袖时，也要注意选择能反映设计重点的后背或将一只袖子翻折过来(图 2-120)。

1. 设置原点和辅助线，绘制外框：参照前述方法设置原点和辅助线。利用矩形工具，绘制一个矩形，同时鼠标单击交互式属性栏的转换为曲线图标，将其转换为曲线(图 2-121)。

2. 绘制衣身：利用形状工具，在矩形上边相应位置分别双击鼠标，增加 3 个节点，分别是肩颈点和中点。矩形上边端点是两个肩端点。在矩形左右两边相应位置分别增加两个节点，作为袖窿深位置。

利用形状工具，选中肩端点。按住 Ctrl 键，利用形状工具将节点向下拖至 6 cm 处，形成落肩。

利用形状工具，向下拖动领口中点，形成领口形状。

利用形状工具，选中袖窿直线，通过交互式属性栏的转换为曲线选项，将其转换为曲线。拖动鼠标使曲线弯曲为袖窿形状(图 2-122)。

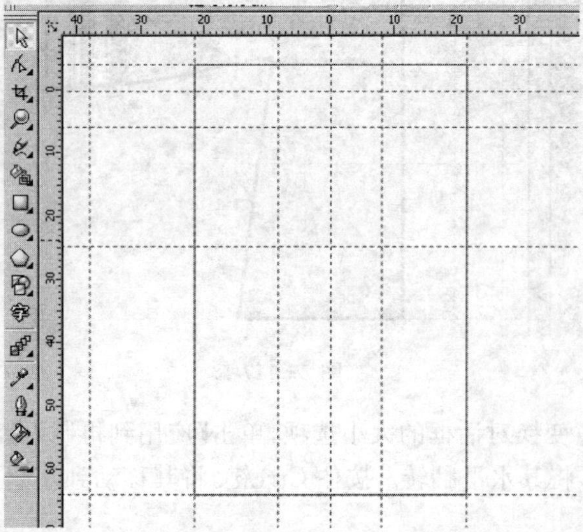

图 2-121

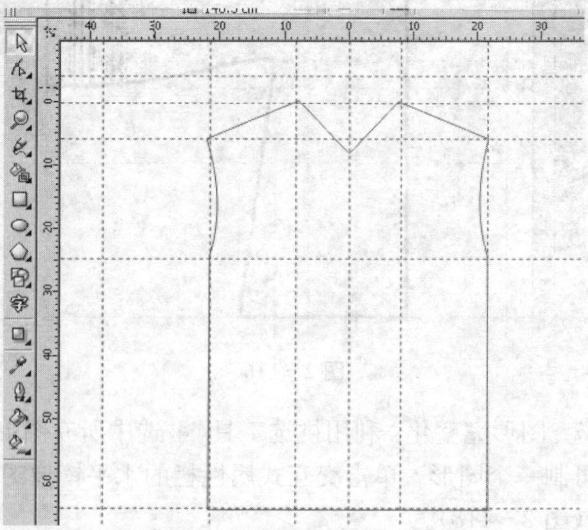

图 2-122

3. 绘制门襟和领子：利用手绘工具和矩形工具，分别绘制领子和明门襟，并为其填充白色(图 2-123)。

4. 绘制袖子：利用手绘工具和形状工具，参照肩端点、袖子长度、袖口宽度、袖窿深度点等绘制一个封闭矩形作为袖子基本形，在袖口处再绘制一个小矩形作为袖头。利用形状工具，将相关线条转换为曲线，并弯曲为袖子造型，绘制袖开衩(图 2－124)。

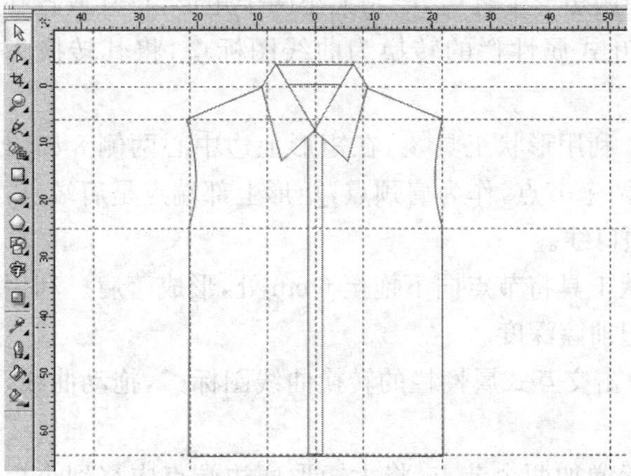

图 2－123

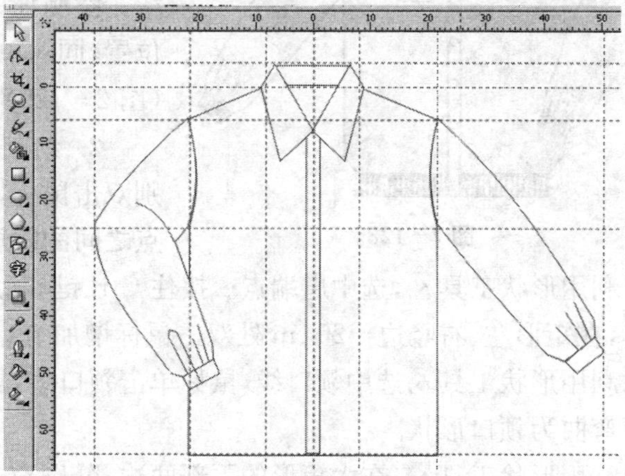

图 2－124

5. 绘制扣子：利用椭圆工具，绘制门襟扣子和袖开衩的扣子(图 2－125)。

6. 加粗轮廓：利用挑选工具选中所有图形，通过对象属性对话框的轮廓设置选项，设置轮廓宽度为 3.5 mm，鼠标单击【应用】命令按钮(图 2－126)。

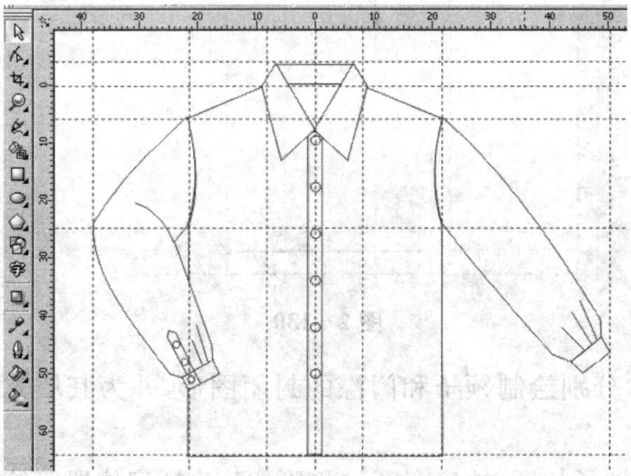

图 2－125

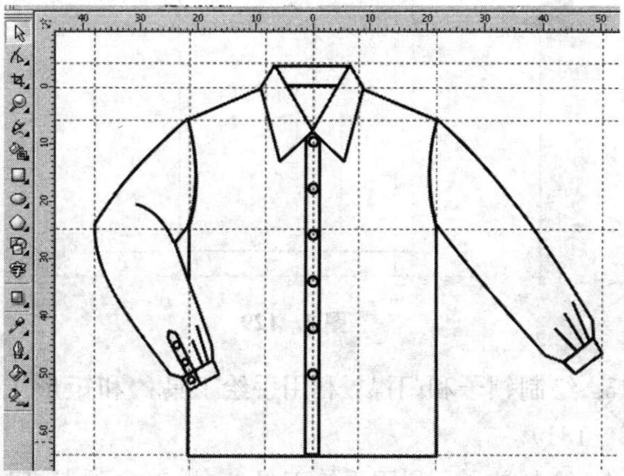

图 2－126

7. 填充颜色：利用挑选工具，选中领子图形，单击调色板的白色图标，为其填充白色。利用同样的方法，分别为门襟、扣子和袖头填充白色，为衣身和袖子填充灰色(图 2－127)。

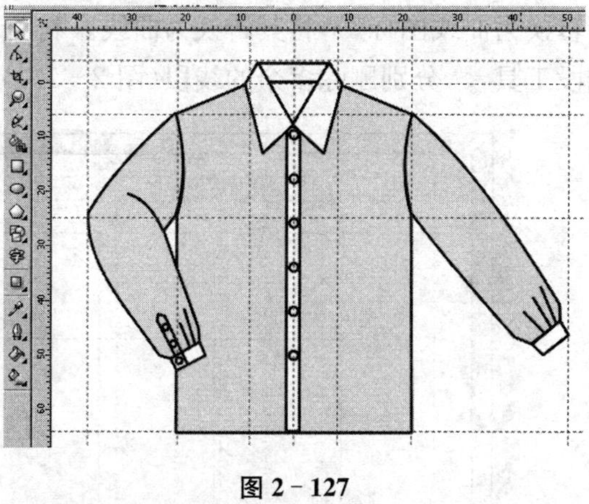

图 2－127

五、插肩袖的设计与表现

插肩袖是由平装袖演变而来的一种袖型，它与平装袖的区别首先表现在袖窿线的变化，插肩袖的袖窿线被延伸到人体颈部位置，让服装的肩与袖连成一片，从而使袖身显得比较修长。插肩袖与平装袖的区别还表现在袖身的合成，平装袖多由一片袖片合成，而插肩袖则多由两片或两片以上的袖片合成，这为插肩袖的变化提供了更大的空间。

像平装袖一样，通过袖身的长短变化和对袖头的装饰可以产生许多不同款式的插肩袖。不仅如此，还可以用改变插肩袖袖窿线的位置、形态，或者对插肩袖袖身的结构线进行进一步加工以增加结构性的装饰效果，或

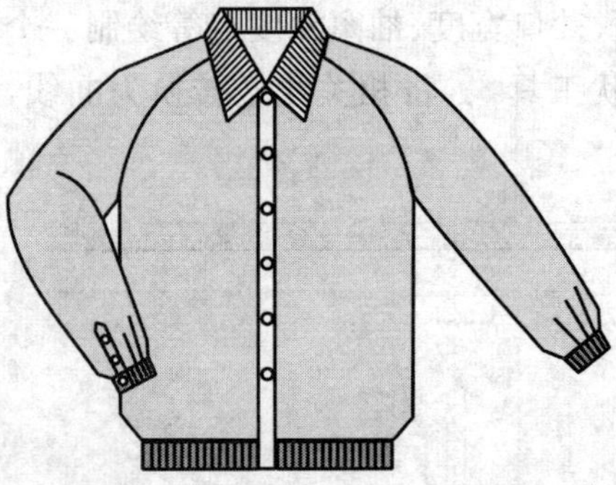

图 2 - 128

者利用插肩袖袖身的结构变化改变袖身的造型都可以使插肩袖产生更大的变化(图 2 - 128)。

1. 设置原点和辅助线,绘制外框:参照前述方法设置原点和辅助线。参照辅助线利用矩形工具,绘制大小两个矩形,将其放置在相应位置,同时单击交互式属性栏的转换为曲线图标,将其转换为曲线(图 2 - 129)。

2. 绘制衣身:利用形状工具,在矩形上边中心两侧 8 cm 处,分别双击鼠标,增加两个节点,作为肩颈点,矩形上部端点是肩端点,肩颈点之间的线段是领口线。

利用形状工具,选中肩端点。按住 Ctrl 键,利用形状工具将节点向下拖至 6 cm 处,形成落肩。利用形状工具,在矩形左、右竖边−25 cm 处双击鼠标增加节点,标记袖窿深度。

利用形状工具选中领口线,鼠标单击领口线,鼠标单击交互式属性栏的转换曲线图标,拖动曲线,使其向下弯曲为领口形状。

利用形状工具,在大矩形的下部两边,分别双击鼠标增加两个节点,将大矩形底边端点内移到小矩形端点处,形成下摆收缩形状(图 2 - 130)。

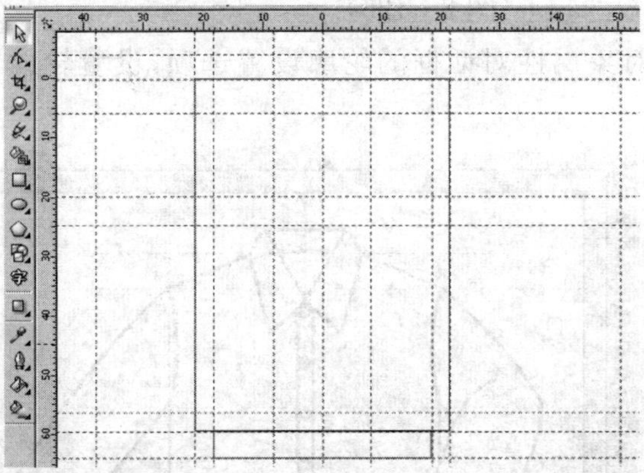

图 2 - 129

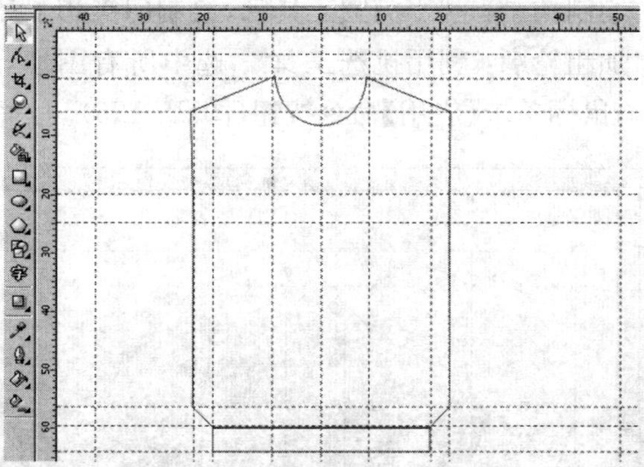

图 2 - 130

3. 绘制领子和门襟:利用手绘工具和矩形工具,分别绘制领子和门襟的封闭图形,并为其填充白色(图2 - 131)。

4. 绘制袖子:利用手绘工具,沿着肩颈点、肩端点、袖子长度、袖口宽度、袖窿深度点、插肩位置等绘制一个封闭图形作为袖子基本形。利用形状工具,绘制一个虚线矩形,框住袖子基本形,鼠标单击交互式属性栏的转换为曲线图标,将其转换为曲线。利用形状工具,拖动相关线条,使其符合设计造型。利用删除虚拟线段工具,分别删除多余的线段(图 2 - 132)。

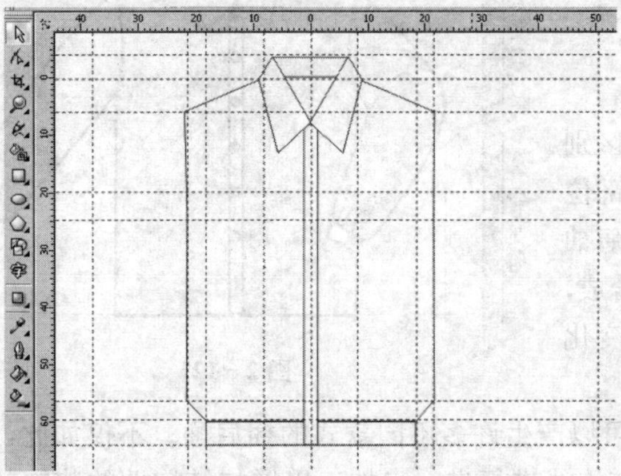

图 2 - 131

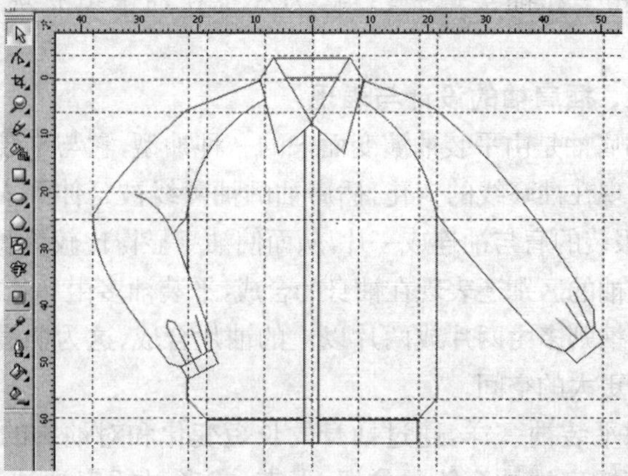

图 2 - 132

5. 绘制扣子：利用椭圆工具，分别绘制门襟扣子和袖开衩扣子(图 2-133)。

6. 绘制罗纹：利用手绘工具和交互式调和工具，分别绘制领子罗纹、袖口罗纹和下摆罗纹(图 2-134)。

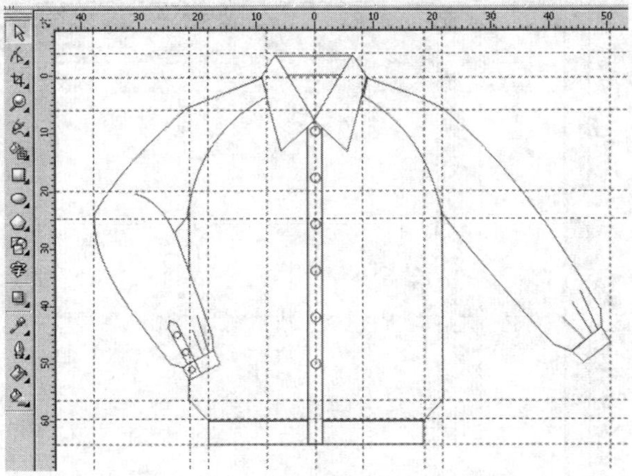

图 2-133

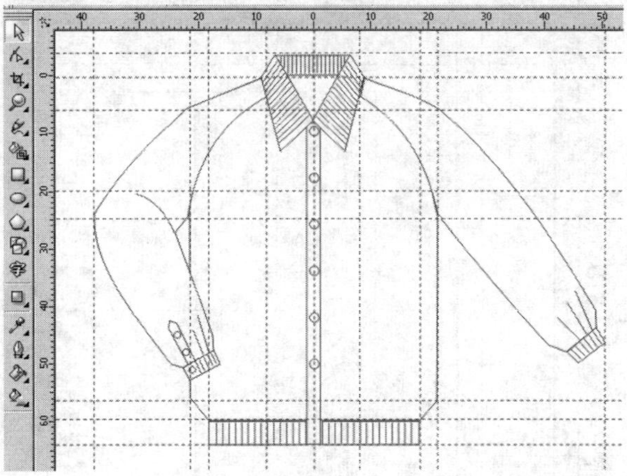

图 2-134

7. 加粗轮廓：利用挑选工具选中所有图形，通过对象属性对话框的轮廓设置选项，设置轮廓宽度为 4.0 mm，鼠标单击【应用】命令按钮(图 2-135)。

8. 填充颜色：利用挑选工具选中衣身图形，鼠标单击程序界面右侧调色盘的灰色图标，为图形填充浅灰色。利用同样的方法，分别为领子、门襟和扣子填充白色，为下摆和袖头填充深灰色(图 2-136)。

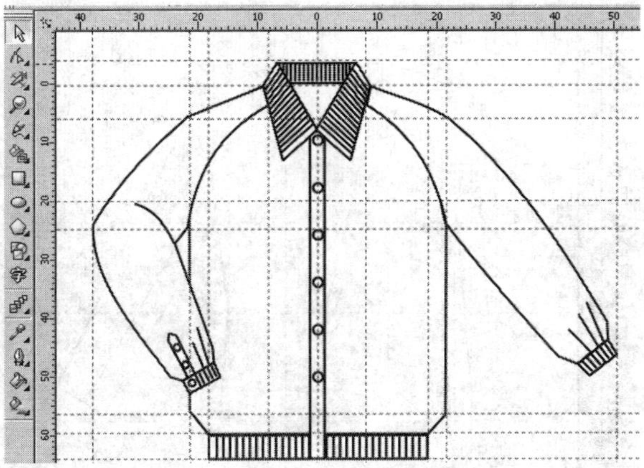

图 2-135

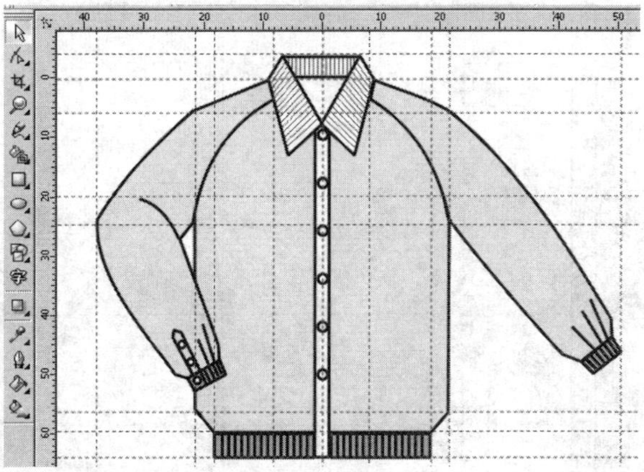

图 2-136

六、圆装袖的设计与表现

圆装袖也是袖片与衣片分开裁剪的袖型，袖身一般由大小两片袖片缝合而成，袖窿线在人体肩关节处。与其他袖型相比较，圆装袖的袖子围度最小，西装袖是典型的圆装袖，其造型与人体手臂的自然状态比较吻合，且圆润而流畅，能给人端庄、优雅的审美感受。

在各种类型的袖中，圆装袖是最富于变化的袖型。以圆装袖为基本型，夸张其袖山或袖身可以变化出许多造型新颖的袖型。用电脑设计和表现圆装袖，应注意刻画出袖山和袖身的特征(图 2-137)。

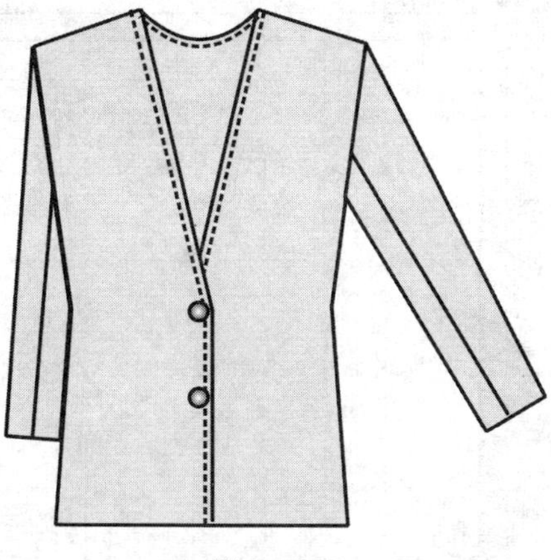

图 2-137

1. 设置原点和辅助线，绘制外框：参照前述方法设置原点和辅助线。参照辅助线，利用矩形工具，绘制一个矩形，同时鼠标单击交互式属性栏的转换为曲线图标，将其转换为曲线(图 2-138)。

2. 绘制衣身：利用形状工具，在矩形周边增加相应节点。利用形状工具，移动相关节点，使其形成下图所示的衣身形状(图 2－139)。

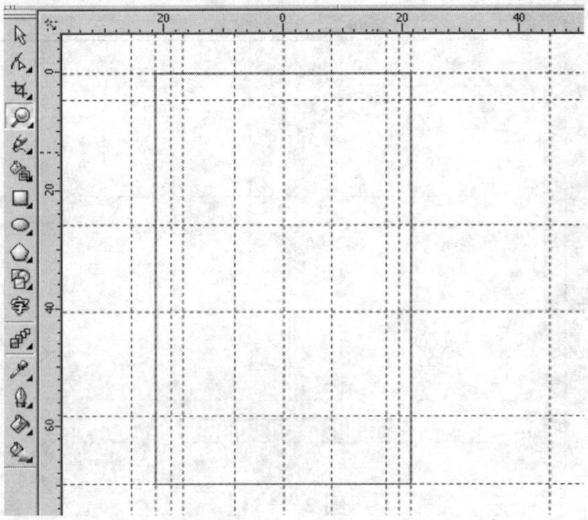

图 2－138

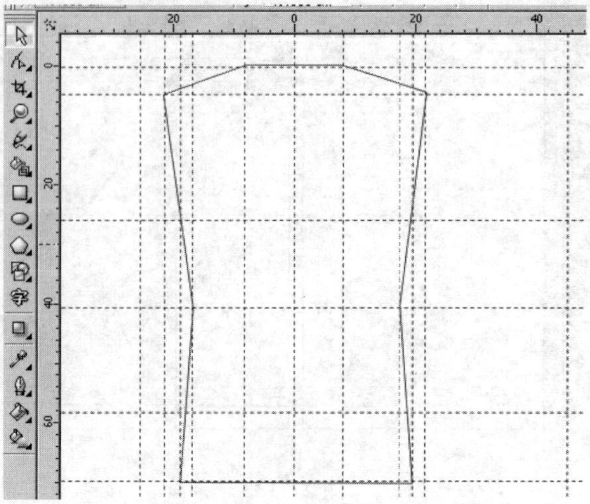

图 2－139

利用形状工具，将领口线弯曲为曲线领口。利用手绘工具，绘制门襟造型(图 2－140)。

3. 绘制袖子：利用手绘工具，沿着肩端点、腰节点、袖长点、袖口宽度点等绘制封闭的袖子形状。同时在袖子内部绘制一条与袖中线平行的直线，作为袖接线(图 2－141)。

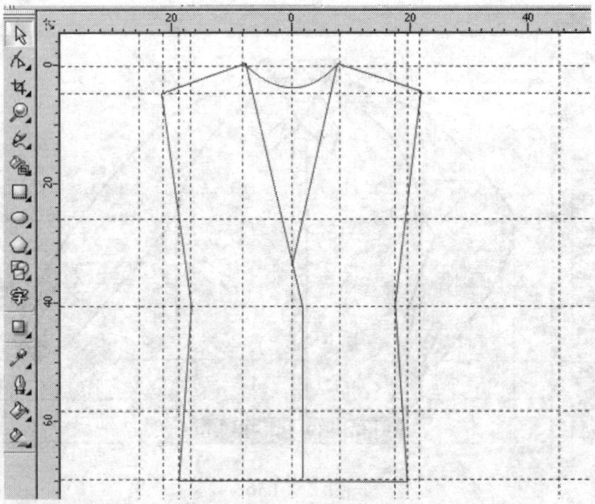

图 2－140

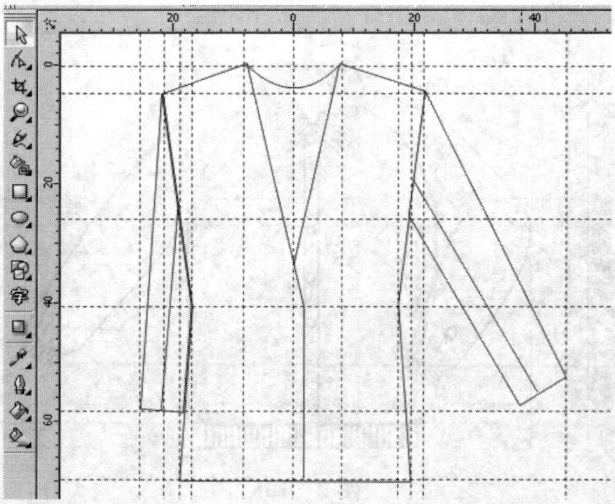

图 2－141

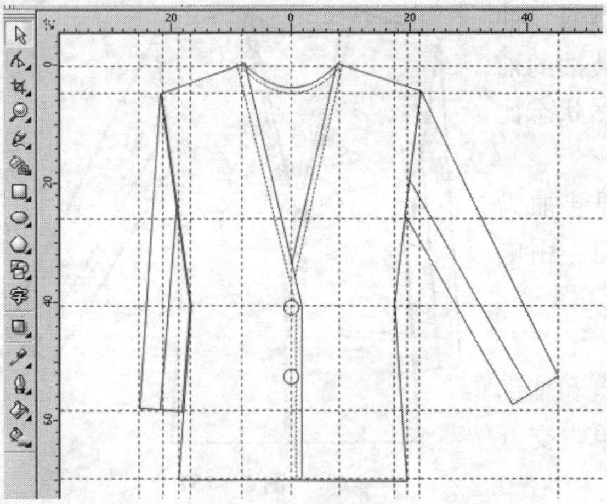

图 2－142

4. 绘制明线和扣子：利用手绘工具和形状工具，通过交互式属性栏的轮廓选项，分别绘制门襟和领口的虚线明线。利用椭圆工具，绘制扣子(图 2－142)。

5. 加粗轮廓：利用挑选工具，绘制一个虚线矩形，框住所有图形(即选中所有图形)。通过对象属性对话框的轮廓设置选项，设置轮廓宽度为 3.5 mm，鼠标单击【应用】命令按钮，完成轮廓宽度设置(图 2－143)。

6. 填充颜色：利用挑选工具，选中衣身图形，单击调色板的灰色图标，为其填充浅灰色。利用同样的方法，为其他图形填充相应的颜色。通过对象属性对话框的渐变填充选项，为扣子填充径向渐变填充(图 2－144)。

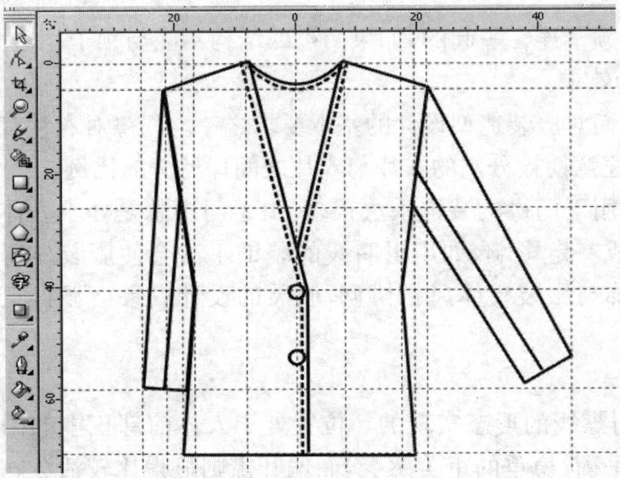

图 2-143

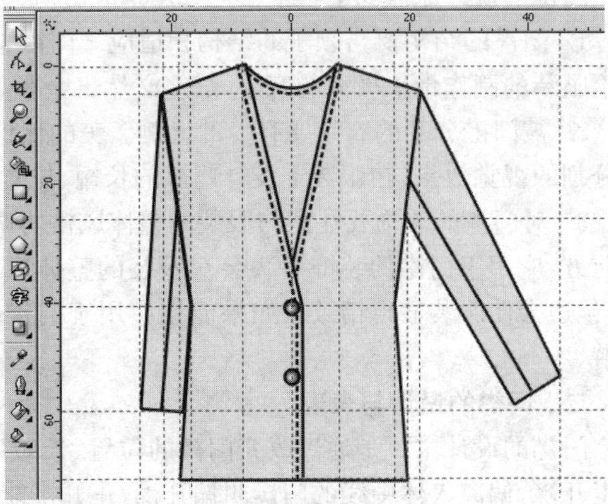

图 2-144

2.3 门襟的数字化设计

门襟即服装在人体前部或背部的开口，它们不仅使服装穿脱方便的实用功能，也常常是重要的服装装饰部位。

一、门襟的分类和设计要点

门襟主要分为正开襟、偏开襟、通开襟、半开襟等，常见门襟形式如图 2-145 所示。

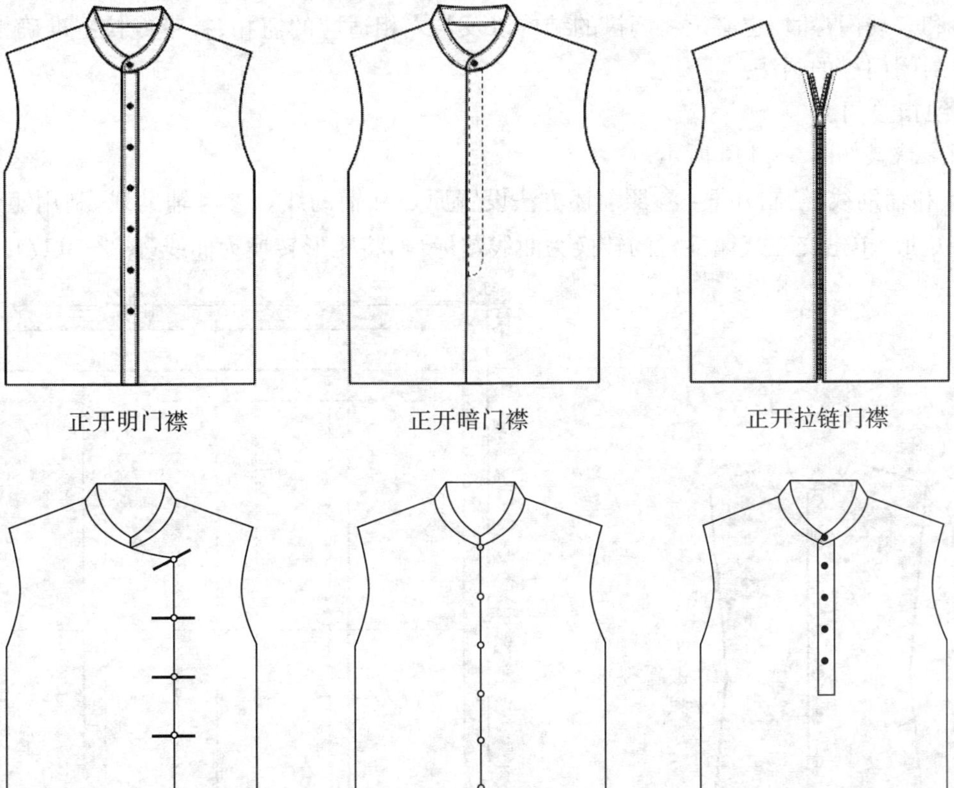

正开明门襟　正开暗门襟　正开拉链门襟

偏门襟　通开襟　半开襟

图 2-145

门襟的设计原点如下：

1. 门襟的结构要与领子的结构相适应。门襟总是与领子连在一起的，如果门襟的结构不能与领子相适应，会给服装的制作带来极大的麻烦，最终必然也会影响设计效果。

2. 被门襟分割的衣片要有美的比例。美的比例是人们对服装造型设计的基本要求之一。门襟对衣片有纵向分割的视觉效果，在服装上设计门襟的长短、位置时要注意使被分割的衣片与衣片之间保持美的比例。

3. 对门襟的装饰要注意与服装的整体风格协调。应用于门襟的装饰手法很多，由于门襟总是处于人体的正前方，应用于门襟的装饰手法会对服装的整体风格造成一定影响，如用辑明线的装饰手法会使服装显得粗犷，包边会使服装显得精致。如果能让应用于门襟的装饰与服装整体风格协调，服装的设计效果会显得更加和谐。

二、门襟的设计与表现

门襟的设计主要是通过改变门襟的位置、长短以及门襟线的形态实现的。位置处于人体前部正中的门襟叫正开襟，偏离人体中线的门襟叫偏开襟，正开襟能给人平衡、稳重的审美感受，而偏开襟则显得比较活泼。贯通全部衣片的门襟叫通开襟，门襟的开口仅是衣片长度的一部分叫半开襟。一般情况下，直开襟较半开襟的变化更丰富。垂直线是门襟最常见的形态，叫直开禁，斜线门襟叫斜开禁，不规则弧线门襟在现代服装设计中也可以见到，设计时可以根据需要选择。

门襟在着装时大多呈封闭状态，称为系合。因此，门襟的系合方式就成了门襟设计的重要内容。系合门襟的方法很多，可以是纽扣系合、袢带系合和拉链系合。而无论用什么方法封闭，门襟的结构都必须与之协调，如门襟的左右相互重叠时，可以用一般的圆纽扣系合。这时纽扣的中心应该落在门襟的中心线上。如果门襟的左右不是相互重叠而是左右对拼，在表面用一般的圆纽扣系合就不太适当，最好采用袢带、拉链和中式传统布纽扣来系合比较好。

用电脑设计和表现门襟时，也必须将门襟的结构以及与之相适应的纽扣、袢带或拉链准确地表达出来。下面分别介绍几种封闭门襟的画法。

三、普通圆纽扣叠门襟

单排扣叠门襟款式如图 2－146 所示。

1. 设置原点和辅助线，绘制外框：参照前述方法设置原点和辅助线。参考辅助线，利用矩形工具，在适当位置绘制一个矩形，单击交互式属性栏的转换为曲线图标，将矩形转换为曲线（图 2－147）。

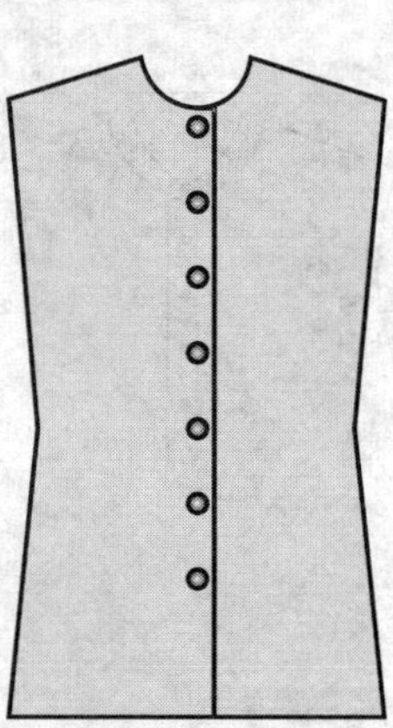

图 2－146

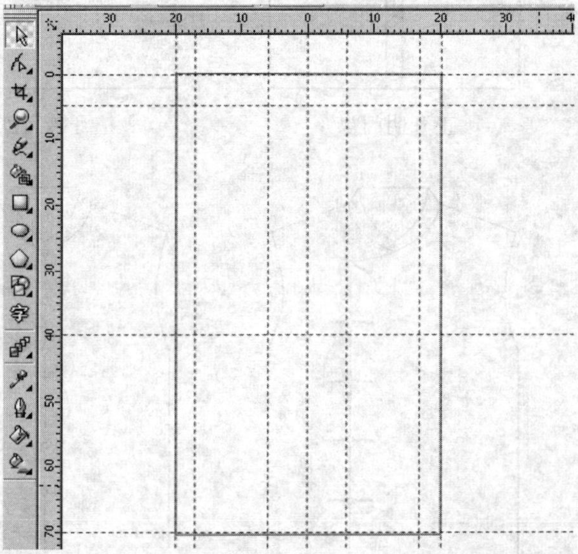

图 2－147

2. 绘制衣身：利用形状工具，在矩形周边增加相应节点。利用形状工具，将领口直线转换为曲线，拖动曲线，使其弯曲为前领口形状。利用形状工具，拖动相关节点，使其形成衣身形状（图 2－148）。

3. 绘制门襟和纽扣：利用手绘工具，在中心线右侧 2 cm 处绘制一条竖向直线，作为门襟线。利用椭圆工具，按住 Ctrl 键，绘制一个圆形。通过变换对话框的大小选项，设置其宽度、高度均为2 cm，鼠标单击【应用】命令按钮，作为第一个扣子。同时单击【应用于再制】，原位再制一个扣子。利用挑选工具，将其向下移动适当距离，作为第二个扣子。利用同样的方法，绘制其他扣子(图 2－149)。

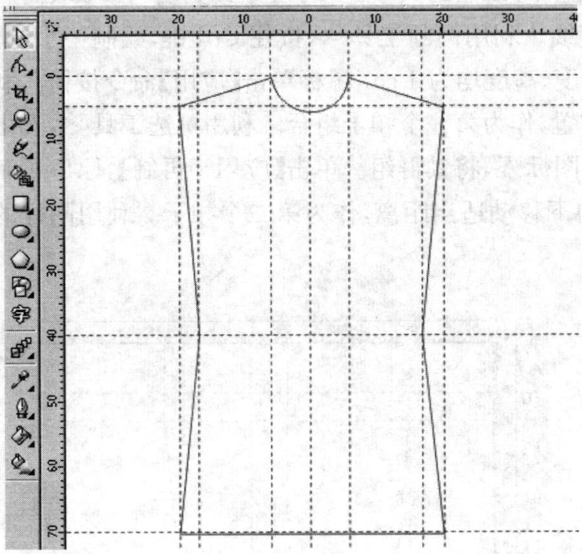

图 2－148

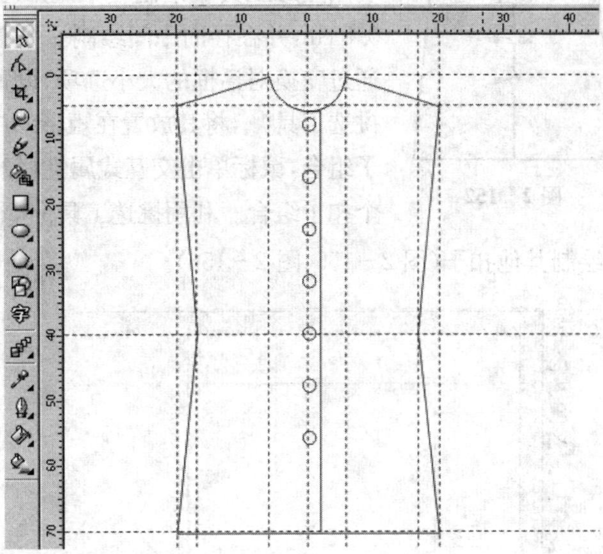

图 2－149

4. 加粗轮廓：利用挑选工具绘制一个虚线矩形，将所有图形框住，即选择所有图形。通过对象属性对话框的轮廓属性选项，设置轮廓宽度为 3.4 mm，鼠标单击【应用】命令按钮(图 2－150)。

5. 填充颜色：利用挑选工具，选中衣身图形，单击调色板的灰色图标，为其填充浅灰色。通过对象属性对话框的渐变填充选项，为扣子填充径向渐变填充(图 2－151)。

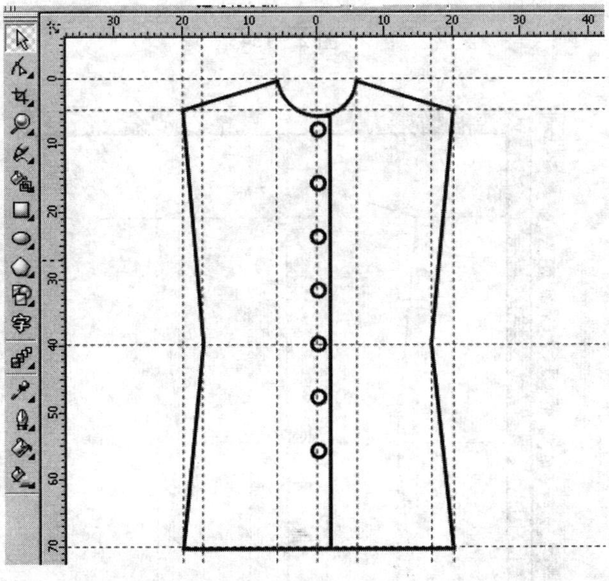

图 2－150

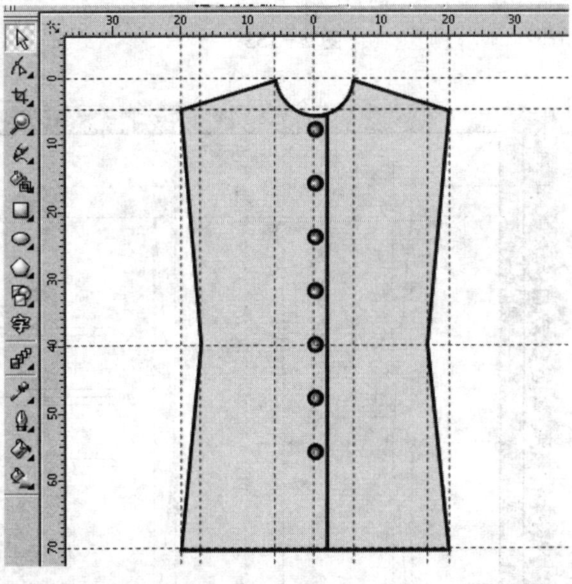

图 2－151

四、中式布纽扣对襟

中式对襟布纽门襟款式图如图 2－152 所示。

1. 设置原点和辅助线，绘制外框：参照前述方法设置原点和辅助线。参考辅助线，利用矩形工具，在适当位置绘制一个矩形，单击交互式属性栏的转换为曲线图标，将矩形转换为曲线(图 2－153)。

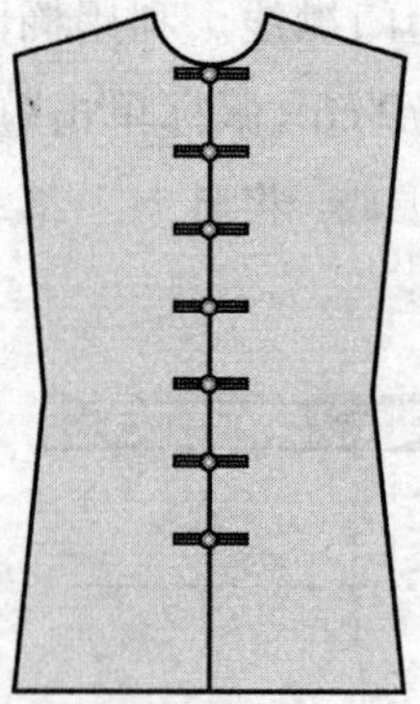
图 2 - 152

2. 绘制衣身：利用形状工具，在矩形周边增加相应节点。利用形状工具，将领口直线转换为曲线，拖动曲线，使其弯曲为前领口形状。利用形状工具，拖动相关节点，使其形成衣身形状(图 2 - 154)。

3. 绘制门襟和纽扣：利用手绘工具，在中心线处绘制一条竖向直线，作为门襟线。利用矩形工具绘制一个矩形，通过变换对话框的大小选项，设置其宽度为 8 cm、高度为 0.5 cm，并在径向中间绘制一条横向直线。利用椭圆工具，按住 Ctrl 键，绘制一个圆形。通过变换对话框的大小选项，设置其宽度、高度均为 1 cm，鼠标单击【应用】命令按钮。利用挑选工具，将其放置在矩形的中心位置，作为第一个扣子组合。利用挑选工具，选中扣子组合，鼠标单击交互式属性栏的群组图标，将其群组。单击【应用于再制】，原位再制一个扣子组合。利用挑选工具，将其向下移动适当距离，作为第二个扣子。利用同样的方法，绘制其他扣子(图 2 - 155、图 2 - 156)。

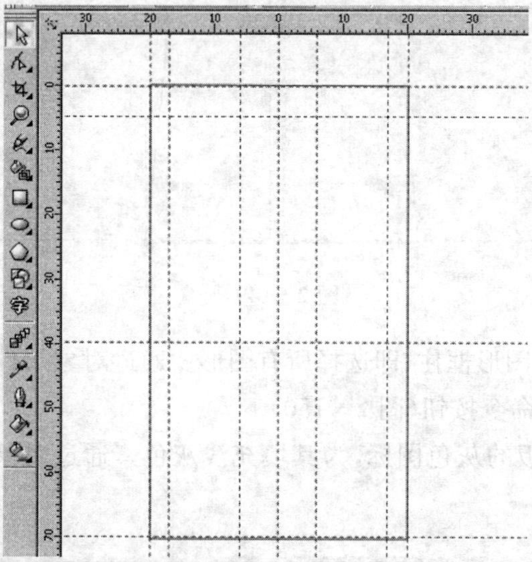
图 2 - 153

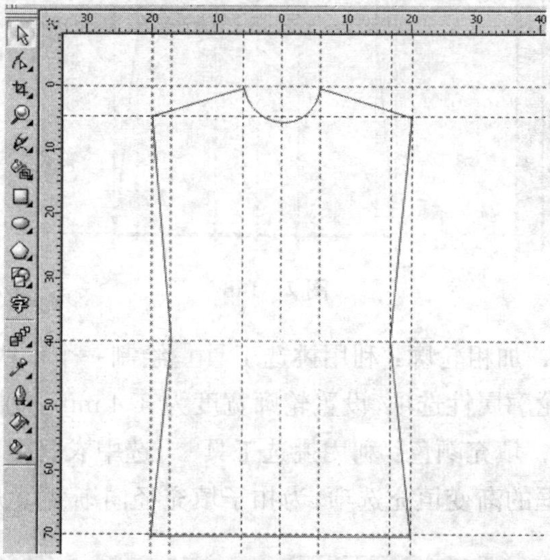
图 2 - 154

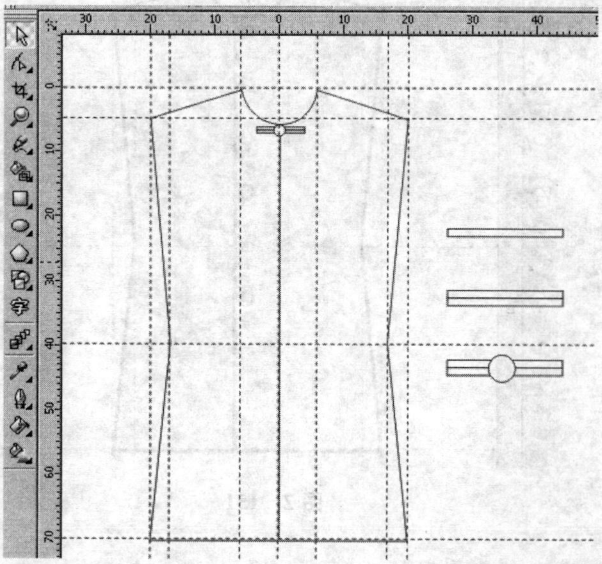
图 2 - 155

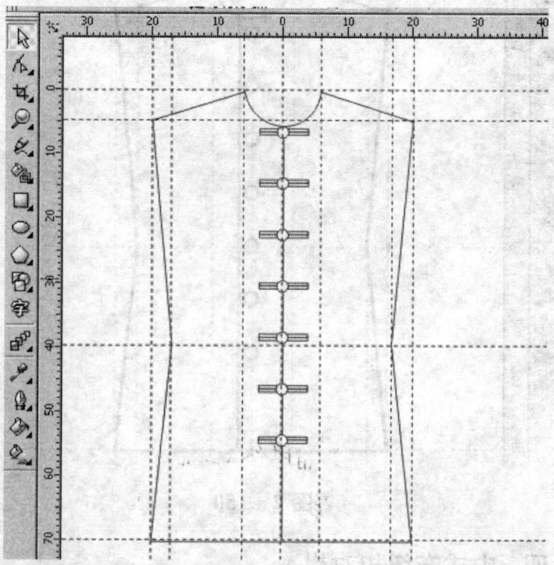
图 2 - 156

4. 加粗轮廓：利用挑选工具，选中衣身图形和门襟线，通过对象属性对话框的轮廓属性选项，设置轮廓宽度为 3.4 mm，鼠标单击【应用】命令按钮。利用同样的方法，设置纽扣的轮廓宽度为 2.5 mm(图 2 - 157)。

5. 填充颜色：利用挑选工具，选中衣身图形，单击调色板的灰色图标，为其填充浅灰色。取消扣子组合，为矩形扣袢填充深灰色。通过对象属性对话框的渐变填充选项，为圆形扣子填充径向渐变填充(图 2－158)。

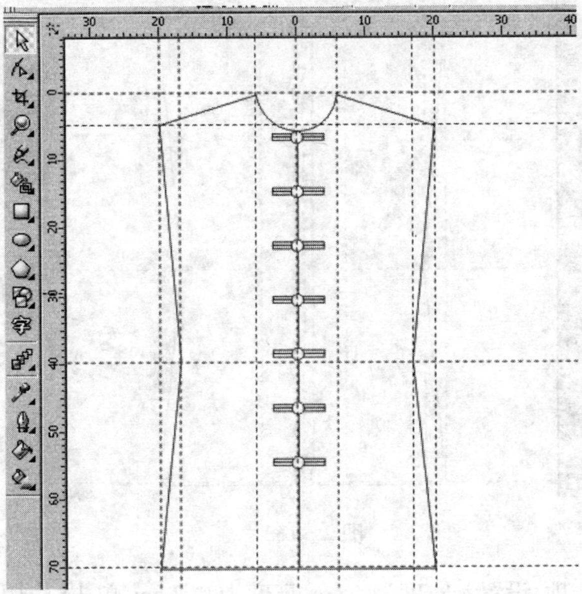

图 2－157

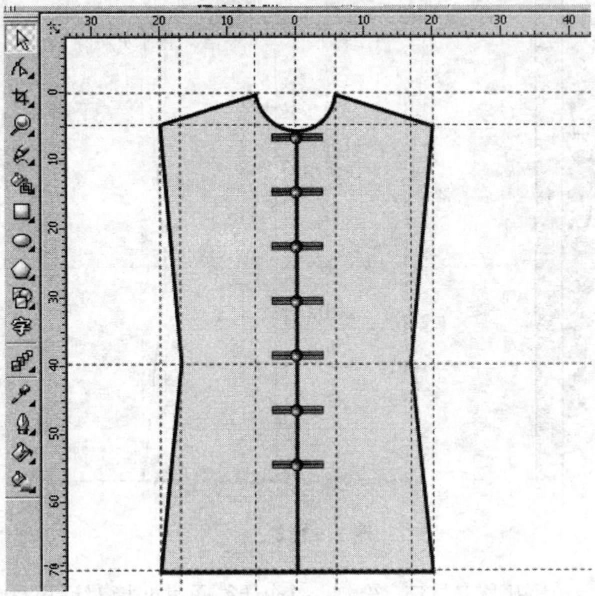

图 2－158

五、拉链门襟

拉链门襟款式图如图 2－159 所示。

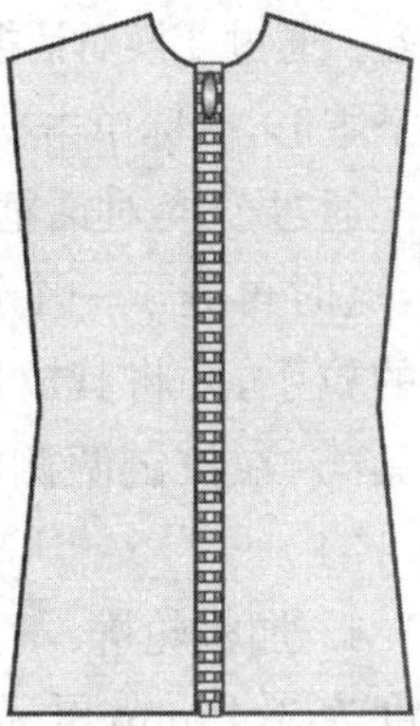

图 2－159

1. 设置原点和辅助线，绘制外框：参照前述方法设置原点和辅助线。参考辅助线，利用矩形工具，在适当位置绘制一个矩形，单击交互式属性栏的转换为曲线图标，将矩形转换为曲线(图 2－160)。

2. 绘制衣身：利用形状工具，在矩形周边增加相应节点。利用形状工具，将领口直线转换为曲线，拖动曲线，使其弯曲为前领口形状。利用形状工具，拖动相关节点，使其形成衣身形状(图 2－161)。

3. 绘制拉链：利用矩形工具，在衣身中心绘制一个矩形，作为拉链外框(图 2－162)。

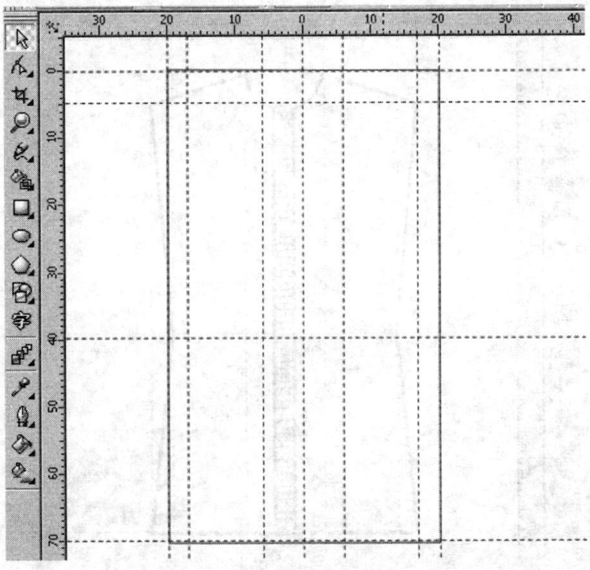

图 2－160

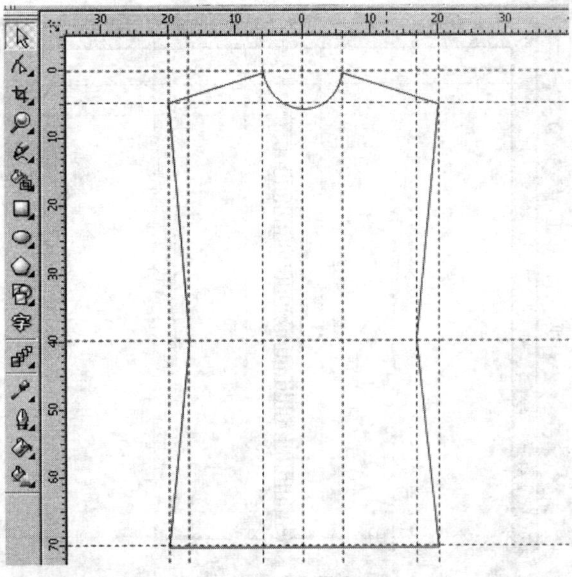

图 2－161

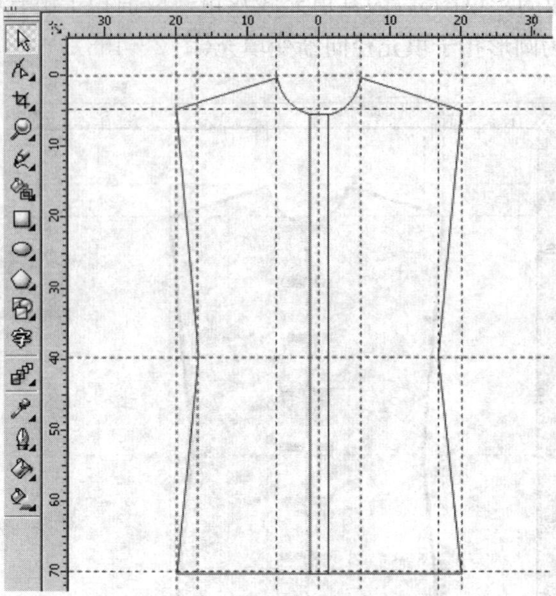

图 2-162

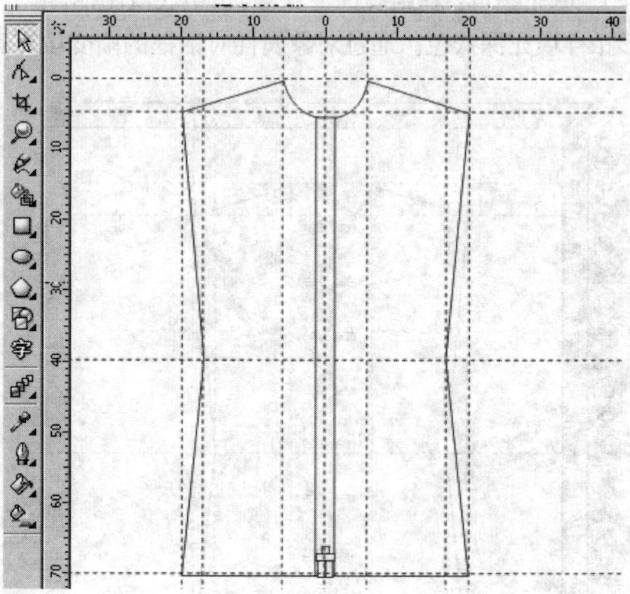

图 2-163

利用矩形工具，绘制一个矩形，通过变换对话框的大小选项，设置其宽度为 1 cm，高度为 0.3 cm，单击【应用】命令按钮。利用挑选工具选中该矩形，通过变换对话框的大小选项，再制一个矩形，将其移动到原矩形的下方，并与其对齐。通过变换对话框的大小选项，将其宽度设置为 0.3 cm，鼠标单击【应用】命令按钮。利用挑选工具，选中该两个矩形，鼠标单击交互式属性栏的群组图标，将其群组，作为拉链的一个链齿组(图 2-163)。

通过变换对话框的位置选项，设置水平距离为 0 cm，垂直距离为 0.6 cm，鼠标单击【应用于再制】命令按钮，这时再制了一个链齿组。利用同样的方法，连续再制，直到排满门襟线为止。利用椭圆工具，绘制拉链的拉手，并将其放置在拉链上端。利用矩形工具绘制拉链下端头，并将其放置在拉链下端。利用手绘工具，在拉链两侧绘制边沿线和明线，并通过交互式属性栏的轮廓属性选项，将明线设置为粗虚线(图 2-164)。

4. 加粗轮廓：利用挑选工具，选中除拉链以外的所有图形，通过对象属性对话框的轮廓选项，设置轮廓宽度为 3.4 mm，鼠标单击【应用】命令按钮。选中拉链，设置轮廓宽度为 1.72 mm，鼠标单击【应用】命令按钮(图 2-165)。

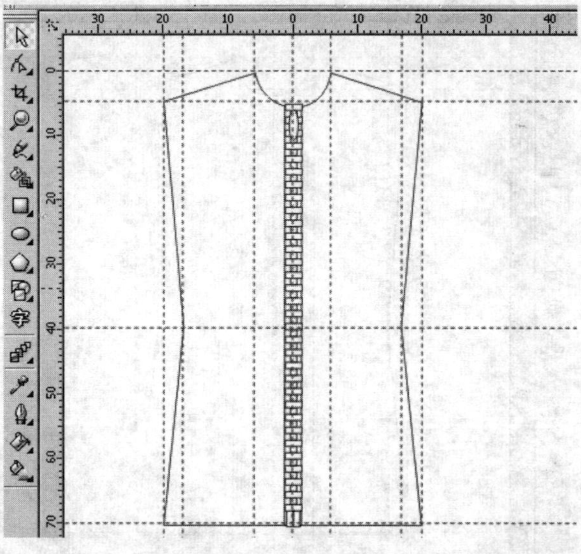

图 2-164

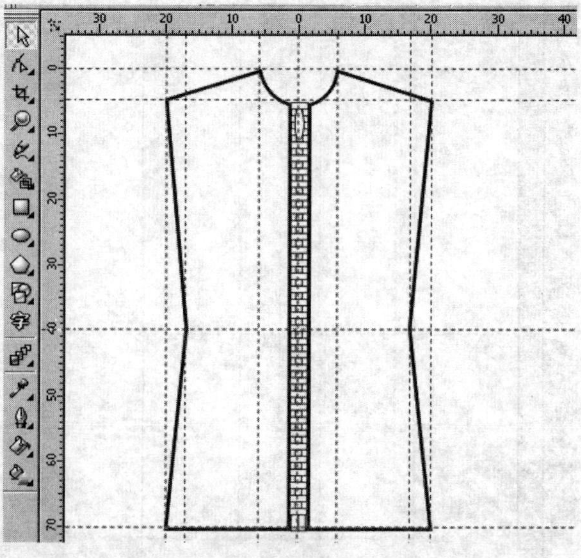

图 2-165

5. 填充颜色：利用挑选工具，选中衣身图形，单击调色板的灰色图标，为其填充浅灰色。利用同样的方法，为拉链外框填充深灰色，为拉链齿组填充白色。通过对象属性对话框的渐变填充选项，为拉链拉手填充径向渐变填充(图 2-166)。

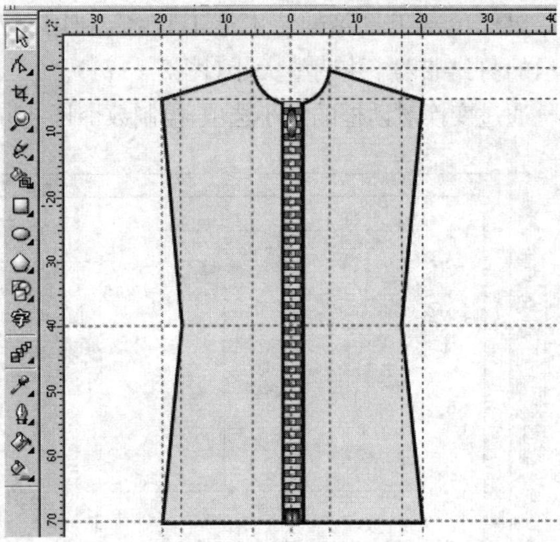

图 2-166

六、带襻门襟

带襻门襟款式图如图 2-167 所示。

1. 设置原点和辅助线，绘制外框：参照前述方法设置原点和辅助线。参照辅助线，利用矩形工具，在适当位置绘制一个矩形。单击交互式属性栏的转换为曲线图标，将矩形转换为曲线(图 2-168)。

2. 绘制衣身：利用形状工具，在矩形周边增加相应节点。利用形状工具，将领口直线转换为曲线，拖动曲线，使其弯曲为前领口形状。利用形状工具，拖动相关节点，使其形成衣身形状(图 2-169)。

3. 绘制带襻门襟：利用手绘工具绘制一条中心线，作为门襟线(图 2-170)。

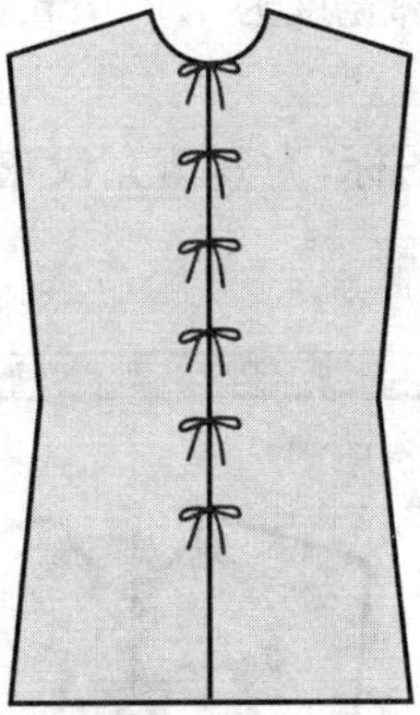

图 2-167

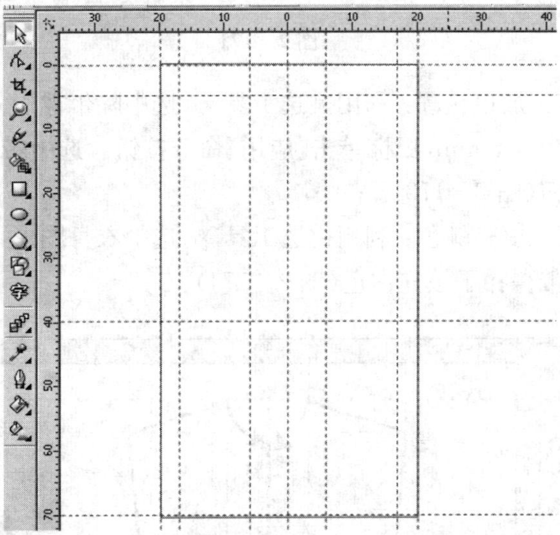

图 2-168

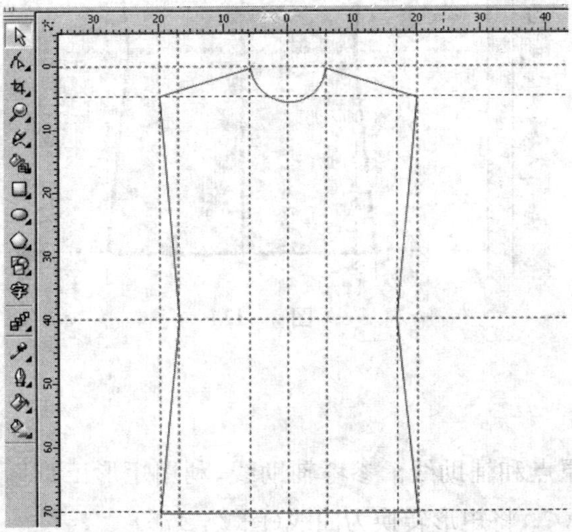

图 2-169

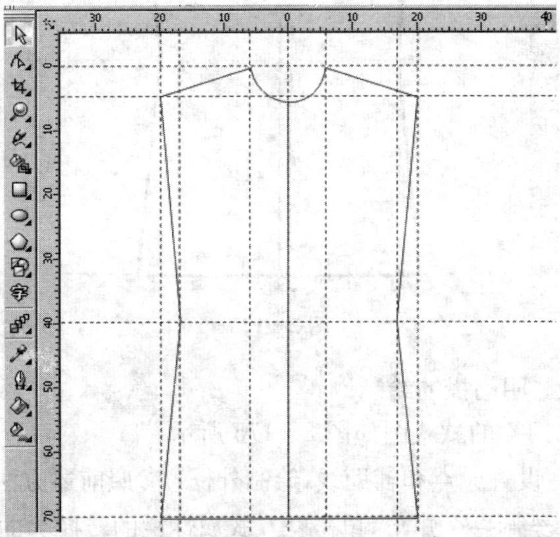

图 2-170

鼠标单击工具箱的艺术笔工具，利用交互式属性栏的预设工具，绘制如图所示的打结带襻，并调整大小(图 2－171)。

通过变换对话框的大小选项，再制数个打结带襻，并将其逐个放置在门襟线上的适当位置(图 2－172)。

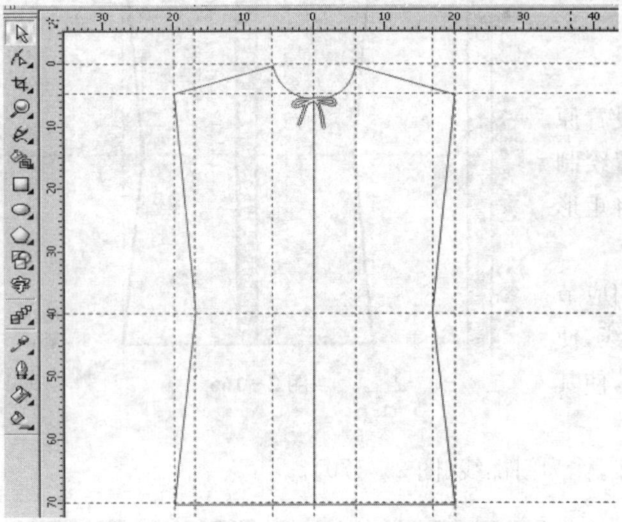

图 2－171

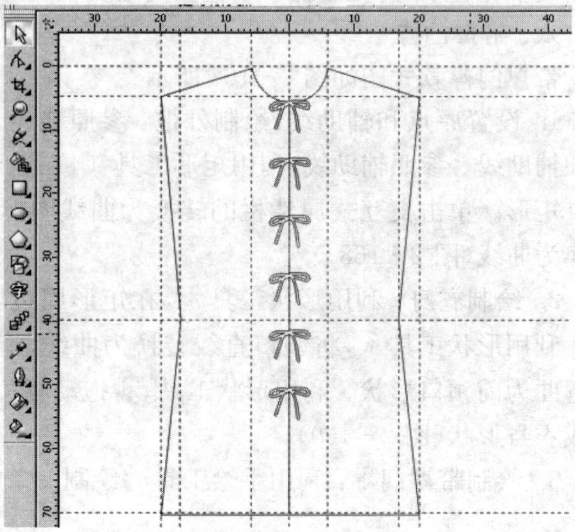

图 2－172

4. 加粗轮廓：利用挑选工具，选中除带襻以外的所有图形，通过对象属性对话框的轮廓选项，设置轮廓宽度为 3.5 mm，鼠标单击【应用】命令按钮。选中带襻图形，为其设置轮廓宽度为 1.72 mm，鼠标单击【应用】命令按钮(图 2－173)。

5. 填充颜色：利用挑选工具，选中衣身图形，单击调色板的灰色图标，为其填充浅灰色。利用同样的方法为带襻扣子填充白色(图 2－174)。

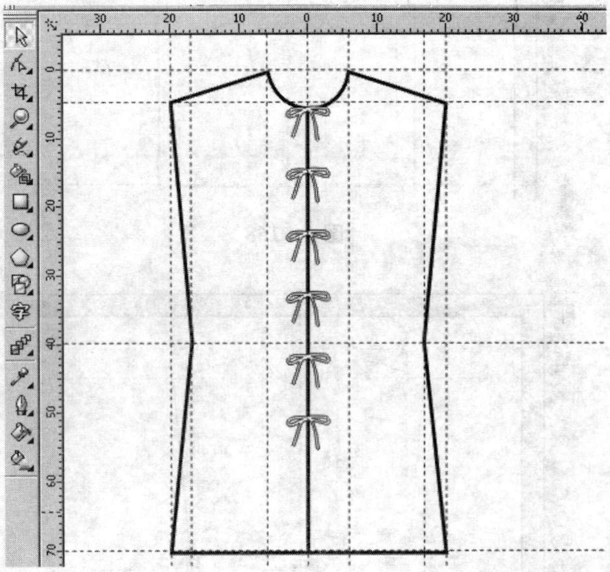

图 2－173

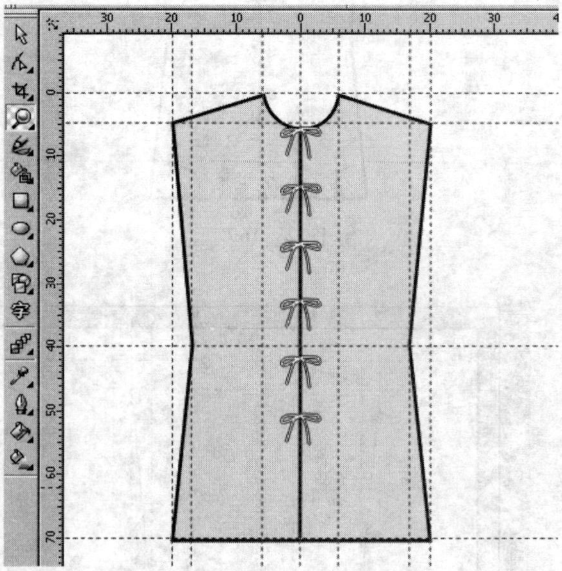

图 2－174

七、明门襟的绘制

明门襟的款式图如图 2－175 所示：

1. 设置原点和辅助线，绘制外框：参照前述方法设置原点和辅助线。参考辅助线，利用矩形工具，在适当位置绘制一个矩形，单击交互式属性栏的转换为曲线图标，将矩形转换为曲线(图 2－176)。

2. 绘制衣身：利用形状工具，在矩形周边增加相应节点。利用形状工具，将领口直线转换为曲线，拖动曲线,使其弯曲为前领口形状。利用形状工具,拖动相关节点,使其形成衣身形状(图 2－177)。

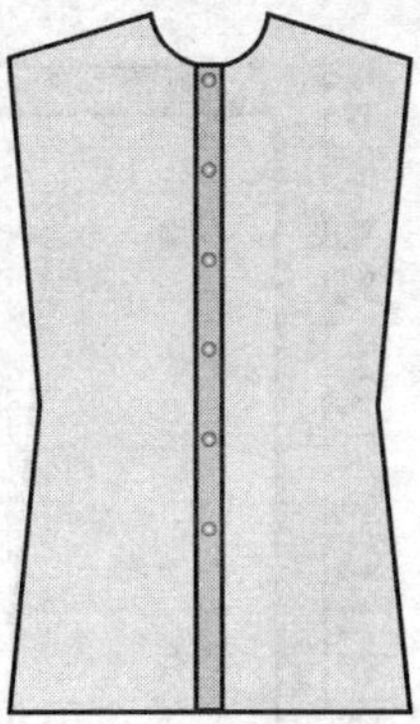

图 2－175

3. 绘制门襟和纽扣:利用矩形工具,在衣身中心线处绘制一个竖向矩形,作为明门襟。利用椭圆工具,按住 Ctrl 键,绘制一个圆形。通过变换对话框的大小选项,设置其宽度、高度均为 1.5 cm,鼠标单击【应用】命令按钮。利用挑选工具,将其放置在矩形上部的中心位置,作为第一个扣子(图 2－178)。

利用挑选工具,选中扣子,通过变换对话框的大小选项,单击【应用到再制】,原位再制一个扣子,利用挑选工具,将其向下移动适当距离,作为第二个扣子。利用同样的方法,绘制其他扣子(图 2－179)。

4. 加粗轮廓:利用挑选工具,选中衣身图形和门襟图形,通过对象属性对话框的轮廓属性选项,设置轮廓宽度为 3.5 mm,鼠标单击【应用】命令按钮。利用同样的方法,设置纽扣的轮廓宽度为 2.5 mm(图 2－180)。

5. 填充颜色:利用挑选工具,选中衣身图形,单击调色板的灰色图标,为其填充浅灰色。利用同样的方法为矩形门襟填充深灰色。通过对象属性对话框的渐变填充选项,为圆形扣子填充径向渐变填充(图 2－181)。

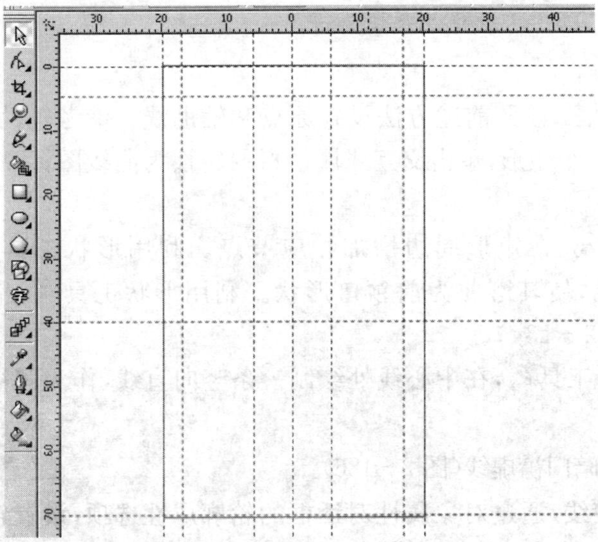

图 2－176

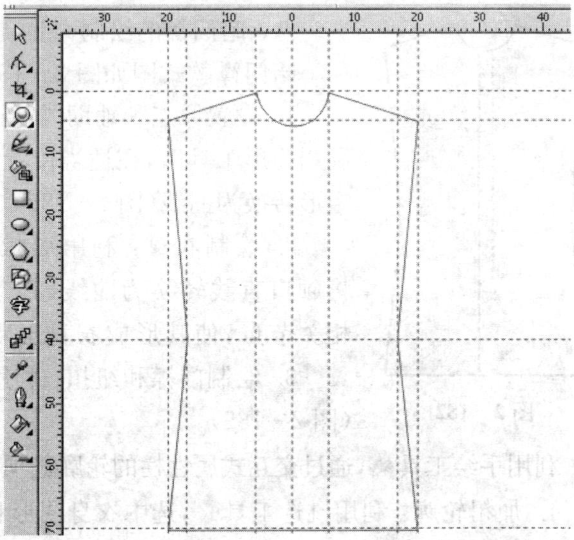

图 2－177

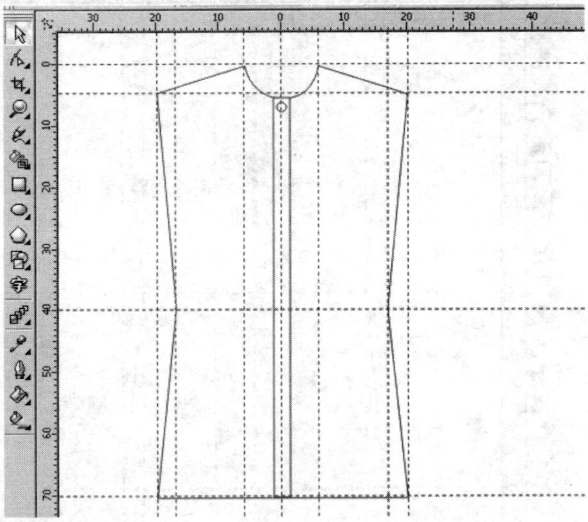

图 2－178

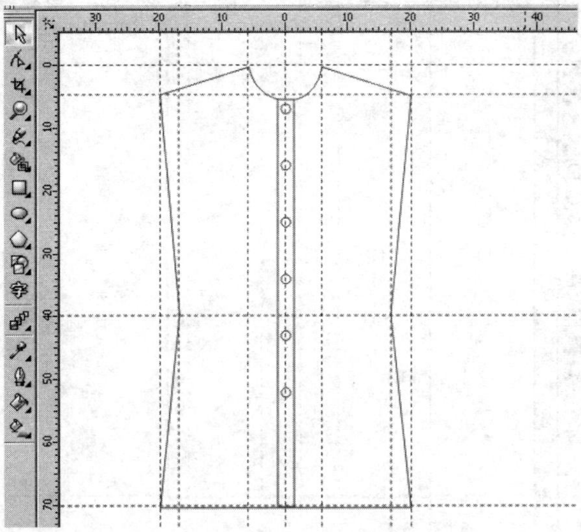

图 2－179

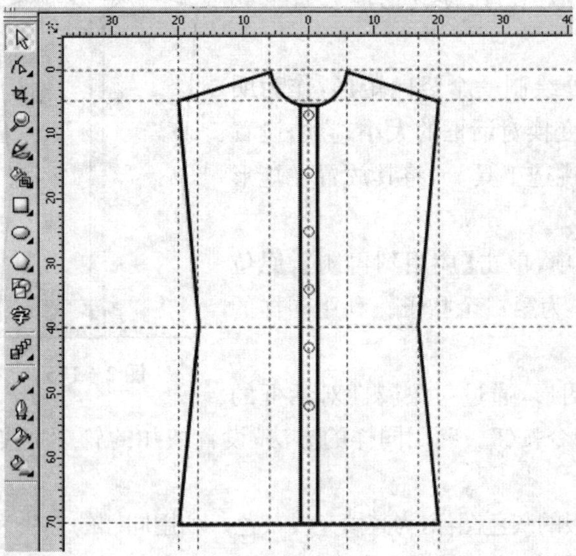

图 2－180

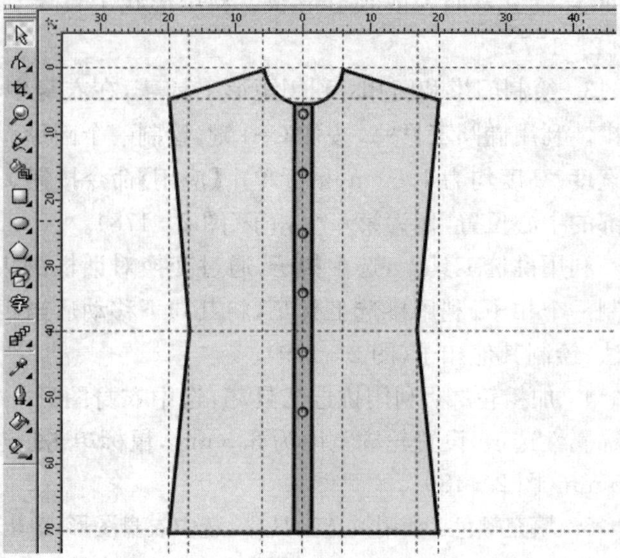

图 2－181

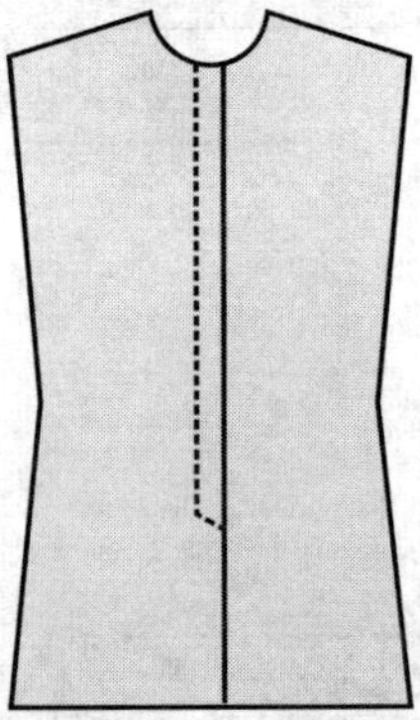

图 2－182

八、暗门襟的绘制

暗门襟款式图如图 2－182 所示：

1. 设置原点和辅助线，绘制外框：参照前述方法设置原点和辅助线。参考辅助线，利用矩形工具，在适当位置绘制一个矩形，单击交互式属性栏的转换为曲线图标，将矩形转换为曲线(图 2－183)。

2. 绘制衣身：利用形状工具，在矩形周边增加相应节点。利用形状工具，将领口直线转换为曲线，拖动曲线，使其弯曲为前领口形状。利用形状工具，拖动相关节点，使其形成衣身形状(图 2－184)。

3. 绘制门襟和纽扣：利用手绘工具，在中心线处绘制一条竖向直线，作为门襟线(图 2－185)。利用手绘工具，通过交互式属性栏的轮廓选项，绘制暗门襟虚线(图 2－186)。

4. 加粗轮廓：利用挑选工具，选中衣身图形和门襟线，通过对象属性对话框的轮廓属性选项，设置轮廓宽度为 3.5 mm，鼠标单击【应用】命令按钮(图 2－187)。

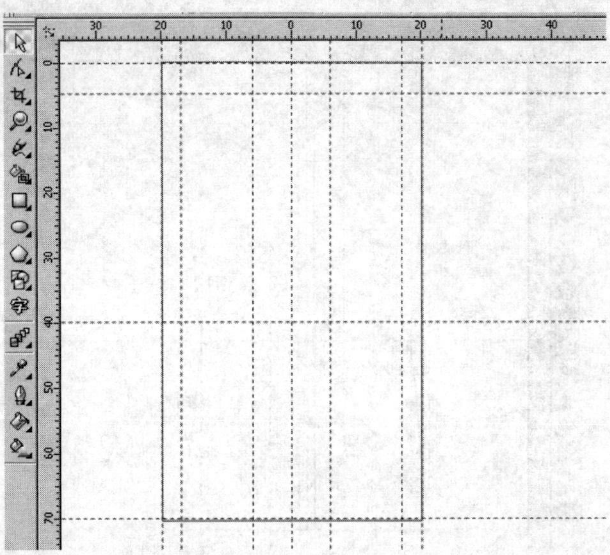

图 2－183

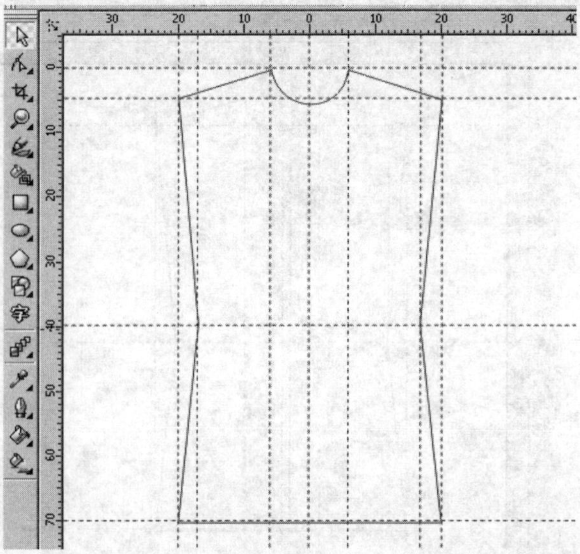

图 2－184

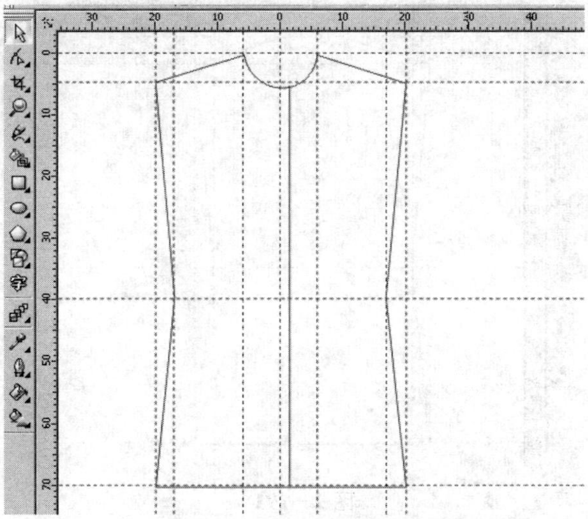

图 2 - 185

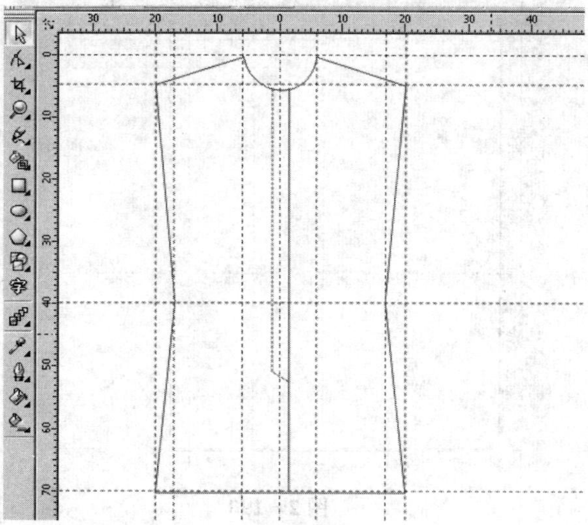

图 2 - 186

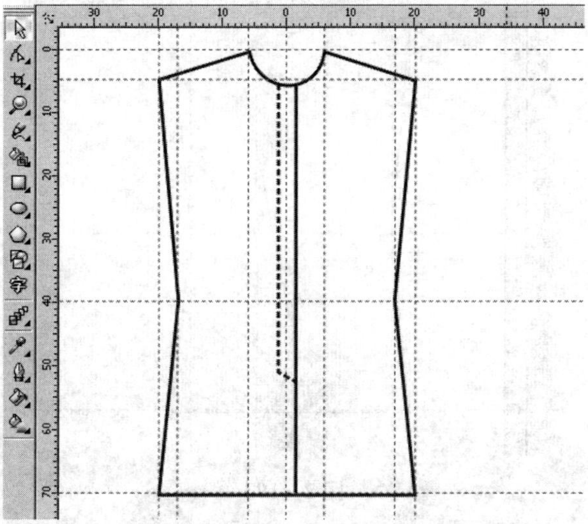

图 2 - 187

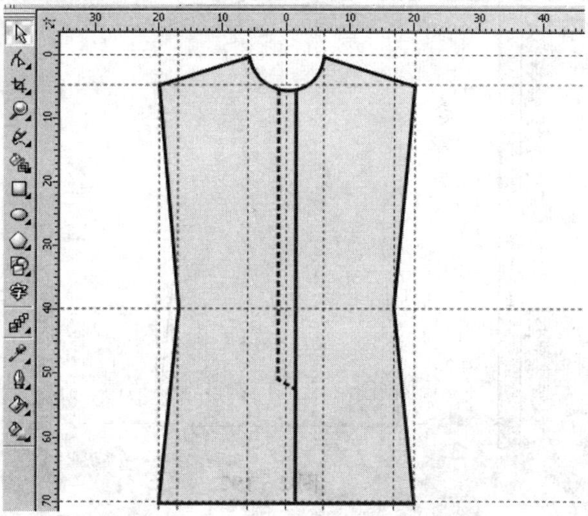

图 2 - 188

5. 填充颜色：利用挑选工具，选中衣身图形，单击调色板的灰色图标，为其填充浅灰色(图 2 - 188)。

九、斜门襟的绘制

斜门襟的款式图如图 2 - 189 所示：

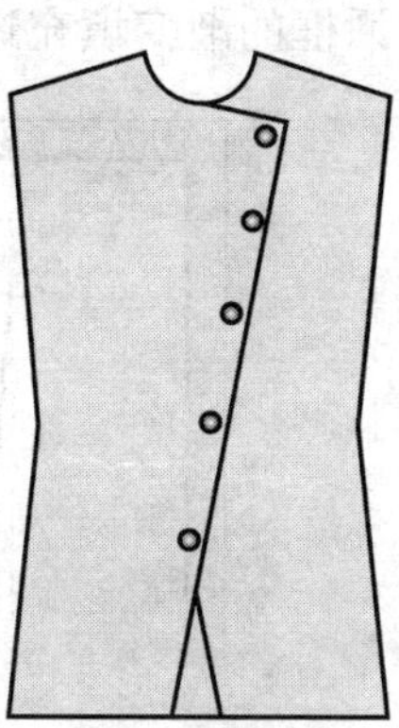

图 2 - 189

1. 设置原点和辅助线，绘制外框：参照前述方法设置原点和辅助线。参考辅助线，利用矩形工具，在适当位置绘制一个矩形，单击交互式属性栏的转换为曲线图标，将矩形转换为曲线(图 2 - 190)。

2. 绘制衣身：利用形状工具，在矩形周边增加相应节点。利用形状工具，将领口直线转换为曲线，拖动曲线，使其弯曲为前领口形状。利用形状工具，拖动相关节点，使其形成衣身形状(图 2 - 191)。

3. 绘制门襟和纽扣：利用手绘工具，按照图示绘制斜门襟(图 2 - 192)。

利用椭圆工具，按住 Ctrl 键，绘制一个圆形。通过变换对话框的大小选项，设置其宽度、高度均为 2 cm，鼠标单击【应用】命令按钮。利用挑选工具，将其放置在斜门襟的上部，作为第一个扣子。利用挑选工具选中扣子，通过变换对话框的大小选项，单击【应用于再制】，原位再制一个扣子组合。利用挑选工具，将其向左下移动适当距离，作为第二个扣子。利用同样的方法，绘制其他扣子(图 2 - 193)。

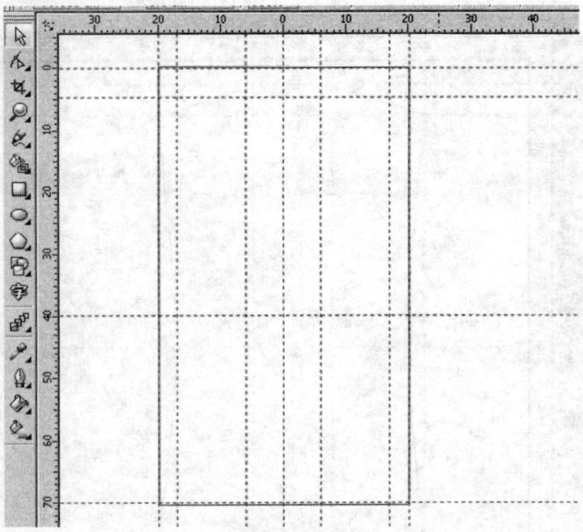

图 2－190

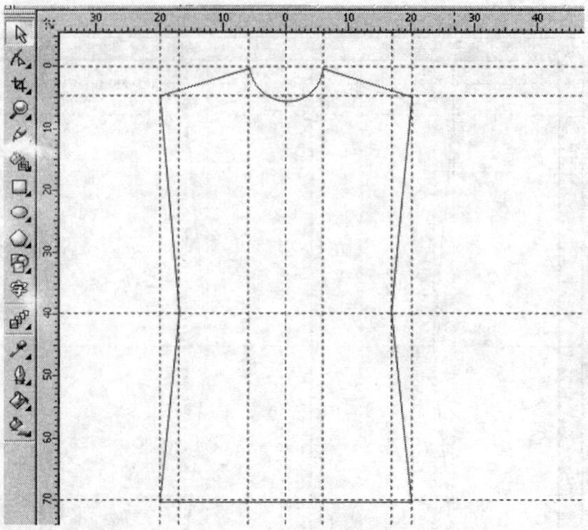

图 2－191

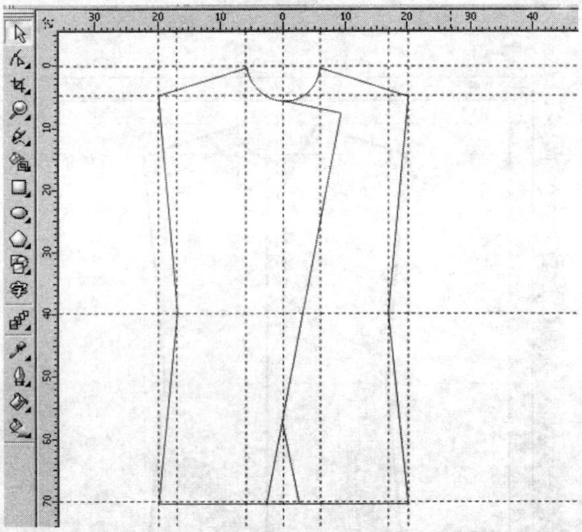

图 2－192

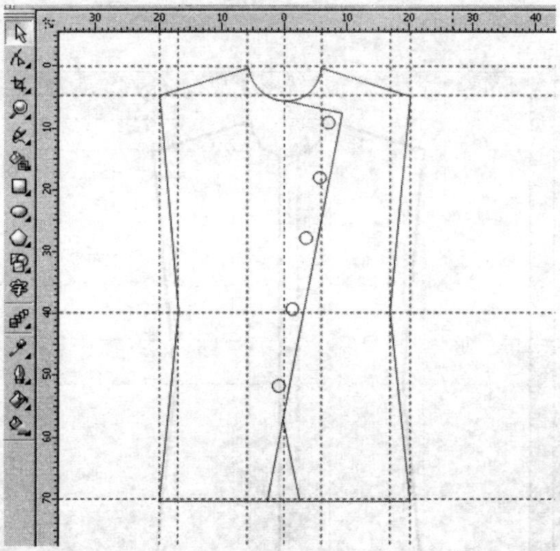

图 2－193

4. 加粗轮廓：利用挑选工具 ，选中所有图形，通过对象属性对话框的轮廓属性选项，设置轮廓宽度为 3.5 mm，鼠标单击【应用】命令按钮(图 2－194)。

5. 填充颜色：利用挑选工具 ，选中衣身图形，单击调色板的灰色图标，为其填充浅灰色。通过对象属性对话框的渐变填充选项，为圆形扣子填充径向渐变填充(图 2－195)。

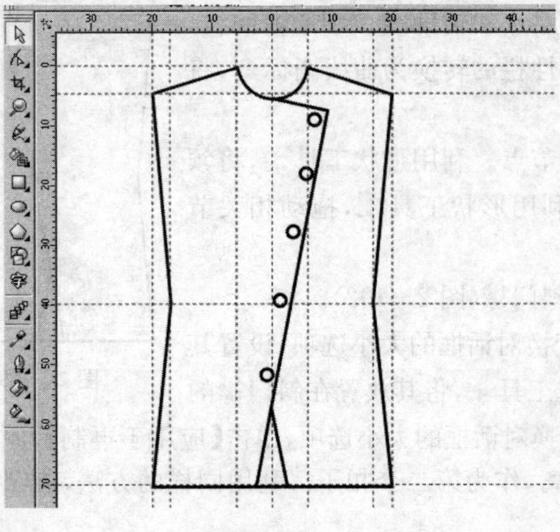

图 2－194

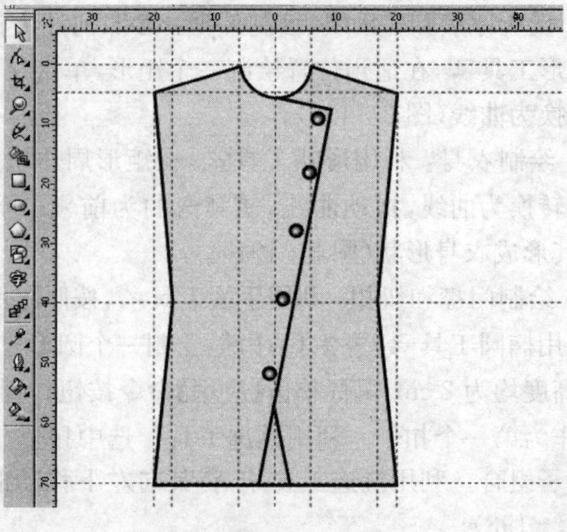

图 2－195

2.4 口袋的数字化设计

口袋在服装设计中运用很广泛，它不仅能提高服装的实用功能，也常常是装饰服装的重要元素。

一、口袋的设计要点

1. 方便使用

具有实用功能的口袋一般都是用来放置小件物品的，因此，口袋的朝向、位置和大小都要方便手的操作。

2. 整体协调

口袋的大小和位置都可能与服装的相应部位产生对比关系，因此，设计口袋的大小和位置时要注意使其与服装的相应部位的大小、位置协调。运用于口袋的装饰手法也很多，在对口袋作装饰设计时，也要注意所采用的装饰手法与整体风格协调。

另外，口袋的设计还要结合服装的功能要求和材料特征一起考虑。一般情况下，表演服、专业运动服以及用柔软、透明材料制作的服装无需设计口袋，而制服、旅游服或用粗厚材料制作的服装则可以设计口袋以增强它们的功能性和审美性。

3. 口袋分类

根据口袋的结构特征，口袋可以分为贴袋、挖袋和插袋三种类型。不同类型的口袋设计方法与表现方法也会有较大的不同。

学会了用电脑画上述服装局部的画法，画口袋就十分容易了，因此，这里仅介绍画口袋的一般步骤，供大家学习时参考。

二、贴袋的设计与表现

贴袋是贴缝在服装表面的口袋，是所有口袋中造型变化最丰富的一类。用电脑设计和表现贴袋除了要注意准确地画出贴袋在服装中的位置和基本形态以外，还要注意准确地画出贴袋的缝制工艺和装饰工艺的特征。

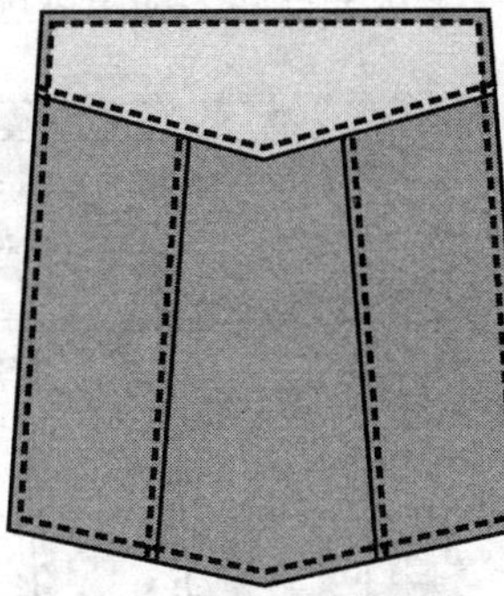

图 2-196

绘制贴袋的一般步骤是：设置原点和辅助线、绘制框图、绘制外轮廓、绘制袋盖、绘制内部分割线、绘制明线、加粗轮廓、填充颜色等。下面以如下贴袋款式图为例，讲述贴袋的数字化绘制方法(图 2-196)。

1. 设置原点和辅助线，绘制外框：参照前述方法设置原点和辅助线。参照辅助线，利用矩形工具在图纸适当位置，绘制一个宽度为 15 cm，高度为 17 cm 矩形(图 2-197)。

2. 绘制外形：利用形状工具选中矩形，鼠标单击交互式属性栏的转换为曲线图标，将其转换为曲线。利用形状工具，在矩形底边中点双击鼠标，增加一个节点。将底边两端的节点向上移动 2 cm，形成贴袋底边造型。将矩形上边两个端点分别向内移动 1 cm，形成口袋造型(图 2-198)。

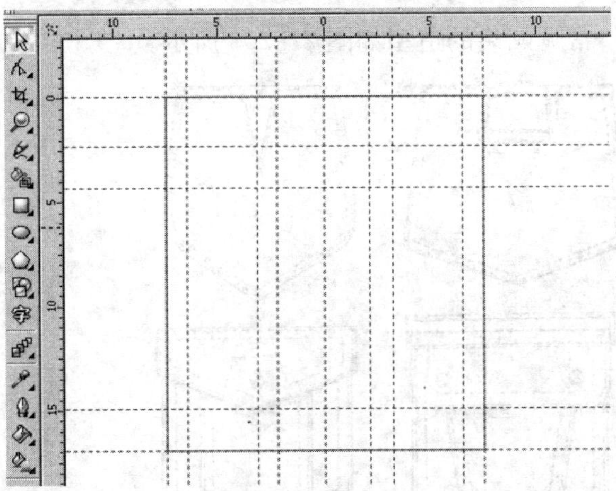

图 2-197

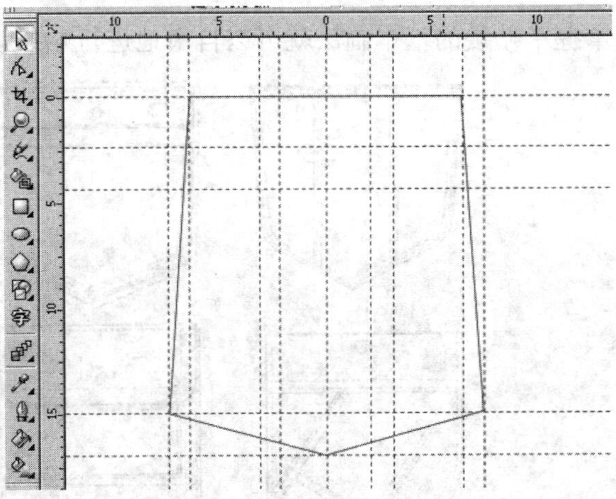

图 2-198

3. 绘制内部分割线：利用手绘工具，绘制内部款式分割线条(图 2－199)。

4. 绘制明线：利用手绘工具，绘制明线基本线，同时通过交互式属性栏的轮廓选项，设置线型为虚线(图 2－200)。

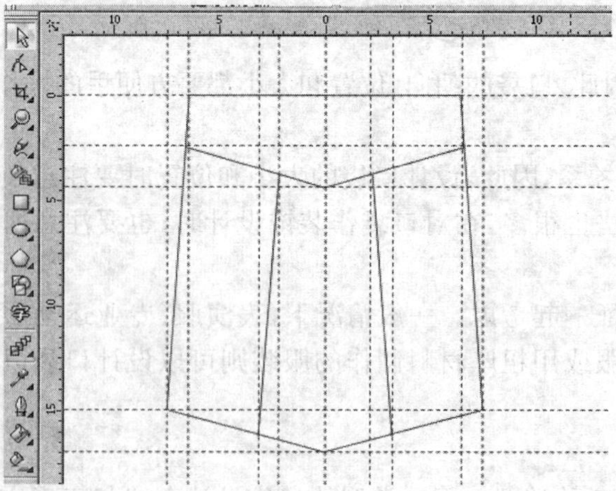

图 2－199

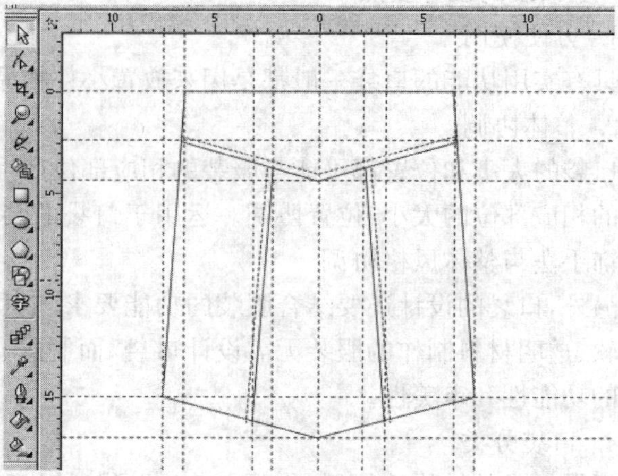

图 2－200

5. 加粗轮廓：利用挑选工具，选中所有图形，通过对象属性对话框的轮廓选项，设置轮廓宽度为 3.5 mm，鼠标单击【应用】命令按钮，加粗轮廓线(图 2－201)。

6. 填充颜色：利用挑选工具，选中口袋图形，单击调色板的灰色图标，为其填充深灰色(图 2－202)。

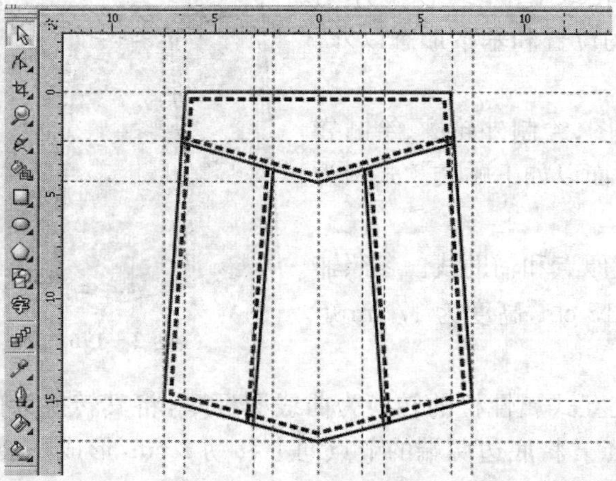

图 2－201

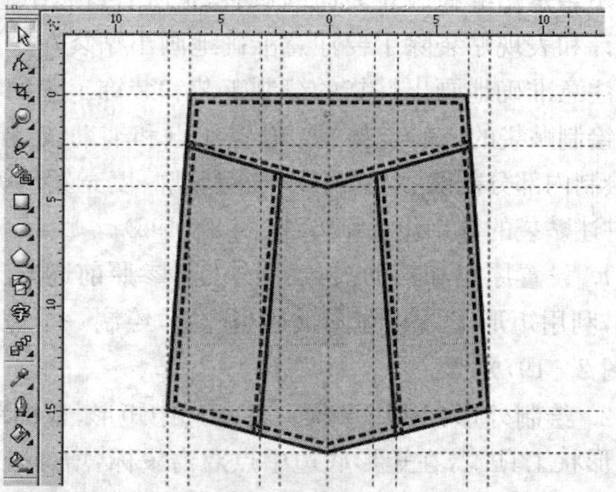

图 2－202

掌握了贴袋的基本画法就可以自由地进行贴袋设计了，常见贴袋的造型如图 2－203 所示。

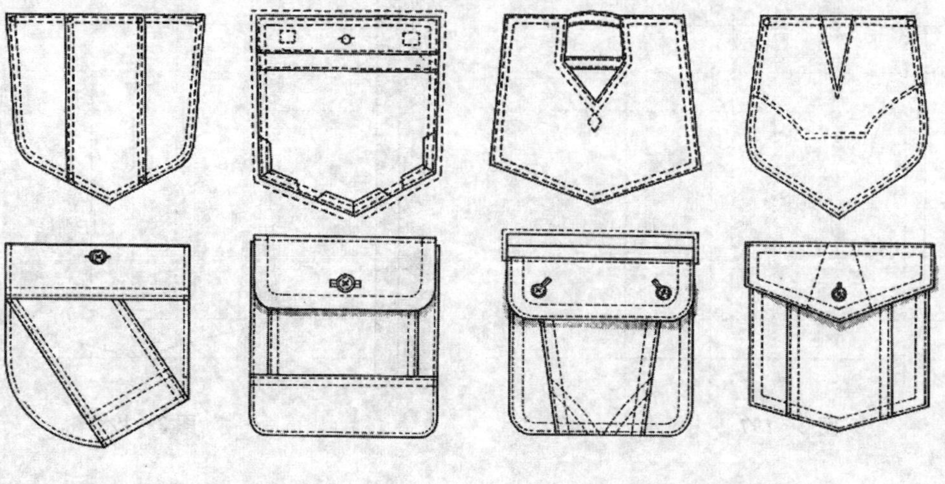

图 2-203

三、挖袋的设计与表现

挖袋的袋口开在服装的表面，而袋却藏在服装的里层。服装表面的袋口可以显露，也可以用袋盖掩饰。

挖袋的造型变化比贴袋简单，重点在对袋口或袋盖的装饰，因此，用电脑设计和表现挖袋也主要是画好挖袋袋口或袋盖在服装中的位置、基本形态以及缝制和装饰袋口、袋盖的工艺特征。

绘制挖袋的一般步骤：首先画出挖袋袋口的形状与大小，然后画压袋口的缝纫线迹，最后用虚线绘制挖袋袋布的形状与大小，下面讲述挖袋的数字化绘制方法（图 2-204）。

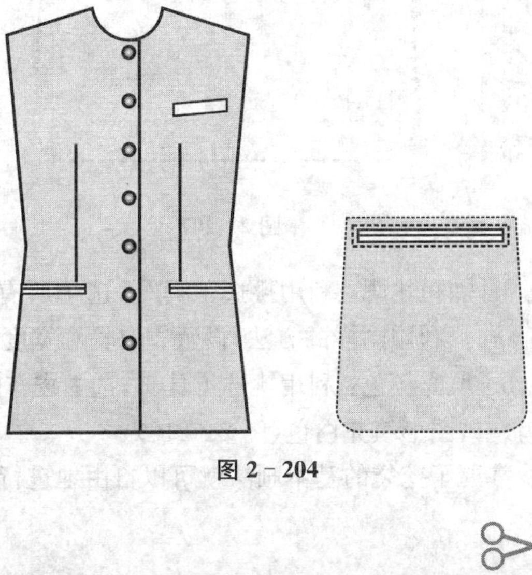

图 2-204

1. 设置原点和辅助线，绘制虚线袋布：参照前述方法设置原点和辅助线。参照辅助线，利用矩形工具□，在图纸适当位置绘制一个宽度为 20 cm，高度为 22 cm 的矩形，单击交互式属性栏的转换为曲线图标，将矩形转换为曲线（图 2－205）。

利用形状工具，向内移动上口节点各 1 cm。通过双击鼠标，在袋布下部两侧 20 cm 处各增加一个节点，将下端两侧节点内移各 2 cm，单击交互式属性栏的转换直线为曲线图标，将两段斜直线转换为曲线，并将其分别弯曲为圆角。通过交互式属性栏的轮廓选项，将其设置为虚线（图 2－206）。

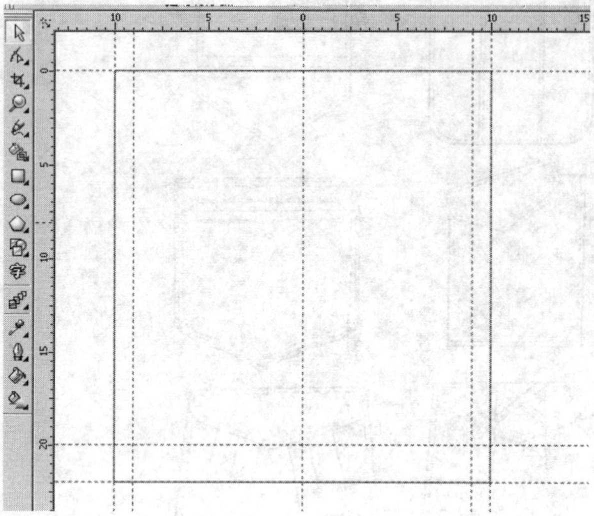

图 2－205

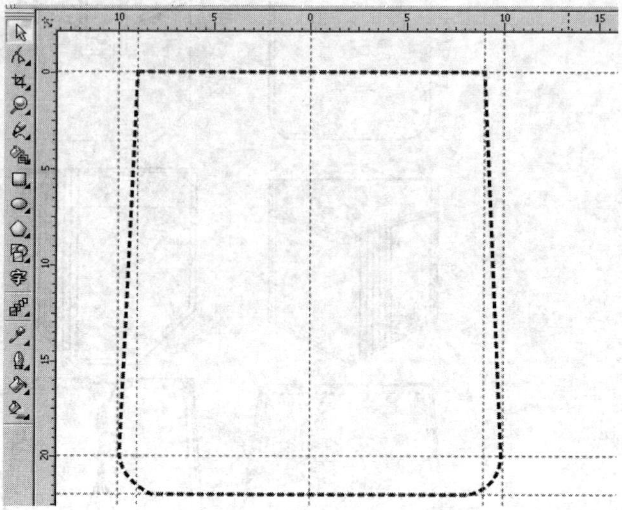

图 2－206

2．绘制袋口：利用矩形工具，在袋布上部绘制一个宽度为 15 cm，高度为 1．5 cm 矩形。利用手绘工具，在矩形中间绘制一条横向直线（图 2－207）。

3．绘制袋口虚线：利用矩形工具，在袋口外围绘制一个矩形，通过对象属性对话框的轮廓选项，设置轮廓线型为虚线（图 2－208）。

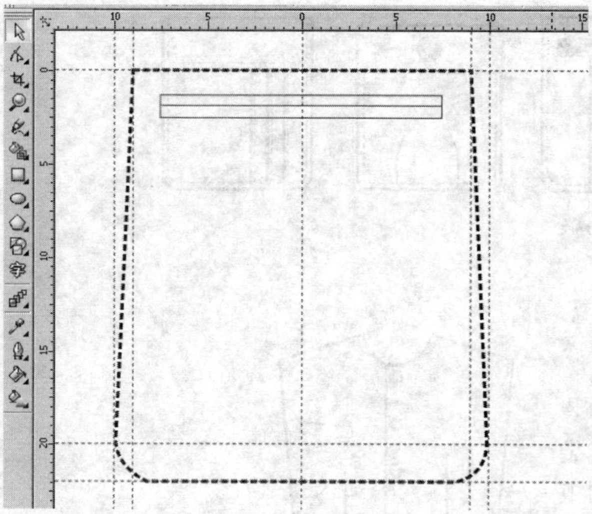

图 2－207

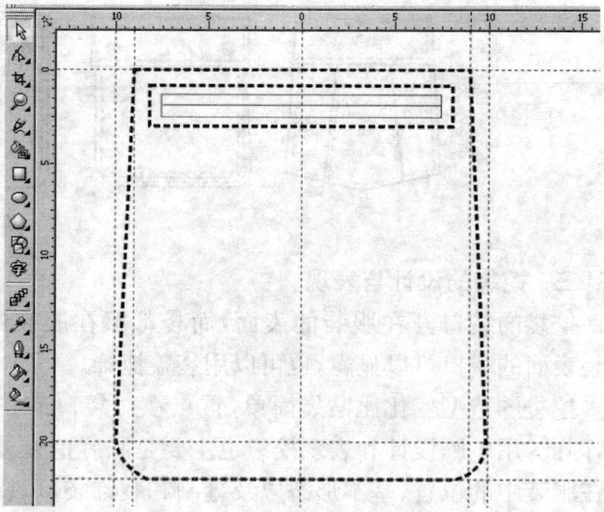

图 2－208

4．加粗轮廓：利用挑选工具，选中所有虚线图形，通过对象属性对话框的轮廓选项，设置轮廓宽度为 2．5 mm。利用同样的方法，设置袋口轮廓宽度为 3．5 mm（图 2－209）。

5．填充颜色：利用挑选工具，选中袋布图形，单击调色板的灰色图标，为其填充浅灰色。利用同样的方法为袋口图形填充白色（图 2－210）。

掌握了挖袋的基本画法就可以自由地进行挖袋设计了，常见挖袋如图 2－211 所示。

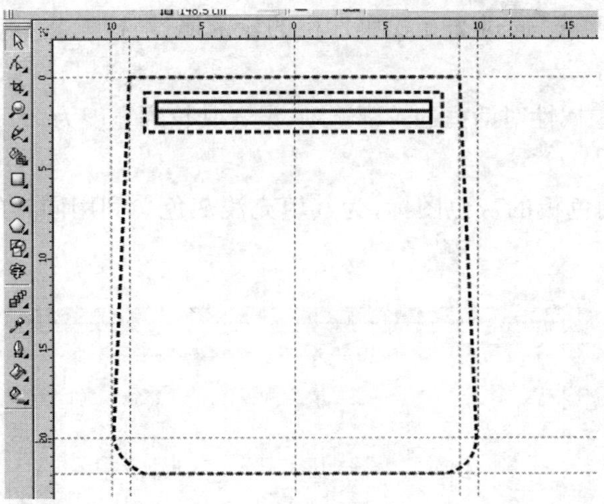

图 2-209

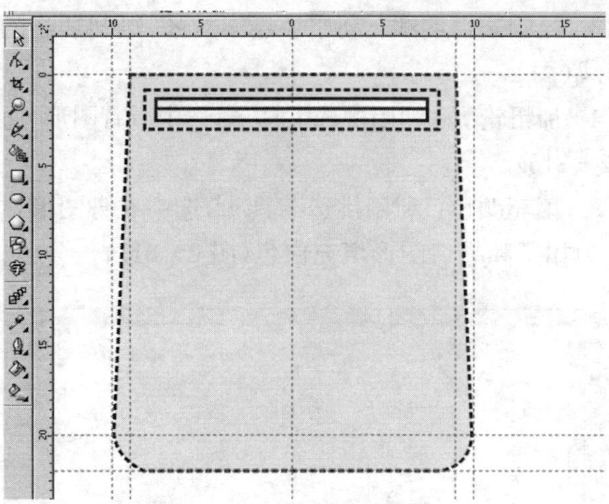

图 2-210

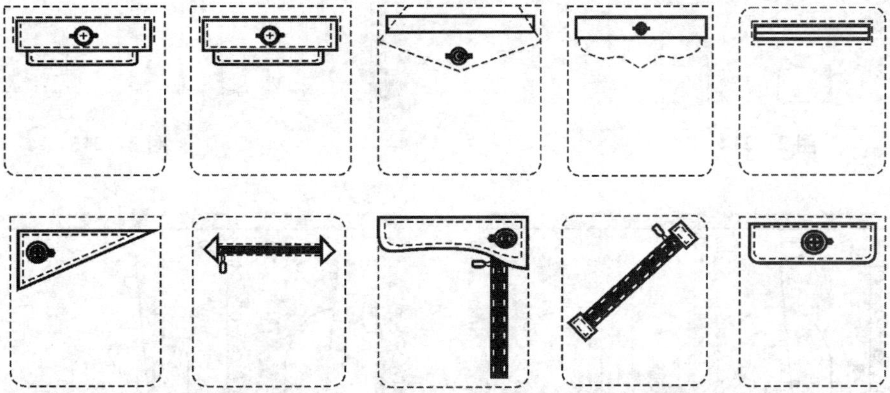

图 2-211

四、插袋的设计与表现

利用两个衣片的缝合缝子为袋口，形成的口袋称为插袋。插袋袋口比较隐蔽，是口袋中造型变化最小的一类。插袋的画法很简单，关键是要注意利用袋口两头的封口表现袋的位置与大小。

绘制插袋的一般步骤：先在服装缝合线的适当位置用封口形式表现袋的位置与大小，然后用缝纫线迹加固袋口。下面介绍缝内袋的数字化绘制方法(图 2-212)。

1. 设置原点和辅助线，绘制相关服装基本形状：参照前述方法设置原点和辅助线。参照辅助线，利用手绘工具、形状工具和椭圆工具，绘制上衣和短裤的基本形状(图 2-213)。

2. 绘制袋口：利用手绘工具，绘制上衣插袋袋口和短裤的插袋袋口(图 2-214)。

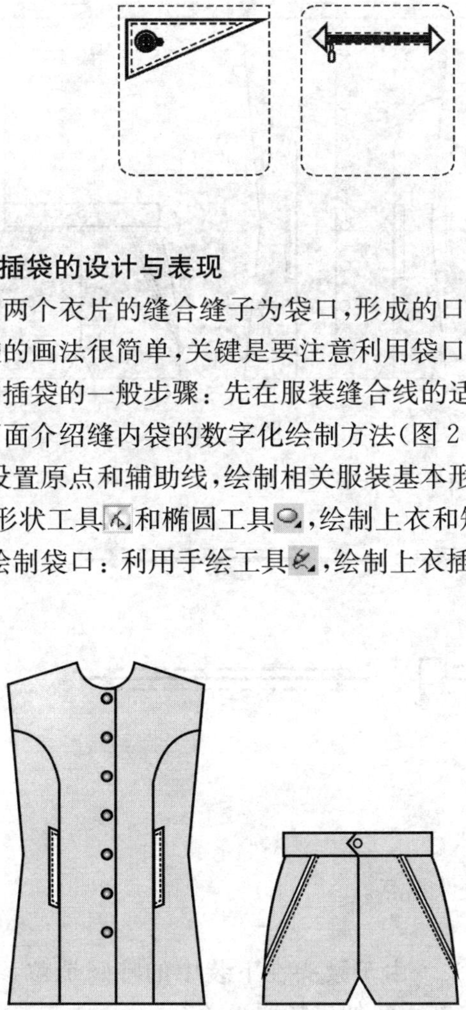

图 2-212

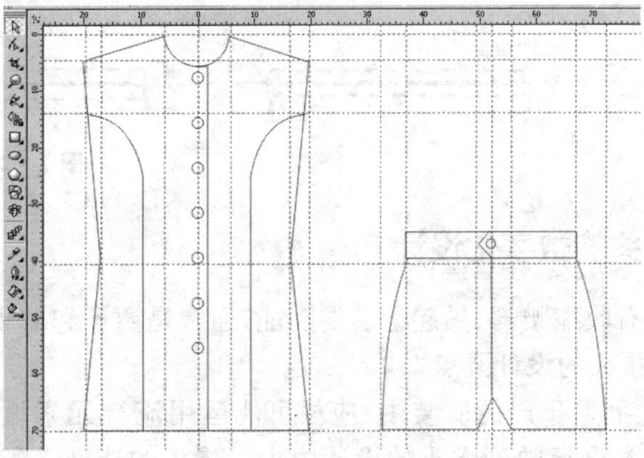

图 2-213

3. 绘制袋口明线：利用手绘工具，绘制插袋的相关明线，通过交互式属性栏的轮廓属性选项，将其设置为虚线(图 2－215)。

4. 加粗轮廓：利用挑选工具，选中所有图形，通过对象属性对话框的轮廓选项，设置其轮廓宽度为 3.5 mm (图 2－216)。

5. 填充颜色：利用挑选工具，选中衣身图形，单击调色板的灰色图标，为其填充浅灰色。利用同样的方法。为扣子和袋口图形填充白色(图 2－217)。

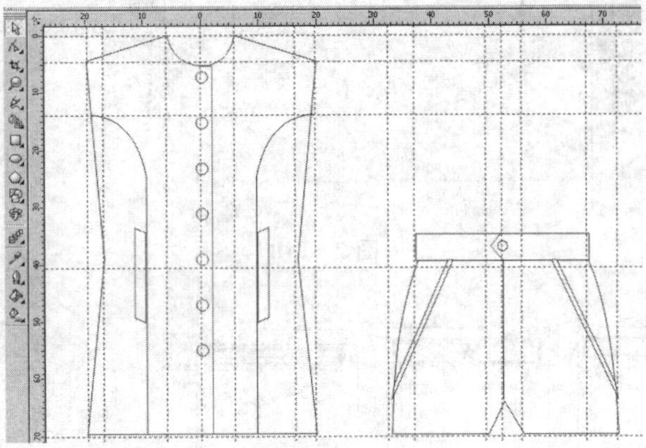

图 2－214

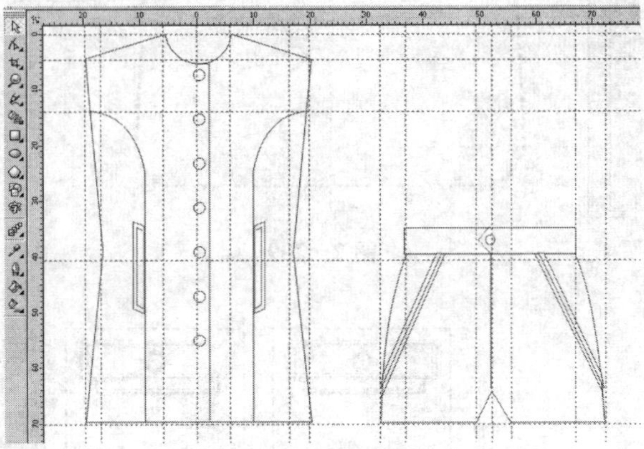

图 2－215

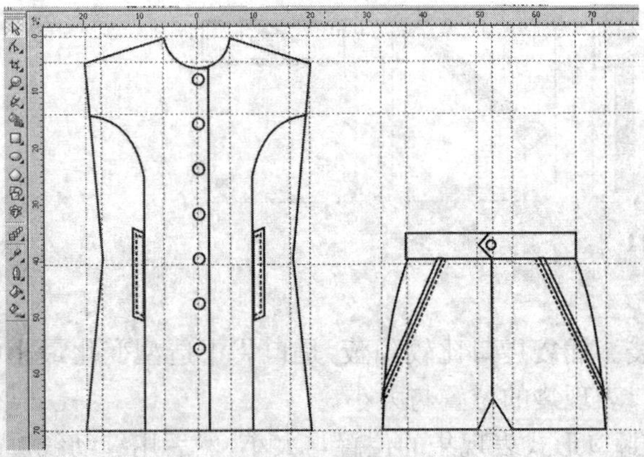

图 2－216

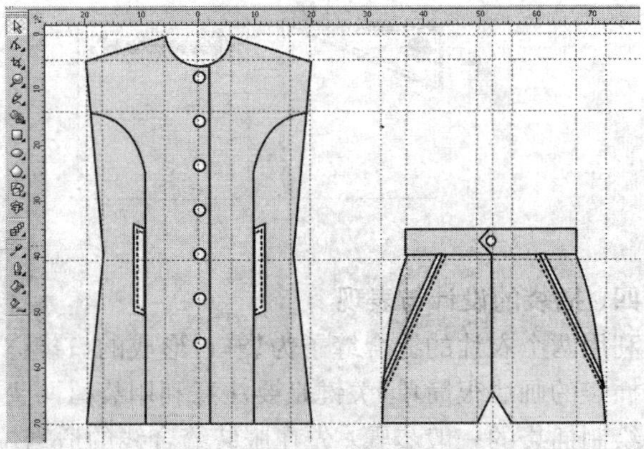

图 2－217

掌握了缝内袋的基本画法就可以自由地进行挖袋设计了(图 2－218)。

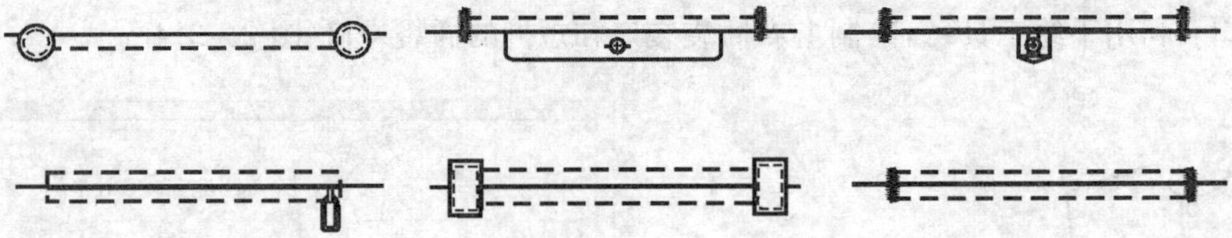

图 2－218

2.5 腰头的数字化设计

腰头有收缩腰部、吊起下装的功能，通常是裙子和裤子的设计重点。

一、腰头的设计要点

1. 在批量生产的服装中，应尽可能运用流行元素设计腰头。由于腰头在下装中的特殊地位，下装的流行元素常常会反映到腰头的设计中去。腰头的造型，腰头的装饰手法如果能跟上流行，会大大提高产品的附加值。

2. 腰头的造型和装饰手法要与下装的整体风格一致。不同造型或不同装饰手法的腰头会有不同风格，如几何形设计的腰头会显得比较简洁、明朗，用任意形设计的腰头会显得比较丰富、含蓄；用明线装饰腰头会显得比较粗犷，用花边装饰腰头会显得比较优雅。让腰头的造型和装饰手法与下装的整体风格协调起来，是追求服装整体和谐的重要原则之一。

二、腰头的设计与表现

目前常见的腰头造型主要有两大类，一类是几何形腰头，如用皮带抽缩的腰头。另一类是任意形腰头，如用松紧带抽缩的腰头。设计几何形的腰头可以变化腰头本身的造型并用腰带去装饰它们。设计任意形的腰头一般不变化腰头本身的造型，主要用改变腰头的抽缩方式并用适当的袢带去装饰它们。

用电脑设计和表现腰头时，不仅要绘制腰头的造型特征，还要注意将与腰头相连的裙片或裤片的结构交待清楚。

三、数字化西裤腰头的绘制

西裤腰头的款式图如图 2－219 所示：

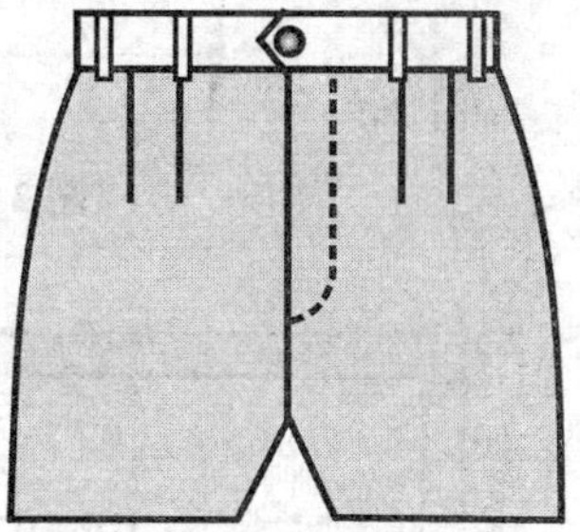

图 2－219

1. 设置原点和辅助线，绘制外框：参照前述方法设置原点和辅助线。参照辅助线，利用矩形工具绘制一个 30 cm×4 cm 的小矩形，作为裤腰矩形。绘制一个 40 cm×30 cm 的矩形作为裤身矩形。单击【转换为曲线】命令，将两个矩形转换为曲线图形。并将两个矩形对齐（图 2－220）。

2. 绘制裤身：利用形状工具，选中大矩形的左、右上角节点，向内移动节点与小矩形对齐（图 2－221）。

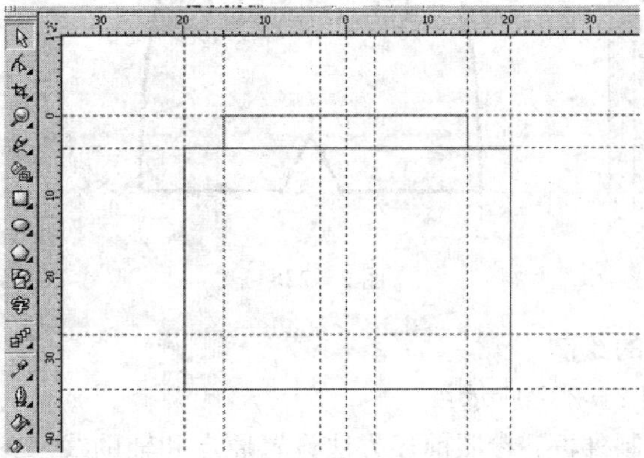

图 2－220

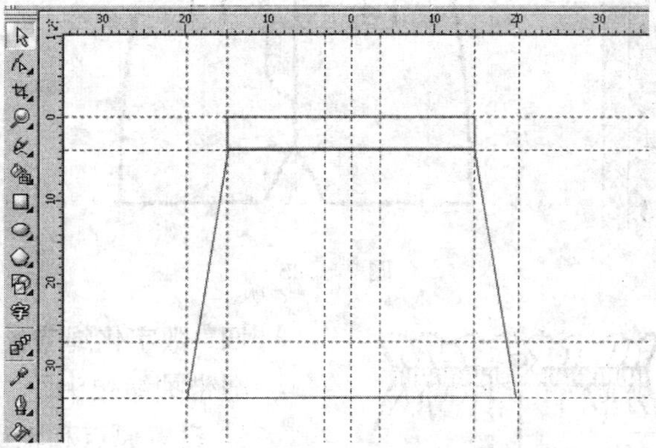

图 2－221

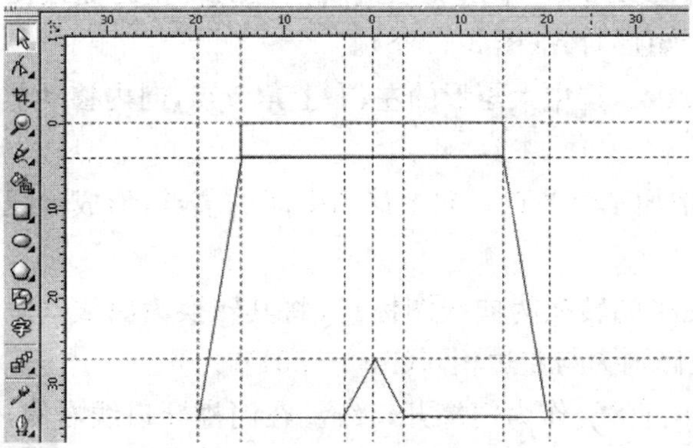

图 2－222

利用形状工具，在梯形底边的中间部位，参照辅助线，增加三个节点。向上移动中间的节点，形成裤腿分裆形状（图 2－222）。

利用形状工具，选中大矩形左边，鼠标单击交互式属性栏的转换为曲线图标，将其转换为曲线。鼠标拖动左边上部，使其符合裤身曲线造型。利用同样的方法，将右边修画为与左边相同（图 2－223）。

3. 绘制门襟裤襻活褶：利用手绘工具，在裤身中心绘制一条竖向直线，作为门襟开口线。在门襟开口线右侧，绘制门襟虚线明线。在小矩形中部，绘制裤腰搭门形状。利用椭圆工具，绘制搭门纽扣。利用手绘工具，在裤身中心线两侧绘制 4 条活褶线。利用矩形工具，在裤腰上绘制 4 个竖向小矩形，作为腰带襻（图 2－224）。

4. 加粗轮廓：利用挑选工具，选中所有图形，通过变换对话框的对象属性选项，设置轮廓宽度为 3.5 mm，鼠标单击【应用】命令按钮（图 2－225）。

5. 填充颜色：利用挑选工具，选中裤身图形，单击调色板的灰色图标，为其通常深灰色。利用同样的方法，为裤腰填充白色。通过对象属性对话框的渐变填充选项，为扣子通常径向渐变填充(图 2－226)。

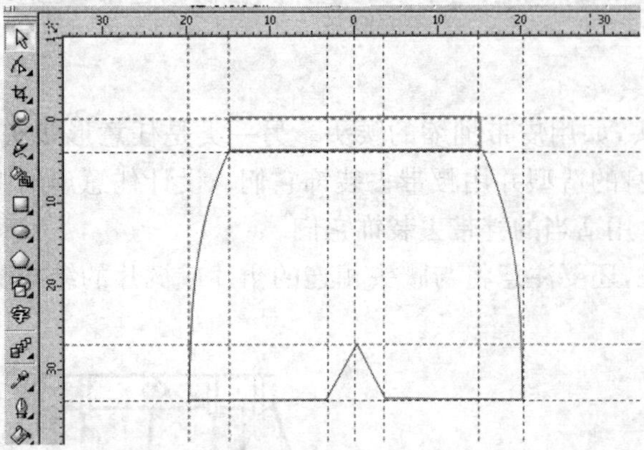

图 2－223

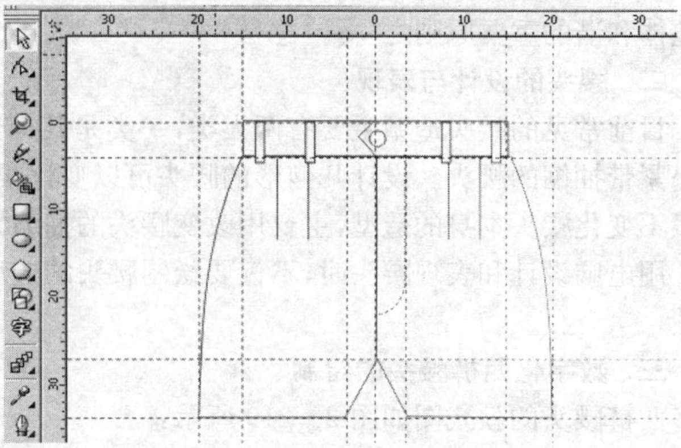

图 2－224

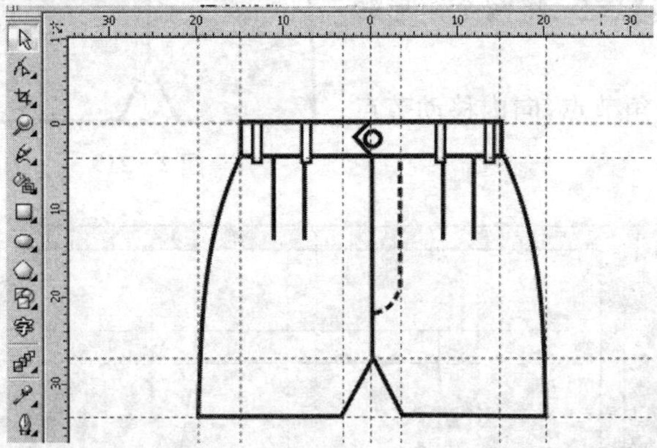

图 2－225

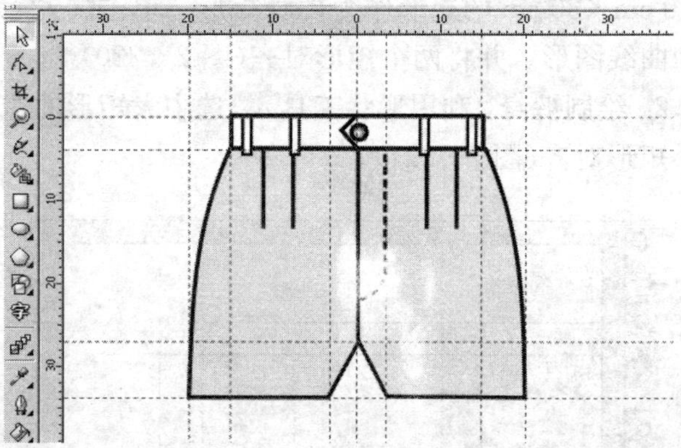

图 2－226

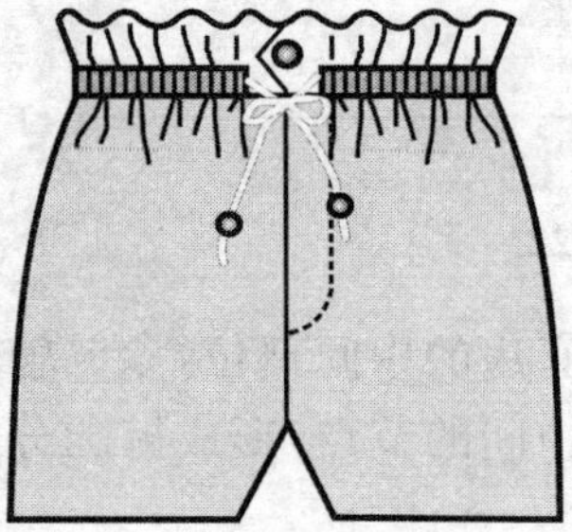

图 2－227

四、数字化绳带抽缩腰头的绘制

绳带抽缩腰头款式图如图 2－227 所示：

1. 设置原点和辅助线，绘制外框：参照前述方法设置原点和辅助线。参照辅助线，利用矩形工具绘制一个 30 cm×40 cm 的矩形，作为裤腰矩形。再绘制一个 40 cm×30 cm 的矩形，作为裤身矩形。单击交互式属性栏的转换为曲线图标，将其转换为曲线。并将两个矩形对齐(图 2－228)。

2. 绘制裤身：利用形状工具，选中大矩形的左、右上角节点，向内移动节点与小矩形对齐(图 2－229)。

利用形状工具，在梯形底边的中间部位，参照辅助线，增加三个节点。向上移动中间的节点，形成裤腿分裆形状(图 2－230)。

利用形状工具，选中大矩形左边，鼠标单击交互式属性栏的转换为曲线图标，将其转换为曲线。鼠标拖动左边上部，使其符合裤身造型。利用同样的方法，将右边修画为与左边相同(图 2－231)。

3. 绘制门襟：利用手绘工具，在裤身中心绘制一条竖向直线，作为门襟开口线。在门襟开口线右侧，绘制门襟虚线明线。在小矩形中部，绘制裤腰搭门形状(图 2－232)。

4. 绘制腰头和绳带：利用形状工具，将裤腰矩形上部两个节点分别向外移动适当距离。在裤腰上口线上，利用形状工具，连续双击鼠标左键，为上口线增加若干节点。同时选中裤腰上口线的所有节点，鼠标单击交互式属性栏的转换为曲线图标，将裤腰上口线转换为曲线。利用形状工具，逐个拖动节点之间的曲线，使其弯曲为如图形状(图 2－233)。

图 2 - 228

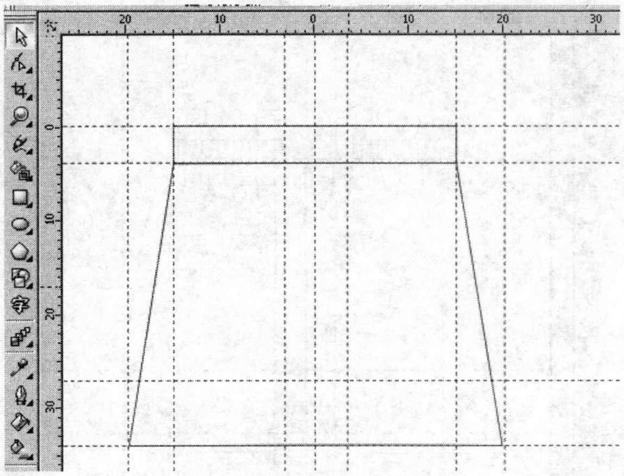

图 2 - 229

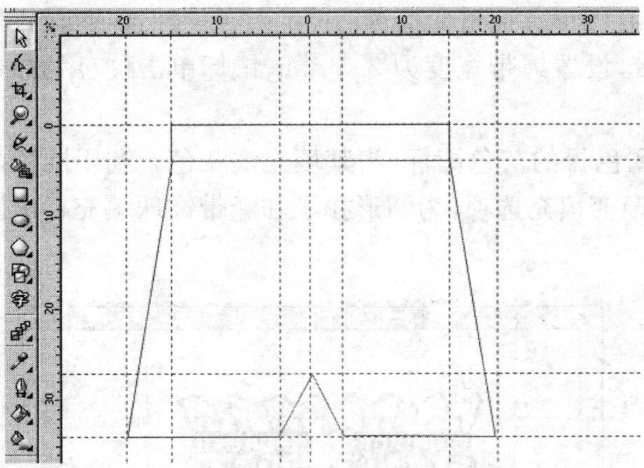

图 2 - 230

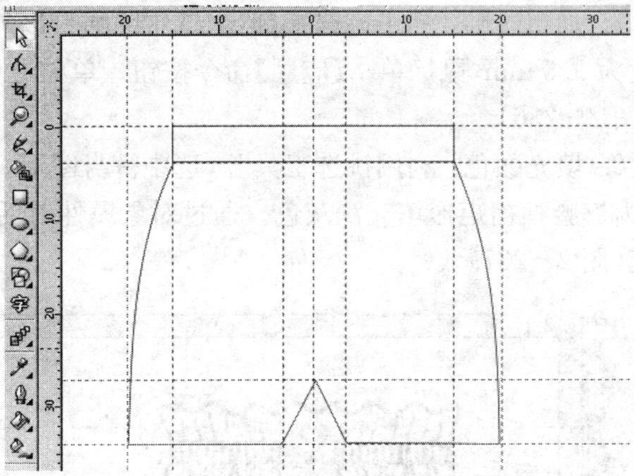

图 2 - 231

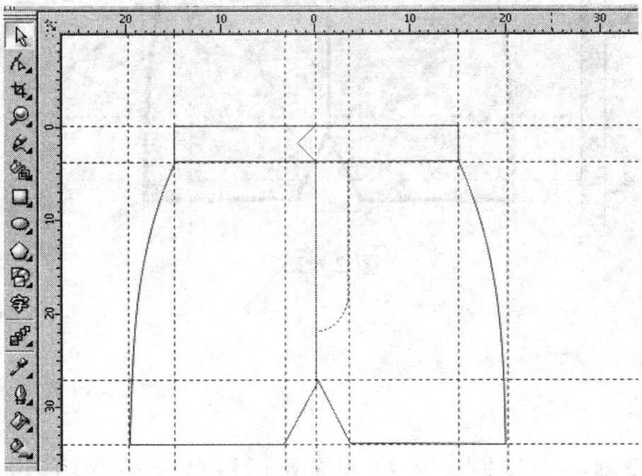

图 2 - 232

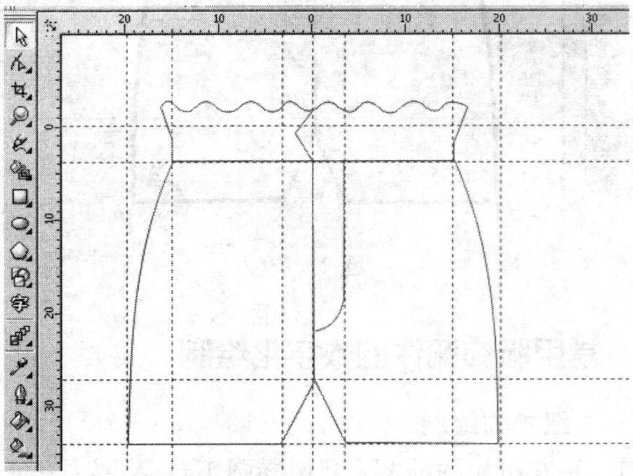

图 2 - 233

5. 绘制抽褶：利用矩形工具和手绘工具，绘制绳带穿口和绳带抽缩形态。绘制绳带抽缩形态时，只需绘制一条竖向直线，在选中状态下，通过变换对话框的位置选项，设置水平距离为 0.5 cm，垂直距离为 0 cm，鼠标连续单击【应用于再制】命令按钮即可。为了抽褶形态的逼真，需要绘制抽褶线。利用手绘工具和形状工具，按照抽褶形态的需要，绘制抽褶线。抽褶线有多条，只需绘制其一条，其他通过再制、镜像翻转、移动位置即可(图 2 - 234)。

6. 绘制绳带和扣子：利用艺术笔工具的预设选项，通过选择笔触、调整笔触宽度，绘制绳带。

利用椭圆工具，绘制绳结饰物圆珠，利用椭圆工具，绘制搭门纽扣(图 2 - 235)。

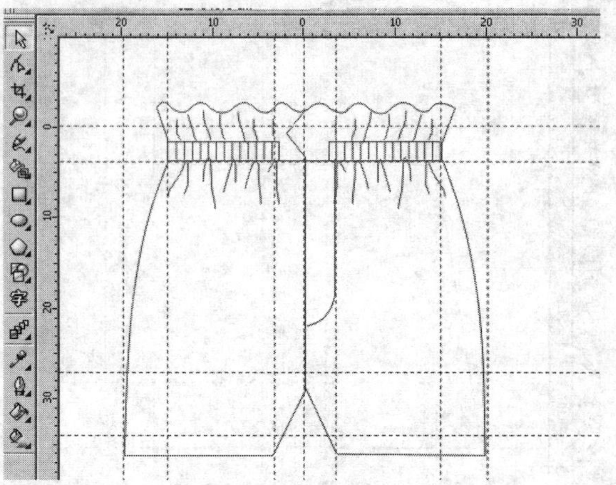

图 2－234

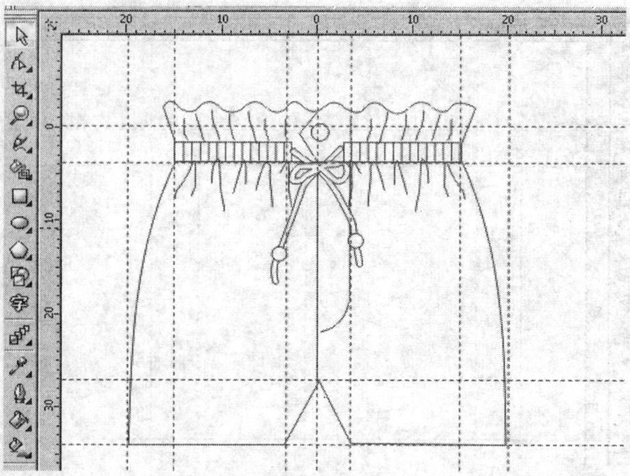

图 2－235

7. 加粗轮廓：利用挑选工具，选中除绳带以外的所有图形。通过变换对话框的对象属性选项，设置轮廓宽度为 3.5 mm，鼠标单击【应用】命令按钮。单独选中绳带，设置绳带宽度为 2.5 mm，鼠标单击【应用】命令按钮(图 2－236)。

8. 填充颜色：利用挑选工具，选中裤身图形，单击调色板的灰色图标，为其填充浅灰色。利用同样的方法，为裤腰抽褶矩形填充深灰色。通过对象属性对话框的渐变填充选项，为圆形扣子和绳带饰珠填充径向渐变填充(图 2－237)。

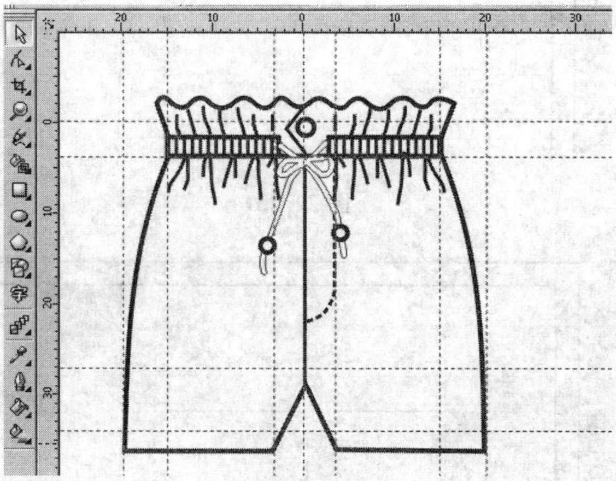

图 2－236

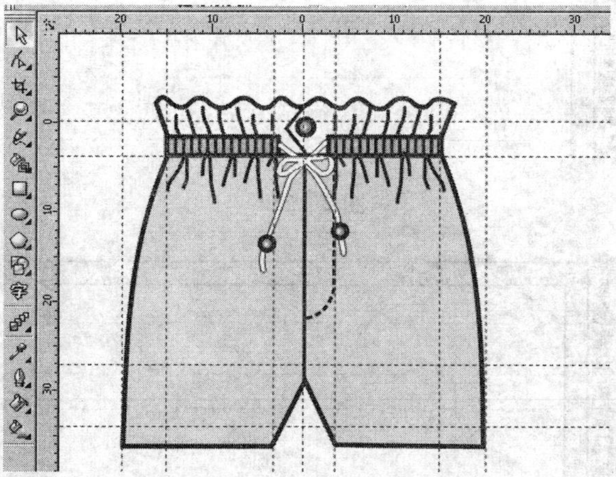

图 2－237

2.6　常用服饰配件的数字化绘制

一、纽扣的绘制

1. 衬衣纽扣的绘制：利用椭圆工具，按住 Ctrl 键，绘制一个正圆。通过变换对话框的大小选项，设置宽度和高度均为 1 cm。利用椭圆工具，绘制两个直径为 0.15 cm 的正圆，作为纽扣穿线孔。通过单击调色板的相应图标，为扣子填充白色。为穿线孔填充深灰色(图 2－238)。

2. 普通上衣纽扣的绘制：利用椭圆工具，按住 Ctrl 键，绘制一个正圆。通过变换对话框的大小选项，设置宽度和高度均为 2 cm，并通过单击调色板的灰色图标，为其填充灰色。通过变换对话框的大小选项，单击【应用到再制】目录按钮，再制一个正圆，按住 Shift 键，将其缩小。并为其填充线性渐变填充。利用椭圆工具，绘制一个正圆，设置其直径为 0.25 cm，作为穿线孔。通过再制、移动位置的方法，绘制其他穿线孔(图 2－239)。

3. 无眼上衣纽扣的绘制：利用椭圆工具，按住 Ctrl 键，绘制一个正圆。通过变换对话框的大小选项，设置宽度和高度均为 2 cm，并通过单击调色板的灰色图标，为其填充灰色。通过变换对话框的大小选项，单击【应用到再制】目录按钮，再制一个正圆，按住 Shift 键，将其缩小。并为其填充径向渐变填充(图 2－240)。

图 2-238

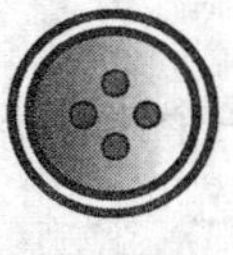

图 2-239

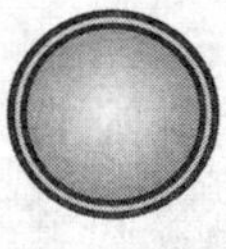

图 2-240

4. 中式布纽扣的绘制：利用矩形工具，绘制一个矩形，设置其宽度为 0.3 cm、长度为 5 cm，单击交互式属性栏的转换为曲线图标，将其转换为曲线图形。利用形状工具，框选选中矩形，单击交互式属性栏的转换直线为曲线图标，拖动相关线条，修画为如图形状(图 2-241)。

5. 叶型纽扣的绘制：利用矩形工具，绘制一个长度为 3 cm、宽度为 1.2 cm 的矩形。利用手绘工具，沿矩形对角线，绘制连续、封闭的两条重合直线。利用形状工具，框选选中直线，单击交互式属性栏的转换直线为曲线图标，将其转换为曲线。利用形状工具，参照下图，拖动鼠标，分别使其向上下弯曲。通过对象属性对话框的渐变填充选项，为其填充径向渐变填充。利用交互式阴影工具，为其添加阴影。删除开始绘制的矩形，将叶形轮廓设置为灰色(图 2-242)。

6. 菱形纽扣的绘制：利用矩形工具，按住 Ctrl 键，绘制一个 2.5 cm×2.5 cm 的正方形。利用挑选工具，形状正方形，再单击一次梯形，使其处于旋转状态，拖动鼠标，使其旋转 45°。重新选中图形，鼠标按在上边中间的控制柄上，拖动鼠标。使其上下缩小为菱形，并为其填充灰色。通过变换对话框的大小选项，单击【应用到再制】命令按钮，再制一个菱形，按住 Shift 键，拖动鼠标使其缩小，并通过对象属性对话框的渐变填充选项，为其填充径向渐变填充(图 2-243)。

图 2-241

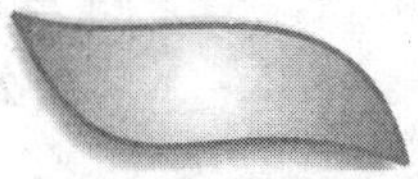

图 2-242

图 2-243

7. 方形纽扣的绘制：利用矩形工具，绘制一个 2 cm×2 cm 的矩形。通过单击菜单栏的【效果】→【斜角】，打开斜角设置对话框(图 2-244)。

参照图 2-244，进行适当设置，单击【应用】命令按钮。利用椭圆工具，绘制 4 个穿线孔，并为其填充黑灰色(图 2-245)。

8. 椭圆型纽扣的绘制：利用椭圆工具，绘制一个椭圆，通过变换对话框的大小选项，设置宽度为 2 cm、高度为 1.25 cm。通过单击菜单栏的【效果】→【斜角】，打开斜角设置对话框(图 2-246)。

参照图 2-246，进行适当设置，单击【应用】命令按钮。利用椭圆工具，绘制 2 个穿线孔，并为其填充黑灰色(图 2-247)。

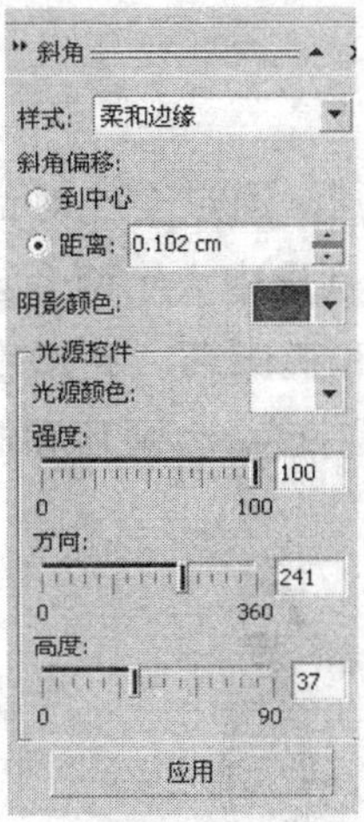

图 2-244

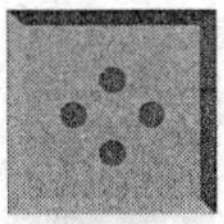

图 2-245

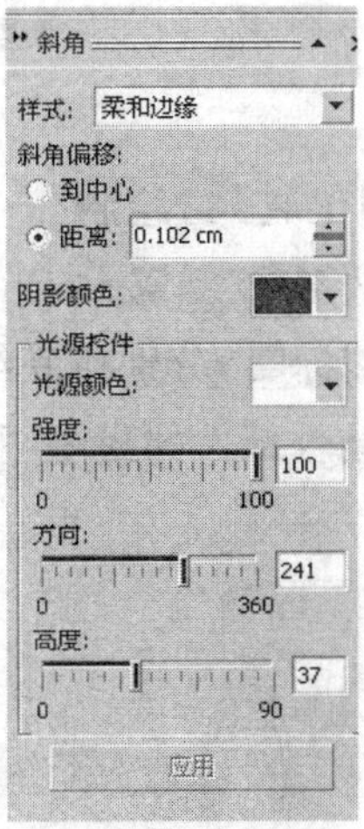

图 2-246

图 2-247

二、项链的绘制

1. 珍珠项链的绘制：利用椭圆工具，绘制一个小圆，再制一个小圆，将其水平拖放到右侧适当位置(图 2 - 248)。

利用交互式调和工具，设置步数为 20，鼠标按在左侧小圆上，拖动鼠标到右侧小圆上，形成系列调和图形(图 2 - 249)。

图 2 - 248

图 2 - 249

利用手绘工具和形状工具，绘制一个如图所示的曲线，作为新路径(图 2 - 250)。

利用挑选工具，选中图 2 - 249 所示的图形。单击交互式调和工具，单击新路径图标，这时鼠标变为黑色大箭头，单击图 2 - 250 所示的新路径，所有珍珠都均匀分布在新路径上。如果珠粒有重叠或间隙，通过调整路径长度或调整调和步数，消除上述问题(图 2 - 251)。

利用挑选工具，选中图形，通过右键单击调色板上部的无填充图标，不显示轮廓和路径(图 2 - 252)。

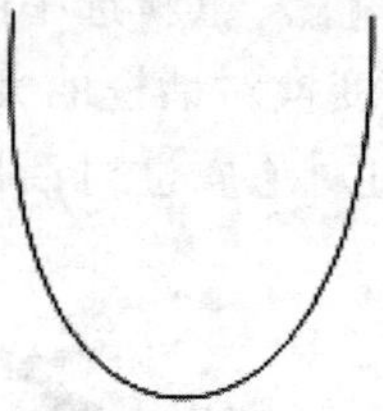

图 2 - 250

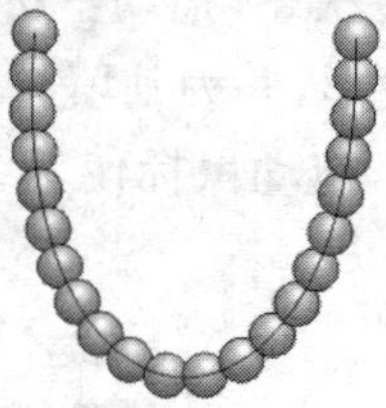

图 2 - 251

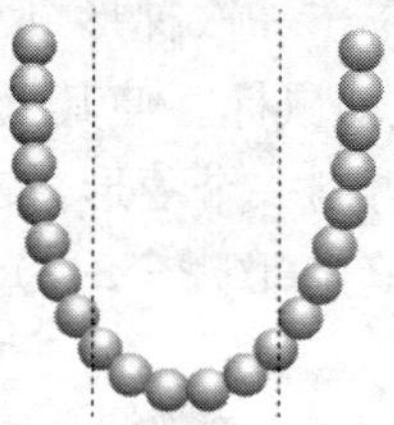

图 2 - 252

2. 珍珠手链的绘制：手链的绘制方法与项链的绘制相同(图 2 - 253)。

图 1

图 2

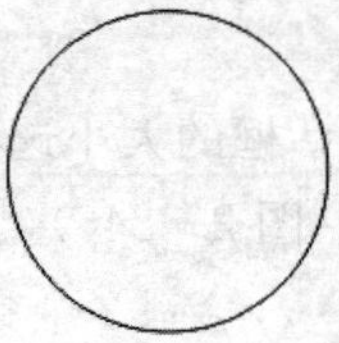

图 3

图 4

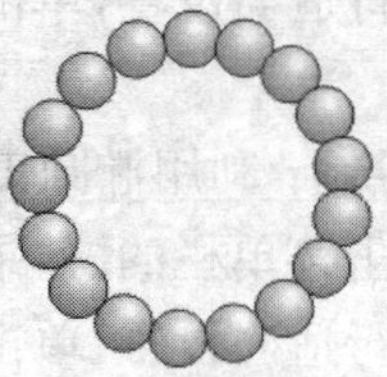

图 5

图 2 - 253

三、拉链的绘制

1. 拉链环一的绘制：利用椭圆工具，绘制一个正圆，再绘制一个竖向椭圆。通过变换对话框的大小选项，分别再制正圆和椭圆。利用挑选工具，按住 Shift 键，缩小再制的图形。分别选中大小两个正圆和两个椭圆，通过单击交互式属性栏的结合图标，分别将其结合为一个图形，形成圆环和椭圆环。利用手绘工具和形状工具，绘制圆环和椭圆环的结合部件的封闭图形。分别为结合部件填充浅灰色，为圆环和椭圆环填充线性渐变填充(图 2 - 254)。

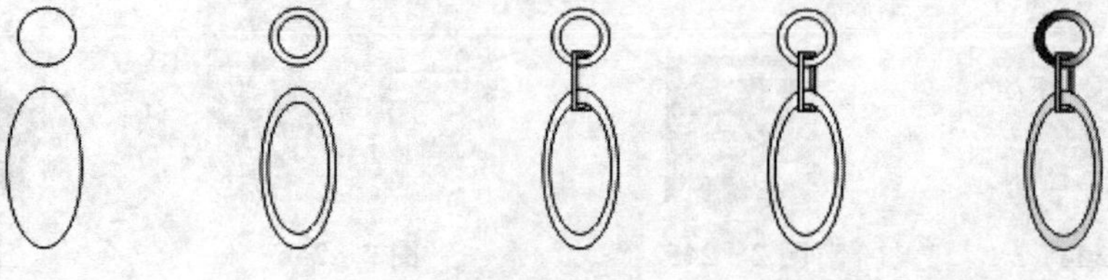

图 2 - 254

2. 拉链环二的绘制：利用矩形工具，绘制一个矩形。利用椭圆工具，绘制一个竖向椭圆。利用矩形工具和椭圆工具，再制一个矩形和一个横向椭圆。选中两个椭圆，通过单击交互式属性栏的结合图标，将其结合为一个图形，形成椭圆环。利用手绘工具和形状工具，绘制上下图形的结合部件的封闭图形。分别为结合部件填充浅灰色，为上下两个图形填充线性渐变填充(图 2－255)。

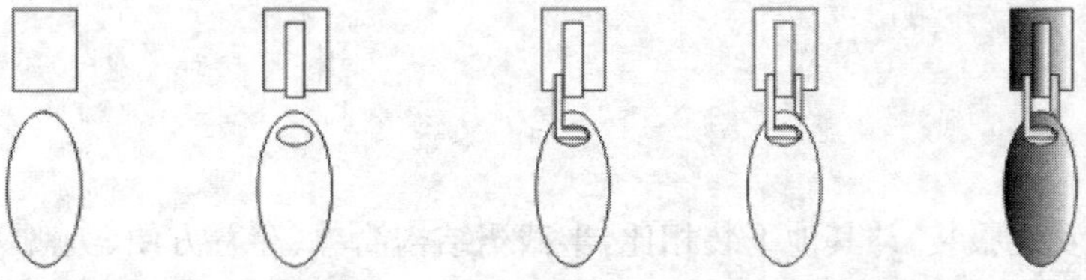

图 2－255

3. 拉链环三的绘制：利用矩形工具，绘制一个矩形。利用椭圆工具，绘制一个竖向椭圆。利用矩形工具和椭圆工具，再制一个矩形和一个横向椭圆。选中两个椭圆，通过单击交互式属性栏的结合图标，将其结合为一个图形，形成椭圆环。利用手绘工具和形状工具，绘制上下图形的结合部件的封闭图形。分别为结合部件填充浅灰色，为上下两个图形填充线性渐变填充(图 2－256)。

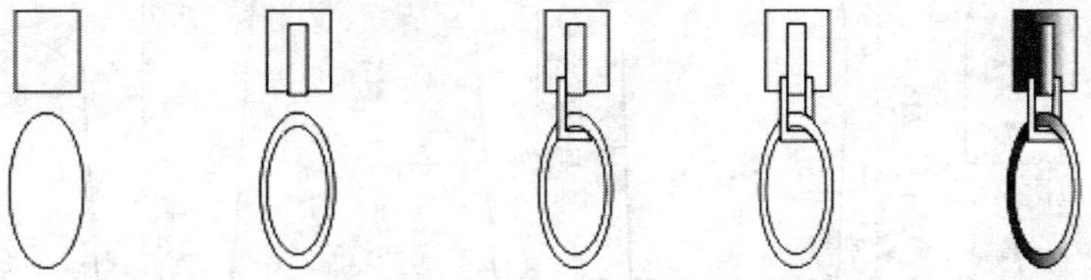

图 2－256

4. 拉链的绘制：利用矩形工具，绘制一个竖向矩形。利用矩形工具，在矩形下面绘制两个并排的小矩形。利用矩形工具，在矩形下部绘制一组拉链齿。利用挑选工具，选中拉链齿组，单击交互式属性栏的群组图标，将其群组。通过变换对话框的位置选项，设置垂直数据与拉链齿组同样的数据，连续单击【应用到再制】命令按钮，直至布满整个矩形。并参照拉链环的绘制方法，绘制拉链环。通过调色板为矩形和拉链齿填充深灰色和浅灰色。通过对象属性对话框的渐变填充选项，为拉链环填充线性渐变填充(图 2－257)。

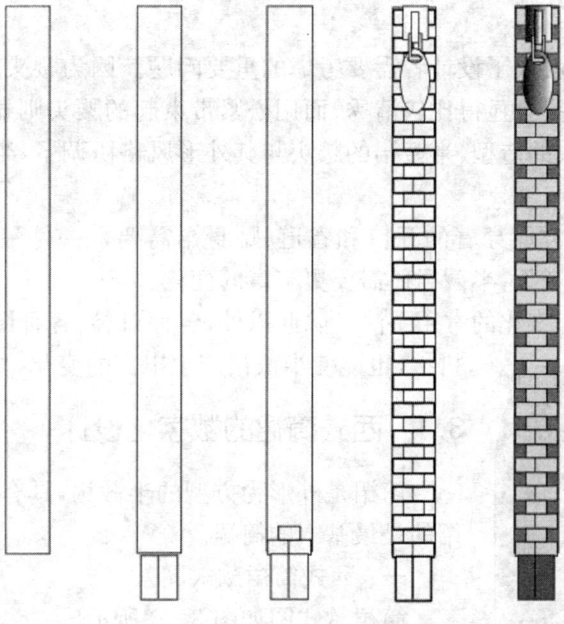

图 2－257

第3章　半截裙数字化款式设计

半截裙是一种传统的女式服装，与其他下装相比，半截裙结构简单、穿着方便、美观大方、富于变化，因此，深受人们的喜爱。半截裙由裙腰、裙身和裙摆所构成，裙身和裙摆可以是分离的，也可以是一体的。裙身和裙摆可以是两片、三片或多片。裙摆也可以进行再分割，形成多截结构。半截裙的穿着方式是裙腰系在人体腰部，将裙子吊起来。半截裙的样板分为裙腰、前裙片、后裙片三个部分。半截裙的种类可以简单地分为圆形裙、西式裙和多片裙。

裙子的长度参考比例如图 3－1 所示：

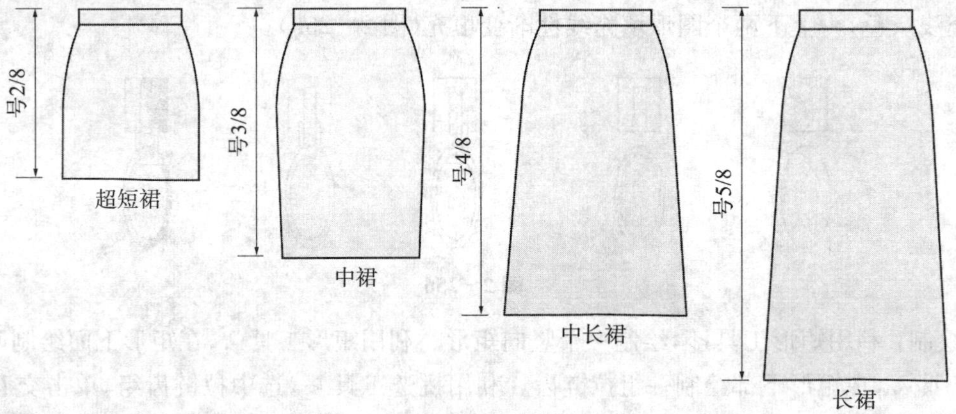

图 3－1

半截裙的款式设计首先要注意处理好外形，不同外形的半截裙有明显不同的风格。如短裙轻松、长裙凝重，大喇叭裙活泼热情、鱼尾裙端庄优雅、而直筒裙则质朴大方。因此，设计半截裙时首先应该根据自己的设计意图将其外形确定下来。

外形确定以后，腰头的设计就成了设计者需要考虑的重要问题。因为腰头对半截裙风格的影响也比较大，如宽腰头会显得比较粗犷、细腰头会显得比较清秀、而用松紧带束起的腰头则显得比较悠闲。设计时应该结合半截裙的外形特点来考虑其腰头的造型，半截裙的腰头与其外形风格协调了，半截裙的整体风格才有可能充分地表现出来。

确定了外形和腰头，处理好方便穿着的开口和省道（贴身裙需要），一件最简单的半截裙就设计完了。但是，在人们审美追求不断提高的今天，半截裙还需要更丰富的变化。

褶裥与分割是使半截裙产生变化的常用手法。除此以外，各种口袋、各种图案、不同色彩、不同质感的材料拼接，也能使半截裙产生丰富的变化，如本章后部插图所示。

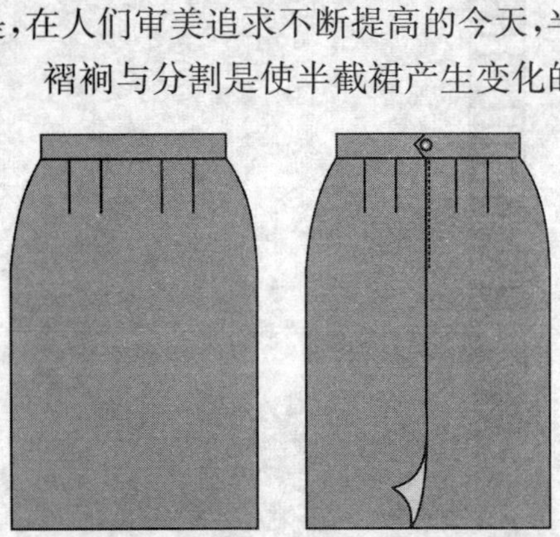

图 3－2

3.1　西式筒裙的数字化设计

筒裙是外形为方型的半截裙，具有朴实、大方的审美特征。这里介绍的是最基本的筒裙。

一、西式筒裙款式图

筒裙款式图如图 3－2 所示。

二、图纸、原点和辅助线的设置

这里我们设置图纸为 A4 图纸，横向摆放、绘图单位为 cm、绘图比例为 1∶5。将原点设置在图纸上部中间适当位置。参考图中数据，设置辅助线(图 3－3)。

三、款式图的绘制

1. 绘制裙腰矩形：参照辅助线，利用矩形工具，绘制裙腰矩形和裙身矩形。分别选中两个矩形，鼠标单击交互式属性栏的转换为曲线图标，分别将两个矩形转换为曲线图形，方便以后对其进行编辑造型(图 3－4)。

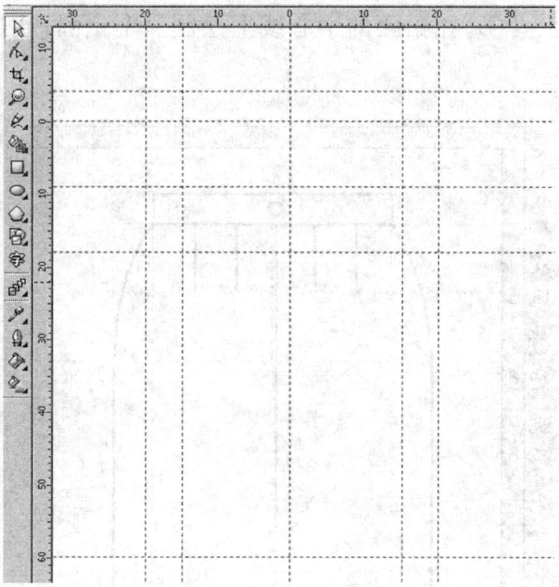

图 3－3

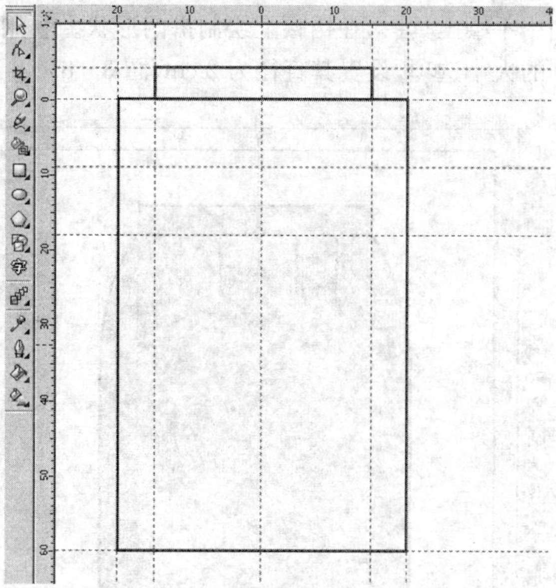

图 3－4

2. 绘制直线框图：利用形状工具，在裙身矩形的两个竖边上，－20 cm 左右的地方，双击鼠标，分别增加两个节点。将裙身矩形上端的两个节点，分别向内移动，与裙腰矩形宽度点对齐(图 3－5)。

3. 修画相关曲线：利用形状工具，分别选中裙身矩形的斜直线，鼠标单击交互式属性栏的转换直线为曲线图标，将其转换为曲线。利用形状工具，鼠标按在斜直线上，拖动鼠标，使其弯曲为流畅圆润曲线(图 3－6)。

4. 绘制前片裙省填充颜色：利用手绘工具，在裙省上部左侧绘制一条长度为 10 cm 的竖向直线作为一个裙省。通过变换对话框的大小选项，再制三个裙省。将其放置在适当位置，这样就完成了裙子正面款式图的绘制。

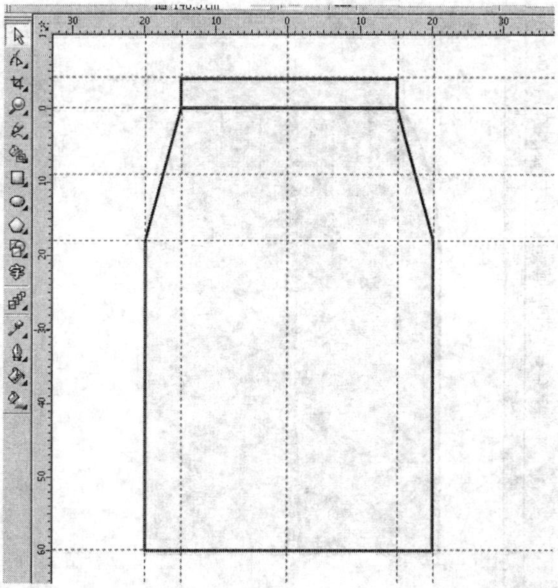

图 3－5

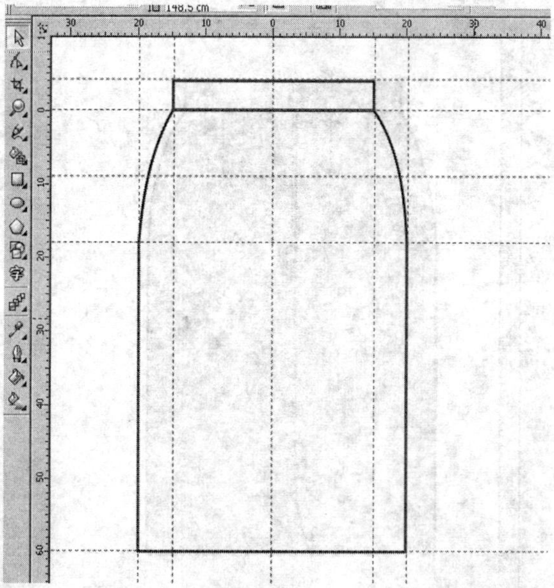

图 3－6

利用挑选工具，选中裙腰和裙身，通过调色盘分别为其填充深灰色(图 3－7)。

5. 绘制后中线、拉链、搭门及扣子：利用挑选工具，选中整个裙子正面款式图。通过变换对话框的大小选项，鼠标单击【应用到再制】命令按钮，再制一个图形。将其水平移动到图纸右侧适当位置。利用手绘工具，在裙身图形中间绘制一条竖向直线，作为后中线。注意后中线画到开衩高度位置(大约距裙腰 40 cm 左右)。

利用手绘工具，在后中线上部绘制一条长度为 20 cm 的竖向直线，并将其设置为虚线，作为拉链的位置。

利用手绘工具，在裙腰上绘制搭门形状。利用椭圆工具，在裙腰的中心线上绘制一个正圆，通过变换对话框的大小选项，设置其直径为 2 cm(图 3－8)。

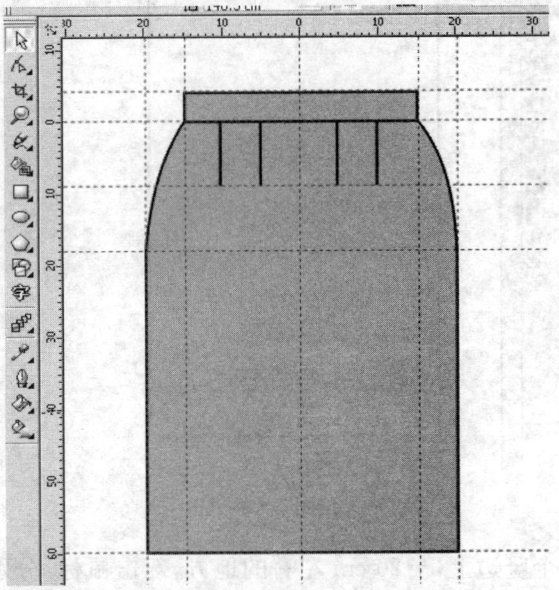

图 3－7

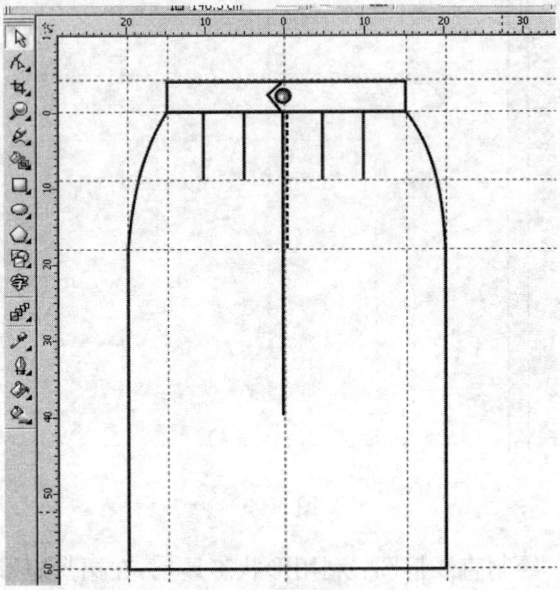

图 3－8

6. 绘制后开衩：利用手绘工具，绘制一个三角形(如图所示)。利用形状工具，选中整个三角形的所有节点，鼠标单击交互式属性栏的转换直线为曲线图标，将三角形的三个边，同时转换为曲线。分别选中每个边，拖动鼠标，使其弯曲为后开衩的翻开造型(图 3－9)。

7. 后开衩的另一种形式：上述情况是后开衩有搭门重叠的款式。后开衩也可以没有重叠搭门的款式，直接在后中线处开衩(图 3－10)。

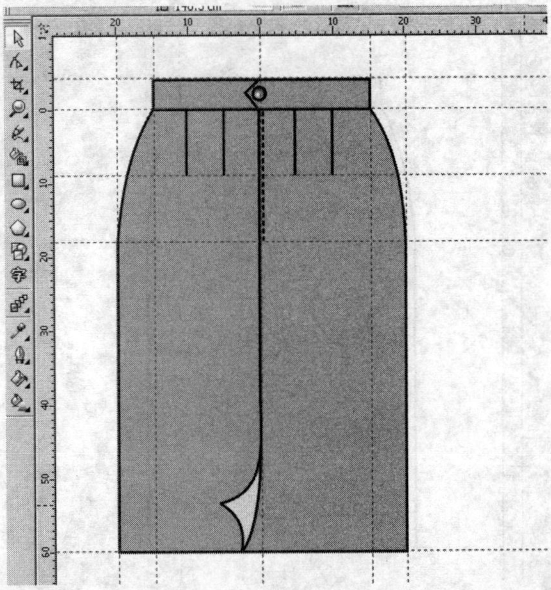

图 3－9

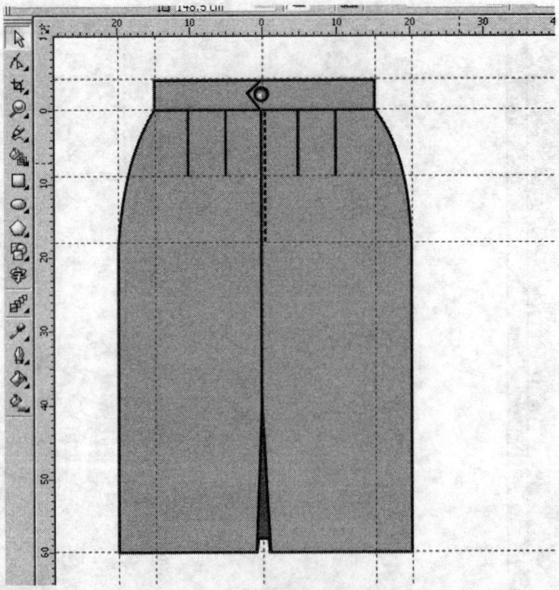

图 3－10

3.2 分割线筒裙的数字化设计

分割线装饰是筒裙设计的常用手法。应用分割线装饰筒裙时要注意被分割的各部位之间有良好的比例关系，同时，应用分割线设计的筒裙要采用中、厚型面料去制作。

一、西式裙款式图

款式如图 3－11 所示。

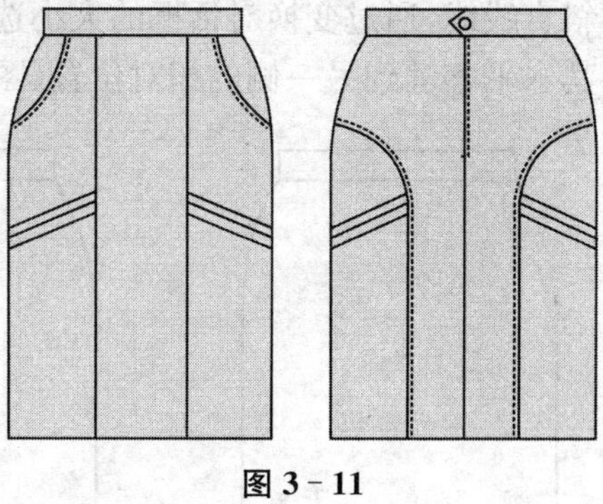

图 3－11

二、图纸、原点和辅助线的设置

这里我们设置图纸为 A4 图纸，横向摆放、绘图单位为 cm、绘图比例为 1∶5。将原点设置在图纸上部中间适当位置。参考图中数据，设置辅助线(图 3－12)。

三、款式图的绘制

1. 绘制裙腰矩形：参照辅助线，利用矩形工具，绘制裙腰矩形和裙身矩形。分别选中两个矩形，鼠标单击交互式属性栏的转换为曲线图标，分别将两个矩形转换为曲线图形，方便以后对其进行编辑造型(图 3－13)。

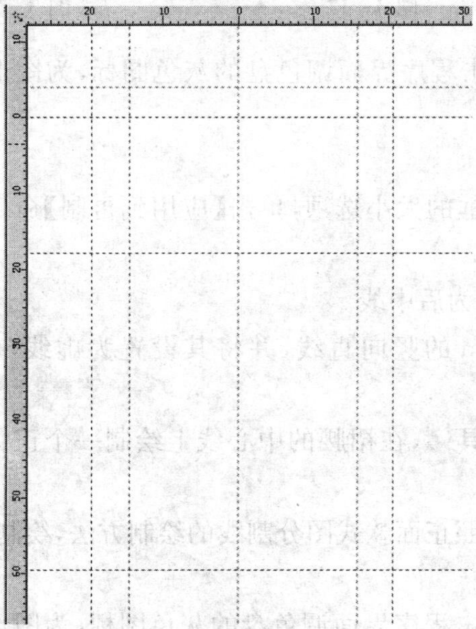

图 3－12

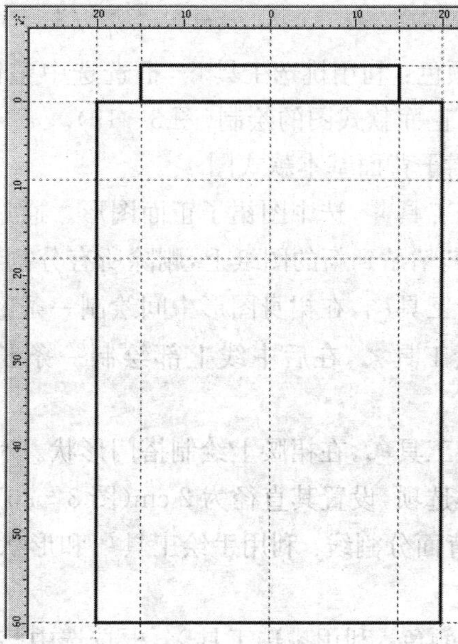

图 3－13

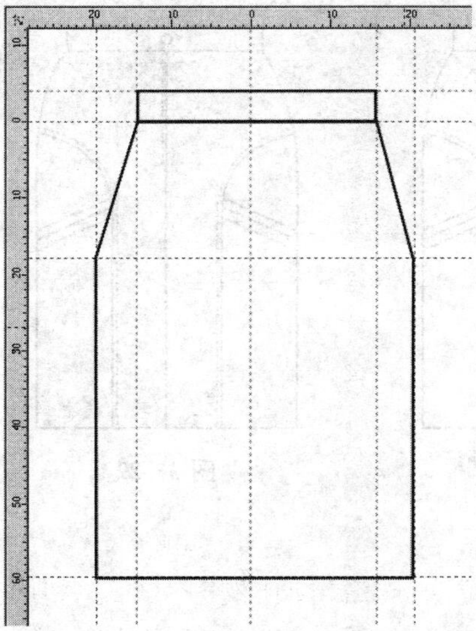

图 3－14

2. 绘制直线框图：利用形状工具，在裙身矩形的两个竖边上，－20 cm左右的地方，双击鼠标，分别增加两个节点。将裙身矩形上端的两个节点，分别向内移动，与裙腰矩形宽度点对齐(图 3－14)。

3. 修画相关曲线：利用形状工具，分别选中裙身矩形的斜直线，鼠标单击交互式属性栏的转换直线为曲线图标，将其转换为曲线。利用形状工具，鼠标按在斜直线上，拖动鼠标，使其弯曲为流畅圆润曲线(图 3－15)。

4. 绘制竖向分割线：利用手绘工具，在裙身中部绘制两条竖向直线，作为竖向分割线(图 3－16)。

5. 绘制袋口曲线分割线：利用手绘工具，在裙身上部一侧绘制斜向直线。利用形状工具和交互式属性栏的转换直线为曲线工具，将其转换为曲线。拖动鼠标，使其弯曲为如图所示。通过变换对话框的大小选项，再制一个曲线，将其移动到原有曲线内侧，并将其设置为虚线。利用挑选工具，选中两条曲线，通过变换对话框的大小选项，再制一组曲线。通过交互式属性栏的镜像工具，将其水平翻转，并将其水平移动到另一侧的相对位置(图 3－17)。

6. 绘制侧片分割线：利用手绘工具，在裙身一个侧片中部绘制三条斜向直线。利用挑选工具，选中三条斜直线线，通过变换对话框的大小选项，再制一组斜直线。通过交互式属性栏的镜像工具，将其水平翻转，并将其水平移动到另一侧的相对位置(图 3－18)。

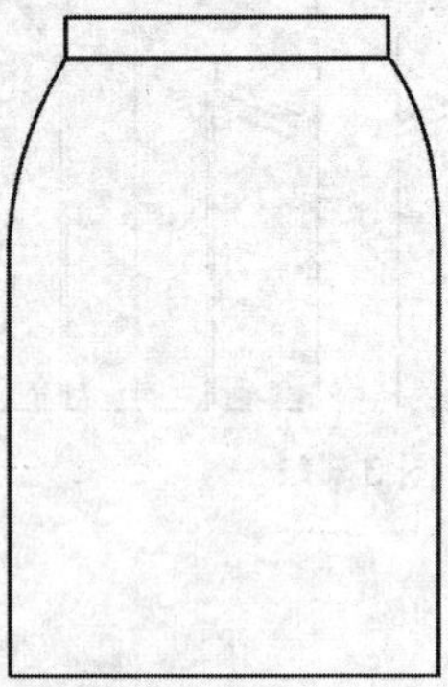
图 3－15

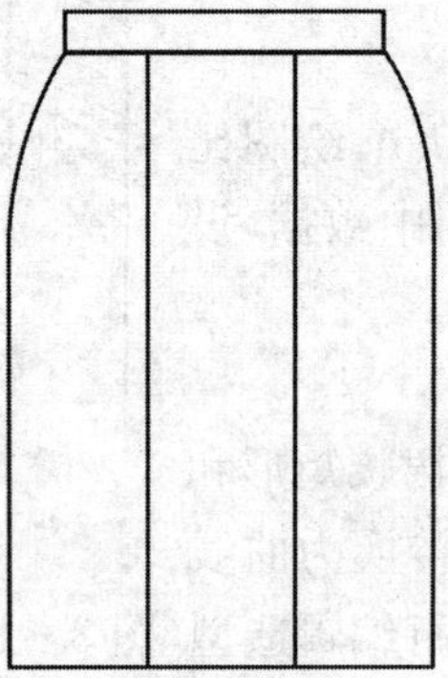
图 3－16

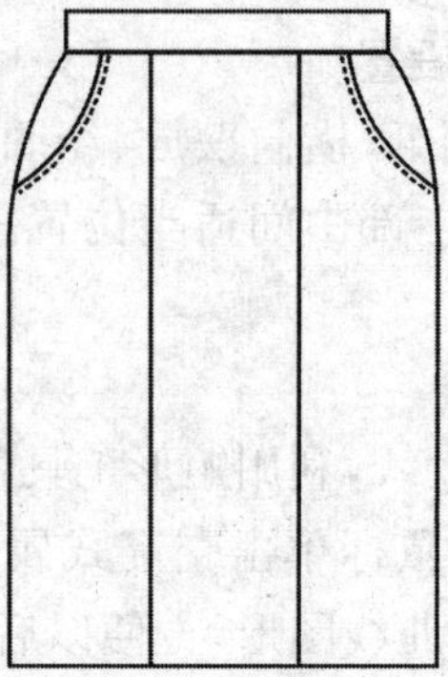
图 3－17

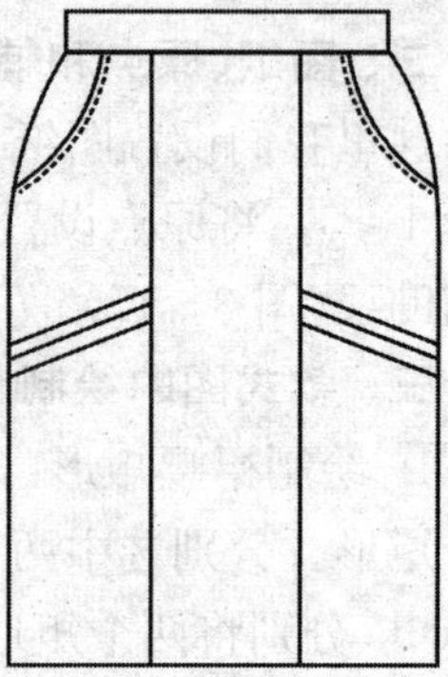
图 3－18

7. 填充颜色：利用挑选工具，框选选中整体图形，单击程序界面调色盘的灰色图标，为图形填充灰色。这样就完成了正面款式图的绘制(图 3－19)。

8. 绘制裙子背面基本款式图

利用挑选工具，选中图裙子正面图形。通过变换对话框的大小选项，单击【应用到再制】命令按钮，再制一个图形，将其粘贴到新的图纸上，删除所有分割线。

利用手绘工具，在裙身图形中间绘制一条竖向直线，作为后中线。

利用手绘工具，在后中线上部绘制一条长度为 20 cm 的竖向直线，并将其设置为虚线，作为拉链的位置。

利用手绘工具，在裙腰上绘制搭门形状。利用椭圆工具，在裙腰的中心线上绘制一个正圆，通过变换对话框的大小选项，设置其直径为 2 cm(图 3－20)。

9. 绘制背面分割线：利用手绘工具和形状工具，参照正面款式图分割线的绘制方法，绘制背面分割线(图 3－21)。

10. 填充颜色：利用挑选工具，框选选中整体图形，单击程序界面调色盘的灰色图标，为图形填充灰色，这样就完成了背面款式图的绘制(图 3－22)。

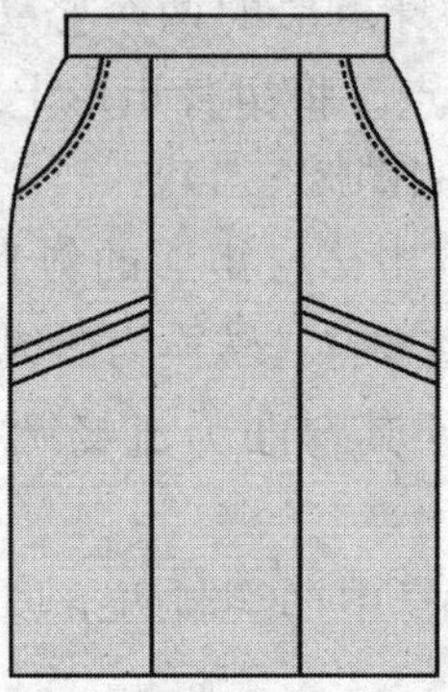
图 3－19

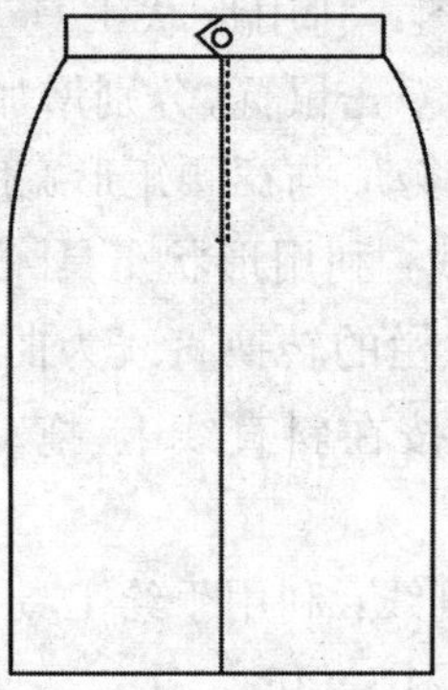
图 3－20

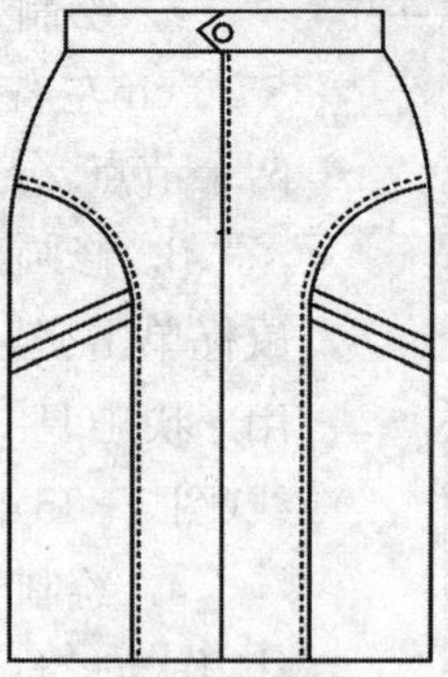
图 3－21

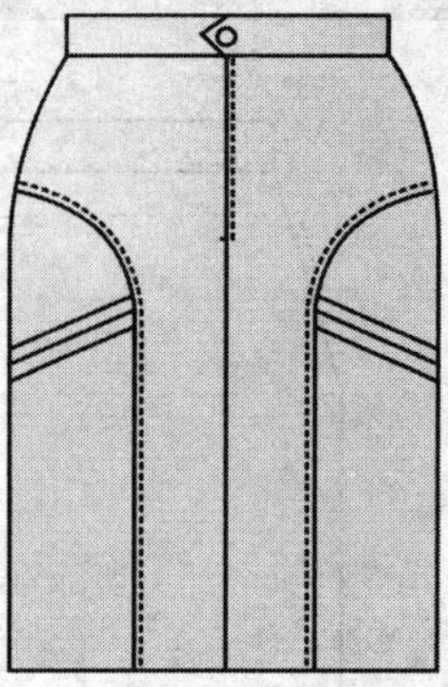
图 3－22

3.3 牛仔裙的数字化设计

牛仔裙的特点是门襟的变化、口袋的装饰、分割线的应用和明线装饰。

一、牛仔裙款式图

款式如图 3－23 所示。

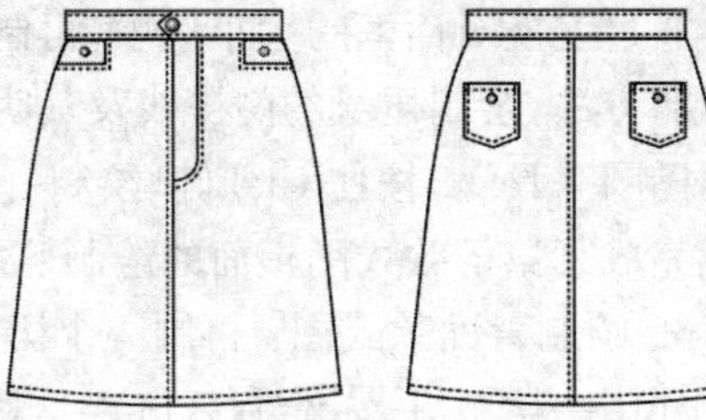

图 3－23

二、款式图绘制方法

1. 设置图纸、原点和辅助线，绘制裙腰和裙身矩形：设置图纸为 A4 图纸，横向摆放、绘图单位为 cm、绘图比例为 1∶5。将原点设置在图纸左侧上部适当位置。参考图中数据，设置辅助线（图 3－24）。

2. 绘制裙腰矩形和裙身矩形：利用矩形工具，绘制裙腰矩形和裙身矩形。同时分别选中两个矩形，鼠标单击交互式属性栏的转换为曲线图标，分别将两个矩形转换为曲线图形，方便以后对其进行编辑造型（图 3－25）。

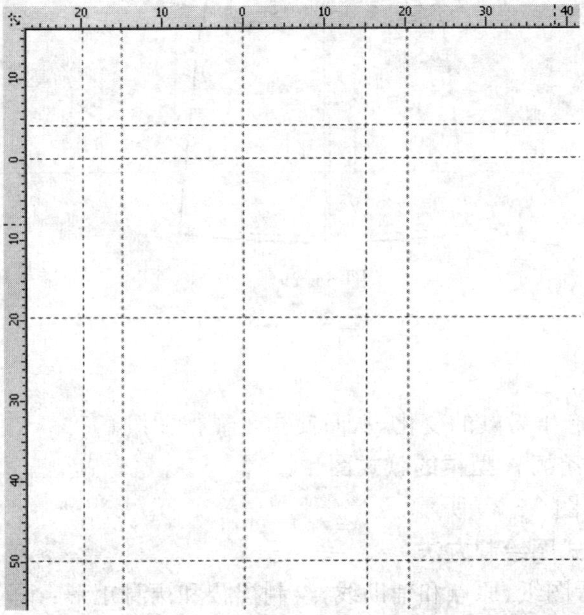

图 3－24

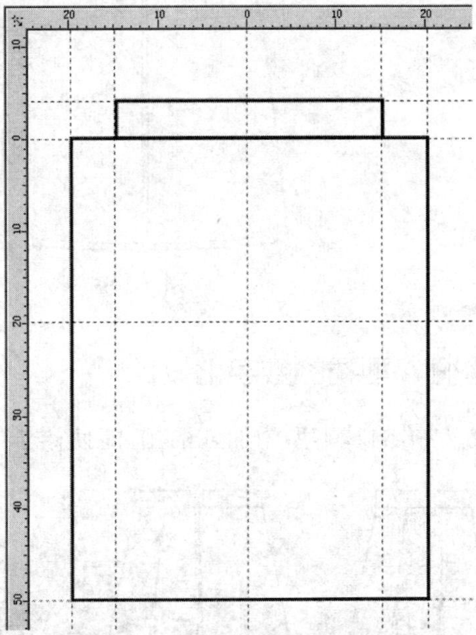

图 3－25

3. 绘制裙腰和裙身直线框图：利用形状工具，在裙身矩形的两个竖边上，－20 cm 左右的地方，双击鼠标，分别增加节点。将裙身矩形上端的两个节点，分别向内移动，与裙腰对齐。将裙身底边的两个节点分别向外水平移动 3 cm，即形成裙子的直线框图（图 3－26）。

4. 修画相关曲线：利用形状工具，选中整个裙身矩形，鼠标单击交互式属性栏的转换直线为曲线图标，将其各个直线边转换为曲线。利用形状工具，鼠标按在下边上，向下拖动鼠标，使其弯曲为流畅圆润曲线（图 3－27）。

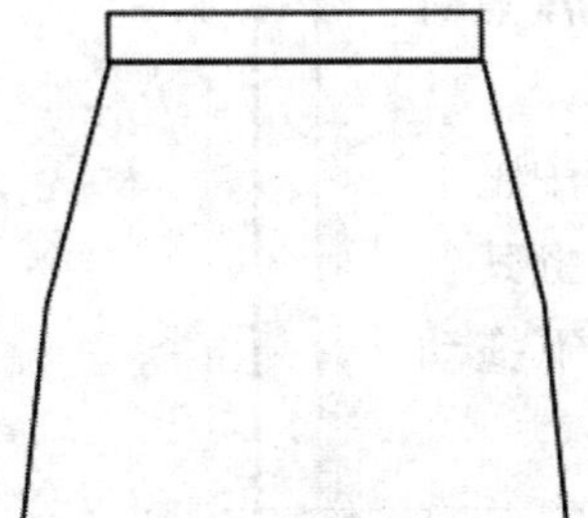

图 3－26

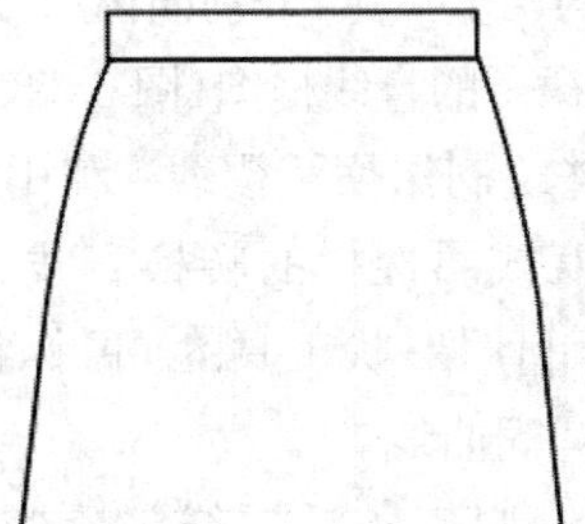

图 3－27

5. 绘制分割线、门襟线、口袋和搭门：利用手绘工具，在裙身中心绘制一条竖向直线，作为裙身中心线。

同时通过变换对话框的大小选项，再制一条直线，将其放置在中心线左侧，并将其设置为虚线作为明线。利用同样的方法，绘制裙身的门襟线及其明线，绘制口袋及其明线，绘制底边明线，绘制裙腰明线，绘制裙腰搭门等。利用椭圆工具，按住 Ctrl 健，绘制一个直径 2 cm 的正圆，并将其放置在裙腰中心线上，作为搭门的扣子。这样就完成了裙子款式图正面的绘制(图 3-28)。

6. 绘制背面款式图：再制一个裙子正面图形，将其移动到图纸右侧适当位置。删除门襟、搭门、扣子和口袋。利用手绘工具，绘制后口袋及其明线。利用椭圆工具绘制口袋装饰扣子，这样即完成了裙子背面款式图的绘制(图 3-29)。

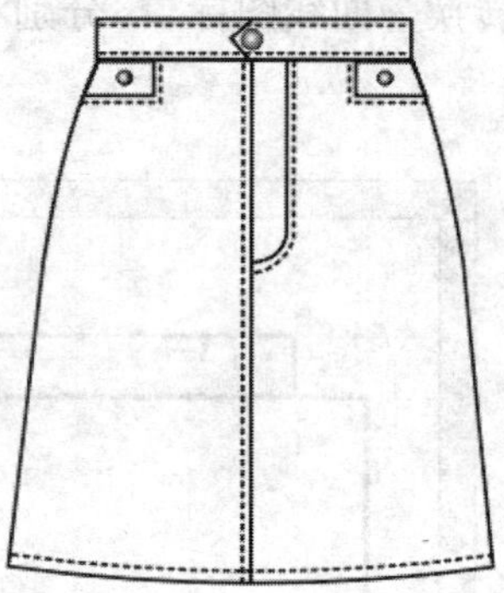

图 3-28

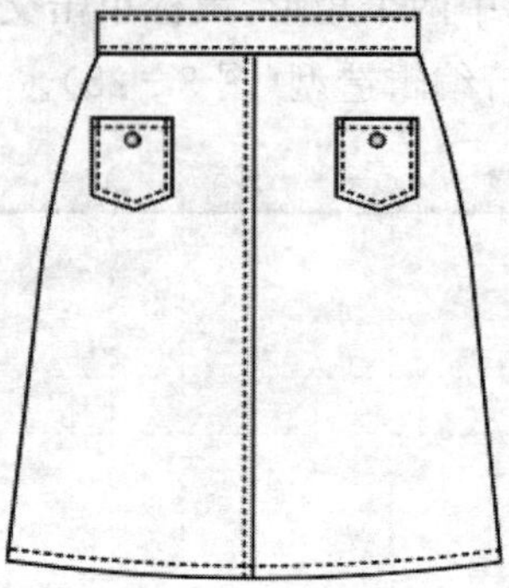

图 3-29

3.4 褶裥 A 型裙的数字化设计

在 A 型裙的基本型中加入褶裥，能使裙子的外形产生微妙的变化，从而使裙子显得活泼。

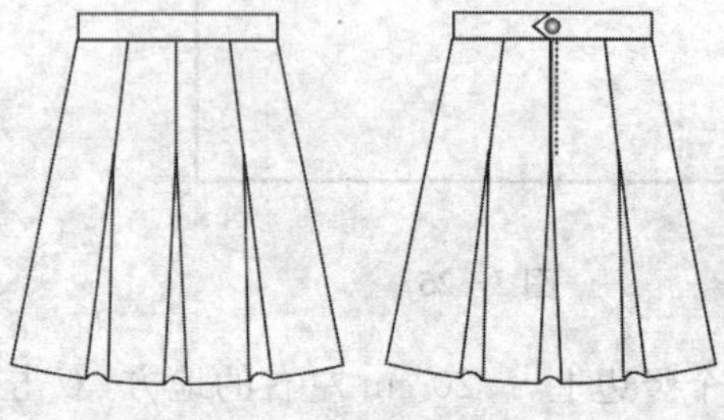

图 3-30

一、加褶裥 A 型裙的款式图

款式如图 3-30 所示。

二、款式图绘制方法

1. 设置图纸、原点和辅助线，绘制裙腰和裙身矩形：设置图纸为 A4 图纸，横向摆放、绘图单位为 cm、绘图比例为 1∶5。将原点设置在图纸左侧上部适当位置。参考图中数据，设置辅助线。利用矩形工具，绘制裙腰矩形、裙身矩形和裙摆矩形。同时分别选中两个矩形，鼠标单击交互式属性栏的转换为曲线图标，分别将两个矩形转换为曲线图形，方便以后对其进行编辑造型(图 3-31)。

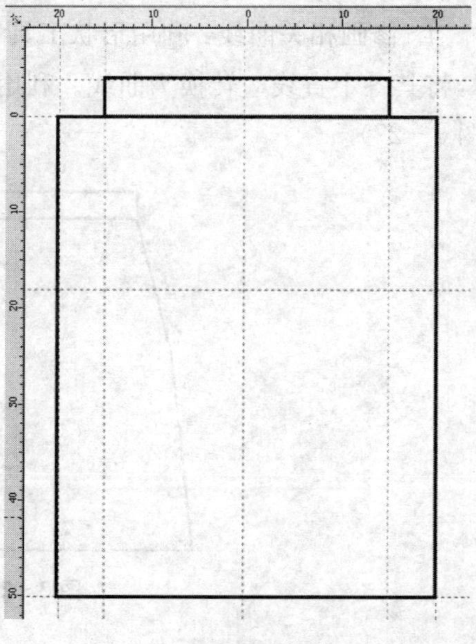

图 3-31

2. 绘制裙腰和裙身的直线框图：利用挑选工具，在两个矩形外面绘制虚线矩形框，选中两个矩形，这时会显示图形的中心。鼠标按在竖向标尺上，拖出一条竖向辅助线，将其放置在图形中心处。利用形状工具，将裙身矩形上端的两个节点，分别向内移动，与裙腰矩形宽度点对齐。这样即形成了该款裙子的直线框图(图 3-32)。

3. 修画相关曲线并绘制裙摆活褶线：利用形状工具，选中整个裙身矩形，鼠标单击交互式属性栏的转换直线为曲线图标，将其各个直线边转换为曲线。利用形状工具，鼠标按在下边上，向下拖动鼠标，使其弯曲为流畅圆润曲线。

利用手绘工具，绘制三条活褶线。活褶线上部为独立的单直线，下部为连续的折线(图 3-33)。

4. 修画裙摆活褶造型：利用形状工具，在裙身底边与活褶线的交点处，分别双击鼠标，增加 6 个节点。绘制虚线框，同时选中 6 个节点，鼠标单击交互式属性栏的使节点变为尖突图标。鼠标按在两个节点之间的曲线上，拖动鼠标，使其弯曲为所需造型(图 3 - 34)。

5. 绘制裙子背面款式图：利用挑选工具，整体选中裙子正面图形，通过变换对话框的大小选项，鼠标单击【应用于再制】命令按钮，再制一个裙子正面图形。将其移动到页面右侧适当位置。利用手绘工具，绘制拉链位置虚线，绘制裙腰搭门和扣子(图 3 - 35)。

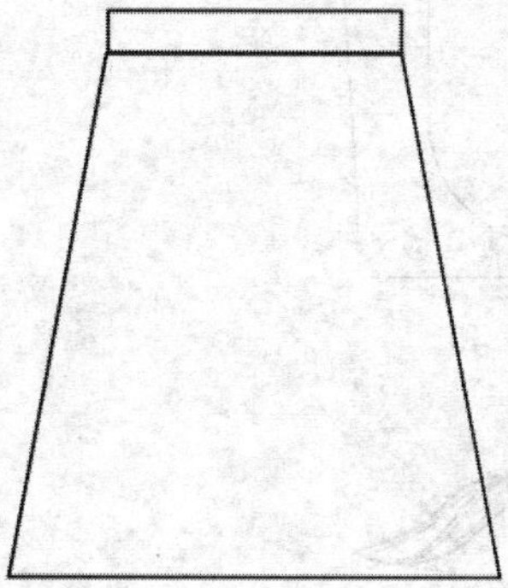
图 3 - 32

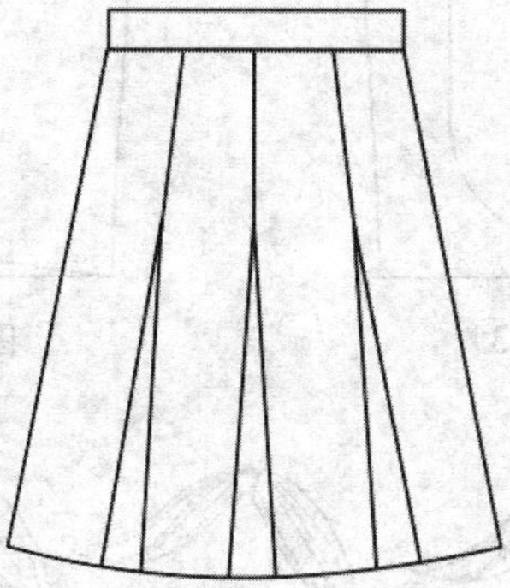
图 3 - 33

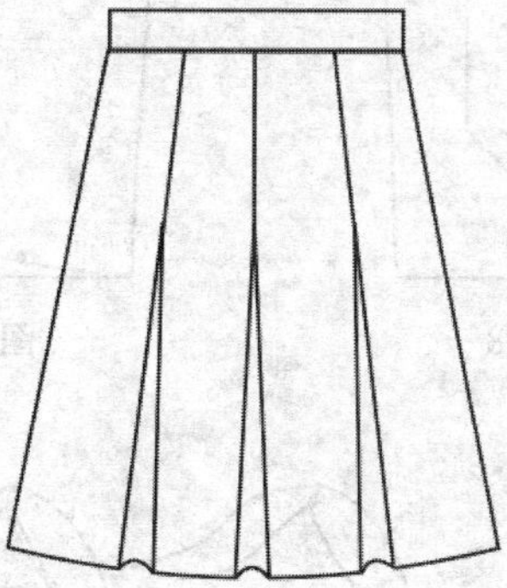
图 3 - 34

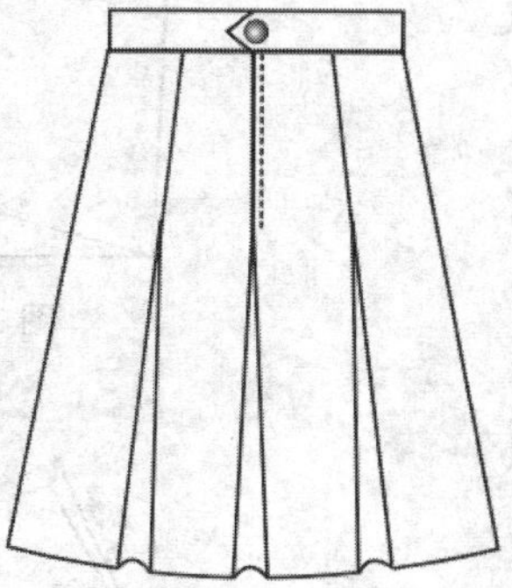
图 3 - 35

3.5 原身出带筒裙的数字化设计

一、原身出带筒裙款式图

款式如图 3 - 36 所示。

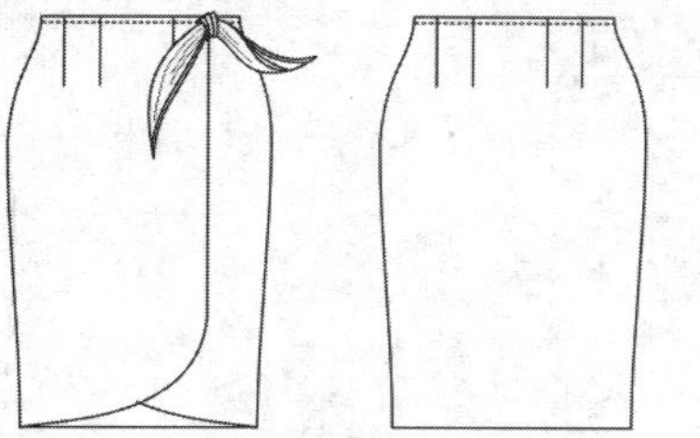
图 3 - 36

二、款式图绘制方法

1. 设置图纸、原点和辅助线，绘制裙腰和裙身矩形：设置图纸为 A4 图纸，横向摆放、绘图单位为 cm、绘图比例为 1∶5。将原点设置在图纸左侧上部适当位置。参考图中数据，设置辅助线。利用矩形工具，绘制裙身矩形。同时分别选矩形，鼠标单击交互式属性栏的转换为曲线图标，分别将两个矩形转换为曲线图形，方便以后对其进行编辑造型(图 3 - 37)。

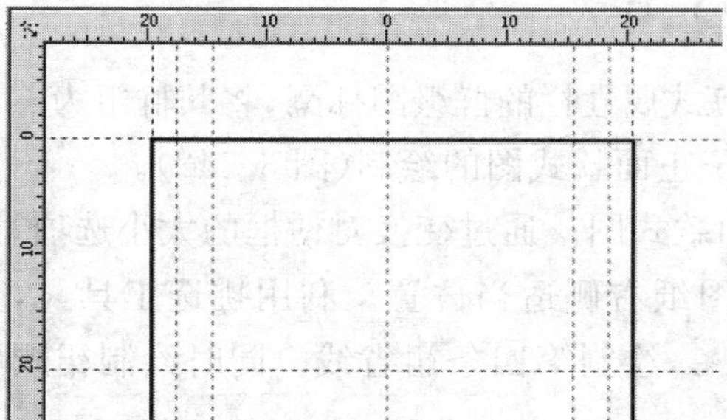
图 3 - 37

2. 绘制裙腰和裙身直线框图：利用形状工具，在裙身矩形的两个竖边上，－20 cm 左右的地方，双击鼠标，分别增加两个节点。将裙身矩形上端的两个节点，分别向内移动到＋15 cm 和－15 cm 处。利用形状工具，将矩形底边的两个节点分别向内移动 2 cm。利用手绘工具，裙子前片重叠线(图 3 - 38)。

3. 修画相关曲线：利用形状工具，分别选中裙身矩形的斜直线，鼠标单击交互式属性栏的转换直线为曲线图标，将其转换为曲线。利用形状工具，选中斜直线的一个节点，这时斜直线两端会出现控制柄，鼠标分别向内和向外拖动控制柄，使其弯曲为流畅圆润曲线造型。利用形状工具，选中裙子前片重叠线，选中重叠线的所有节点，鼠标单击交互式属性栏的转换直线为曲线图标，将其转换为曲线。拖动重叠线下部两段斜直线，使其成为流畅圆润的曲线造型(图 3 - 39)。

4. 绘制前片裙省：利用手绘工具，在裙省上部左侧绘制一条长度为 10 cm 的竖向直线作为一个裙省。通过变换对话框的大小选项，再制两个裙省。将其放置在适当位置(图 3 - 40)。

5. 绘制裙结：利用手绘工具和形状工具，在裙子前片重叠线的腰部位置，绘制裙结。绘制裙结的步骤如图 3 - 41 所示。

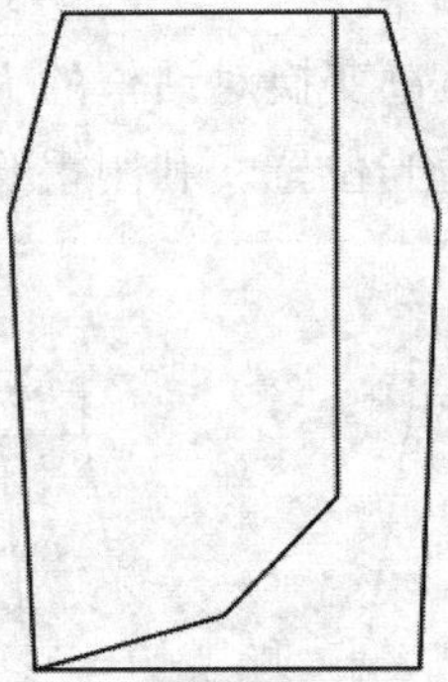

图 3-38

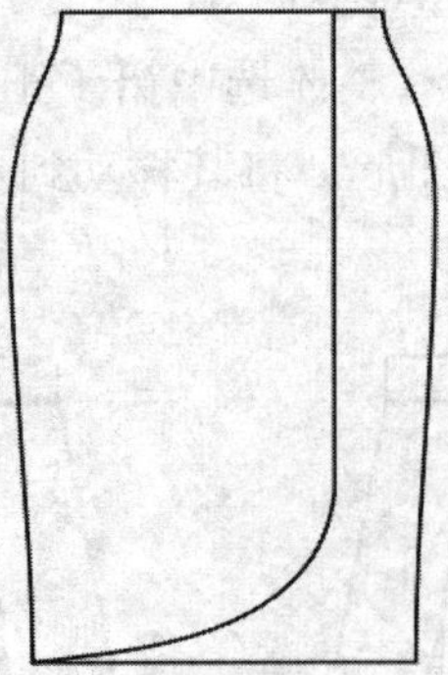

图 3-39

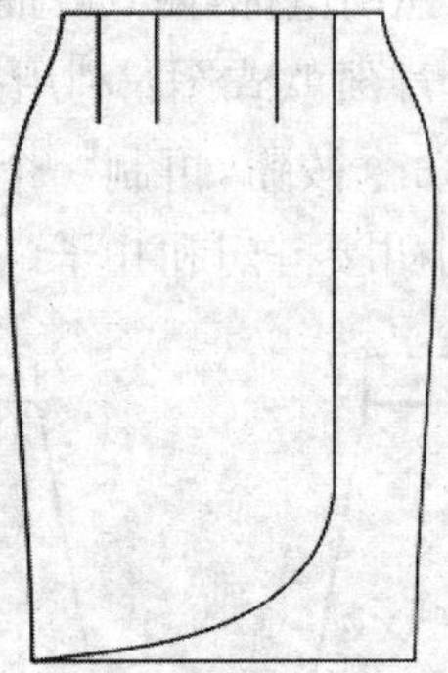

图 3-40

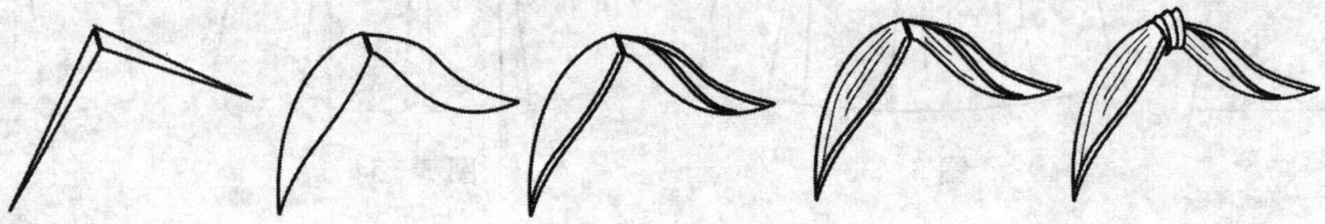

图 3-41

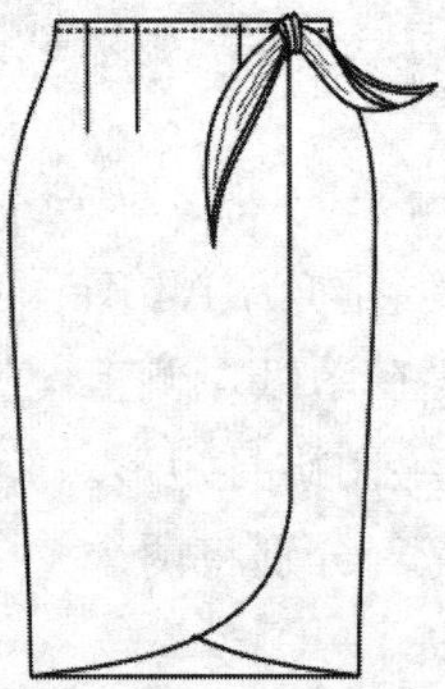

图 3-42

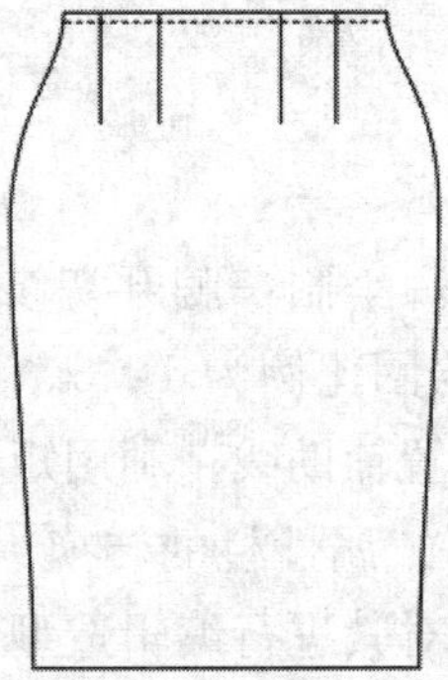

图 3-43

绘制完成裙结后，利用挑选工具，整体选中裙结，鼠标单击交互式属性栏的群组图标，将其群组为一个整体。将其移动到裙子前片重叠线的腰部位置。这样就完成了裙子正面款式图的绘制(图 3-42)。

6. 绘制裙子款式图背面：利用挑选工具，选中整个裙子正面款式图。通过变换对话框的大小选项，鼠标单击【应用到再制】命令按钮，再制一个图形。将其水平移动到图纸右侧适当位置。利用挑选工具，分别选中裙结，删除裙结。选中重叠线，删除重叠线。利用手绘工具，绘制第四条裙省线。同时绘制裙腰明线(图 3-43)。

3.6 基本 A 型裙的数字化设计

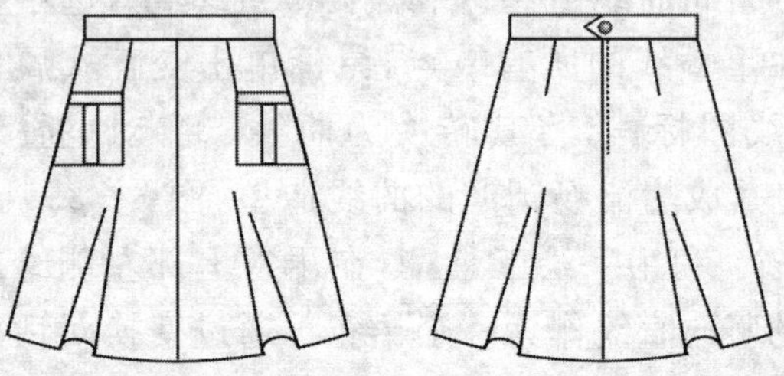

图 3-44

一、基本 A 型裙款式图

款式如图 3-44 所示。

二、款式图绘制方法

1. 设置图纸、原点和辅助线，绘制裙腰和裙身矩形：设置图纸为 A4 图纸，横向摆放、绘图单位为 cm、绘图比例为 1∶5。将原点设置在图纸左侧上部适当位置。参考图中数据，设置辅助线。利用矩形工具，绘制裙腰矩形、裙身矩形和裙摆矩形。同时分别选中两个矩形，鼠标单击交互式属性栏的转换为曲线图标，分别将两个矩形转换为曲线图形，方便以后对其进行编辑造型(图 3-45)。

2. 绘制裙腰和裙身的直线框图：利用形状工具，将裙身矩形上端的两个节点分别向内移动，与裙腰矩形宽度点对齐。这样即形成了该款裙子的直线框图(图 3－46)。

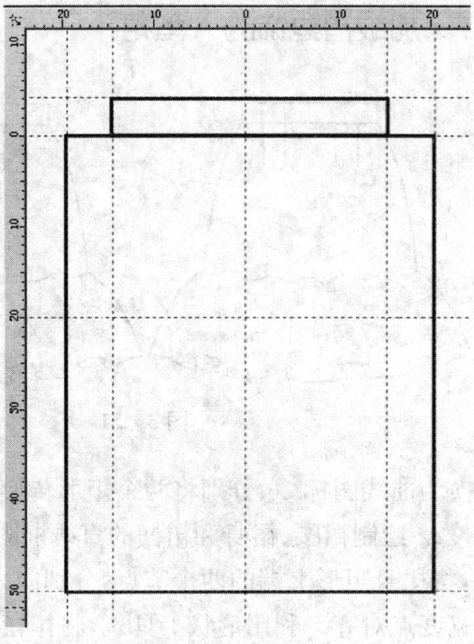

图 3－45

3. 修画相关曲线并绘制裙摆皱褶线：利用形状工具，选中整个裙身矩形，鼠标单击交互式属性栏的转换直线为曲线图标，将其各个直线边转换为曲线。利用形状工具，鼠标按在下边上，向下拖动鼠标，使其弯曲为流畅圆润曲线。

利用手绘工具，绘制 4 条皱褶线和裙身中心线(图 3－47)。

4. 修画裙摆皱褶造型：利用形状工具，在裙身底边与皱褶线的交点处，分别双击鼠标，增加 4 个节点。绘制虚线框，同时选中 4 个节点，鼠标单击交互式属性栏的使节点变为尖突图标。鼠标按在两个节点之间的曲线上，拖动鼠标，使其弯曲为所需造型(图 3－48)。

5. 绘制裙省和口袋：利用手绘工具，首先绘制裙身左侧的裙省线和口袋。然后选中左侧的裙省线和口袋，通过变换对话框的大小选项，鼠标单击【应用于再制】命令按钮，再制一组裙省和口袋。鼠标单击交互式属性栏的水平镜向翻转图标，将其水平翻转。利用挑选工具，将其移动到裙身右侧相应位置，即完成了裙省和口袋的绘制，也完成了裙子款式图正面的绘制(图 3－49)。

6. 绘制裙子背面款式图：利用挑选工具，整体选中裙子正面图形，通过变换对话框的大小选项，鼠标单击【应用于再制】命令按钮，再制一个裙子正面图形。将其移动到页面右侧适当位置。利用手绘工具，绘制拉链位置虚线，绘制裙腰搭门和扣子(图 3－50)。

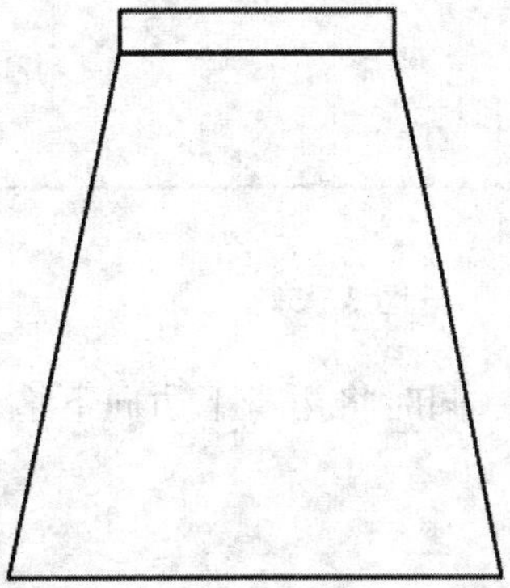

图 3－46

图 3－47

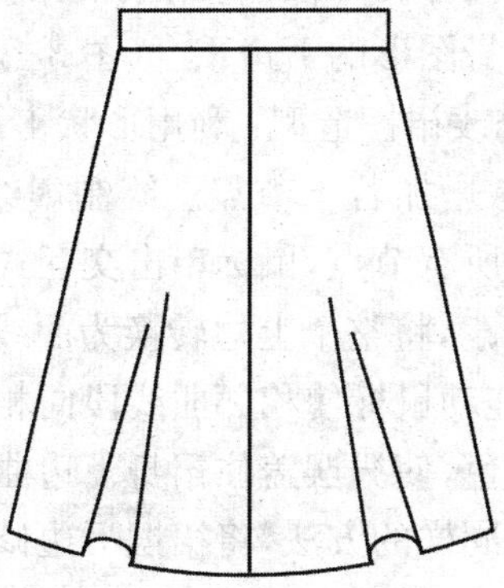

图 3－48

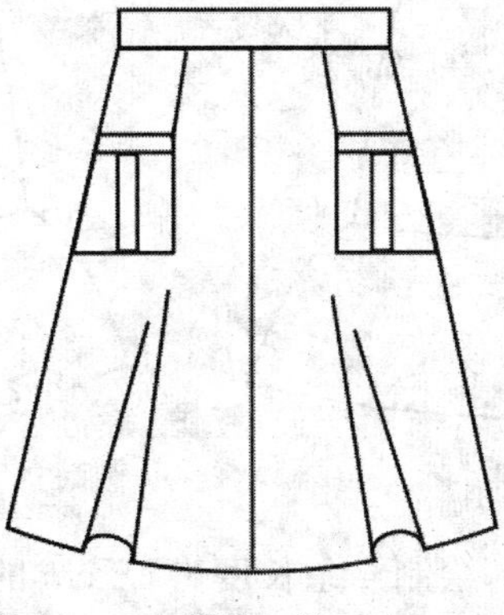

图 3－49

图 3－50

3.7 加皱褶边饰的 A 型裙

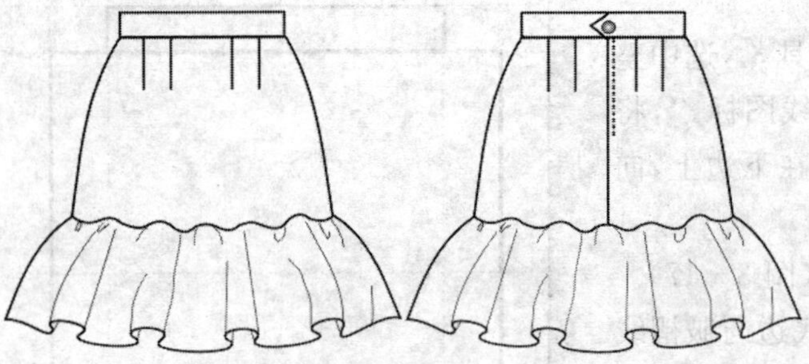

图 3－51

一、款式图

如图 3－51 所示。

二、款式图绘制方法

1. 设置图纸、原点和辅助线，绘制裙腰、裙身和裙摆矩形：设置图纸为 A4 图纸，横向摆放、绘图单位为 cm、绘图比例为 1∶5。将原点设置在图纸左侧上部适当位置。参考图中数据，设置辅助线。利用矩形工具，绘制裙腰矩形、裙身矩形和裙摆矩形。同时分别选中三个矩形，鼠标单击交互式属性栏的转换为曲线图标，分别将两个矩形转换为曲线图形，方便以后对其进行编辑造型(图 3－52)。

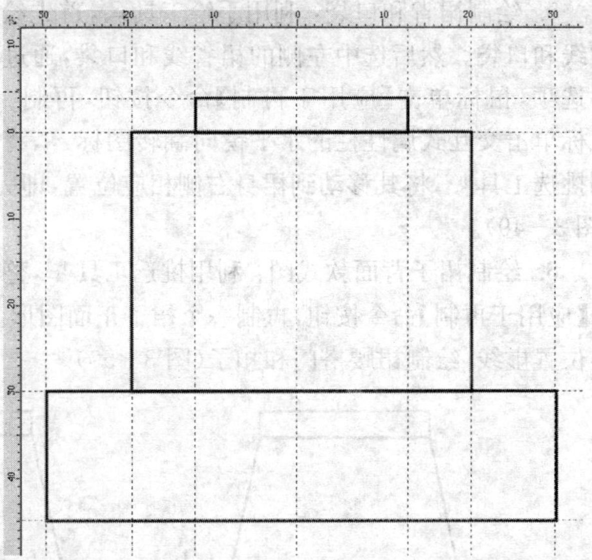

图 3－52

2. 绘制裙腰、裙身和裙摆的直线框图：利用形状工具，将裙身矩形上端的两个节点，分别向内移动，与裙腰矩形宽度点对齐。利用形状工具，将裙摆矩形上端的两个节点，分别向内移动，与裙身矩形宽度点对齐。这样即形成了该款裙子的直线框图(图 3－53)。

3. 修画相关曲线：利用形状工具，选中整个裙身矩形，鼠标单击交互式属性栏的转换直线为曲线图标，将其各个直线边转换为曲线。利用形状工具，鼠标分别按在左、右、下三个边上，拖动鼠标，使其弯曲为流畅圆润曲线。使用同样的方法，将裙摆框图修画为曲线造型，其上边要与裙身图形的下边重合(图 3－54)。

4. 修改裙摆造型：利用形状工具，在裙摆上边多次双击鼠标，增加若干节点。绘制虚线矩形，同时选中裙摆上边上的所有节点，鼠标单击交互式属性栏的转换直线为曲线图标，将整个上边转换为曲线。鼠标分别按在每段曲线上，拖动鼠标使相邻曲线段向相反方向弯曲，形成裙摆上边的曲线造型。同时将裙身下边向下拖动。为裙摆填充白色，使裙摆盖住裙身下边曲线。

使用同样的方法，将裙摆下边修画为裙摆底边造型(图 3－55)。

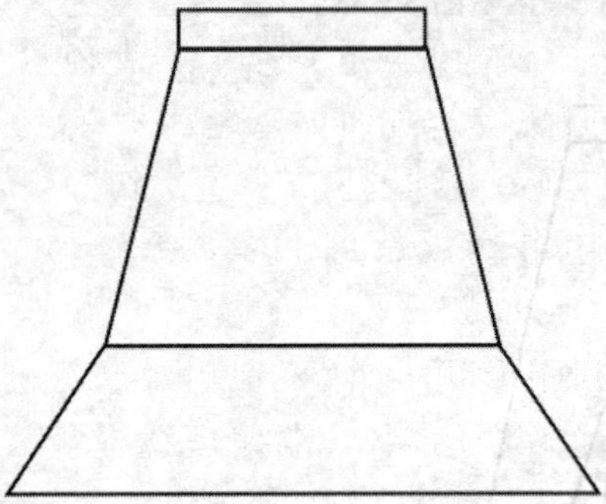

图 3－53

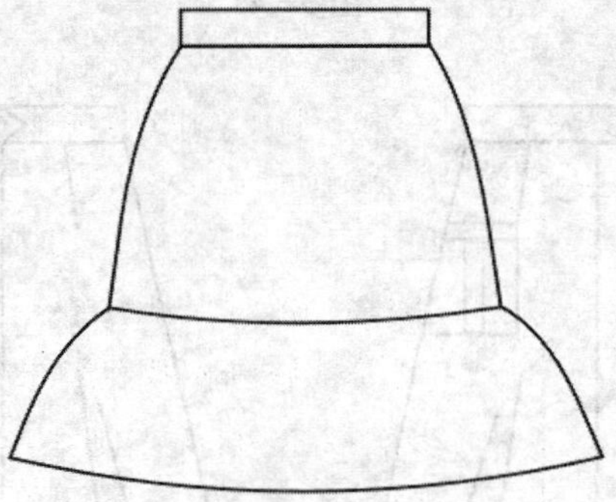

图 3－54

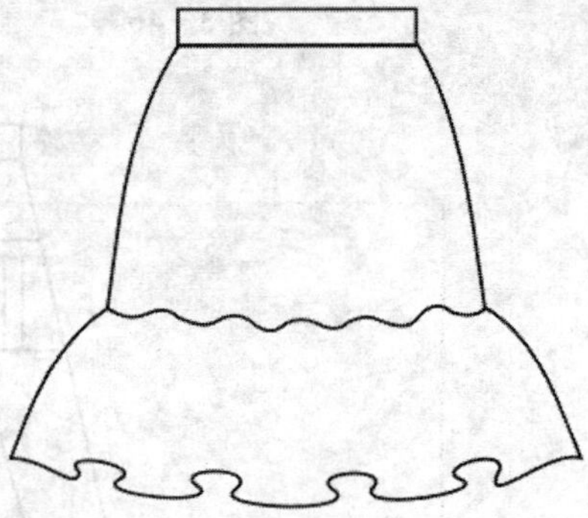

图 3－55

5. 绘制裙省和裙摆皱褶：利用手绘工具，在裙省上部绘制 4 条长度为 10 cm 的竖向直线，作为裙省线。

利用手绘工具，按住左健绘制裙摆皱褶线。绘制完成一条后，放开左健，然后重新按住左健，绘制另一条皱褶线。直至皱褶线绘制完成。这样绘制的皱褶线比较自然和真实。即完成了正面款式图的绘制(图 3－56)。

6. 绘制后中线、拉链和裙腰搭门：利用挑选工具，选中整个裙子正面款式图，通过变换对话框的大小选项，鼠标单击【应用于再制】命令按钮，再制一个图形。将其移动到右侧。利用手绘工具，在裙省中心线上绘制一条竖向直线，作为裙省后中线。在后中线上部右侧绘制一条长度为 20 cm 的竖向直线，并将其设置为虚线，作为拉链位置。在裙腰中心线左侧绘制搭门形状。利用椭圆工具，按住 Ctrl 健，绘制一个直径为 2 cm 的正圆，将其放置在裙腰中心线上，作为搭门的系合扣子(图 3－57)。

7. 另一种款式图：除了上述款式图外，还可以绘制成相对规整的款式图，其绘制方法比上述款式的绘制方法要简单许多。只需要将裙摆底边矩形弯曲造型，然后利用手绘工具，绘制左、右、中间三条直线，利用形状工具，将左、右两条直线转换为曲线，分别向外弯曲。利用工具箱的交互式调和工具，鼠标按在左侧曲线上，向右移动鼠标到中间直线上，两条线之间会出现渐变的若干线条，调整交互式属性栏的步数偏移量为“4”。利用同样的方法，自右侧曲线向中间线调和。即完成了款式图裙摆造型的绘制(图 3－58)。

图 3－56

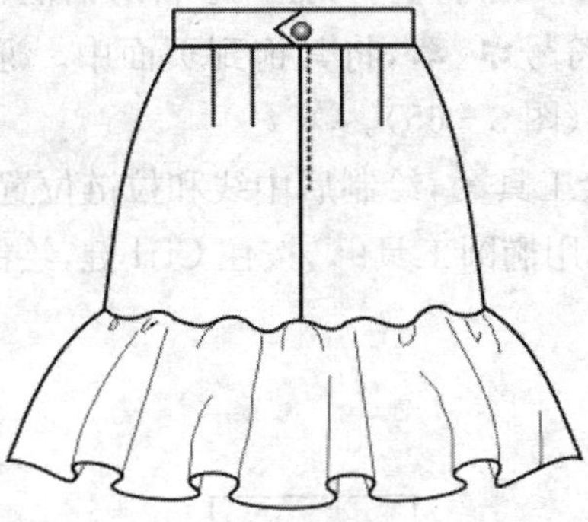

图 3－57

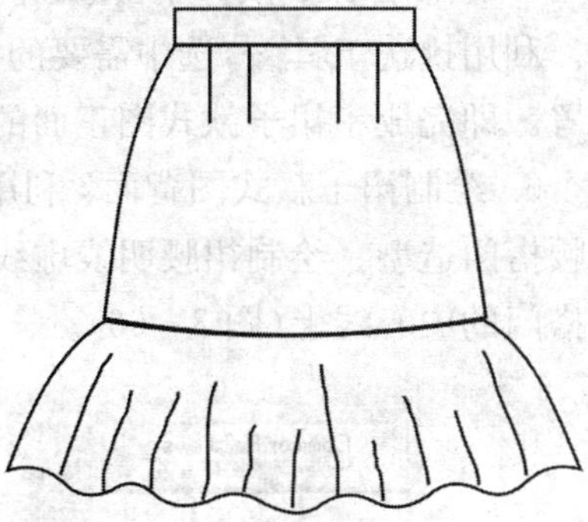

图 3－58

3.8 斜裁方式 A 型裙的数字化设计

一、款式图

如图 3－59 所示。

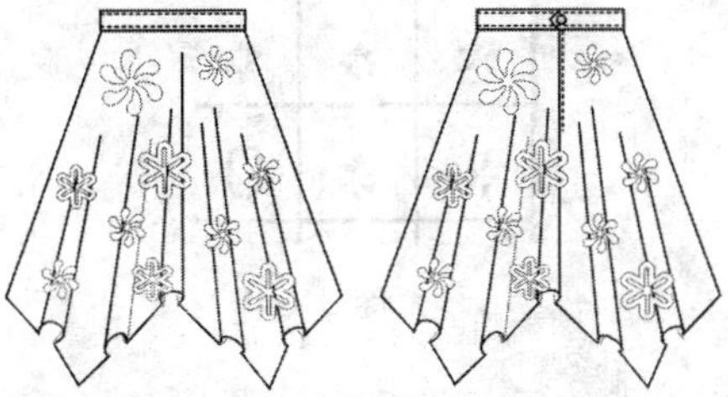

图 3－59

二、款式图绘制方法

1. 设置图纸、原点和辅助线，绘制裙腰和裙身矩形：设置图纸为 A4 图纸，横向摆放、绘图单位为 cm、绘图比例为 1∶5。将原点设置在图纸左侧上部适当位置。参考图中数据，设置辅助线。利用矩形工具，绘制裙腰矩形、裙身矩形和裙摆矩形。同时分别选中两个矩形，鼠标单击交互式属性栏的转换为曲线图标，分别将两个矩形转换为曲线图形，方便以后对其进行编辑造型(图 3－60)。

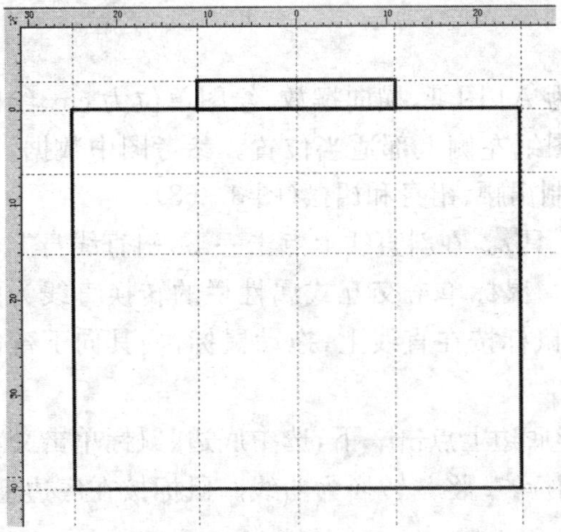

图 3－60

2. 绘制裙腰和裙身直线框图：利用形状工具，将裙身矩形上部两个节点向内移动，使其与裙腰矩形对齐。利用形状工具，在裙身矩形的底边上，双击鼠标，分别增加三个节点。利用形状工具，将矩形底边内部的中间两侧节点向下移动到 50 cm 处(图 3－61)。

3. 修画裙摆活褶造型：利用形状工具，在裙身底边上，多次双击鼠标，增加 10 个节点(5 个活褶)。绘制虚线框，同时选中 10 个节点，鼠标单击交互式属性栏的转换直线为曲线图标，将其转换为曲线。鼠标单击交互式属性栏的使节点变为尖突图标。鼠标分别按在两个节点之间的曲线上，拖动鼠标，使其弯曲为所需造型(图 3－62)。

4. 绘制活褶线：利用手绘工具绘制活褶线(图 3－63)。

图 3 - 61

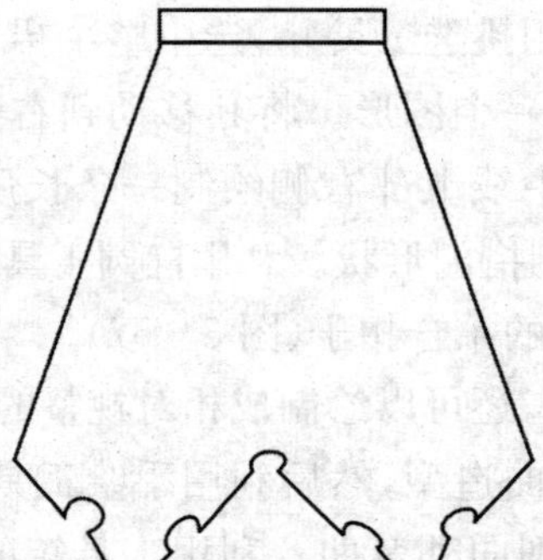

图 3 - 62

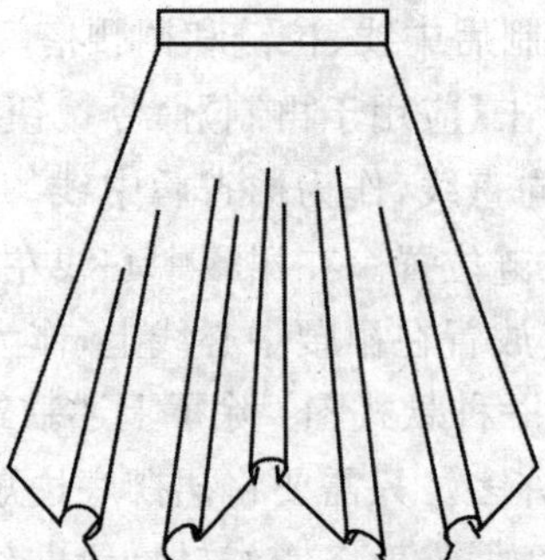

图 3 - 63

5. 绘制图案：鼠标单击【文本】→【插入字符】打开插入字符对话框(图 3 - 64)。

利用挑选工具，选中需要的图形符号✲、❁，将其拖到页面中。通过再制、放大和缩小，将其放置在适当位置。即完成了裙子款式图正面的绘制(图 3 - 65)。

6. 绘制裙子款式图背面：利用手绘工具，绘制后中线和拉链位置线，并将拉链位置线设置为虚线。绘制裙腰搭门造型。绘制裙腰明线虚线。利用椭圆工具，按住 Ctrl 健，绘制一个直径 2 cm 的正圆，将其放置在裙腰搭门的中心线上(图 3 - 66)。

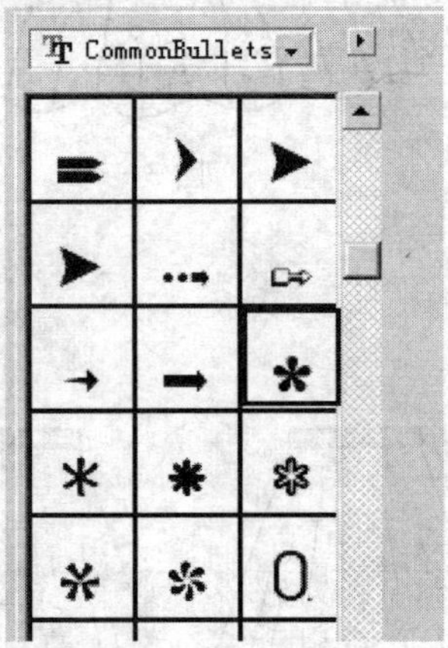

图 3 - 64

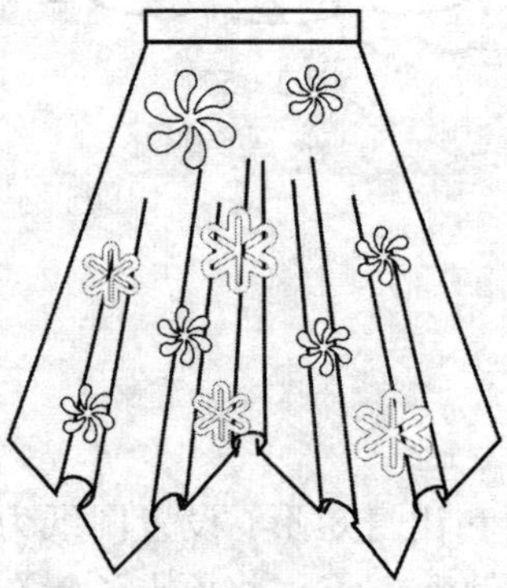

图 3 - 65

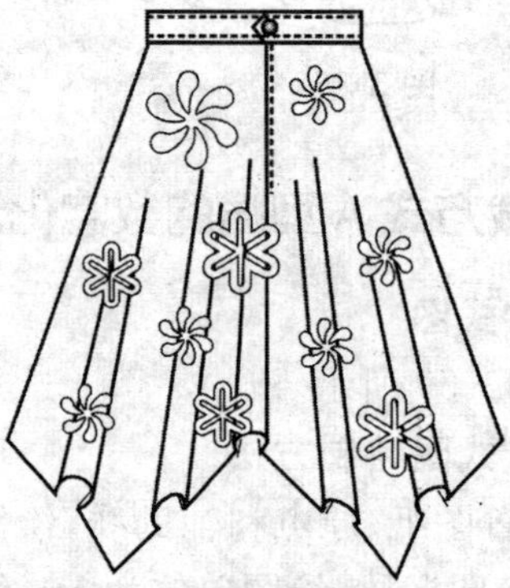

图 3 - 66

3.9 加拼饰斜裙的数字化设计

一、款式图

如图 3 - 67 所示。

二、款式图绘制方法

1. 设置图纸、原点和辅助线，绘制裙腰和裙身矩形：设置图纸为 A4 图纸，横向摆放、绘图单位为 cm、绘图比例为 1∶5。将原点设置在图纸左侧上部适当位置。参考图中数据，设置辅助线。利用手绘工具，绘制裙腰、裙身和裙摆(图 3 - 68)。

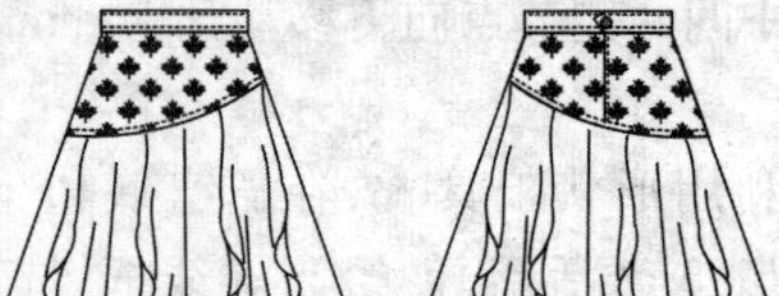

图 3 - 67

2. 修画曲线：利用形状工具，在斜直线上点击一下，斜直线身上会出现一个圆点，表示已经选中。鼠标单击交互式属性栏的转换直线为曲线图标，将其转换为曲线。鼠标按在直线上，拖动鼠标，使其向下弯曲为如图造型。

利用形状工具在正梯形底边上点击一下，选中底边，鼠标单击交互式属性栏的转换直线为曲线图标，将其转换为曲线。鼠标按在底边上，拖动鼠标使其弯曲为如图造型(图3 - 69)。

3. 绘制裙摆皱褶线：利用形状工具，在裙摆底边上，分别多次双击鼠标，增加 6 个节点。绘制虚线框，同时选中 6 个节点，鼠标单击交互式属性栏的使节点变为尖突图标。鼠标按在两个节点之间的曲线上，拖动鼠标，使其弯曲为所需造型。

利用手绘工具，绘制 6 条长短不一的皱褶线（图 3-70）。

4. 绘制飘带：利用手绘工具，绘制一条竖向直线。利用形状工具，在直线上多次双击鼠标，增加 6 个节点。绘制虚线框，整体选中直线，鼠标单击交互式属性栏的转换直线为曲线图标，将其转换为曲线。将节点之间的直线段，反向弯曲。利用手绘工具，绘制若干线段，将曲线上的弯曲凹口连接，形成完整的飘带，并将其整体选中群组。复制 4 个飘带，通过放大、缩小、旋转方向，分别放置在应有位置（图 3-71）。

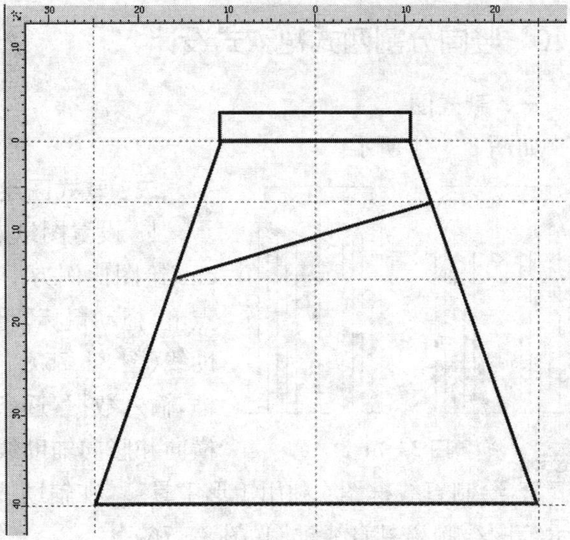

图 3-68

5. 绘制明线：利用手绘工具，在裙腰上绘制两条横向直线，就设置为虚线。利用挑选工具，选中拼接曲线，通过变换对话框的大小选项，鼠标单击【应用于再制】命令按钮，再制一个拼接线，将其设置为虚线。向上移动虚线，形成拼接线的明线。利用手绘工具，沿着拼接图形的边沿，再绘制一个拼接图形。通过对象属性对话框的填充选项下的图样填充，为拼接图形填充图案。鼠标单击【排列】→【顺序】→【到后部】，将其放置在整个图形的后部。即完成了款式图正面的绘制（图 3-72）。

6. 绘制款式图背面：利用挑选工具，整体选中款式图正面图形。通过变换对话框的大小选项，鼠标单击【应用于再制】命令按钮，再制一个正面图形。鼠标单击交互式属性栏的水平镜像翻转图标，将其移动到页面右侧适当位置。利用手绘工具，在拼接线以上绘制门襟线和拉链位置线，并将拉链位置线设置为虚线。绘制裙腰搭门造型。利用椭圆工具，按住 Ctrl 健，绘制一个直径为 2 cm 的正圆。将其放置在裙腰搭门处（图 3-73）。

图 3-69

图 3-70

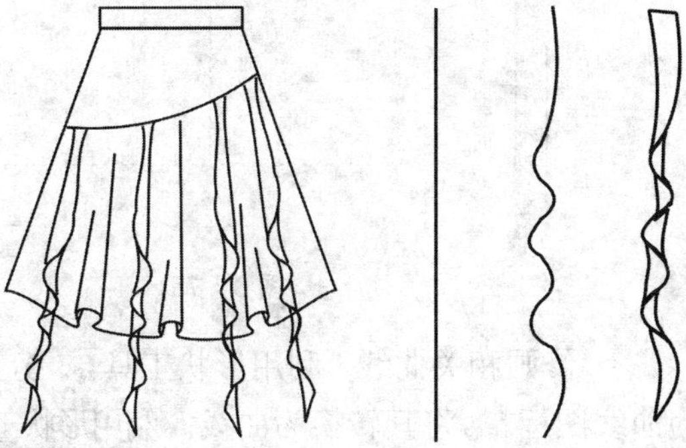

图 3-71

图 3-72

图 3-73

3.10 竖向分割西式裙款式设计

一、款式图

如图 3－74 所示。

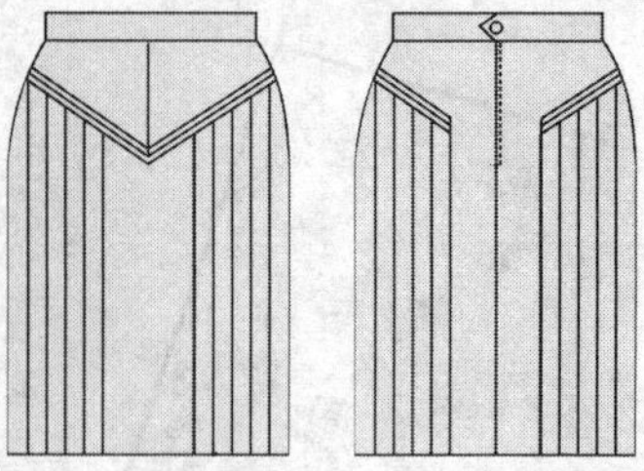

图 3－74

二、款式图绘制方法

1. 设置图纸、原点和辅助线：设置图纸为 A4 图纸，竖向摆放、绘图单位为 cm、绘图比例为 1∶5。利用挑选工具，鼠标按住横向标尺和竖向标尺的交叉点上，拖动鼠标，将原点设置在图纸左侧上部适当位置。参考图中数据，设置辅助线(图 3－75)。【注：设置辅助线有两种方法，其一是通过辅助线设置对话框，输入数据，逐条添加辅助线。其二是通过标尺，利用挑选工具，逐条拖出横向和竖向辅助线，放置在需要的位置。】

2. 绘制直线框图：利用矩形工具，在辅助线的标示范围，绘制裙腰矩形。利用手绘工具，在辅助线的标示范围绘制裙身直线框图(图 3－76)。

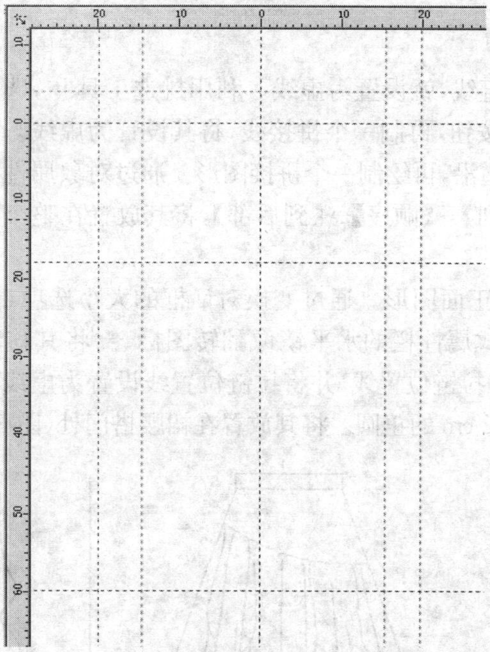

图 3－75

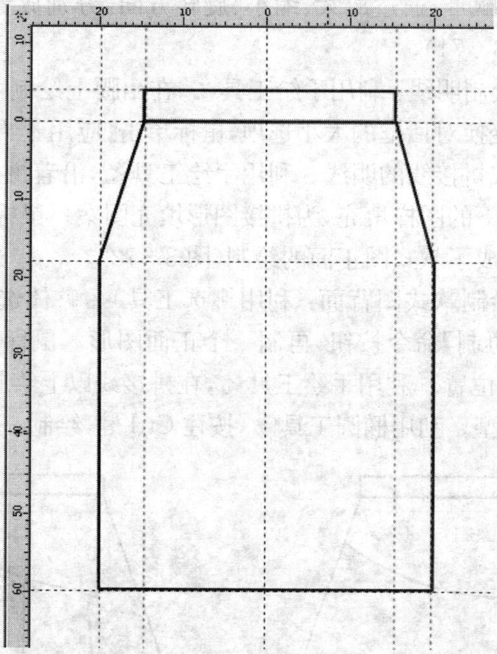

图 3－76

3. 修画相关曲线：利用形状工具，分别选中裙身直线框图上部的斜直线，单击交互式属性栏的转换直线为曲线图标，将其转换为曲线。利用形状工具，按在斜直线上，拖动鼠标，使其弯曲为流畅圆润曲线(图 3－77)。

4. 绘制侧片分割线：利用手绘工具，在裙身上部中间绘制一条竖向直线，绘制三条斜向直线。利用挑选工具，选中三条斜向直线，通过变换对话框的大小选项，再制一组斜直线。通过交互式属性栏的镜像工具，将其水平翻转，并将其水平移动到另一侧的相对位置(图 3－78)。

5. 绘制百褶线：利用手绘工具，在裙身侧部绘制 5 条竖向直线，利用挑选工具，选中 5 条竖向直线，通过变换对话框的大小选项，再制一组直线。通过交互式属性栏的镜像工具，将其水平翻转，并将其水平移动到另一侧的相对位置(图 3－79)。

6. 填充颜色：利用挑选工具，框选选中整体图形，单击程序界面调色盘的灰色图标，为图形填充灰色(图 3－80)。这样就完成了正面款式图的绘制。

7. 绘制裙子背面基本款式图

利用挑选工具，选中图 3－77。通过变换对话框的大小选项，单击【应用到再制】命令按钮，再制一个图形。将其移动到另外的图纸上(图 3－81)。

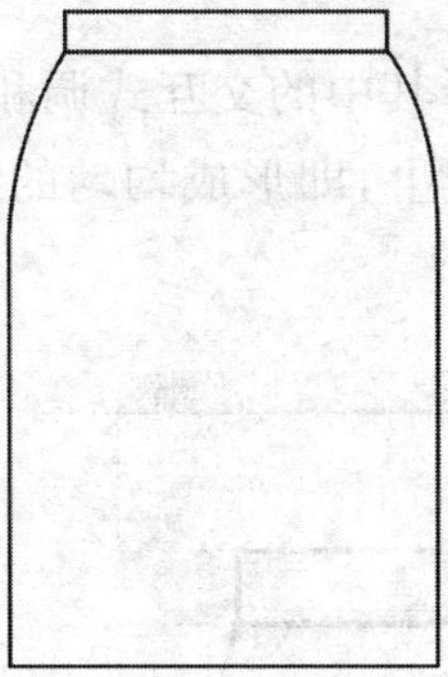
图 3－77

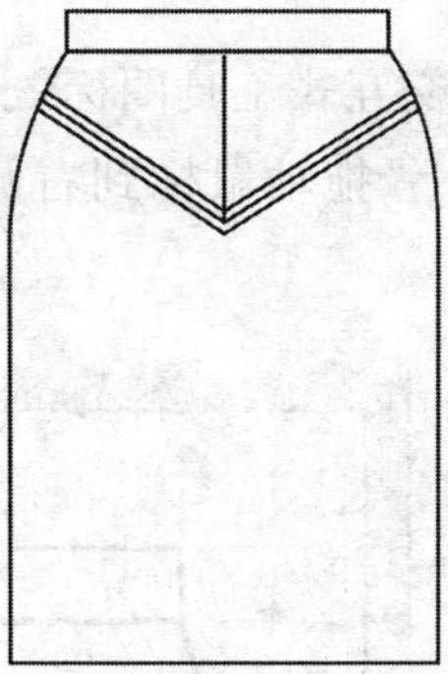
图 3－78

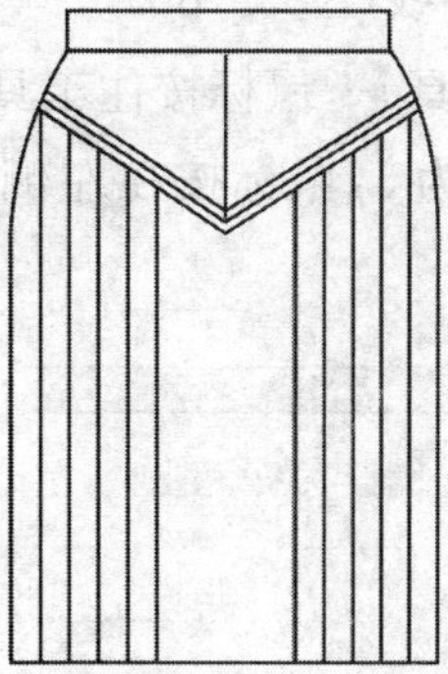
图 3－79

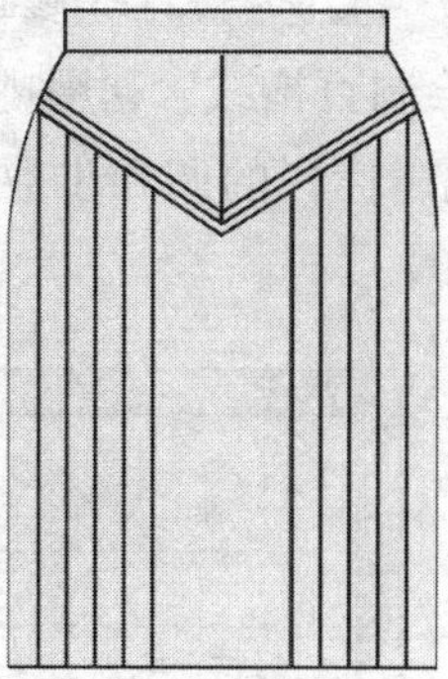
图 3－80

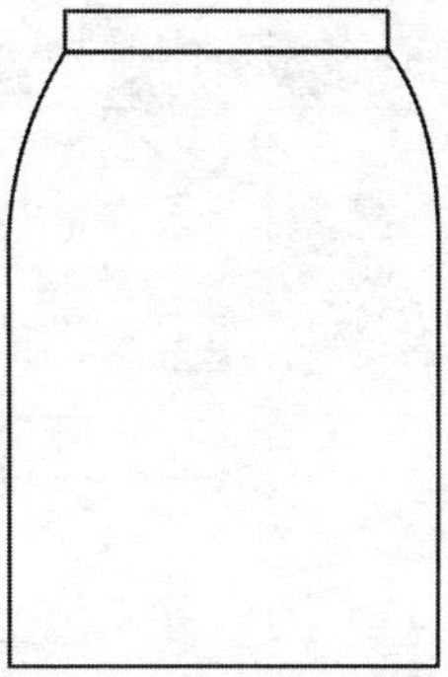
图 3－81

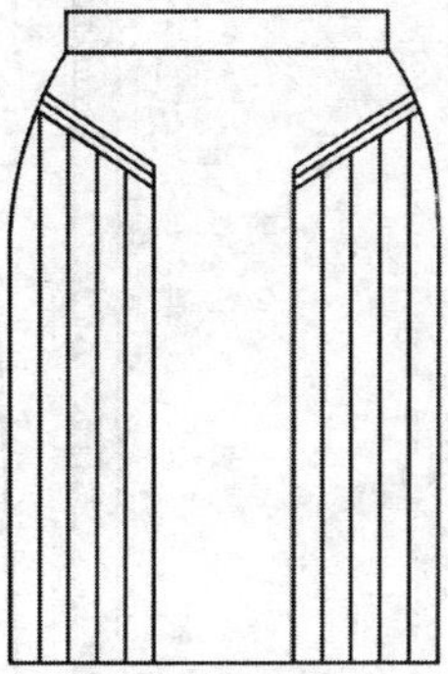
图 3－82

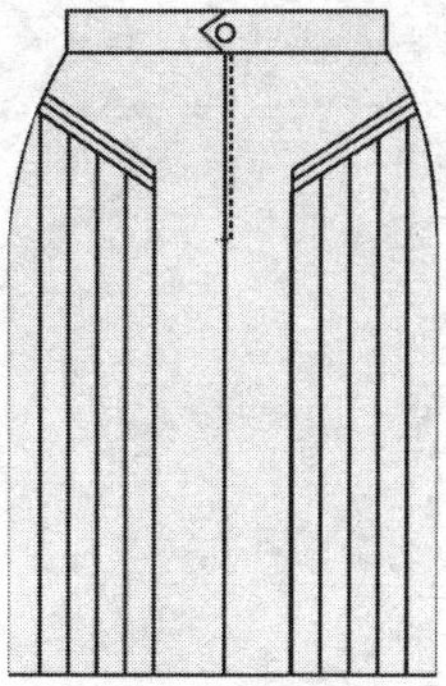
图 3－83

8. 参照 4、5 步的方法，绘制分割线（图 3－82）。

9. 绘制后中线、拉链和门襟、填充颜色

利用手绘工具，在裙身图形中间绘制一条竖向直线，作为后中线。

利用手绘工具，在后中线上部绘制一条长度为 20 cm 的竖向直线，并将其设置为虚线，作为拉链的位置。

利用手绘工具，在裙腰上绘制搭门形状。利用椭圆工具，在裙腰的中心线上绘制一个正圆，通过变换对话框的大小选项，设置其直径为 2 cm。

利用挑选工具，框选选中整体图形，单击程序界面调色盘的灰色图标，为图形填充灰色。这样就完成了背面款式图的绘制（图 3－83）。

3.11 百褶西式裙款式设计

一、款式图

如图 3－84 所示。

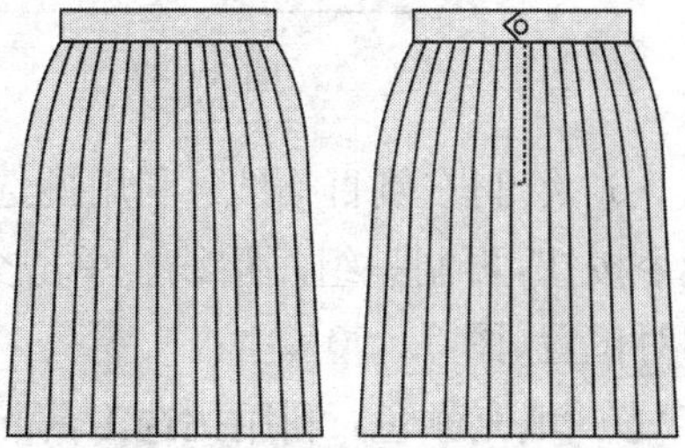
图 3－84

二、款式图绘制方法

1. 设置图纸、原点和辅助线：设置图纸为 A4 图纸，竖向摆放、绘图单位为 cm、绘图比例为 1∶5。利用挑选工具，鼠标按住横向标尺和竖向标尺的交叉点上，拖动鼠标，将原点设置在图纸左侧上部适当位置。参考图中数据，设置辅助线（图 3－85）。

2. 绘制直线框图：利用矩形工具，在辅助线的标示范围，绘制裙腰矩形。利用手绘工具，在辅助线的标示范围绘制裙身直线框图（图 3－86）。

3. 修画相关曲线：利用形状工具，分别选中裙身直线框图上部的斜直线，单击交互式属性栏的转换直线为曲线图标，将其转换为曲线。利用形状工具，按在斜直线上，拖动鼠标，使其弯曲为流畅圆润曲线（图 3－87）。

4. 绘制百褶基础线：利用手绘工具，在裙身中间绘制一条竖向直线，在侧缝线附近绘制一条斜直线。利用形状工具，将斜直线修画为曲线(图 3 - 88)。

5. 绘制百褶线：利用挑选工具，鼠标按住工具箱的交互式工具图标，选择其中的交互式调和工具，将交互式属性栏的调和步数调整为 5，鼠标按在左侧曲线上，拖动鼠标到右侧直线上，即形成均匀的线型变化(图 3 - 89)。

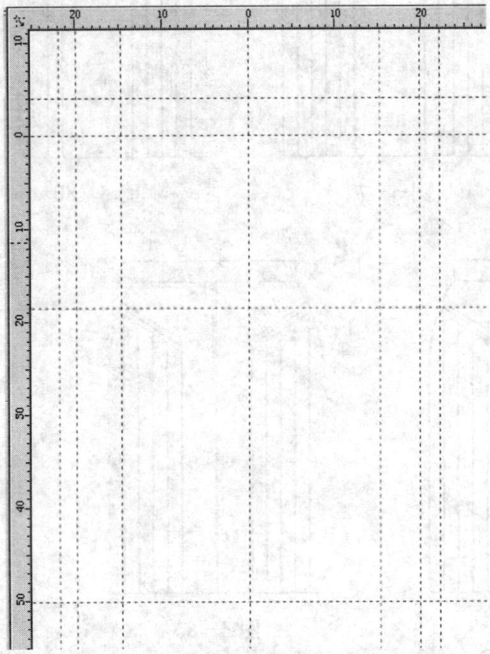

图 3 - 85

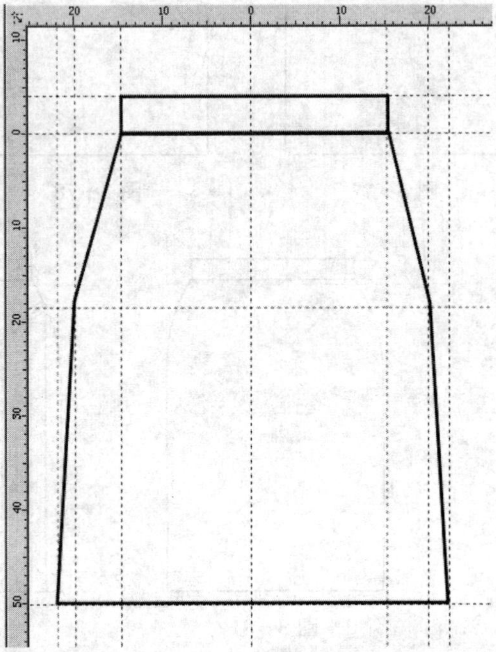

图 3 - 86

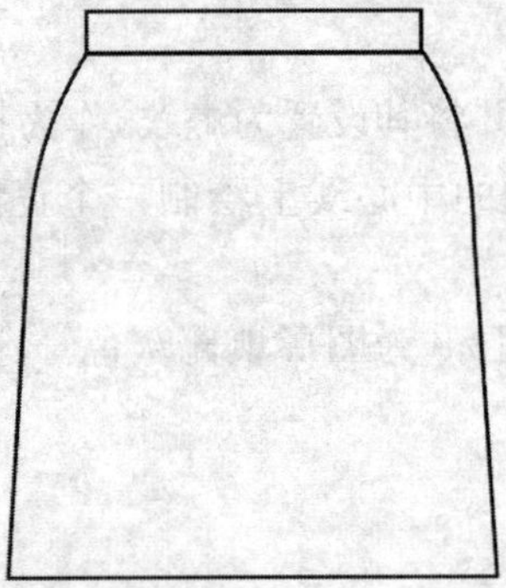

图 3 - 87

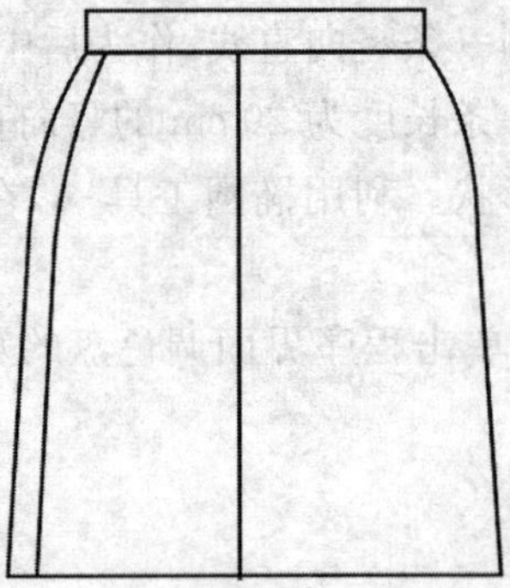

图 3 - 88

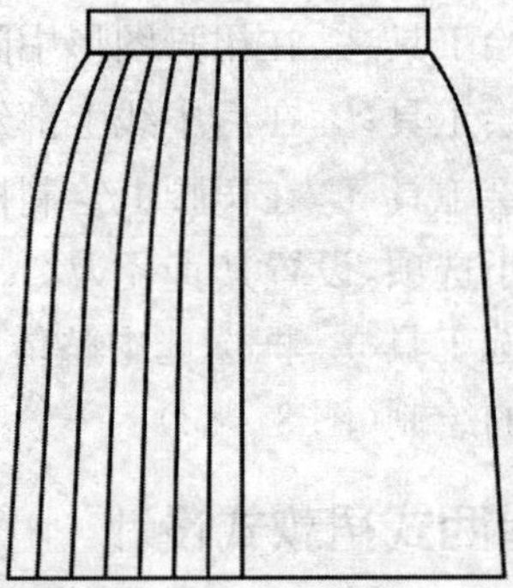

图 3 - 89

6. 绘制右侧百褶线：利用挑选工具，选择左侧百褶线。通过变换对话框的大小选项，单击【应用到再制】命令按钮，再制一组百褶线。单击交互式属性栏的水平翻转图标，将其翻转。利用挑选工具将其移动到右侧相对位置(图 3 - 90)。

7. 填充颜色：利用挑选工具，框选选中整体图形，单击程序界面调色盘的灰色图标，为图形填充灰色(图 3 - 91)，这样就完成了正面款式图的绘制。

8. 绘制裙子背面基本款式图

利用挑选工具，选中图 3 - 91。通过变换对话框的大小选项，单击【应用到再制】命令按钮，再制一个图形。将其移动到另外的图纸上。

利用手绘工具，在后中线上部绘制一条长度为 20 cm 的竖向直线连曲线，并将其设置为虚线，作为门襟的位置。

利用手绘工具，在裙腰上绘制搭门形状。利用椭圆工具，在裙腰的中心线上绘制一个正圆，通过变换对话框的大小选项，设置其直径为 2 cm。

利用挑选工具，框选选中整体图形，单击程序界面调色盘的灰色图标，为图形填充灰色，这样就完成了背面款式图的绘制(图 3 - 92)。

图 3 - 90

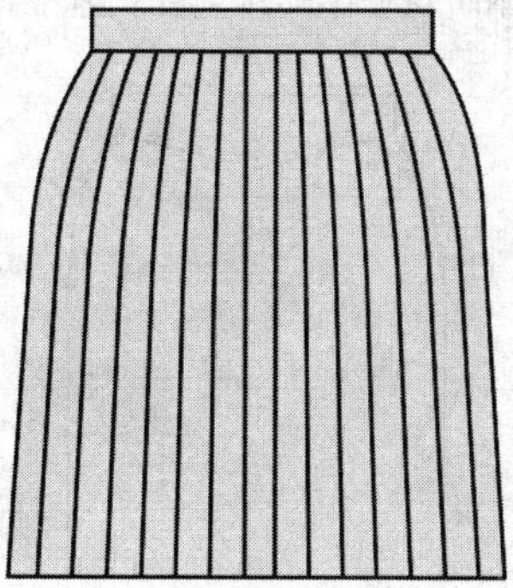

图 3 - 91

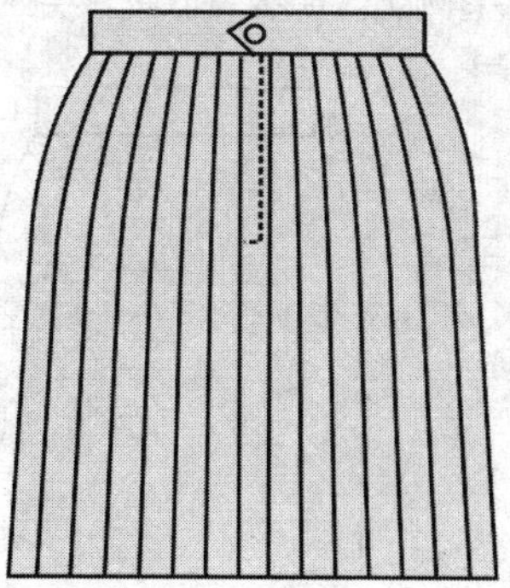

图 3 - 92

3.12 曲线分割西式裙款式设计

一、款式图

如图 3 - 93 所示。

二、款式图绘制方法

1. 设置图纸、原点和辅助线：设置图纸为 A4 图纸，竖向摆放、绘图单位为 cm、绘图比例为 1∶5。利用挑选工具，鼠标按住横向标尺和竖向标尺的交叉点上，拖动鼠标，将原点设置在图纸左侧上部适当位置。参考图中数据，设置辅助线(图 3 - 94)。

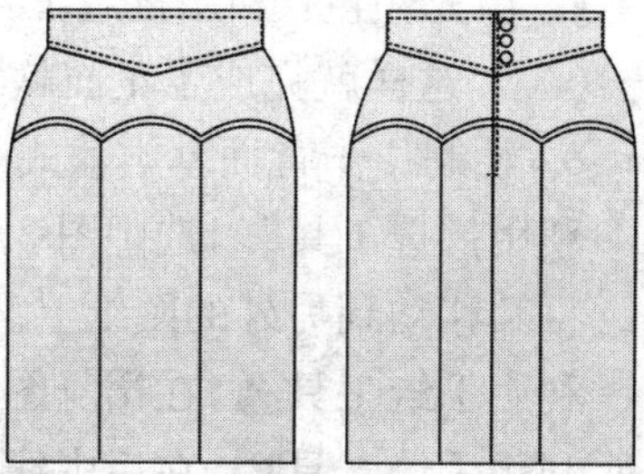

图 3 - 93

2. 绘制直线框图：利用矩形工具，在辅助线的标示范围，绘制裙腰矩形，并将其转换为曲线图形。利用手绘工具，在辅助线的标示范围绘制裙身直线框图(图 3 - 95)。

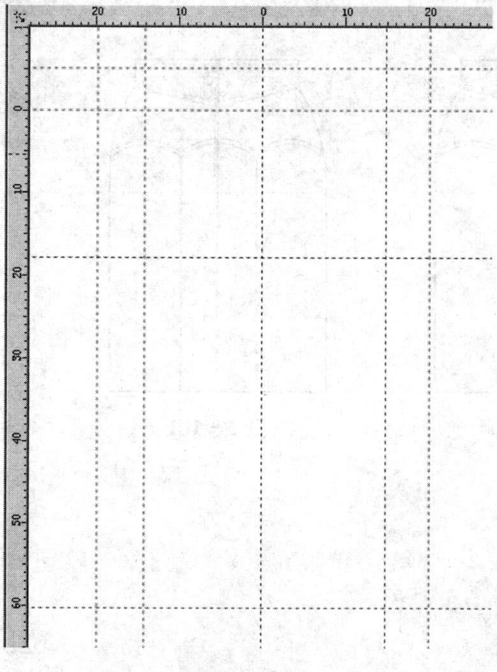

图 3 - 94

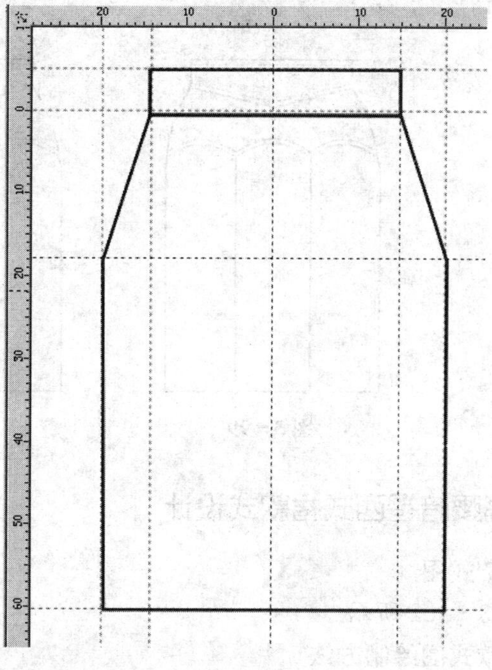

图 3 - 95

3. 修画相关曲线：利用形状工具，分别选中裙身直线框图上部的斜直线，单击交互式属性栏的转换直线为曲线图标，将其转换为曲线。利用形状工具，按在斜直线上，拖动鼠标，使其弯曲为流畅圆润曲线(图 3－96)。

4. 绘制修画裙腰：利用形状工具，在裙腰矩形下边中间位置，双击鼠标，增加一个节点。将节点垂直向下移动 3 cm，形成宽腰造型。利用手绘工具，绘制裙腰上下边的平行线，并将其设置为虚线(图 3－97)。

5. 绘制左侧分割线：利用手绘工具和形状工具，绘制左侧分割线(图 3－98)。

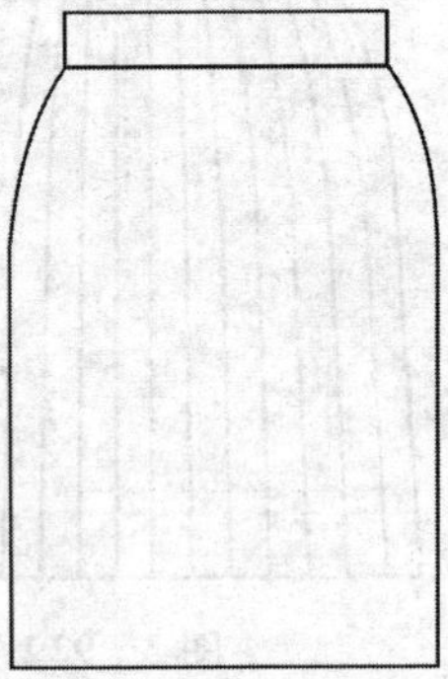

图 3－96

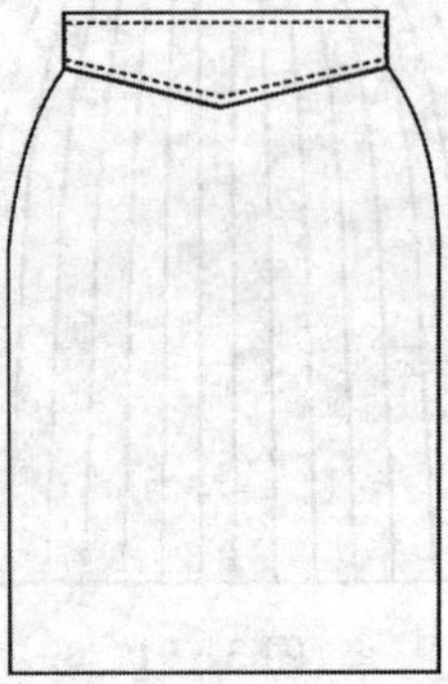

图 3－97

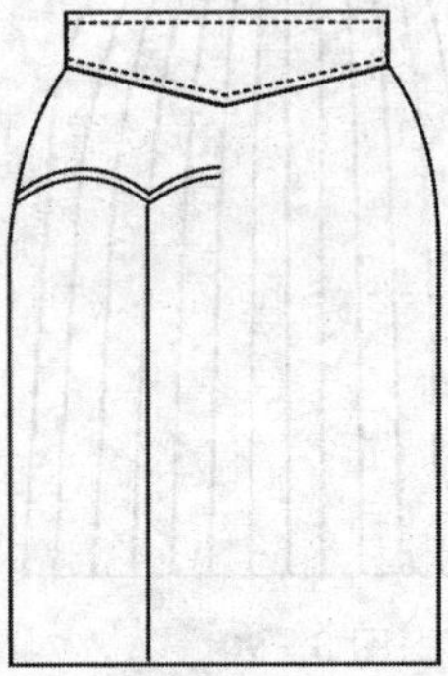

图 3－98

6. 绘制右侧分割线：利用挑选工具，选择左侧分割线。通过变换对话框的大小选项，单击【应用到再制】命令按钮，再制一组分割线。单击交互式属性栏的水平翻转图标，将其翻转。利用挑选工具将其移动到右侧相对位置(图 3－99)。

7. 填充颜色：利用挑选工具，框选选中整体图形，单击程序界面调色盘的灰色图标，为图形填充灰色(图 3－100)。这样就完成了正面款式图的绘制。

8. 绘制裙子背面基本款式图

利用挑选工具，选中图 3－101。通过变换对话框的大小选项，单击【应用到再制】命令按钮，再制一个图形。将其移动到另外的图纸上。

利用手绘工具，在裙身图形中间绘制一条竖向直线，作为后中线。

利用手绘工具，在后中线上部绘制一条长度为 20 cm 的竖向直线，并将其设置为虚线，作为拉链的位置。

利用椭圆工具，在裙腰的中心线右侧绘制 3 个正圆，通过变换对话框的大小选项，设置其直径为 1.0 cm (图 3－101)。

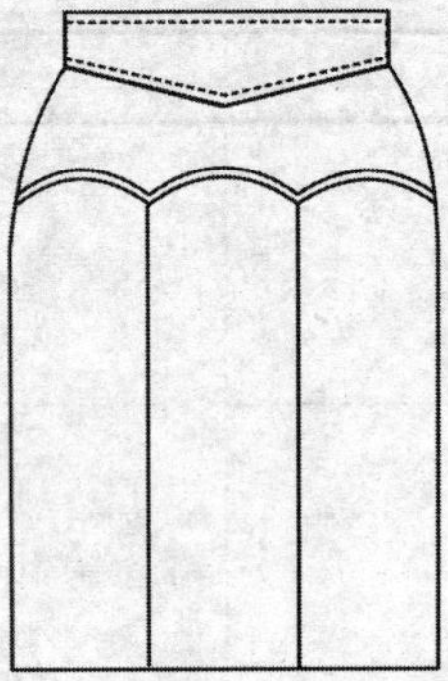

图 3－99

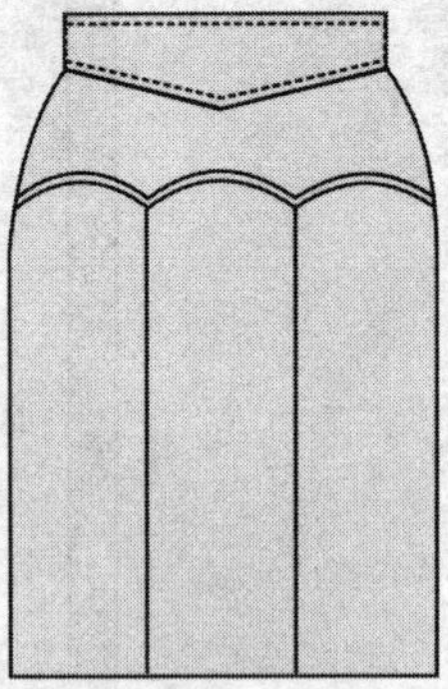

图 3－100

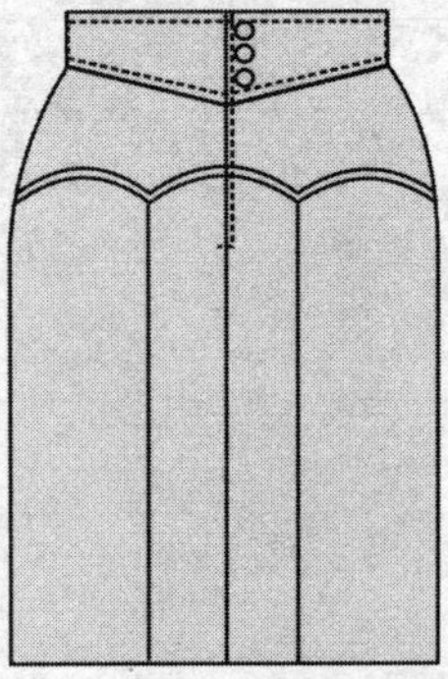

图 3－101

3.13 高腰暗褶西式裙款式设计

一、款式图

如图 3－102 所示。

二、款式图绘制方法

1. 设置图纸、原点和辅助线：设置图纸为 A4 图纸，竖向摆放、绘图单位为 cm、绘图比例为 1∶5。利用挑选工具，鼠标按住横向标尺和竖向标尺的交叉点上，拖动鼠标，将原点设置在图纸左侧上部适当位置。参考图中数据，设置辅助线(图 3－103)。

2. 绘制直线框图：利用矩形工具，在辅助线的标示范围，绘制裙腰矩形，并将其转换为曲线图形。利用手绘工具，在辅助线的标示范围绘制上下两部分裙身直线框图(图 3－104)。

3. 修画相关曲线：利用形状工具，分别选中裙身直线框图的斜直线、中间分割线和下摆线，单击交互式属性栏的转换直线为曲线图标，将其转换为曲线。利用形状工具，按在斜直线上，拖动鼠标，使其弯曲为流畅圆润的曲线(图 3－105)。

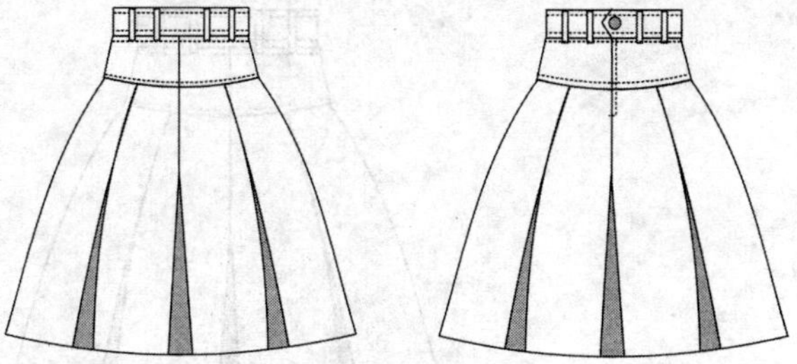

图 3－102

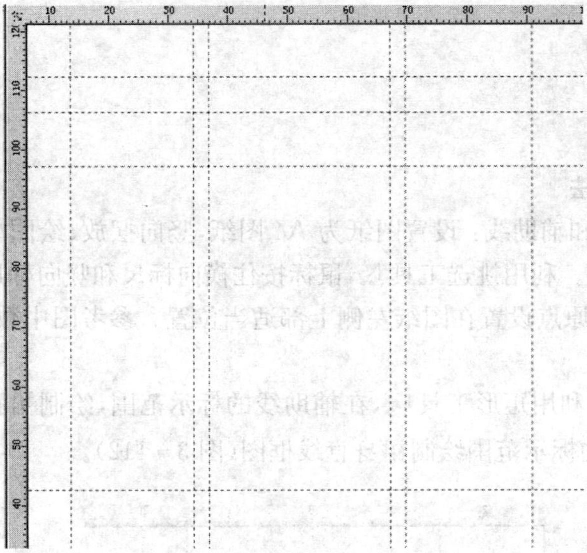

图 3－103

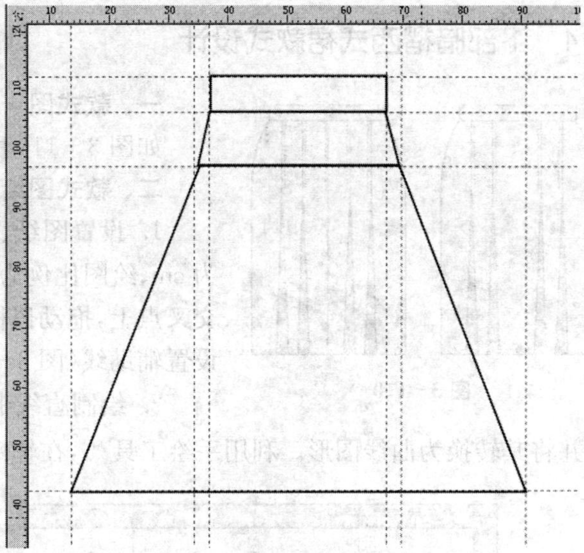

图 3－104

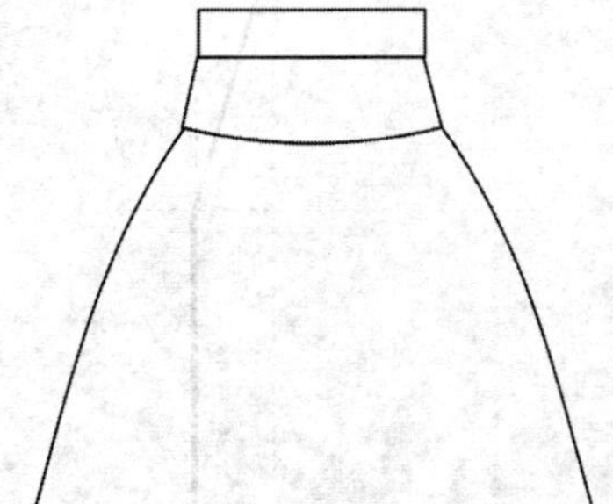

图 3－105

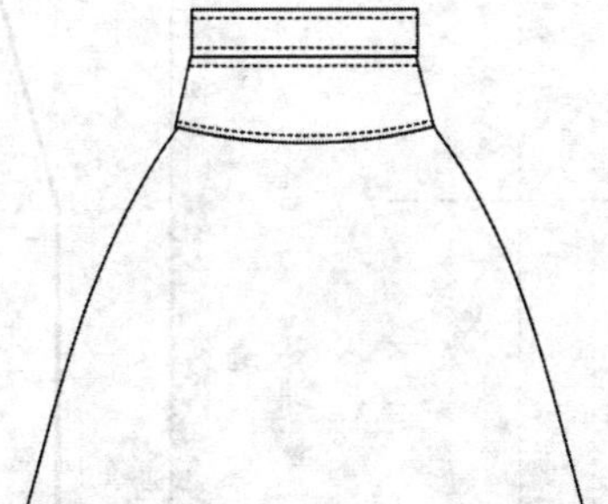

图 3－106

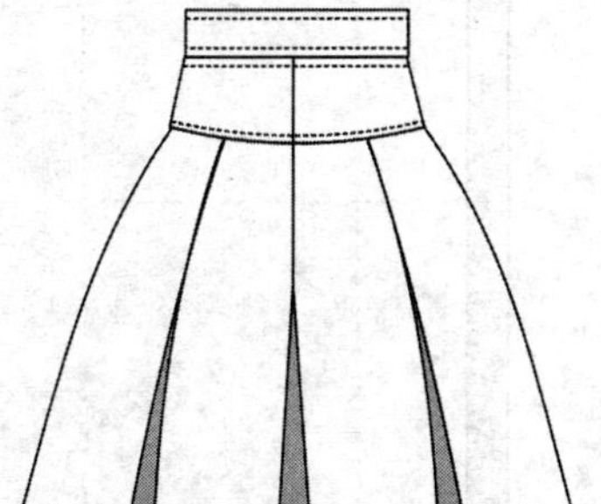

图 3－107

4. 绘制虚线明线：利用手绘工具和形状工具，分别绘制裙腰虚线明线和分割部分的虚线明线(图 3－106)。

5. 绘制褶裥线：利用手绘工具和形状工具，分别绘制三组褶裥线，并分别形成封闭图形。通过程序界面的调色盘，为其填充灰色(图 3－107)。

6. 绘制腰袢：利用矩形工具，绘制 4 个竖向矩形，分别放置在适当位置(图 3－108)。

7. 利用手绘工具，绘制门襟和搭门。在后中线上部绘制一条长度为 20 cm 的竖向直线，并将其设置为虚线，作为拉链的位置。

利用椭圆工具，在裙腰的中心线右侧绘制一个正圆，通过变换对话框的大小选项，设置其直径为 12 cm (图 3－109)。

图 3－108

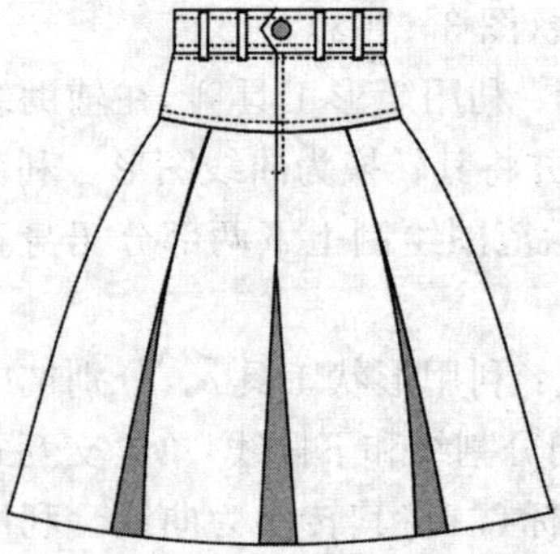

图 3－109

3.14 下部暗褶西式裙款式设计

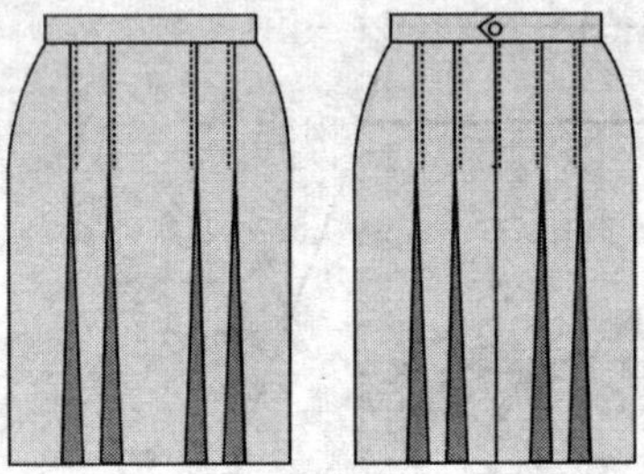

图 3－110

一、款式图

如图 3－110 所示。

二、款式图绘制方法

1. 设置图纸、原点和辅助线：设置图纸为 A4 图纸，竖向摆放、绘图单位为 cm、绘图比例为 1∶5。利用挑选工具，鼠标按住横向标尺和竖向标尺的交叉点上，拖动鼠标，将原点设置在图纸左侧上部适当位置。参考图中数据，设置辅助线(图 3－111)。

2. 绘制直线框图：利用矩形工具，在辅助线的标示范围，绘制裙腰矩形，并将其转换为曲线图形。利用手绘工具，在辅助线的标示范围绘制裙身直线框图(图 3－112)。

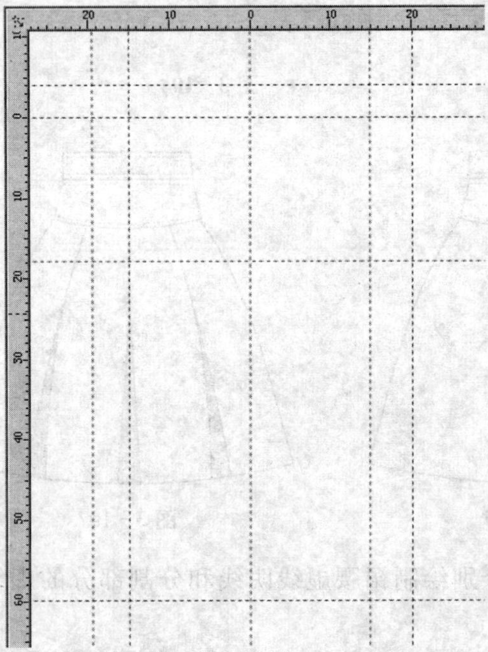

图 3－111

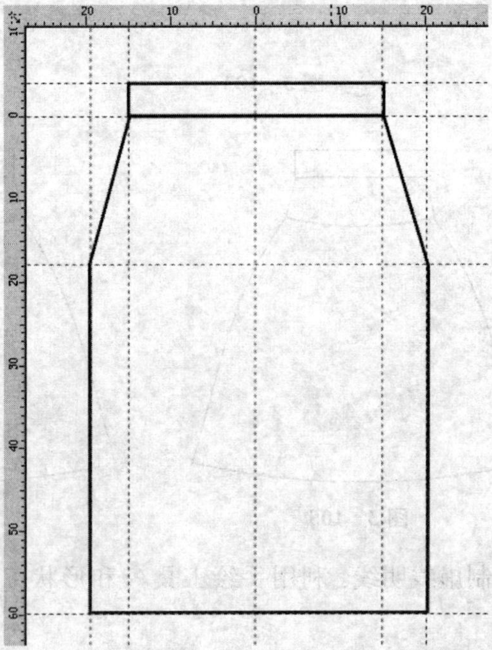

图 3－112

3. 修画相关曲线：利用形状工具，分别选中裙身直线框图上部的斜直线，单击交互式属性栏的转换直线为曲线图标，将其转换为曲线。利用形状工具，按在斜直线上，拖动鼠标，使其弯曲为流畅圆润曲线(图 3－113)。

4. 绘制左侧褶裥线：利用手绘工具和形状工具，分别绘制两组褶裥线，并分别形成封闭图形。通过程序界面的调色盘，为其填充灰色(图 3－114)。

5. 绘制右侧分割线：利用挑选工具，选中左侧分割线。通过变换对话框的大小选项，单击【应用到再制】命令按钮，再制一组分割线。单击交互式属性栏的水平翻转图标，将其翻转。利用挑选工具将其移动到右侧相对位置(图 3－115)。

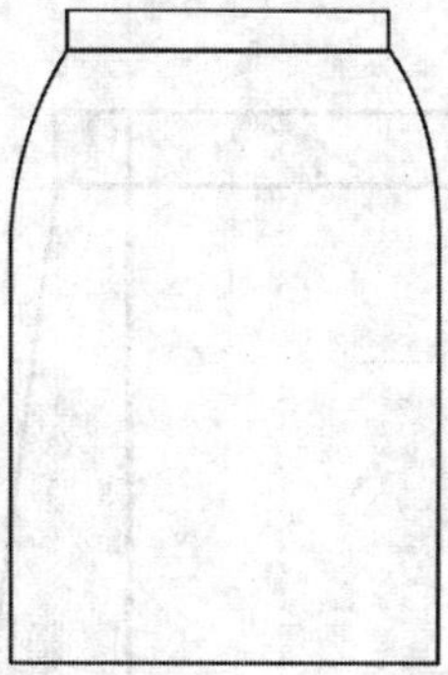
图 3－113

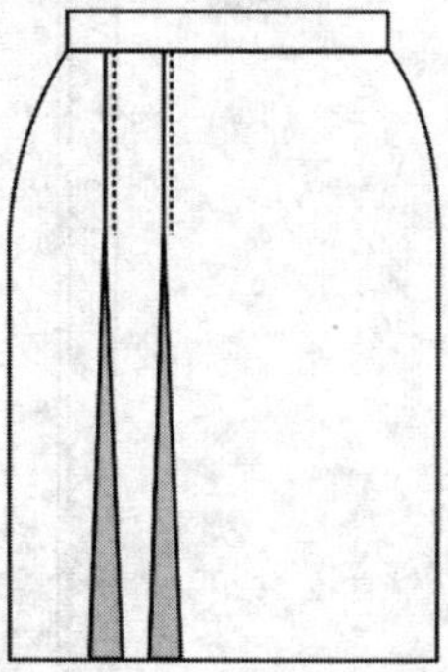
图 3－114

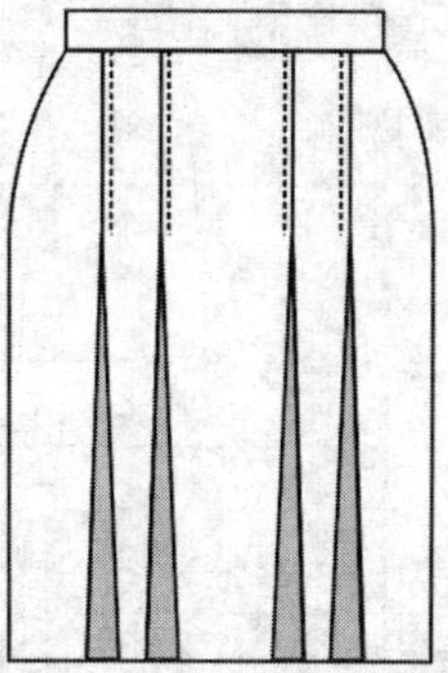
图 3－115

6. 填充颜色：利用挑选工具，框选选中整体图形，单击程序界面调色盘的灰色图标，为图形填充灰色(图 3－116)。这样就完成了正面款式图的绘制。

8. 绘制裙子背面基本款式图

利用挑选工具，选中图 3－116。通过变换对话框的大小选项，单击【应用到再制】命令按钮，再制一个图形。将其移动到另外的图纸上。

利用手绘工具，在裙身图形中间绘制一条竖向直线，作为后中线，并绘制搭门形状。

利用手绘工具，在后中线上部绘制一条长度为 20 cm 的竖向直线，并将其设置为虚线，作为拉链的位置。

利用椭圆工具，在裙腰的中心线右侧绘制一个正圆，通过变换对话框的大小选项，设置其直径为 2 cm(图 3－117)。

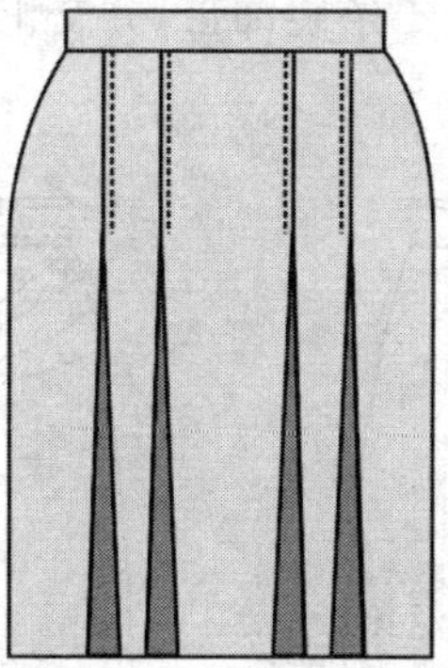
图 3－116

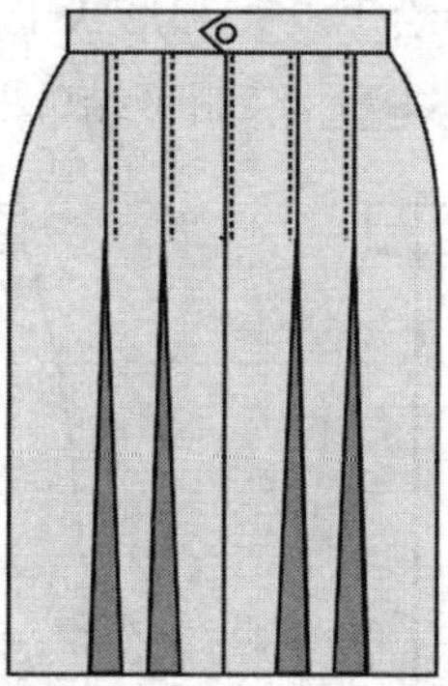
图 3－117

3.15 不对称西式裙款式设计

一、款式图

如图 3－118 所示。

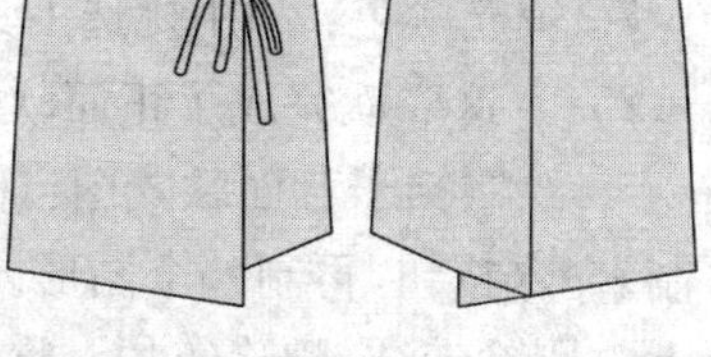
图 3－118

二、款式图绘制方法

1. 设置图纸、原点和辅助线：设置图纸为 A4 图纸，竖向摆放、绘图单位为 cm、绘图比例为 1∶5。利用挑选工具，鼠标按住横向标尺和竖向标尺的交叉点上，拖动鼠标，将原点设置在图纸左侧上部适当位置。参考图中数据，设置辅助线(图 3－119)。

2. 绘制直线框图：利用矩形工具，在辅助线的标示范围，绘制裙腰矩形，并将其转换为曲线图形。利用手绘工具，在辅助线的标示范围绘制裙身直线框图(图 3－120)。

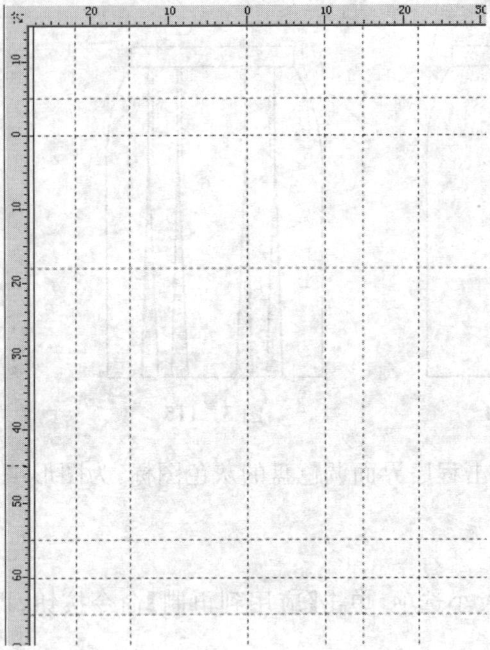

图 3－119

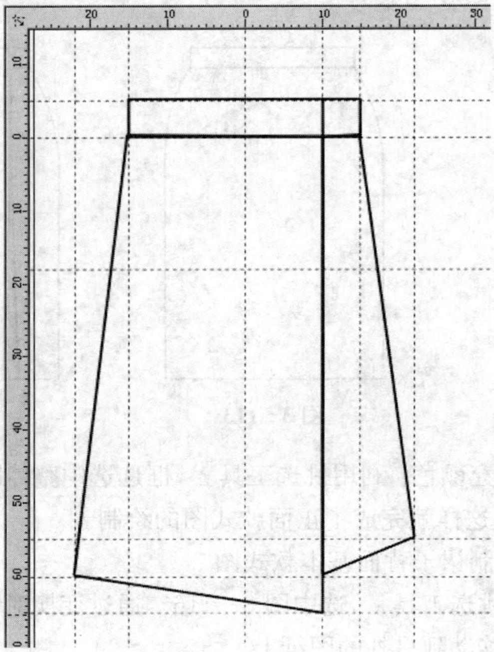

图 3－120

3. 修画相关曲线：利用形状工具，分别选中裙身直线框图的相关直线，单击交互式属性栏的转换直线为曲线图标，将其转换为曲线。利用形状工具，按在斜直线上，拖动鼠标，使其弯曲为流畅圆润的曲线(图 3－121)。

4. 绘制裙腰虚线明线：利用手绘工具，在曲线内部，绘制裙腰上下边的平行线。通过交互式属性栏的线型工具，将其设置为虚线。利用椭圆工具，绘制纽扣(图 3－122)。

5. 绘制装饰带结：利用手绘工具和形状工具，绘制 4 条装饰带，并交汇在开口线附近。利用艺术笔工具 100 0.381 cm ，绘制带结(图 3－123)。

图 3－121

图 3－122

图 3－123

6. 绘制裙省：利用手绘工具绘制三条竖向裙省(图 3－124)。

7. 填充颜色：利用挑选工具，框选选中整体图形，单击程序界面调色盘的灰色图标，为图形填充灰色(图 3－125)。这样就完成了正面款式图的绘制。

8. 绘制裙子背面款式图：利用挑选工具，整体选中裙子图形，通过变换对话框的大小选项，单击【应用到再制】命令按钮，再制一个图形。通过交互式属性栏的水平翻转工具，将其水平翻转。并将其移动到另一张图纸上。删除带结，删除纽扣。将开口线移动到中间位置，增加一条裙省(图 3－126)，即完成了裙子背面款式图的绘制。

图 3 - 124

图 3 - 125

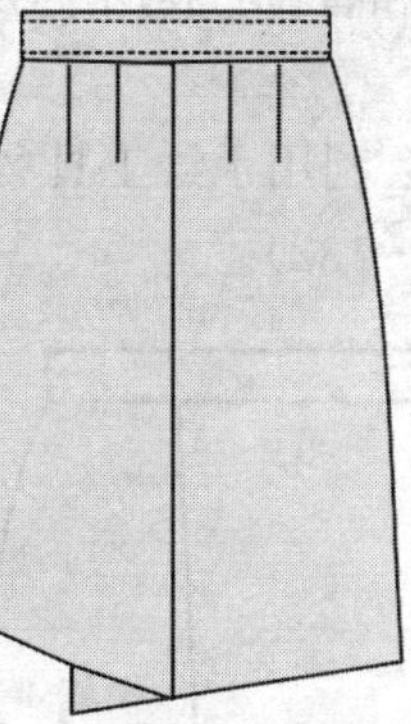
图 3 - 126

3.16 花边西式裙款式设计

一、款式图

如图 3 - 127 所示。

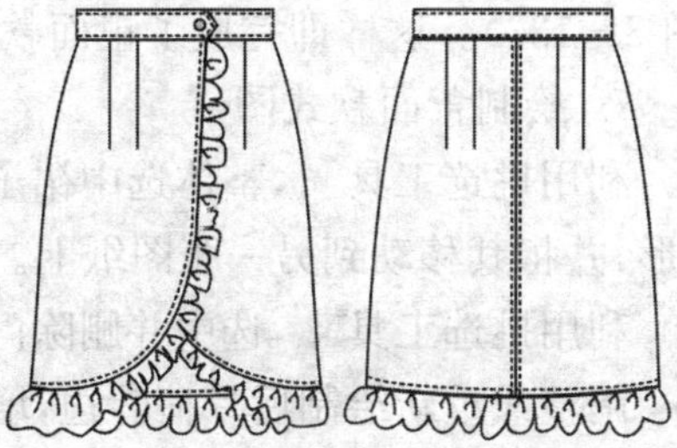
图 3 - 127

二、款式图绘制方法

1. 设置图纸、原点和辅助线：设置图纸为 A4 图纸，竖向摆放、绘图单位为 cm、绘图比例为 1∶5。利用挑选工具，鼠标按住横向标尺和竖向标尺的交叉点上，拖动鼠标，将原点设置在图纸左侧上部适当位置。参考图中数据，设置辅助线(图 3 - 128)。

2. 绘制直线框图：利用矩形工具，在辅助线的标示范围，绘制裙腰矩形，并将其转换为曲线图形。利用手绘工具，在辅助线的标示范围绘制裙身直线框图(图 3 - 129)。

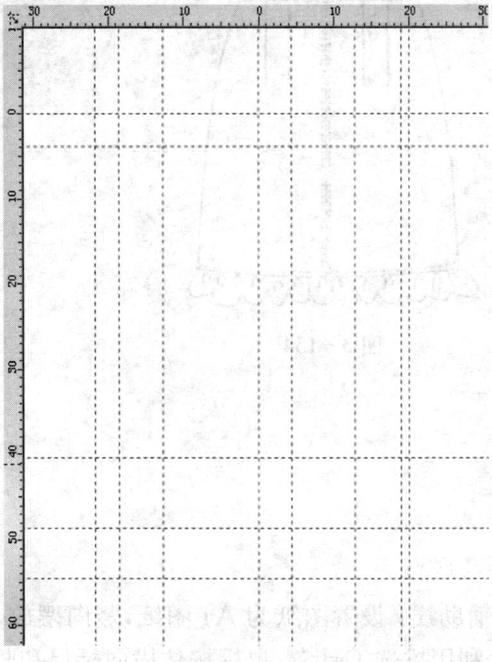
图 3 - 128

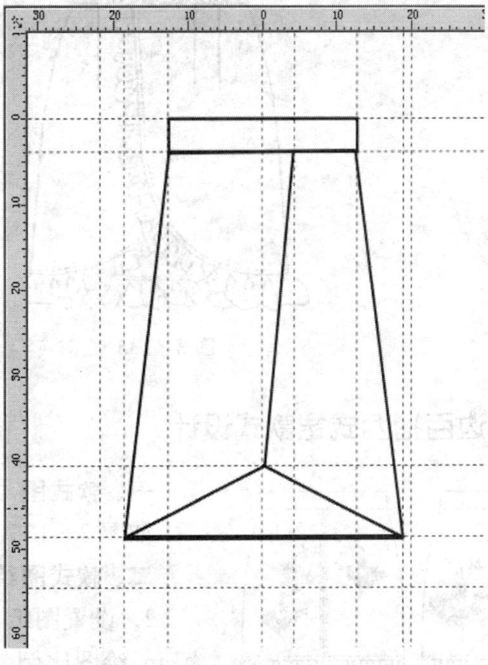
图 3 - 129

3. 修画相关曲线：利用形状工具，分别选中裙身直线框图的相关直线，单击交互式属性栏的转换直线为曲线图标，将其转换为曲线。利用形状工具，按在斜直线上，拖动鼠标，使其弯曲为流畅圆润的曲线(图 3 - 130)。

4. 绘制搭门和省位：利用手绘工具，绘制搭门形状，绘制三条省位线。利用椭圆工具，绘制搭门扣子(图 3 - 131)。

5. 绘制明线：利用手绘工具和形状工具，通过交互式属性栏的线型选项，绘制裙腰、搭门、门襟和底边的虚线明线(图 3 - 132)。

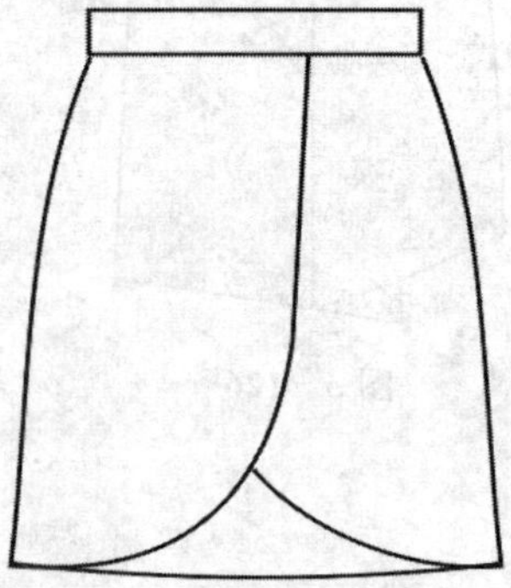

图 3 - 130

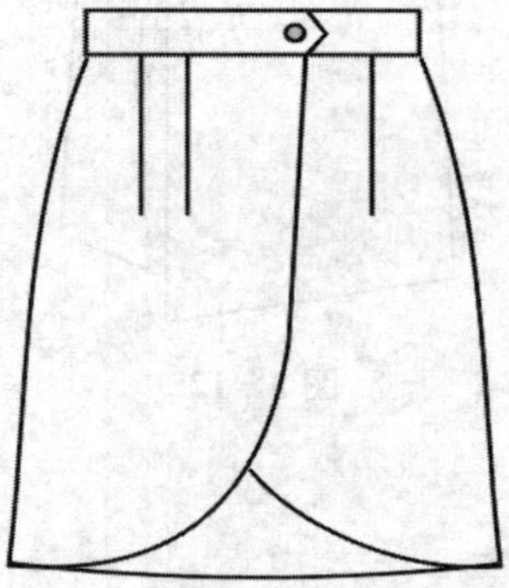

图 3 - 131

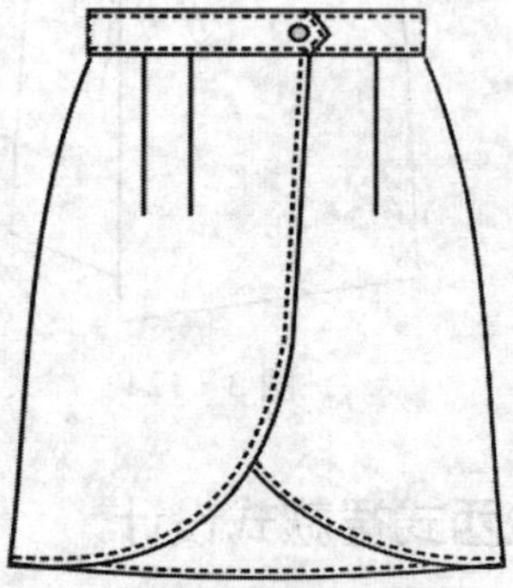

图 3 - 132

6. 绘制荷叶边：参照常用部件中的荷叶边自由绘制方法，绘制荷叶边及其皱褶线，并使其形成封闭图形(图 3 - 133)。这样即完成了正面款式图的绘制。

7. 绘制背面款式图

利用挑选工具，整体选中裙子图形，通过变换对话框的大小选项，单击【应用到再制】命令按钮，再制一个图形，并将其移动到另一张图纸上。

利用挑选工具，选中并删除门襟、搭门、扣子和前片荷叶边。

调整或重新绘制后片荷叶边，增加一条裙省，绘制后中线及其明线(图 3 - 134)，即完成了裙子背面款式图的绘制。

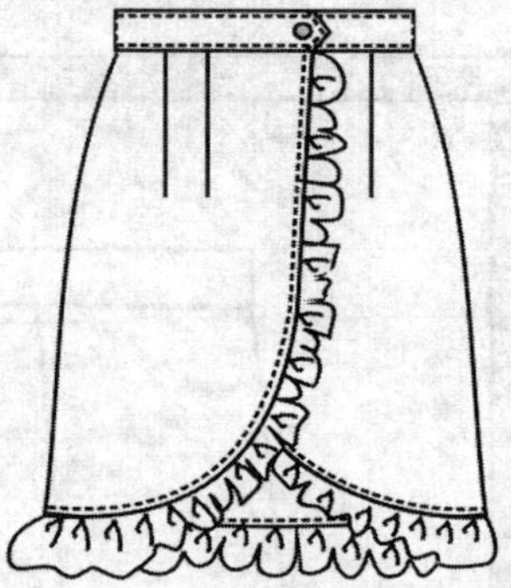

图 3 - 133

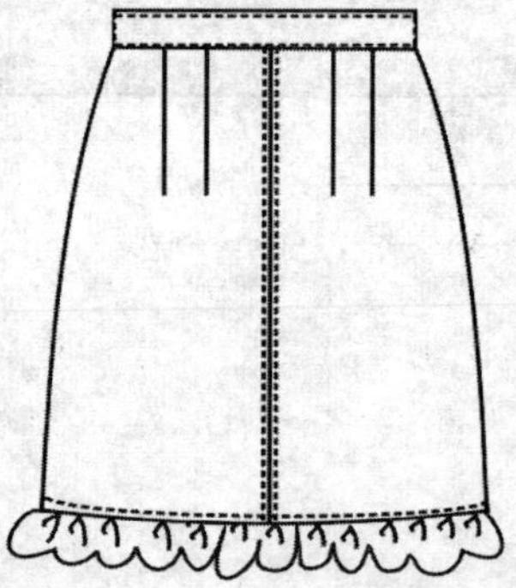

图 3 - 134

3.17 底边百褶西式裙款式设计

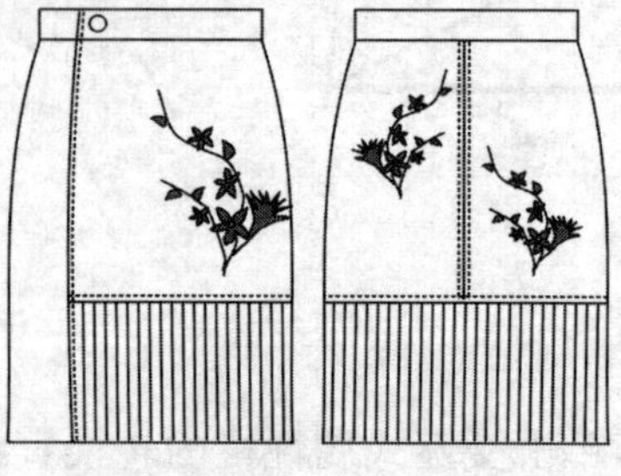

图 3 - 135

一、款式图

如图 3 - 135 所示。

二、款式图绘制方法

1. 设置图纸、原点和辅助线：设置图纸为 A4 图纸，竖向摆放、绘图单位为 cm、绘图比例为 1∶5。利用挑选工具，鼠标按住横向标尺和竖向标尺的交叉点上，拖动鼠标，将原点设置在图纸左侧上部适当位置。参考图中数据，设置辅助线(图 3 - 136)。

2. 绘制直线框图：利用矩形工具，在辅助线的标示范围，绘制裙腰矩形，并将其转换为曲线图形。利用手绘工具，在辅助线的标示范围绘制裙身直线框图(图 3 - 137)。

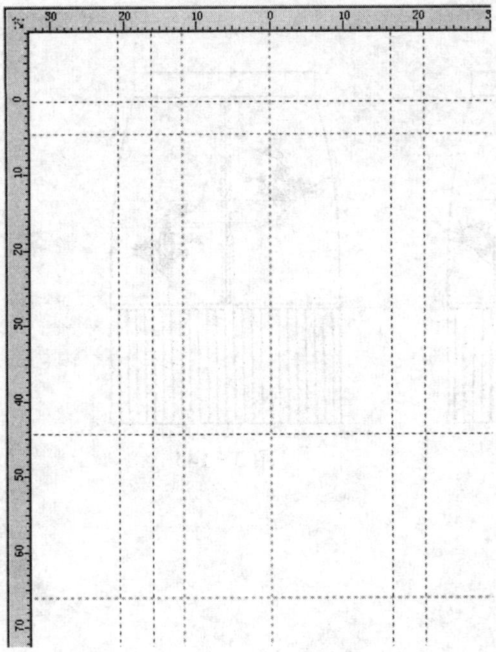

图 3-136

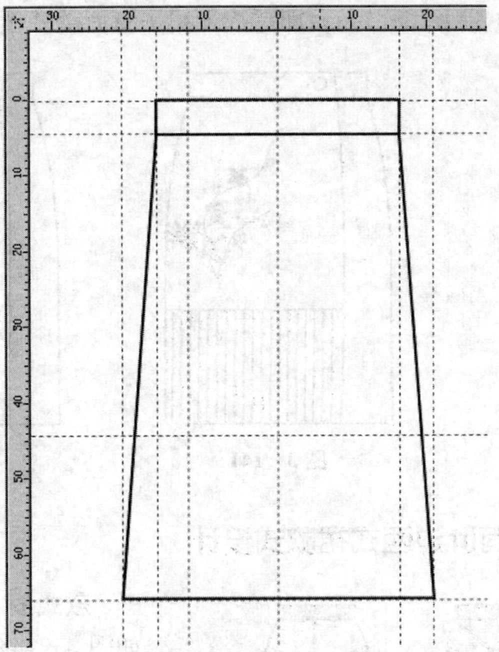

图 3-137

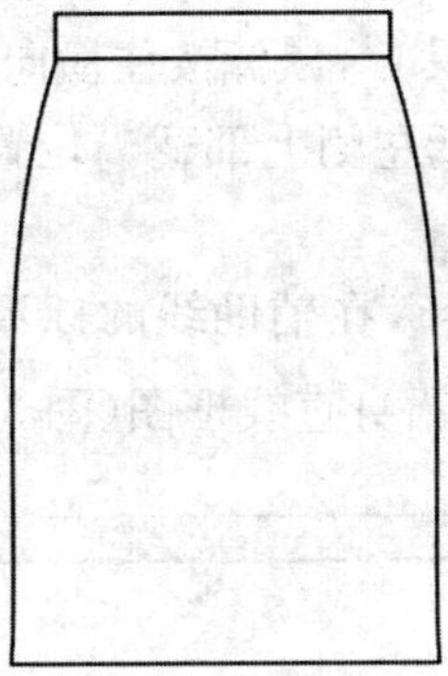

图 3-138

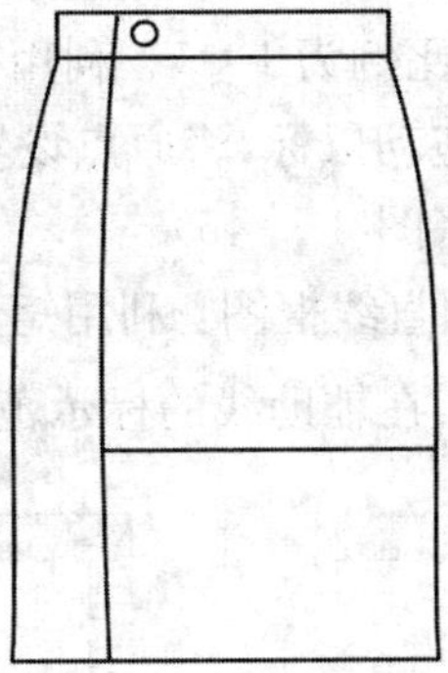

图 3-139

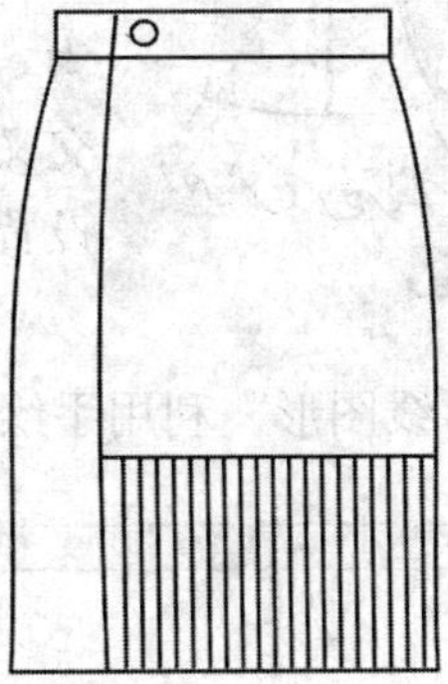

图 3-140

3. 修画相关曲线：利用形状工具，分别选中裙身直线框图的相关直线，单击交互式属性栏的转换直线为曲线图标，将其转换为曲线。利用形状工具，按在斜直线上，拖动鼠标，使其弯曲为流畅圆润的曲线(图 3-138)。

4. 绘制门襟和分割线：利用手绘工具和形状工具，绘制门襟和横向分割线。利用椭圆工具，绘制搭门扣子(图 3-139)。

5. 绘制竖向条子图样：利用手绘工具，在分割图形内，绘制左右两条同方向的竖向直线。利用交互式调和工具，通过调整调和步数，绘制竖向条子图样(图 3-140)。

6. 绘制图案：利用手绘工具和形状工具，分别绘制花枝、花叶和花朵，形成一个完整的花型图案。通过调整大小、方向，并将其放置在适当的位置(图 3-141)。

7. 绘制明线：利用手绘工具和形状工具，通过交互式属性栏的线型选项，绘制如图所示的虚线明线(图 3-142)。这样即完成了正面款式图的绘制。

8. 绘制背面款式图

利用挑选工具，整体选中裙子图形，通过变换对话框的大小选项，单击【应用到再制】命令按钮，再制一个图形，并将其移动到另一张图纸上。

利用挑选工具，选中并删除门襟、搭门、扣子。

调整或重新绘制后片竖向条子图样，绘制后中线及其明线。再制一个花型图案，将其水平翻转，并放置在适当的位置(图 3－143)，即完成了裙子背面款式图的绘制。

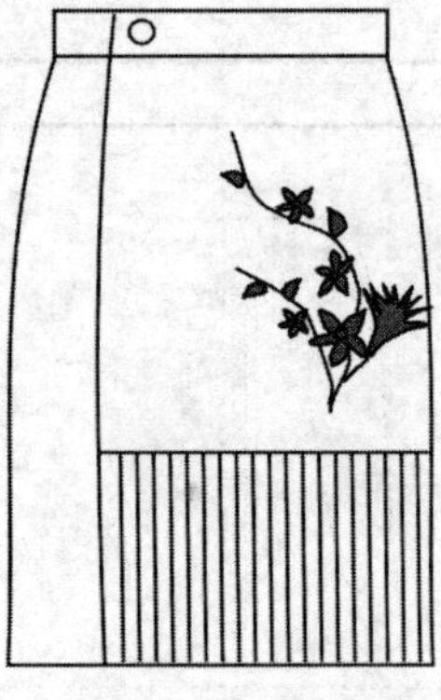

图 3－141

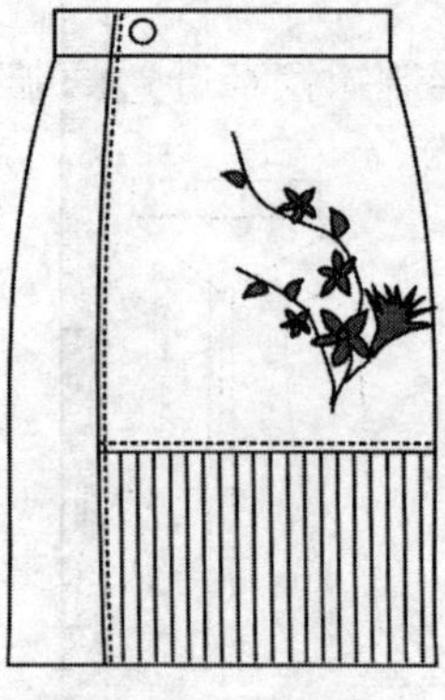

图 3－142

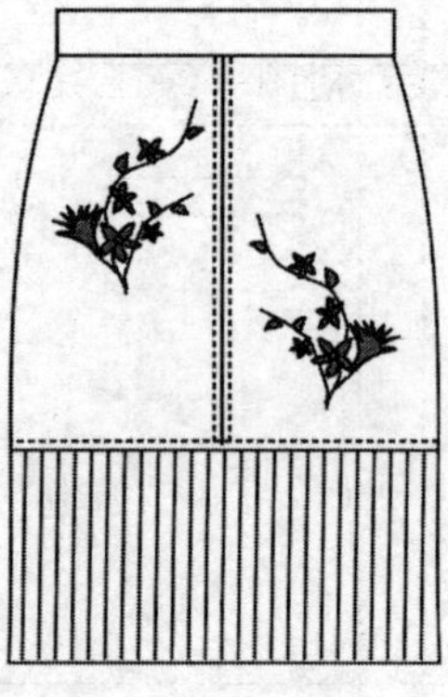

图 3－143

3.18 荷叶边西式裙款式设计

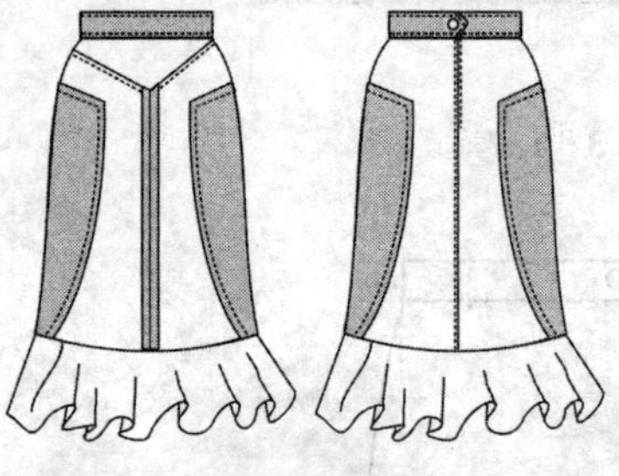

图 3－144

一、款式图

如图 3－144 所示。

二、款式图绘制方法

1. 设置图纸、原点和辅助线：设置图纸为 A4 图纸，竖向摆放、绘图单位为 cm、绘图比例为 1∶5。利用挑选工具，鼠标按住横向标尺和竖向标尺的交叉点上，拖动鼠标，将原点设置在图纸左侧上部适当位置。参考图中数据，设置辅助线(图 3－145)。

2. 绘制直线框图：利用矩形工具，在辅助线的标示范围，绘制裙腰矩形，并将其转换为曲线图形。利用手绘工具，在辅助线的标示范围绘制裙身直线框图(图 3－146)。

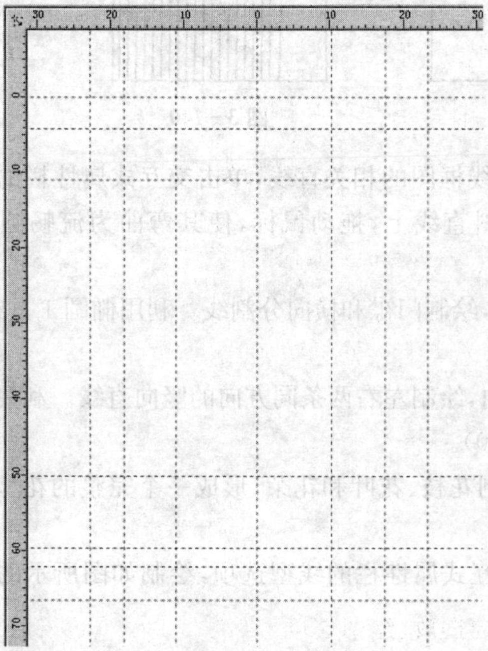

图 3－145

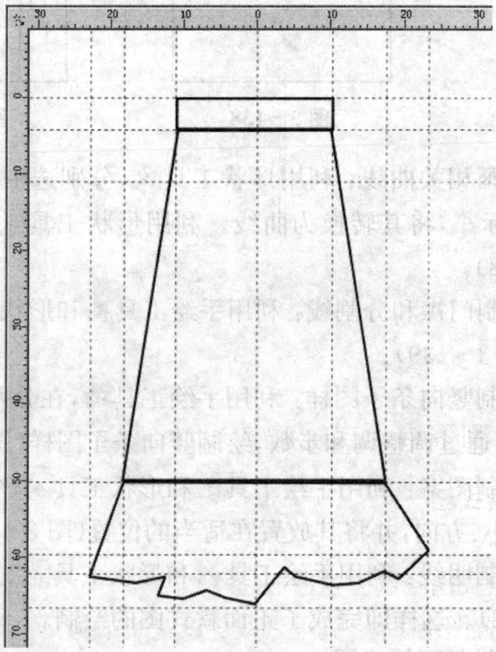

图 3－146

3. 修画相关曲线：利用形状工具，分别选中裙身直线框图的相关直线，单击交互式属性栏的转换直线为曲线图标，将其转换为曲线。利用形状工具，按在斜直线上，拖动鼠标，使其弯曲为流畅圆润的曲线(图 3－147)。

4. 绘制分割线：利用手绘工具和形状工具，分别绘制如图所示的各个分割线，并形成独立的封闭图形(图 3-148)。

5. 绘制皱褶线：利用手绘工具，逐条绘制裙摆荷叶边的皱褶线(图 3-149)。

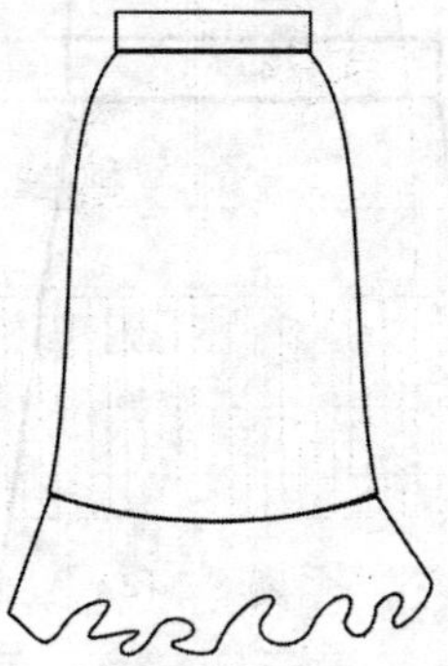

图 3-147

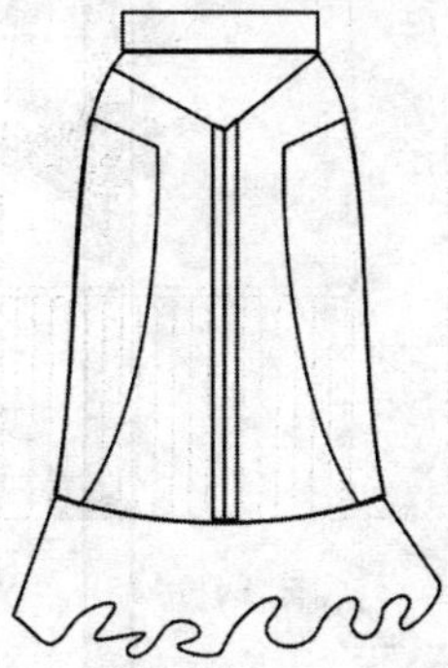

图 3-148

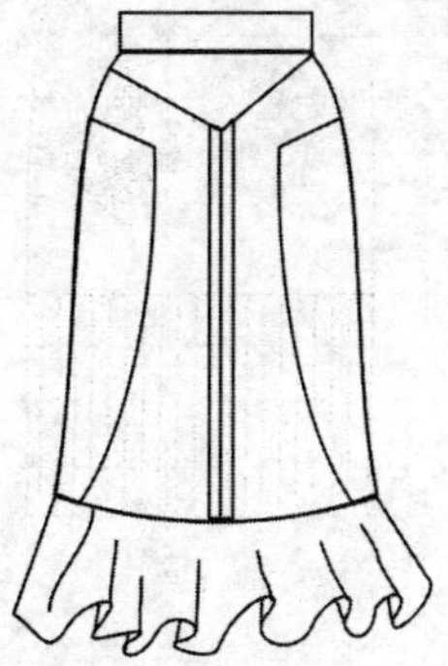

图 3-149

6. 绘制明线：利用手绘工具和形状工具，通过交互式属性栏的线型选项，绘制如图所示的虚线明线(图 3-150)。

7. 填充颜色：利用挑选工具，选中裙腰、两侧的分割图形和中间的分割图形。通过单击调色盘的相应颜色图标，为其填充深灰色(图 3-151)。这样即完成了正面款式图的绘制。

8. 绘制背面款式图

利用挑选工具，整体选中裙子图形，通过变换对话框的大小选项，单击【应用到再制】命令按钮，再制一个图形，并将其移动到另一张图纸上。

利用挑选工具，选中并删除中间和上部分割图形。

绘制后中线、拉链及其明线。绘制搭门和扣子(图 3-152)，即完成了裙子背面款式图的绘制。

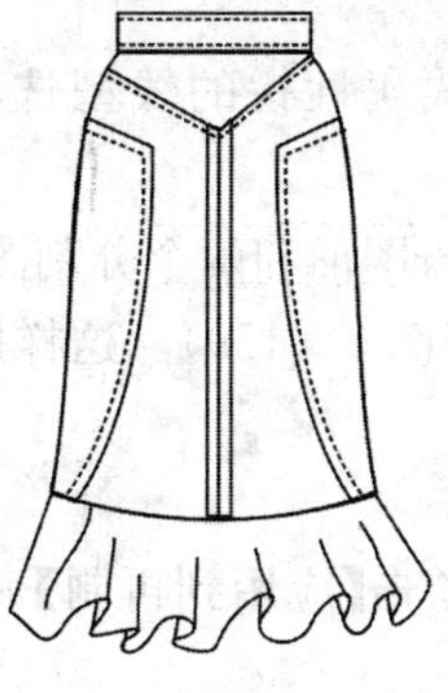

图 3-150

图 3-151

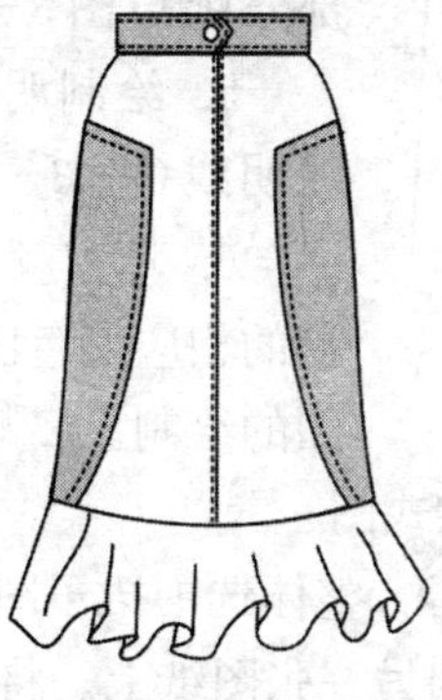

图 3-152

3.19 分割镶拼西式裙款式设计

一、款式图

如图 3-153 所示。

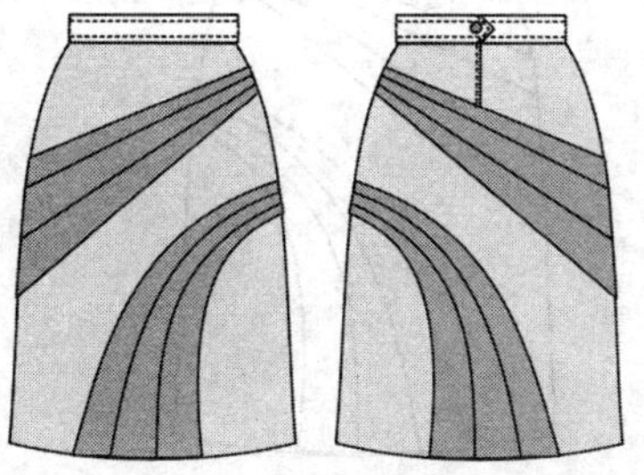

图 3-153

二、款式图绘制方法

1. 设置图纸、原点和辅助线：设置图纸为 A4 图纸，竖向摆放、绘图单位为 cm、绘图比例为 1∶5。利用挑选工具，鼠标按住横向标尺和竖向标尺的交叉点上，拖动鼠标，将原点设置在图纸左侧上部适当位置。参考图中数据，设置辅助线(图 3-154)。

2. 绘制直线框图：利用矩形工具，在辅助线的标示范围，绘制裙腰矩形，并将其转换为曲线图形。利用手绘工具，在辅助线的标示范围绘制裙身直线框图（图 3－155）。

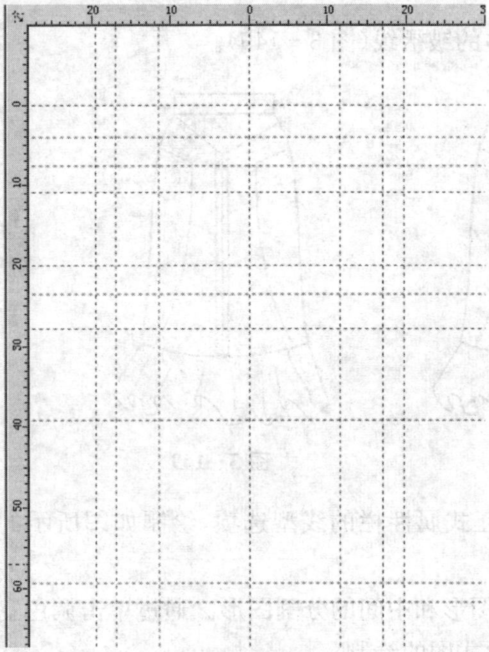

图 3－154

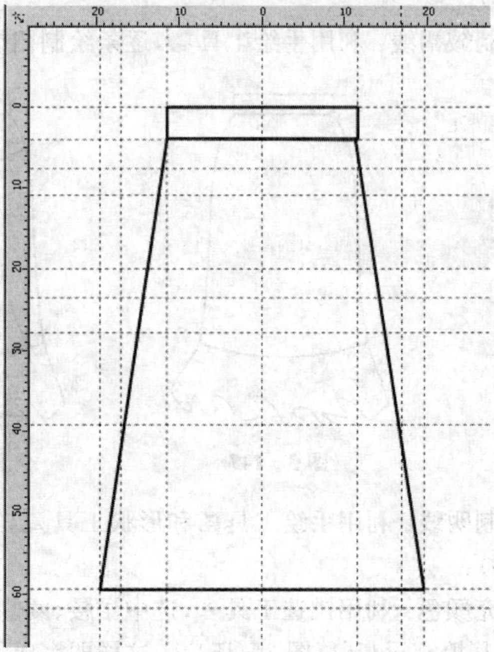

图 3－155

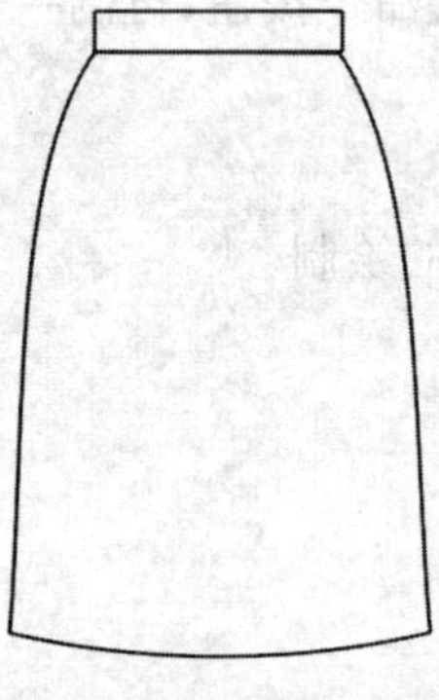

图 3－156

3. 修画相关曲线：利用形状工具，分别选中裙身直线框图的相关直线，单击交互式属性栏的转换直线为曲线图标，将其转换为曲线。利用形状工具，按在斜直线上，拖动鼠标，使其弯曲为流畅圆润曲线（图 3－156）。

4. 绘制分割线：利用手绘工具和形状工具，分别绘制两个封闭的分割图形，绘制内部分割线（图 3－157）。

5. 绘制明线：利用手绘工具，通过交互式属性栏的线型选项，绘制裙腰的虚线明线（图 3－158）。

6. 填充颜色：利用挑选工具，分别选中裙身图形和两个分割图形，通过单击调色盘的相应颜色图标，分别为其填充灰色和深灰色（图 3－159）。这样即完成了正面款式图的绘制。

7. 绘制背面款式图

利用挑选工具，整体选中裙子图形，通过变换对话框的大小选项，单击【应用到再制】命令按钮，再制一个图形，并将其移动到另一张图纸上。将其水平翻转。

绘制门襟、拉链、搭门和扣子及其明线（图 3－160），即完成了背面款式图的绘制。

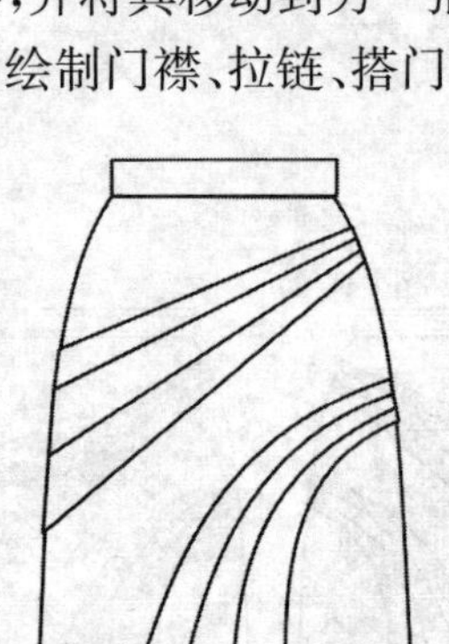

图 3－157

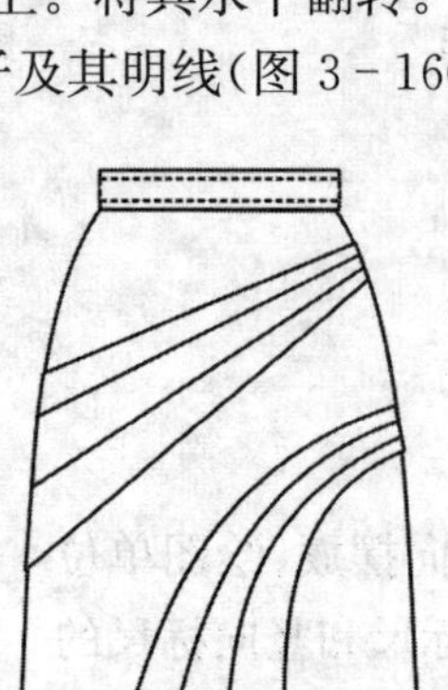

图 3－158

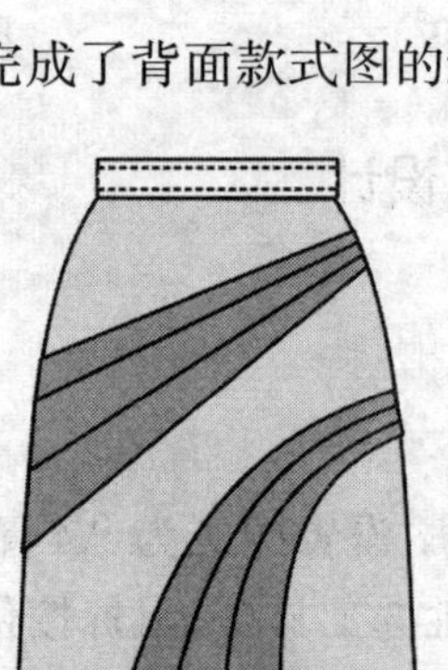

图 3－159

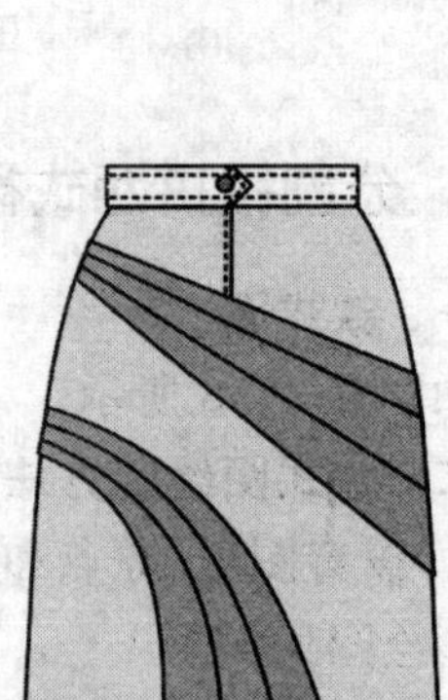

图 3－160

3.20 明线分割西式裙款式设计

一、款式图

如图 3－161 所示。

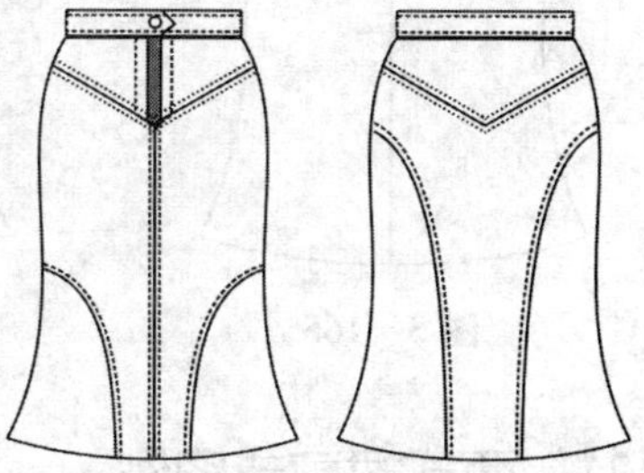

图 3－161

二、款式图绘制方法

1. 设置图纸、原点和辅助线：设置图纸为 A4 图纸，竖向摆放、绘图单位为 cm、绘图比例为 1∶5。利用挑选工具，鼠标按住横向标尺和竖向标尺的交叉点上，拖动鼠标，将原点设置在图纸左侧上部适当位置。参考图中数据，设置辅助线(图 3－162)。

2. 绘制直线框图：利用矩形工具，在辅助线的标示范围，绘制裙腰矩形，并将其转换为曲线图形。利用手绘工具，在辅助线的标示范围绘制裙身直线框图(图 3－163)。

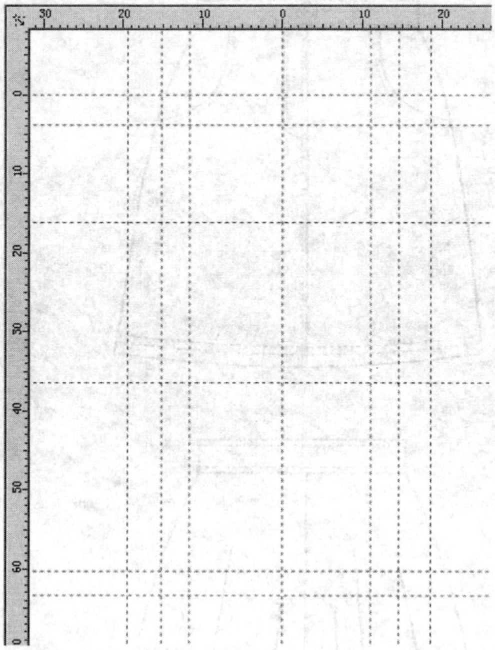

图 3－162

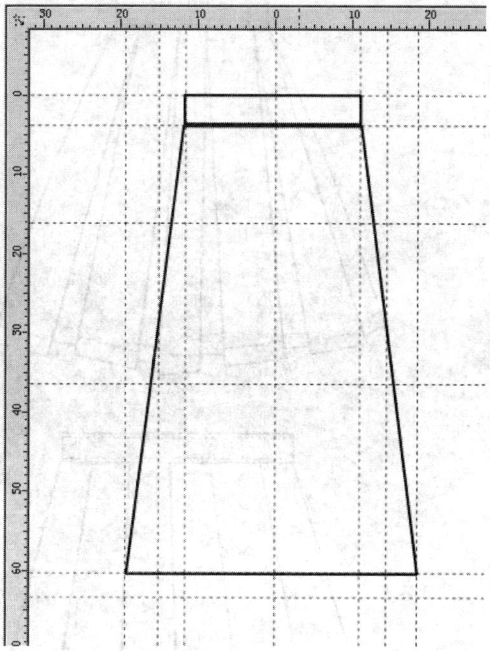

图 3－163

3. 修画相关曲线：利用形状工具，分别选中裙身直线框图的相关直线，单击交互式属性栏的转换直线为曲线图标，将其转换为曲线。利用形状工具，按在斜直线上，拖动鼠标，使其弯曲为流畅圆润的曲线(图 3－164)。

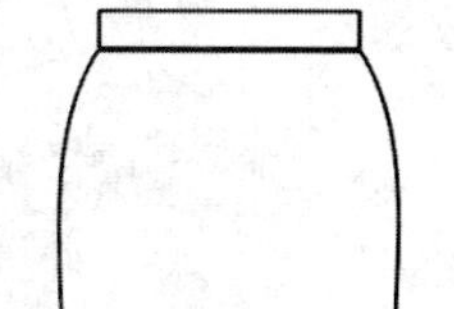

图 3－164

4. 绘制门襟和分割线：利用手绘工具，分别绘制门襟、搭门和各个分割线。利用椭圆工具，绘制搭门扣子。门襟要形成封闭图形(图 3－165)。

5. 绘制曲线分割线：利用手绘工具和形状工具，绘制裙摆下摆两侧的曲线分割线(图 3－166)。

6. 绘制明线：利用手绘工具和形状工具，通过交互式属性栏的线型选项，绘制如图所示的虚线明线，为门襟图形填充深灰色(图 3－167)。这样即完成了正面款式图的绘制。

7. 绘制背面款式图

利用挑选工具，整体选中裙子图形，通过变换对话框的大小选项，单击【应用到再制】命令按钮，再制一个图形，并将其移动到另一张图纸上。

利用挑选工具，选中并删除门襟、搭门、扣子和后中线将其明线(图 3－168)，即完成了背面款式图的绘制。

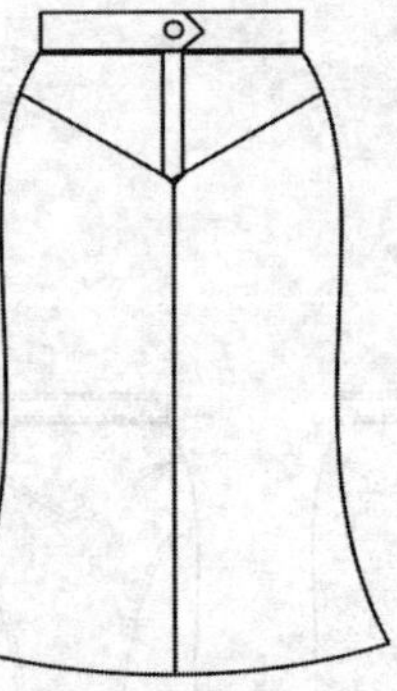
图 3 - 165

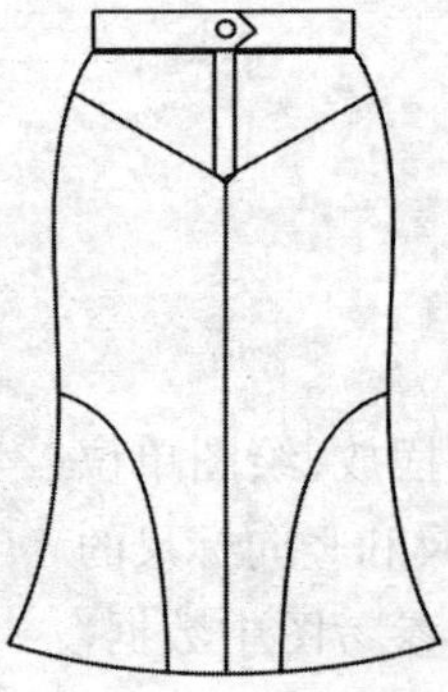
图 3 - 166

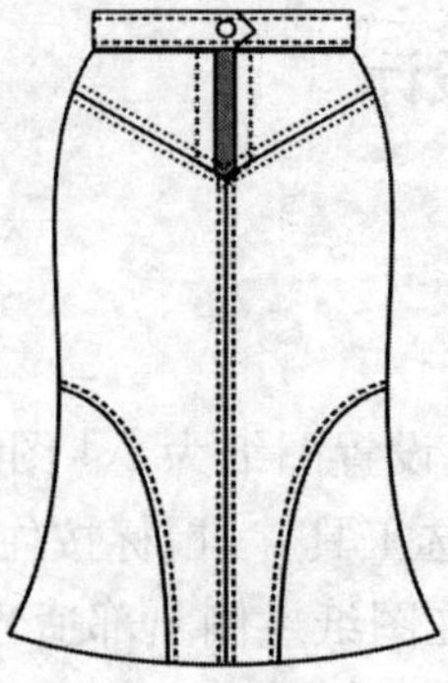
图 3 - 167

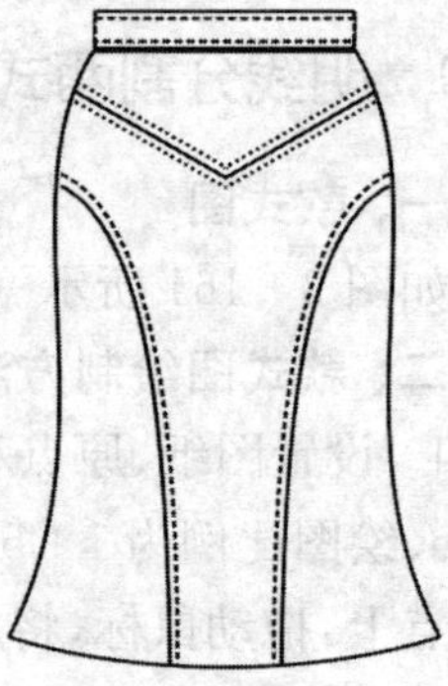
图 3 - 168

3.21 西式裙款式图例

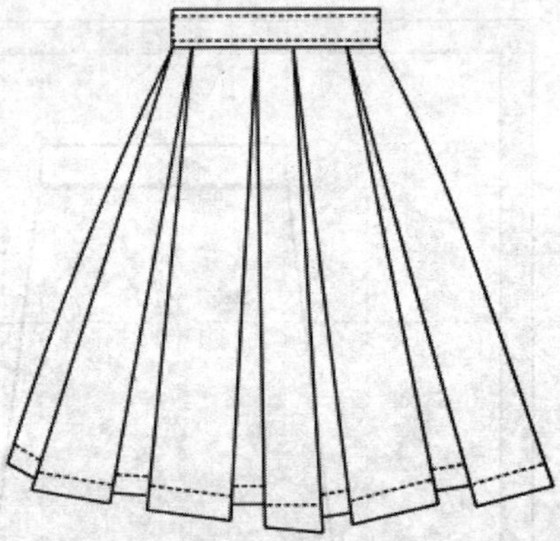

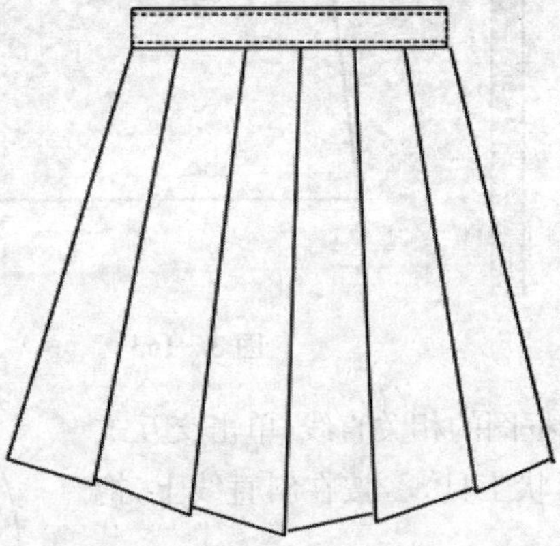

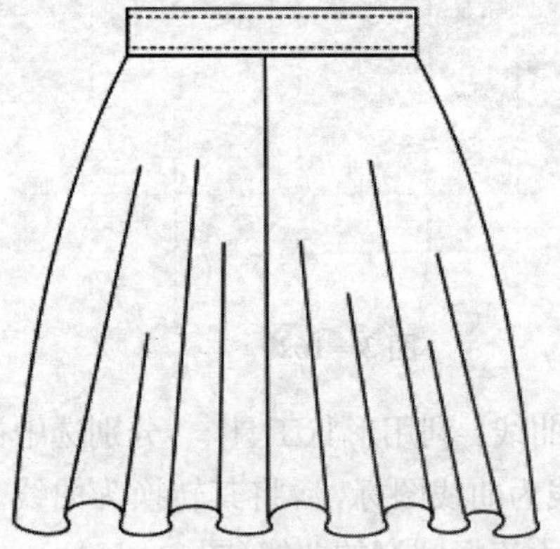

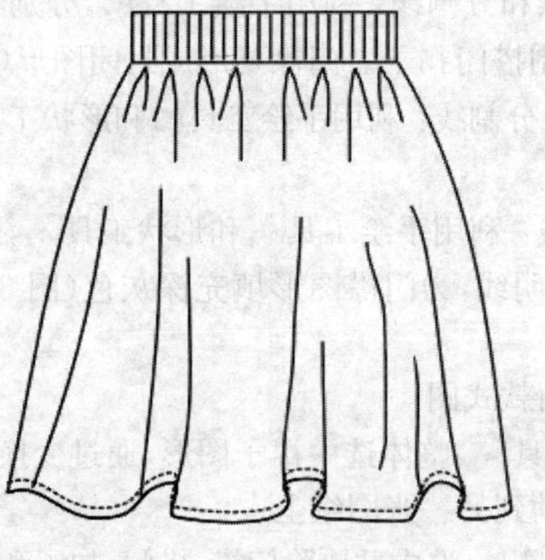

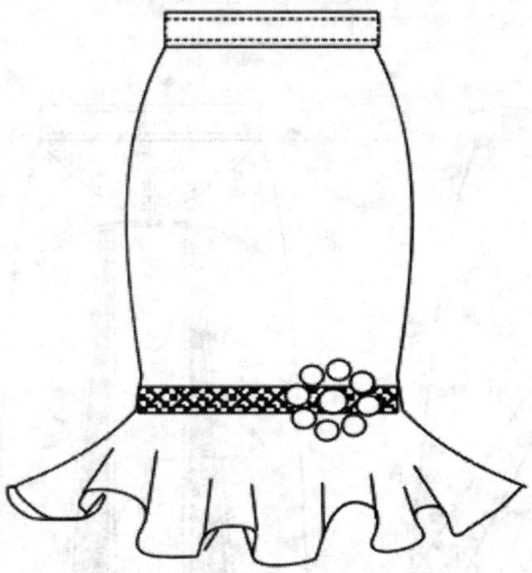

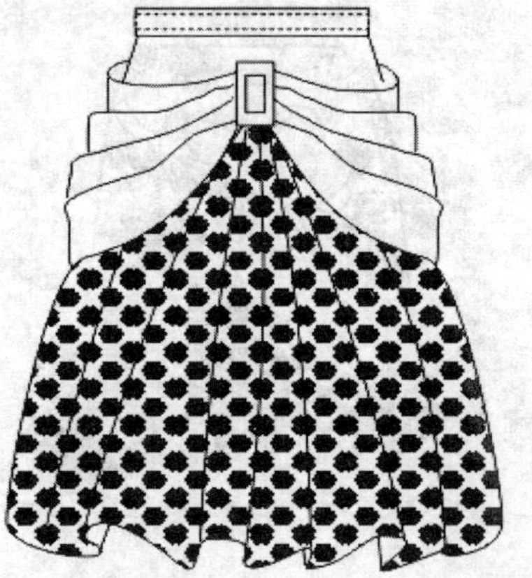

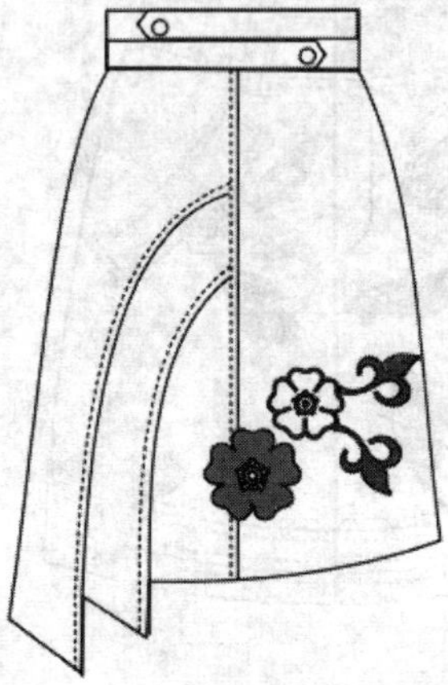

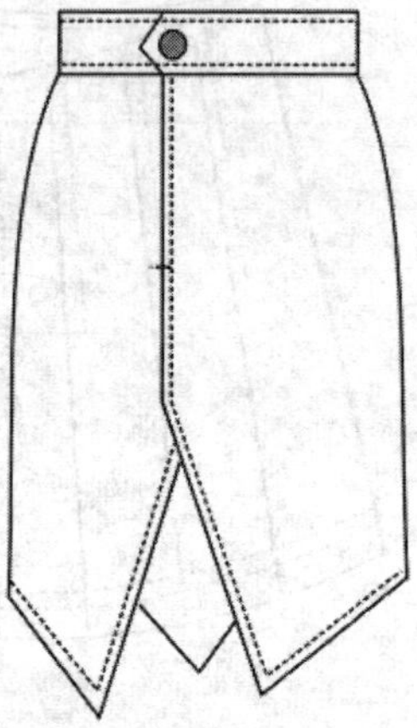
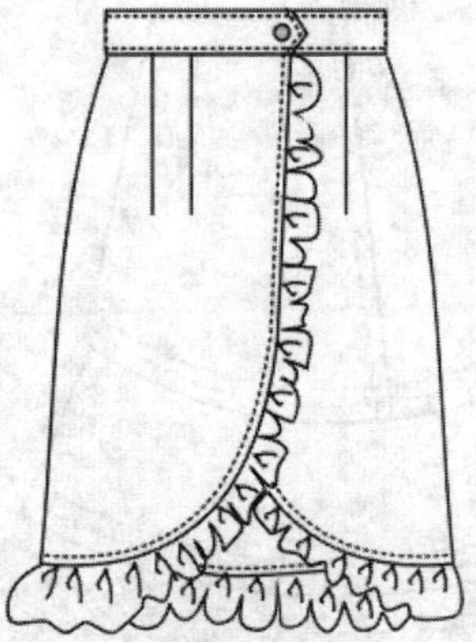
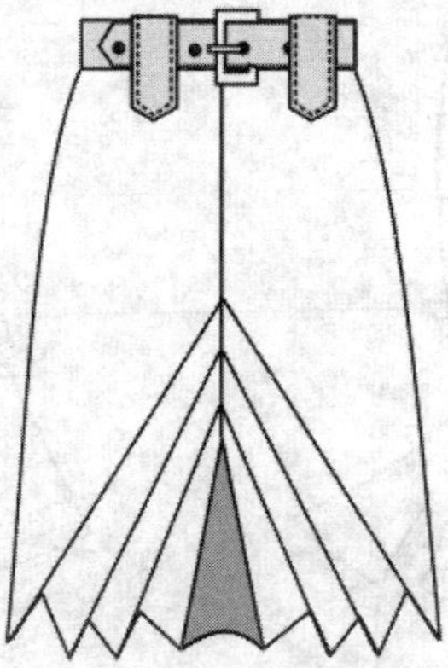
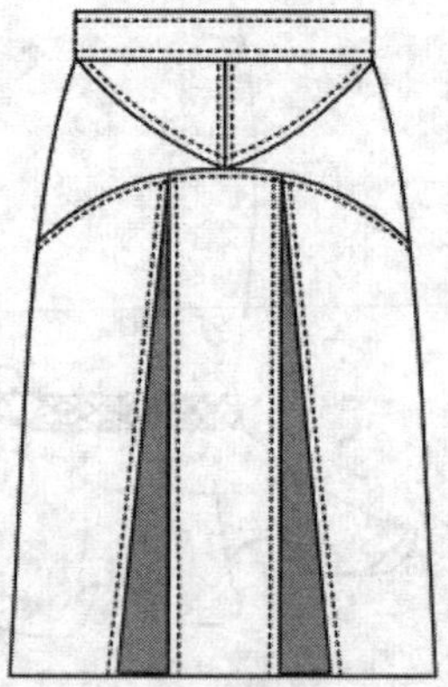
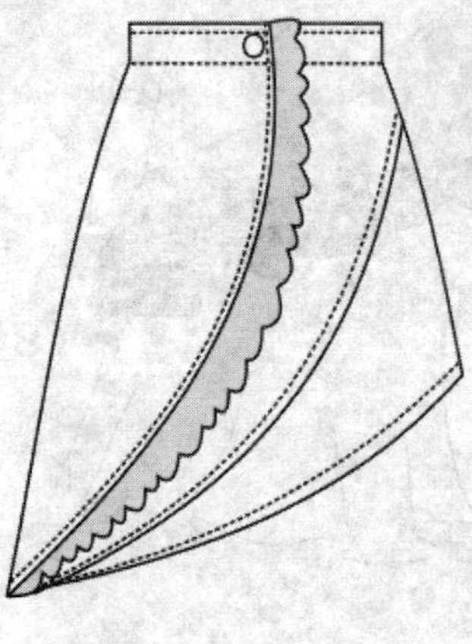

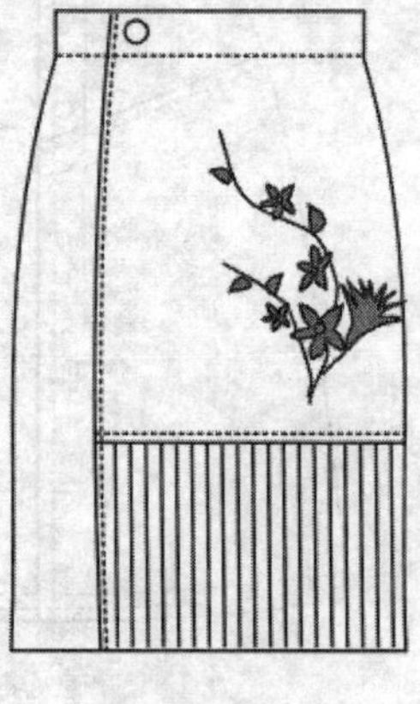

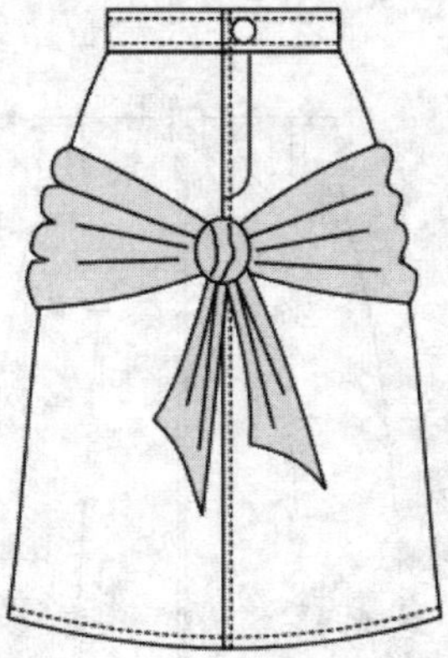

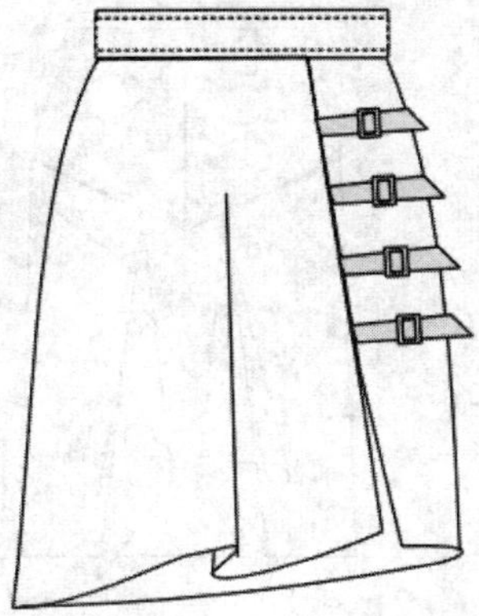
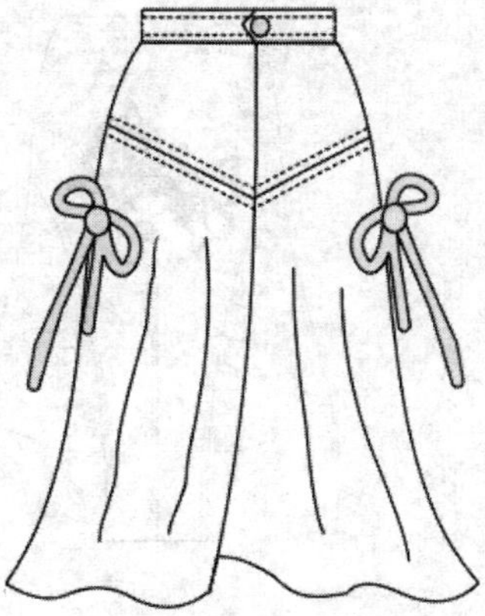

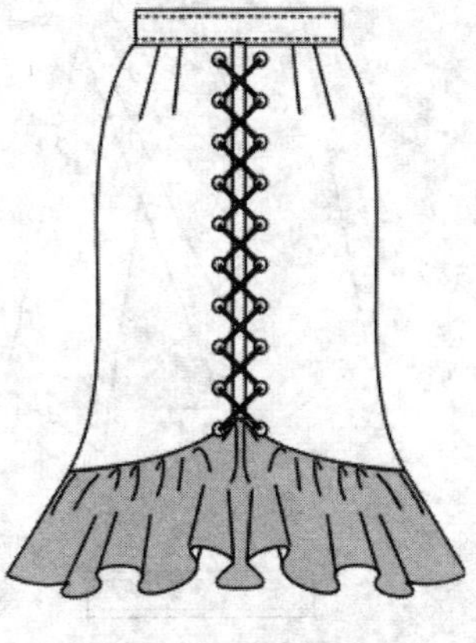
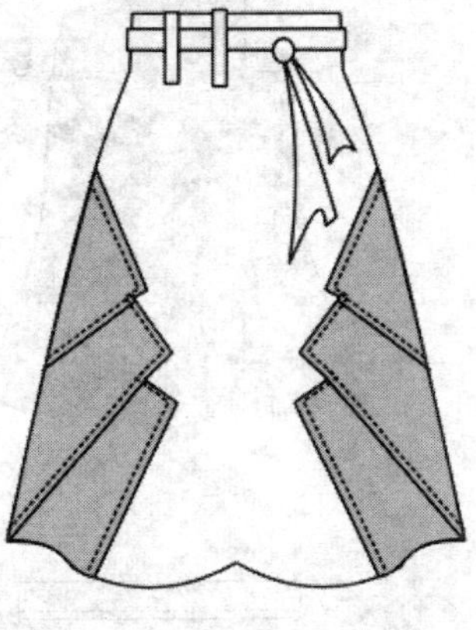
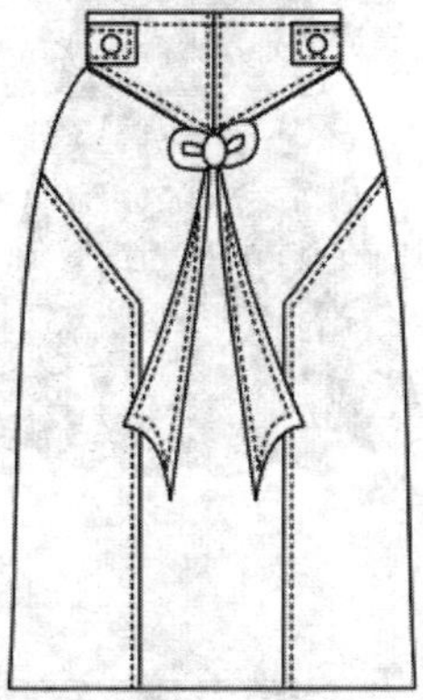
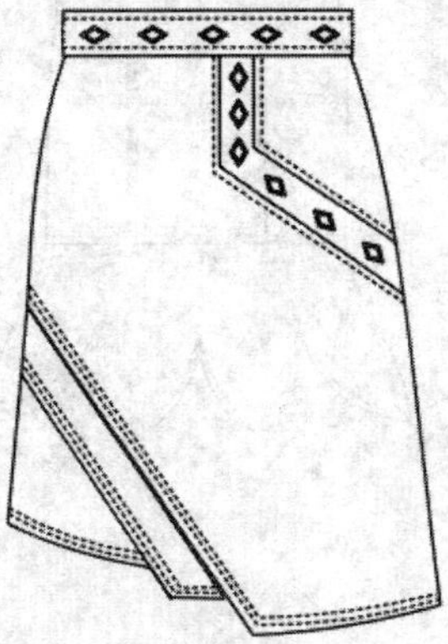
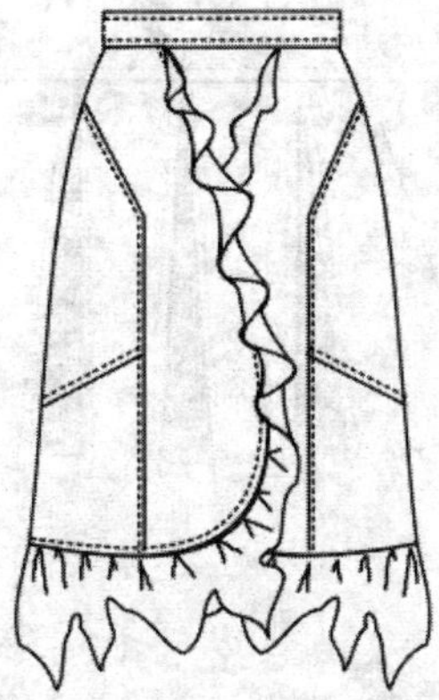

第4章 女裤数字化款式设计

裤子的设计与半截裙一样，设计的重点在裤子的外形和腰头，不同外形的裤子有明显不同的风格。如短裤轻松，长裤凝重，大喇叭裤、裙裤比较活泼，小喇叭裤比较优雅，而直筒裤则显得比较端庄；不同的腰头对裤子的风格影响也很明显。因此，设计裤子时首先也应该根据自己的设计意图将其外形和腰头确定下来。

除了变化外形和腰头，近几年裤子的设计重点还表现在对裤身的装饰，其中变化最多的是休闲裤和牛仔裤。休闲裤多用造型各异的口袋和袢带做装饰，口袋和绊带能给人平实、功能性的感觉，这与休闲裤的风格十分协调。而牛仔裤则多用分割线做装饰。近年来，受到“精致”、“回归自然”等审美思潮的影响，以往与牛仔裤无缘的刺绣也用到了牛仔裤的设计中，见本章末尾裤子款式设计插图。

4.1 西裤数字化款式设计

西裤是指能与西装上衣组合成套装的裤子，具有严谨、端庄的审美特征。西裤的款式变化很小，变化的要素主要表现在对面料的选择。

一、款式图

如图4－1所示。

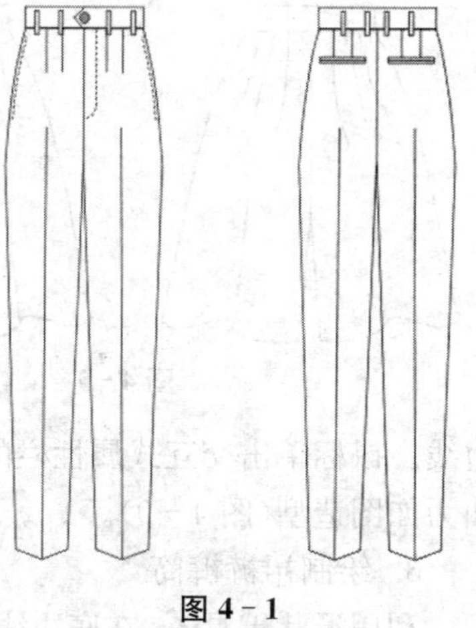

图4－1

二、款式图绘制方法

1. 设置图纸、原点、绘制直线框图：图纸设置为A4图纸、竖向摆放、绘图单位为cm、绘图比例为1∶5。将原点设置在图纸左侧上部适当位置。利用手绘工具，参考图中数据，绘制款式图的直线框图（图4－2）。

2. 修画臀部曲线和裤口：利用形状工具，选中臀部直线。鼠标单击交互式属性栏的转换直线为曲线臀部，将其转换为曲线。鼠标按在曲线上，拖动鼠标使其弯曲为如图造型。利用形状工具，在裤口直线上双击鼠标，增加一个节点。将其向下拖动，使其成为如图造型。利用手绘工具，绘制裤筒的挺缝线（图4－3）。

3. 图形完整化：利用挑选工具，框选选中左侧裤筒图形，通过变换对话框的大小选项，鼠标单击【应用于再制】命令按钮，再制一个裤筒。鼠标单击交互式属性栏的水平翻转图标，将其水平翻转。利用挑选工具，将其移动的右侧相应位置（图4－4）。

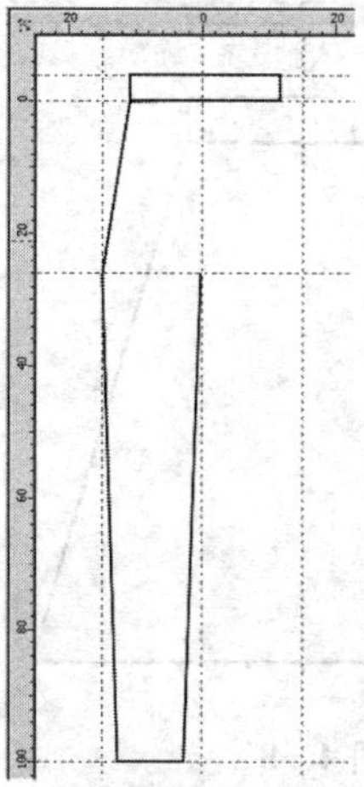

图4－2

4. 绘制门襟、搭门、腰带环和侧插袋

利用手绘工具和形状工具，绘制门襟线和门襟缝合明线，并将门襟明线设置为虚线。

利用手绘工具，绘制裤腰上的搭门形状。利用椭圆工具，绘制直径为1 cm的搭门扣子。

利用矩形工具，绘制一个腰带环。通过再制、移动位置的方法，绘制其他腰带环。利用手绘工具和形状工具，绘制侧插袋的袋口缝合线，并将其设置为虚线。

利用手绘工具，绘制前裤片的活褶线，即完成了正面款式图的绘制（图4－5）。

5. 绘制背面款式图

利用挑选工具，整体框选正面款式图。通过变换对话框的大小选项，鼠标单击【应用于再制】命令按钮，再制一个正面款式图，将其拖动到图纸右侧空白处。分别选中并删除门襟缝合虚线、裤腰搭门、扣子和侧插袋缝合线等属于前片的部件图形。

利用手绘工具，绘制后片口袋。调整腰带环的位置，即完成了背面款式图的绘制(图 4－6)。

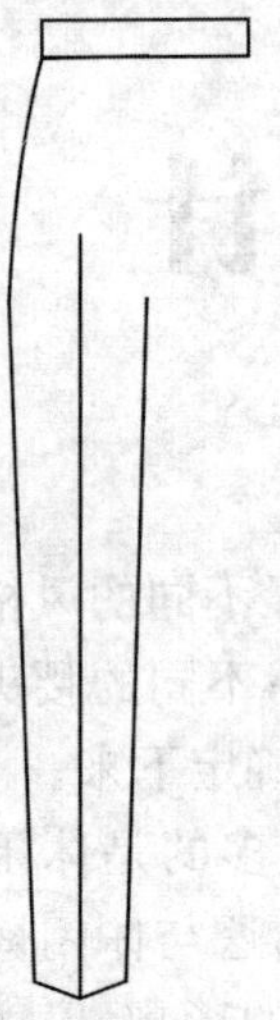

图 4－3

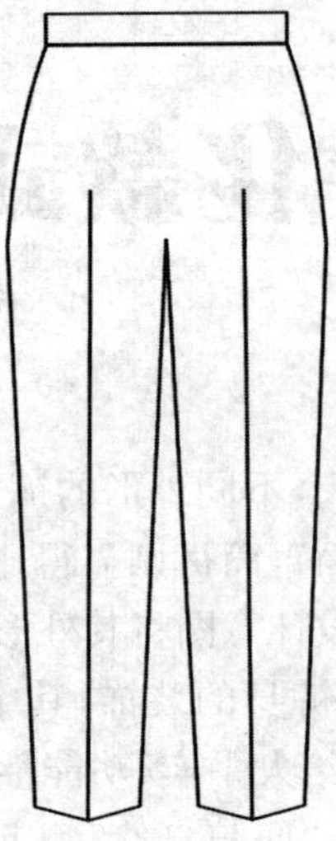

图 4－4

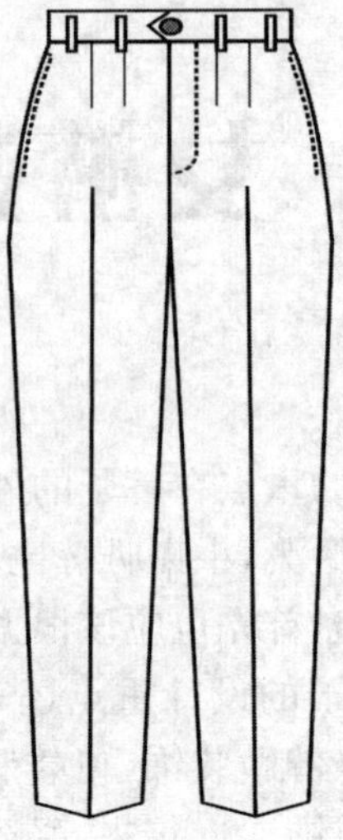

图 4－5

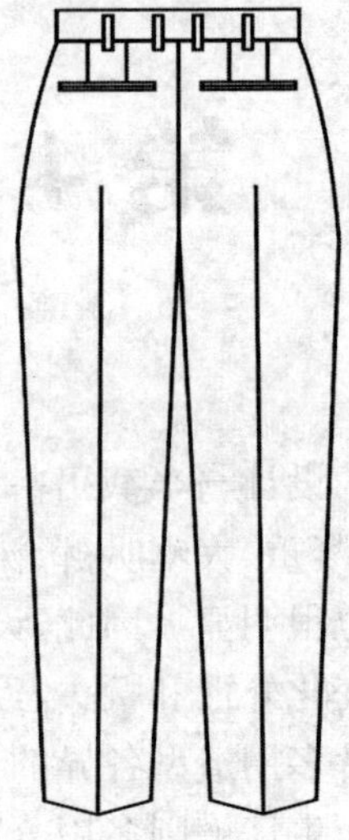

图 4－6

4.2　裙裤数字化款式设计

裙子和裤子都是下装，将裙子和裤子的结合起来，就能设计出既有裙的飘逸又有裤的方便的裙裤来。

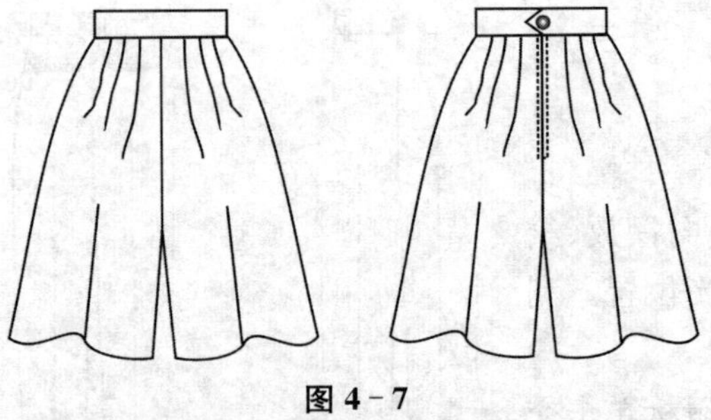

图 4－7

一、款式图

如图 4－7 所示。

二、款式图绘制方法

1. 设置图纸、原点、绘制直线框图：图纸设置为 A4 图纸、竖向摆放、绘图单位为 cm、绘图比例为 1∶5。将原点设置在图纸左侧上部适当位置。利用手绘工具，参考图中数据，绘制款式图的直线框图(图 4－8)。

2. 修画相关曲线：利用形状工具，分别选中侧缝线和底边线。鼠标单击交互式属性栏的转换直线为曲线臀部，将其转换为曲线。鼠标按在曲线上，拖动鼠标使其弯曲为如图造型(图 4－9)。

3. 绘制裙裤裤筒

利用形状工具，在底边线的中间部位，通过双击鼠标，增加三个节点。将中间的节点垂直向上移动，形成两条裤筒。

利用形状工具，通过双击鼠标，分别在两条裤筒的中间部位增加一个节点。框选选中底边上的 6 个节点，鼠标单击交互式属性栏的使节点变为尖突图标。鼠标按在裤口底边曲线上，拖动鼠标使其弯曲为如图造型。

利用手绘工具，分别绘制两条裤筒的皱褶线(图 4－10)。

4. 绘制腰部皱褶线：利用手绘工具，绘制左侧腰部皱褶线。通过框选选中、再制、水平翻转、移动位置的方法，绘制右侧皱褶线。利用手绘工具，绘制前裆线(图 4－11)。

5. 绘制前裆线、拉链缝合明线、搭门和扣子

利用手绘工具，绘制拉链缝合线，并将其设置为虚线。

利用手绘工具，绘制裤腰搭门造型。

利用椭圆工具，在裤腰搭门部位绘制一个直径为 1 cm 的圆形，作为搭门扣子(图 4－12)。

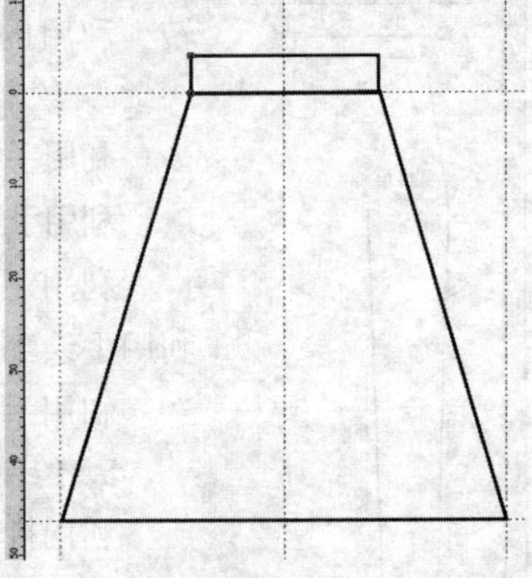

图 4－8

图4-9

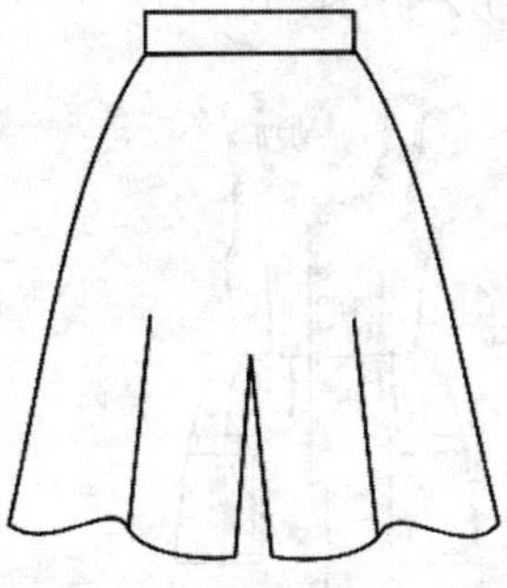

图4-10

图4-11

图4-12

4.3 工装裤数字化款式设计

工装裤也是连衣裤。将上下装连在一起是工装裤的特点，这一特点能在穿着者活动时最大限度地减少服装与其他物件发生牵扯的可能，从而避免意外的发生。因此，在一些复杂的环境中工作的人，往往会选这样的服装作劳保服。然而，除了功能性以外，工装裤还具有精干、利落的审美特征，于是，也会被人们选作生活装。用工装裤作生活装要注意面料的选择，柔软并带有适当花纹的面料很适合做工装裤。如果采用素色的面料，则可以运用一些边饰工艺对其进行装饰，使生活中的工装裤显得活泼些。

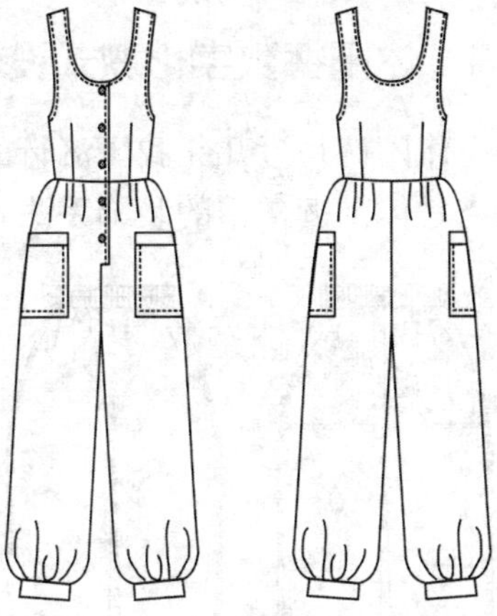

图4-13

一、款式图

如图4-13所示。

二、款式图绘制方法

1. 设置图纸、原点、绘制直线框图：图纸设置为A4图纸、竖向摆放、绘图单位为cm、绘图比例为1∶5。将原点设置在图纸左侧上部适当位置。利用手绘工具，参考图中数据，绘制款式图的直线框图(图4-14)。

2. 修画相关曲线：利用形状工具，分别选中领口、腰部、臀部、裤口等直线。鼠标单击交互式属性栏的转换直线为曲线臀部，将其转换为曲线。鼠标按在曲线上，拖动鼠标使其弯曲为如图造型。

利用手绘工具和形状工具，绘制裤子的口袋(图4-15)。

3. 图形完整化：利用挑选工具，框选选中左侧所有图形，通过变换对话框的大小选项，鼠标单击【应用于再制】命令按钮，再制一组图形。鼠标单击交互式属性栏的水平翻转图标，将其水平翻转。利用挑选工具，将其移动的右侧相应位置。

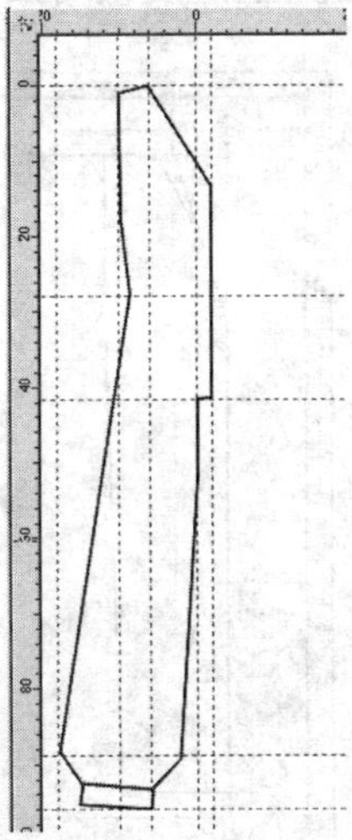

图4-14

利用形状工具，将两个图形重叠的右侧图形线，调整为与左侧相应图形线重合(图4-16)。

4. 绘制明线、扣子和皱褶线

利用手绘工具和形状工具，绘制领口、袖窿门襟和口袋的明线，并将其设置为虚线。

利用椭圆工具，绘制一个直径为1.5 cm的圆形，作为一个扣子，并将其放置在门襟上部。利用再制、移动位置的方法，绘制其他扣子。

利用手绘工具，绘制左侧裤口的皱褶线。利用框选选中、再制、水平翻转、移动位置的方法，绘制右侧裤口皱褶线，即完成了正面款式图的绘制(图4-17)。

5. 绘制背面款式图：利用挑选工具，整体框选正面款式图。通过变换对话框的大小选项，鼠标单击【应用于再制】命令按钮，再制一个正面款式图，将其拖动到图纸右侧空白处。选中并删侧门襟、扣子。

利用形状工具，调整口袋的宽度。

利用手绘工具，绘制后裆线，即完成了背面款式图的绘制（图 4－18）。

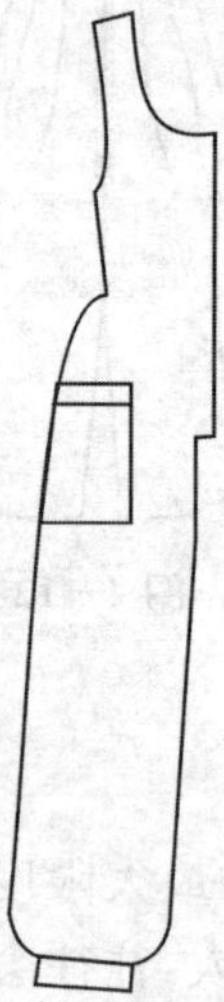
图 4－15

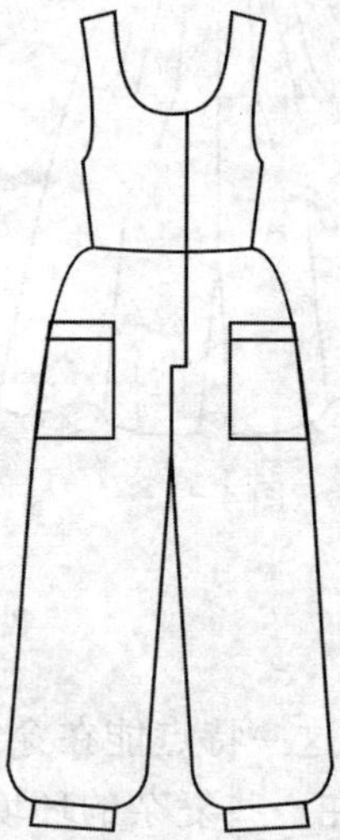
图 4－16

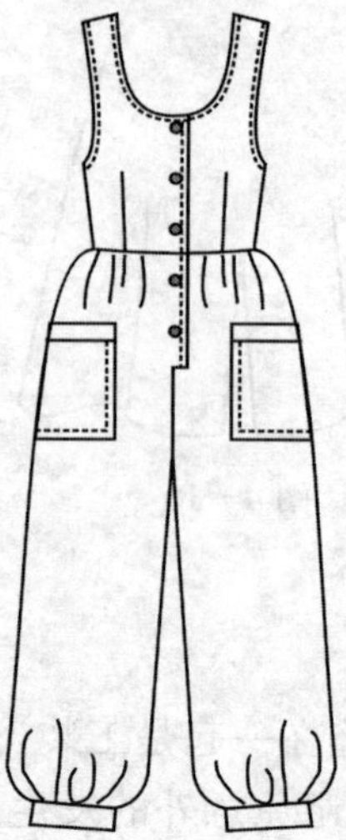
图 4－17

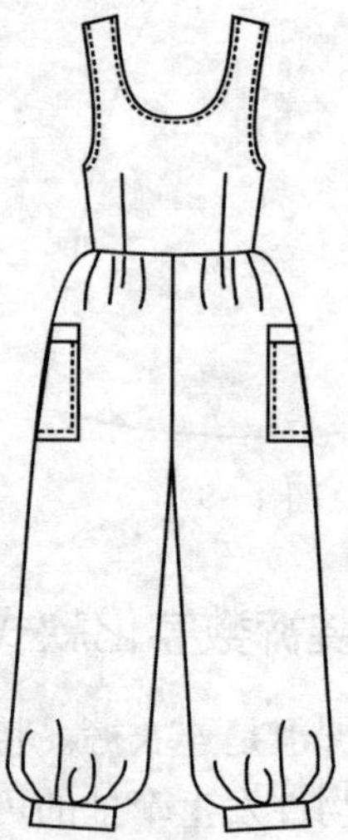
图 4－18

4.4 休闲裤数字化款式设计

休闲裤是近几年我国流行的裤子。它宽松、随意、功能性强，很适合人们在休闲和旅游时穿用。缉明线，贴口袋是休闲裤常用的装饰手法，在同样的外形中，改变线迹的形态，或改变口袋的造型、位置，就能变化出新款的休闲裤。

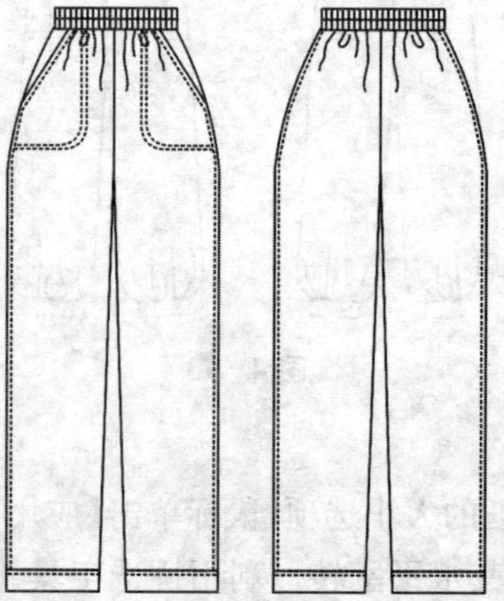
图 4－19

一、款式图

如图 4－19 所示。

二、款式图绘制方法

1. 设置图纸、原点、绘制直线框图：图纸设置为 A4 图纸、竖向摆放、绘图单位为 cm、绘图比例为 1∶5。将原点设置在图纸左侧上部适当位置。利用手绘工具，参考图中数据，绘制款式图的直线框图（图 4－20）。

2. 修画相关曲线、绘制相关明线虚线：利用形状工具，选中臀部直线。鼠标单击交互式属性栏的转换直线为曲线臀部，将其转换为曲线。鼠标按在曲线上，拖动鼠标使其弯曲为如图造型。

利用手绘工具，绘制侧缝线、口袋脚口的明线虚线（图 4－21）。

3. 图形完整化：利用挑选工具，框选选中左侧所有图形，通过变换对话框的大小选项，鼠标单击【应用于再制】命令按钮，再制一组图形。鼠标单击交互式属性栏的水平翻转图标，将其水平翻转。利用挑选工具，将其移动的右侧相应位置（图 4－22）。

4. 绘制裤腰松紧带和腰部皱褶线

利用手绘工具，在裤腰高度的增加部位，绘制一条横向直线。在裤腰左右两侧，分别绘制两条竖向直线。利用交互式调和工具，鼠标按在左侧直线上，拖动鼠标到右侧直线上。这时两条直线之间会出现如果均匀分布的直线。太高调整步数的数值，使其美观。

利用手绘工具，绘制腰部皱褶线，即完成了正面款式图的绘制（图 4－23）。

5. 绘制背面款式图：利用挑选工具，整体框选正面款式图。通过变换对话框的大小选项，鼠标单击【应用于再制】命令按钮，再制一个正面款式图，将其拖动到图纸右侧空白处。选中并删除口袋。

利用形状工具，调整侧缝线明线，即完成了背面款式图的绘制（图 4－24）。

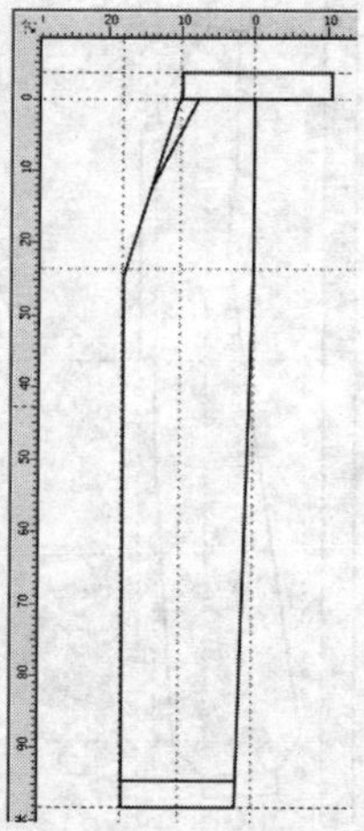
图 4－20

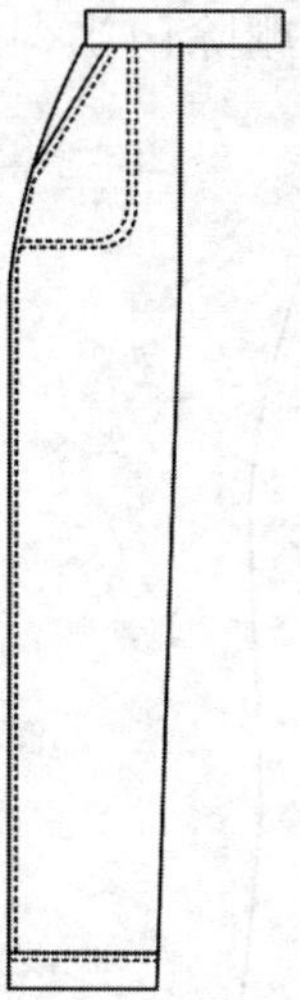

图 4－21

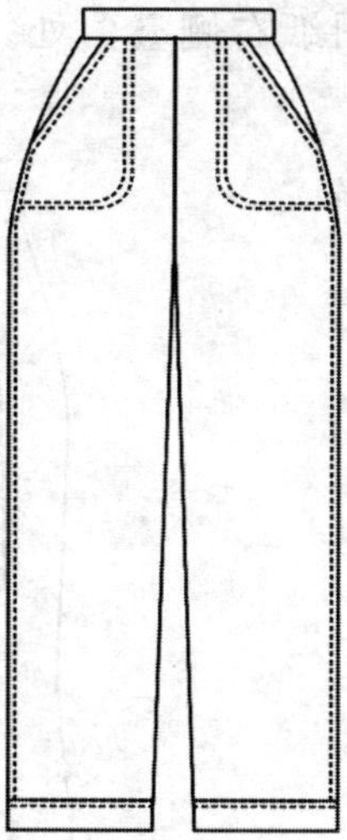

图 4－22

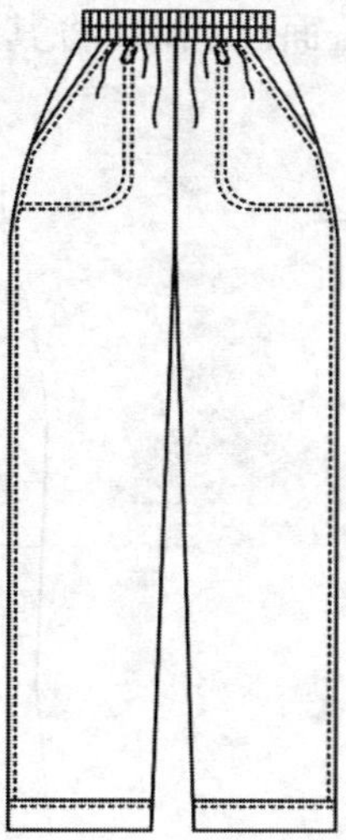

图 4－23

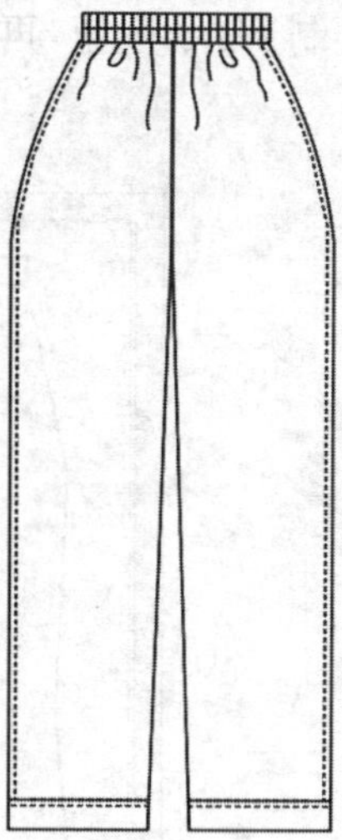

图 4－24

4.5 喇叭裤数字化款式设计

裤脚是裤子的重要组成部分，裤脚的造型直接决定着裤子的外形。而裤子的外形常常是裤子款式流行的关键，且有循环反复的规律性。因此，设计者在对裤子进行设计时，一定要充分了解自己所面对的市场的流行特征，在顺应流行的基础上进行裤子的设计。这里介绍的是前几年在我国流行的喇叭裤，或许什么时候它又会成为市场的新宠。

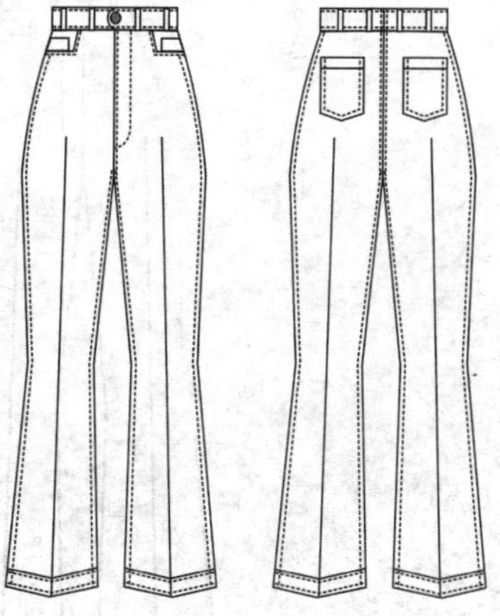

图 4－25

一、款式图

如图 4－25 所示。

二、款式图绘制方法

1. 设置图纸、原点、绘制直线框图：图纸设置为 A4 图纸、竖向摆放、绘图单位为 cm、绘图比例为 1∶5。将原点设置在图纸左侧上部适当位置。利用手绘工具，参考图中数据，绘制款式图的直线框图(图 4－26)。

2. 修画臀部曲线和裤口：利用形状工具，选中臀部直线。鼠标单击交互式属性栏的转换直线为曲线臀部，将其转换为曲线。鼠标按在曲线上，拖动鼠标使其弯曲为如图造型。利用形状工具，在裤口直线上双击鼠标，增加一个节点。将其向下拖动，使其成为如图造型。利用手绘工具，绘制裤筒的挺缝线(图 4－27)。

3. 图形完整化：利用挑选工具，框选选中左侧所有图形，通过变换对话框的大小选项，鼠标单击【应用于再制】命令按钮，再制一组图形。鼠标单击交互式属性栏的水平翻转图标，将其水平翻转。利用挑选工具，将其移动的右侧相应位置(图 4－28)。

4. 绘制门襟、搭门、腰带环和侧插袋

利用手绘工具和形状工具，绘制门襟线和门襟缝合明线，并将门襟明线设置为虚线。

利用手绘工具，绘制裤腰上的搭门形状。利用椭圆工具，绘制直径为 1 cm 的搭门扣子。

利用矩形工具，绘制一个腰带环。通过再制、移动位置的方法，绘制其他腰带环。利用手绘工具和形状工具，绘制侧插袋的袋口缝合线，并将其设置为虚线。

利用手绘工具，绘制前裤片的活褶线，即完成了正面款式图的绘制(图 4－29)。

5. 绘制明线

利用手绘工具和形状工具，分别绘制裤腰、门襟、侧缝线、裤口线和下裆线的明线，并将其设置为虚线(图 4－30)。

6. 绘制背面款式图：利用挑选工具，整体框选正面款式图。通过变换对话框的大小选项，鼠标单击

【应用于再制】命令按钮，再制一个正面款式图，将其拖动到图纸右侧空白处。选中并删除门襟、扣子、搭门和口袋。

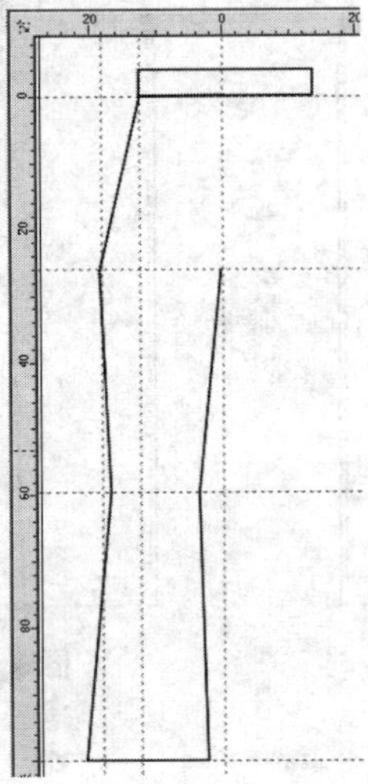

图 4－26

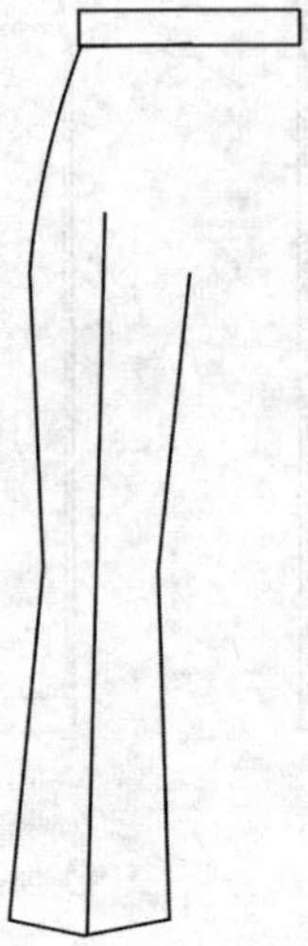

图 4－27

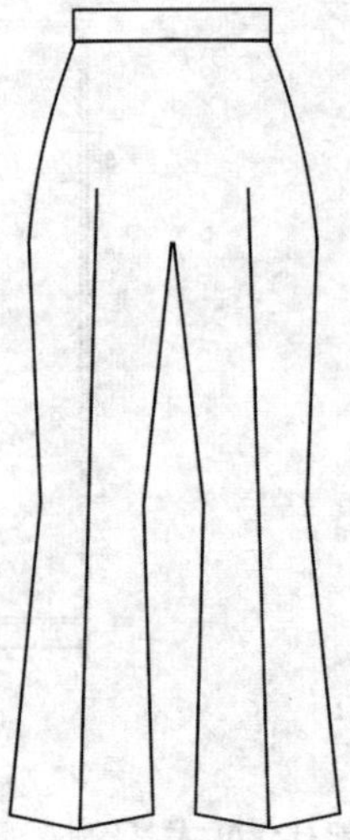

图 4－28

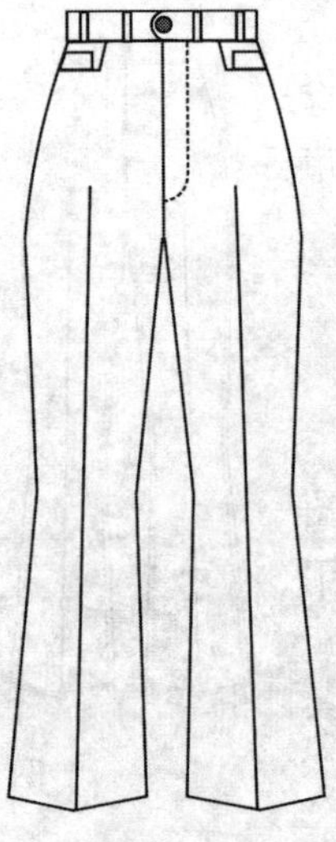

图 4－29

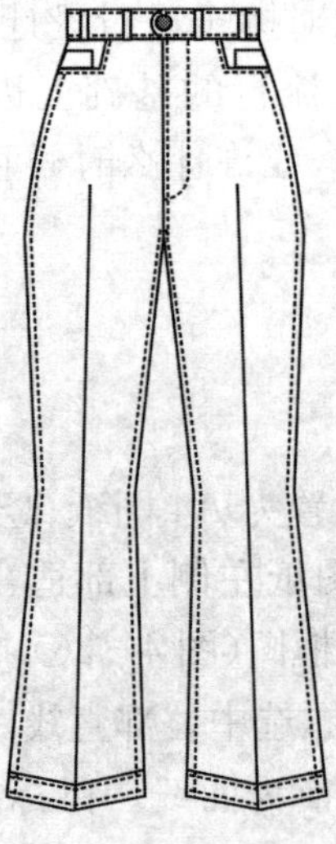

图 4－30

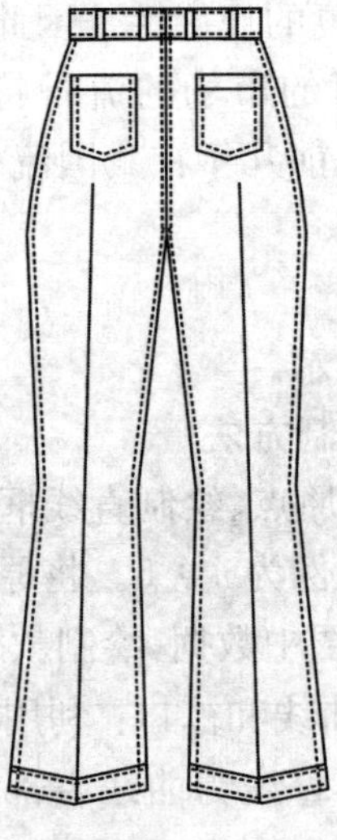

图 4－31

利用手绘工具，绘制后裆线。绘制后口袋，即完成了背面款式图的绘制(图 4－31)。

4.6 牛仔裤数字化款式设计

牛仔裤原来是美国西部牛仔们穿用的服装，其朴实、粗犷的风格和方便、实用的功能受到许多人的喜爱，因此，现在成了一种流行于世界各地的经典服装。铆钉和缉明线是牛仔裤传统的装饰手法，随着时代的变迁，牛仔裤的装饰手法也变得丰富起来。当服装流行精致风格时，牛仔裤上会出现刺绣，而当服装流行质朴时，水洗和破损的手法也可以应用于牛仔裤。

一、款式图

如图 4－32 所示。

二、款式图绘制方法

1. 设置图纸、原点、绘制直线框图：图纸设置为 A4 图纸、竖向摆放、绘图单位为 cm、绘图比例为 1∶5。将原点设置在图纸左侧上部适当位置。利用手绘工具，参考图中数据，绘制款式图的直线框图(图 4－33)。

2. 修画臀部曲线和裤口：利用形状工具，选中臀部直线。鼠标单击交互式属性栏的转换直线为曲线臀部，将其转换为曲线。鼠标按在曲线上，拖动鼠标使其弯曲为如图造型。利用同样的方法，将裤口直线和裤筒直线修画为曲线(图 4－34)。

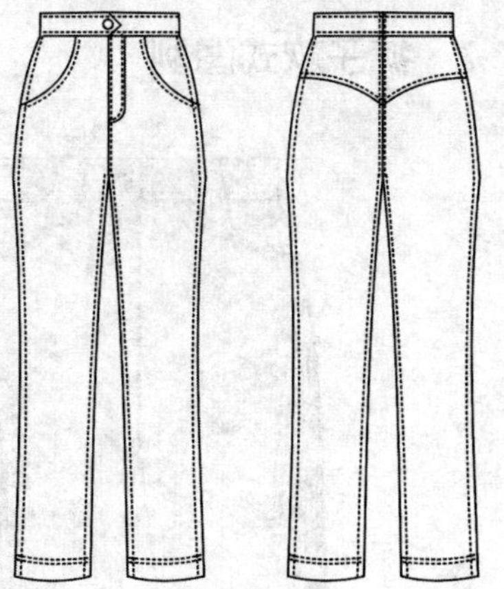

图 4－32

3. 图形完整化：利用挑选工具，框选选中左侧所有图形，通过变换对话框的大小选项，鼠标单击【应用于再制】命令按钮，再制一组图形。鼠标单击交互式属性栏的水平翻转图标，将其水平翻转。利用挑选工具，将其移动的右侧相应位置(图 4－35)。

4. 绘制裤腰、前裆线、口袋和明线

利用手绘工具，绘制裤腰线和虚线明线。

利用椭圆工具，绘制扣子。在中心线上，绘制前裆线和虚线明线，绘制门襟和虚线明线。

利用手绘工具和形状工具，绘制口袋和虚线明线。

利用手绘工具，绘制其他虚线明线，即完成了正面款式图的绘制(图 4－36)。

5. 绘制背面款式图：利用挑选工具，整体框选正面款式图。通过变换对话框的大小选项，鼠标单击【应用于再制】命令按钮，再制一个正面款式图，将其拖动到图纸右侧空白处。选中并删侧口袋、门襟、裤腰搭门。利用手绘工具和形状工具，绘制臀部分割及其虚线明线，即完成了背面款式图的绘制(图 4－37)。

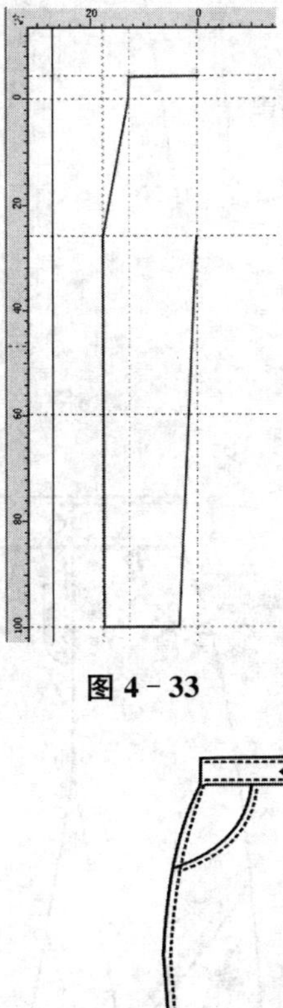

图 4－33

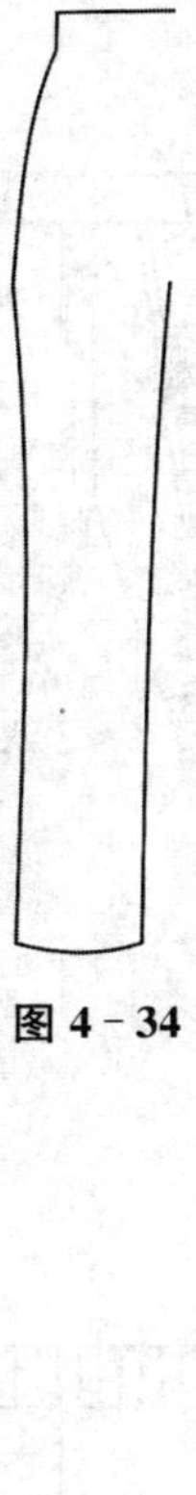

图 4－34

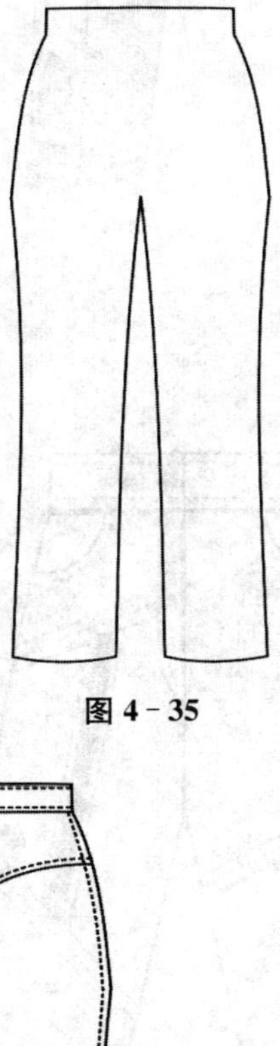

图 4－35

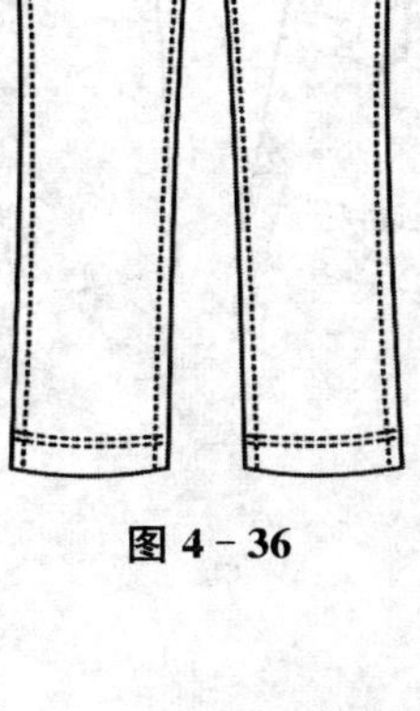

图 4－36

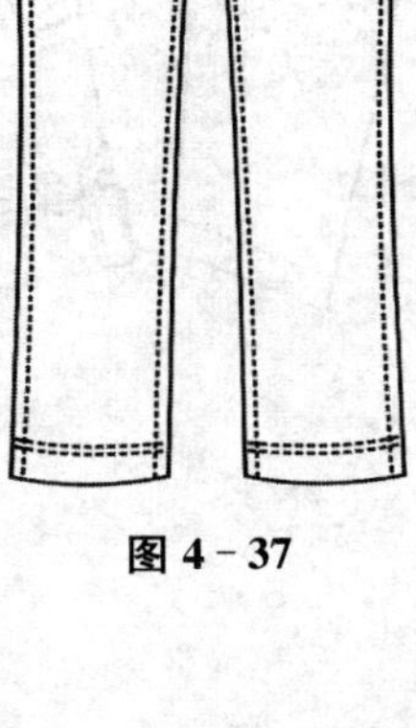

图 4－37

4.7 裤子款式图例

第 5 章　女衬衣数字化款式设计

衬衣是一种穿着灵活的上衣，它可以穿在外衣的里面作“内衣”，也可以穿在内衣的外面作“外衣”；衬衣有着广泛的消费群体，无论男女老少都能找到自己喜爱的衬衣；衬衣的款式变化极其丰富，款式变化中几乎所有的变化手法和变化形式都能用于衬衣的设计，因此，衬衣的设计受到服装设计者的重视。

衬衣的外形变化很丰富，H 形、A 形、S 形是衬衣中常见的基本形，在这些基本形的基础上加减，或运用这些基本形进行组合可以创造出许多更别致的外形。

在衬衣的局部变化中，领子的变化起着决定性的作用，其他部位的局部变化都应该与领的风格和造型协调。由于领子在整体中的重要地位，许多衬衣的名称会根据领的特点来确定。用于衬衣的领型很丰富，立领、翻领、系带领、无领是衬衣中常见的基本领型，改变这些领子的基本造型、或运用刺绣、滚边、镶拼等工艺对它们进行装饰都是衬衣设计常用的手法。

衬衣袖的变化更丰富，长袖、短袖、半袖、七分袖；连袖、装袖、插肩袖；喇叭袖、灯笼袖、泡泡袖等等可以在其他服装上见到的袖几乎都可以运用于衬衣的设计。由于衬衣的变化手法和变化形式可以如此繁复，因此，在衬衣的款式设计过程中一定要注意把握好整体风格的协调，让袖与外形风格协调，袖与领的风格协调，面料与款式协调等等，只有这样衬衣的设计才可能完美，更多款式见“衬衫款式图例”。

5.1　领口抽褶无领衬衣数字化设计

无领是没有领面的领型，其造型由大身衣片领口的形态来决定，具有轻松、凉爽、简洁的审美效果，是夏季衬衣常用的领型。无领的造型比较简单，但能应用于无领的装饰形式却很多，如花边、荷叶边、皱褶等。这里介绍的就是利用大身衣片抽皱褶作装饰的一款无领衬衣。

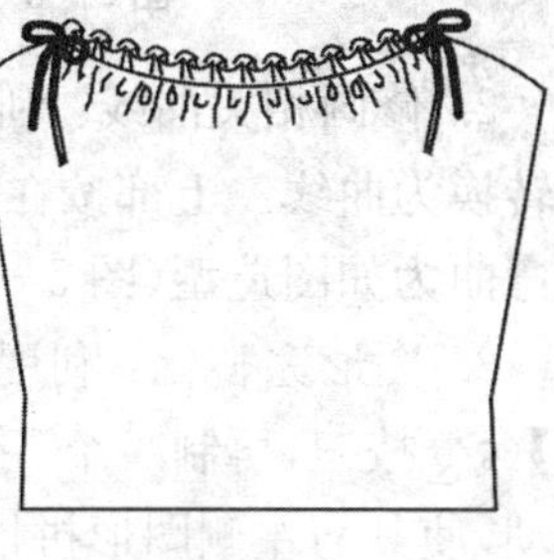

图 5 - 1

一、款式图

如图 5 - 1 所示。

二、款式图绘制方法

1. 设置图纸、原点，绘制直线框图：图纸设置为 A4 图纸、横向摆放、绘图单位为 cm、绘图比例为 1∶5。将原点设置在图纸左侧上部适当位置。利用手绘工具，参考图中数据，绘制一半款式图的框图(图 5 - 2)。

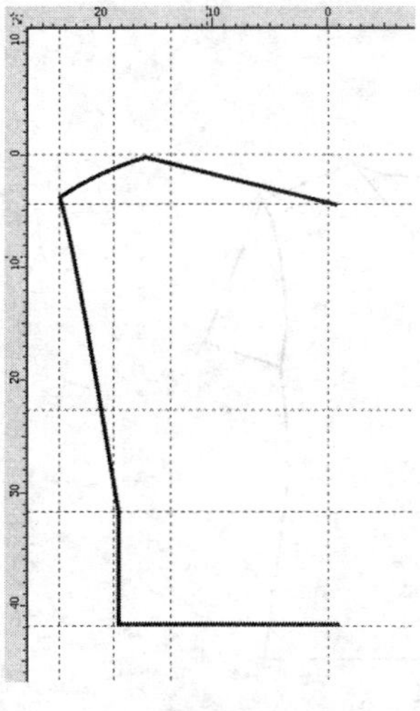

图 5 - 2

2. 图形完整化、修画领口曲线：利用挑选工具，整体框选一半图形。通过变换对话框的大小选项，鼠标单击【应用于再制】命令按钮，再制一个一半图形。鼠标单击交互式属性栏的水平翻转图标，将其水平翻转。将其水平向右拖动，使其与左侧图形拼接对齐。

利用挑选工具，整体选中图形。鼠标单击交互式属性栏的结合图标，将其结合为一个图形。利用形状工具，框选选中领口处的两个未连接的重叠的节点，鼠标单击交互式属性栏的连接两个节点图标，同时删除该节点。鼠标单击交互式属性栏的转换直线为曲线图标，将其转换为曲线。鼠标按在曲线上，拖动鼠标使其向下弯曲为如图造型(图 5 - 3)。

3. 绘制领口花边和领口皱褶线：利用手绘工具和形状工具，绘制一组花边图案。通过再制、旋转、移动的方法，绘制整个领口花边。利用同样的方法，绘制领口皱褶线(图 5-4)。

4. 绘制装饰系合带：利用艺术笔触的预设工具，绘制左侧装饰系合带。通过选中、再制、水平翻转、移动的方法，绘制右侧系合带，即完成了正面款式图的绘制。其背面款式图与正面款式图相同，故略去(图 5-5)。

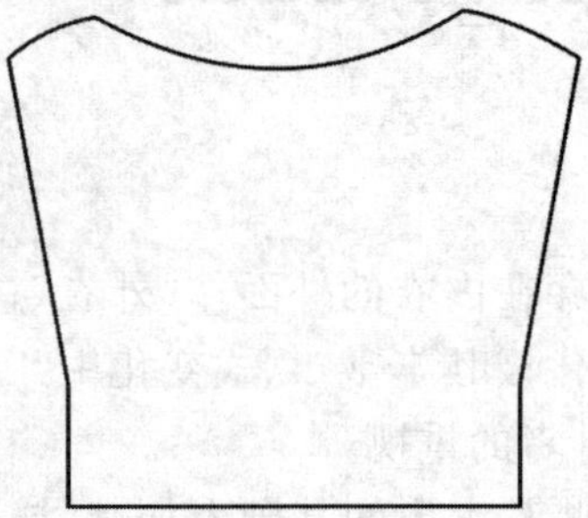
图 5-3

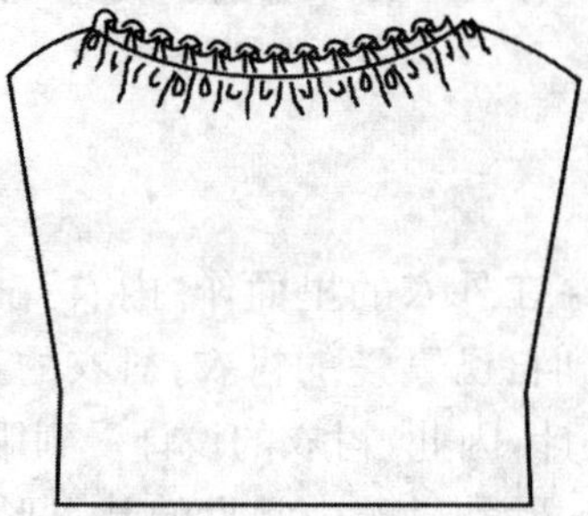
图 5-4

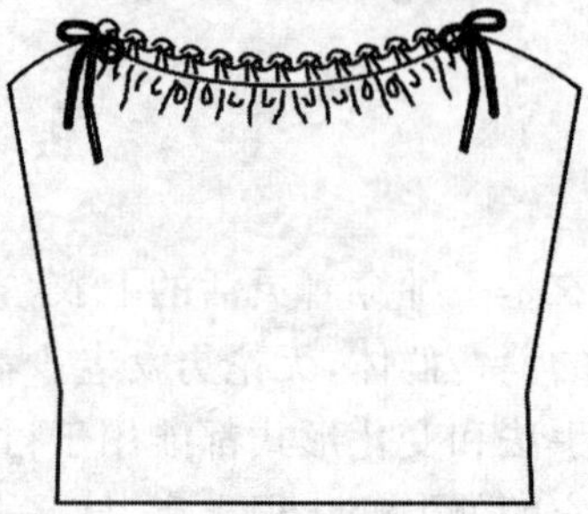
图 5-5

5.2 侧缝抽褶无领衬衣数字化设计

用薄型材料设计衬衣时，大身部分一般不会作分割处理，因为分割后的缝合线可能产生“疤痕”效果，破坏服装的审美。但如果在分割处运用抽褶的手法进行处理则不仅可以避免这种情况出现，而且还能丰富服装的肌理变化。

图 5-6

一、款式图

如图 5-6 所示。

二、款式图绘制方法

1. 设置图纸、原点、绘制直线框图：图纸设置为 A4 图纸、横向摆放、绘图单位为 cm、绘图比例为 1∶5。将原点设置在图纸左侧上部适当位置。利用手绘工具，参考图中数据，绘制一半款式图的直线框图(图 5-7)。

2. 修画相关曲线：利用形状工具，点选袖窿直线，鼠标单击交互式属性栏的转换直线为曲线图标，将其转换为曲线。上部按在曲线上，拖动鼠标使其弯曲为如图造型。利用同样的方法，将袖山直线转换为曲线，并弯曲为如图造型(图 5-8)。

3. 图形完整化：利用挑选工具，整体框选一半图形。通过变换对话框的大小选项，鼠标单击【应用于再制】命令按钮，再制一个一半图形。鼠标单击交互式属性栏的水平翻转图标，将其水平翻转。将其水平向右拖动，使其与左侧图形拼接对齐。利用手绘工具和形状工具，绘制后领口曲线(图 5-9)。

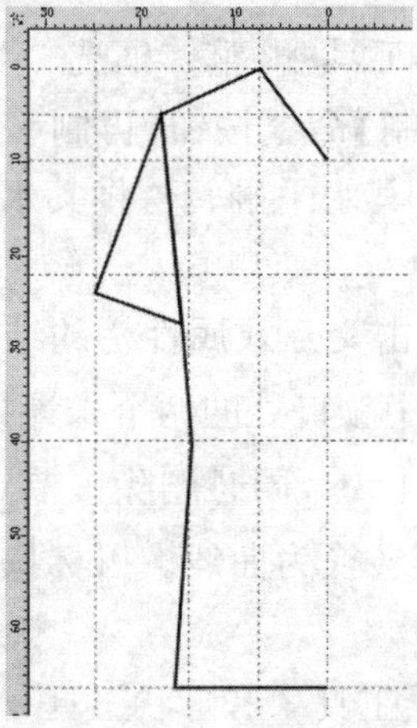
图 5-7

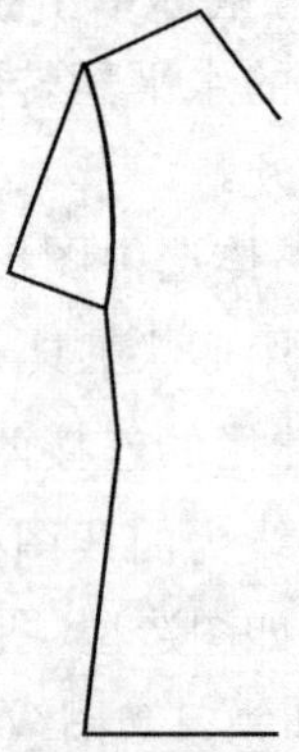
图 5-8

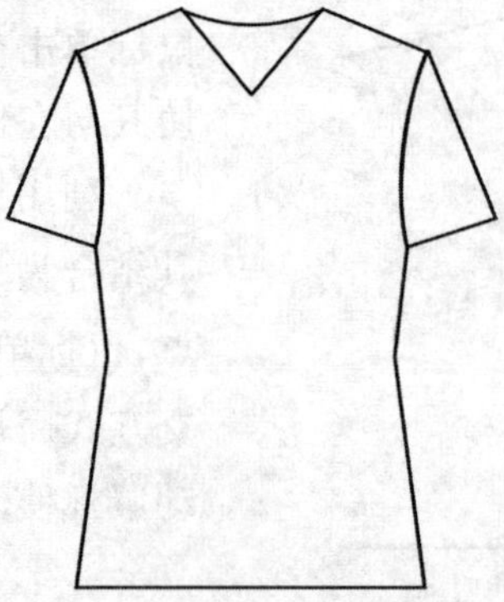
图 5-9

4. 绘制门襟和皱褶：利用形状工具，将左侧领口线的下部节点顺势拖动，延长到腋下。利用手绘工具，绘制如图造型的皱褶线。即完成了正面款式图的绘制(图 5－10)。

5. 绘制背面款式图：利用挑选工具，整体框选正面款式图。通过变换对话框的大小选项，鼠标单击【应用于再制】命令按钮，再制一个正面款式图，将其拖动到图纸右侧空白处。分别选中并删除前领口线、门襟线、皱褶线。利用手绘工具，绘制两条后片省位线。即完成了背面款式图的绘制(图 5－11)。

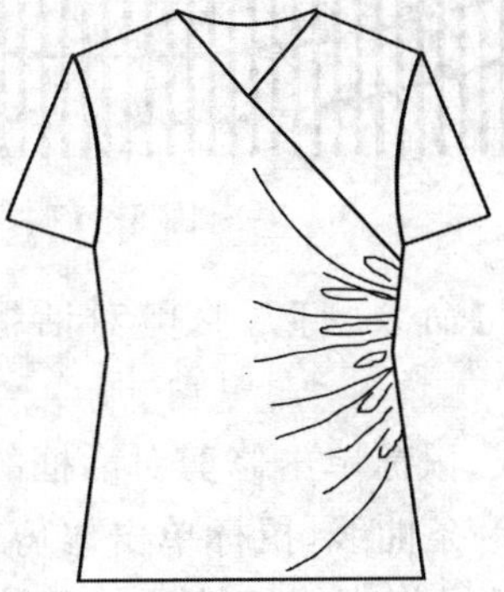
图 5－10

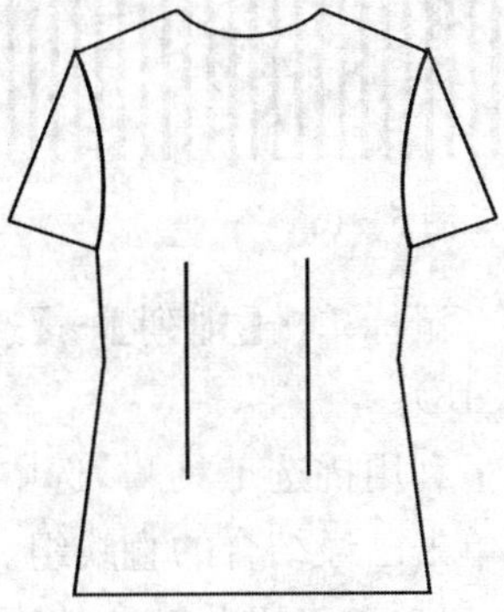
图 5－11

5.3 用荷叶边装饰无领衬衣数字化设计

荷叶边是女式衬衣常用的装饰手法之一。荷叶边自然起伏的波纹曲线不仅能丰富服装的肌理变化，还能使简单的造型变得丰富起来。运用荷叶边装饰衬衣时要注意让荷叶边的面积与所装饰的面积相互协调。

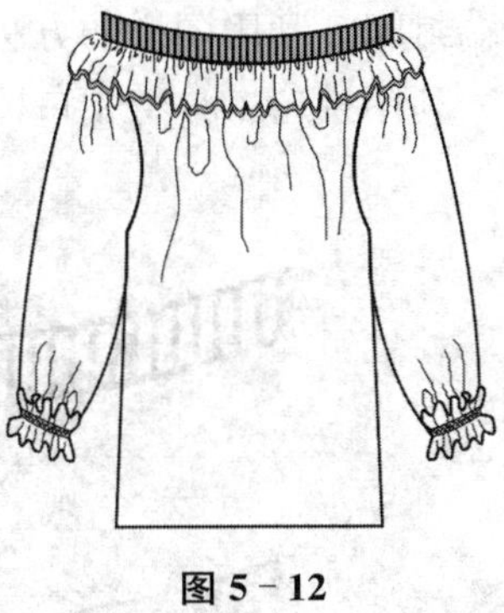
图 5－12

一、款式图

如图 5－12 所示。

二、款式图绘制方法

1. 设置图纸、原点，绘制直线框图：图纸设置为 A4 图纸、横向摆放、绘图单位为 cm、绘图比例为 1∶5。将原点设置在图纸左侧上部适当位置。利用手绘工具，参考图中数据，绘制一半款式图的直线框图(图 5－13)。

2. 修画相关曲线：利用形状工具，分别点击选中(点选)袖山线、袖窿线和袖筒线，并将其转换为曲线，拖动鼠标，使其弯曲为如图造型(图 5－14)。

3. 图形完整化：利用挑选工具，整体框选一半图形。通过变换对话框的大小选项，鼠标单击【应用于再制】命令按钮，再制一个一半图形。鼠标单击交互式属性栏的水平翻转图标，将其水平翻转。将其水平向右拖动，使其与左侧图形拼接对齐。

利用形状工具，点击选中领口直线，将其转换为曲线，拖动鼠标，使其弯曲为如图造型(图 5－15)。

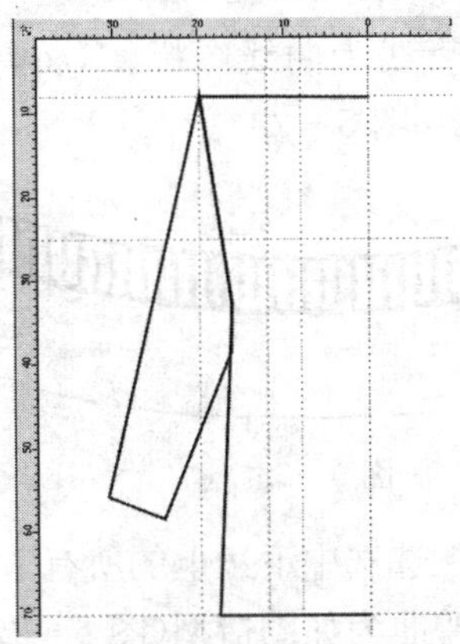
图 5－13

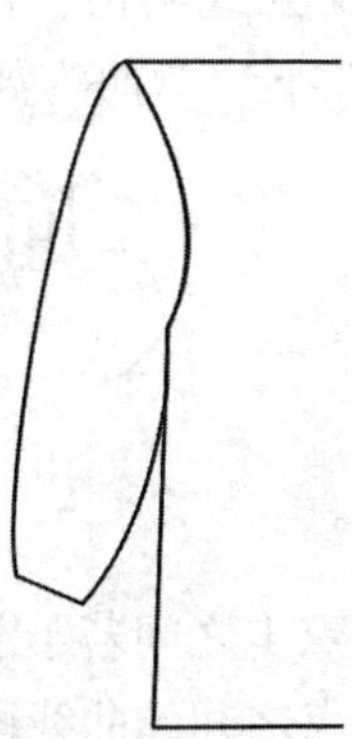
图 5－14

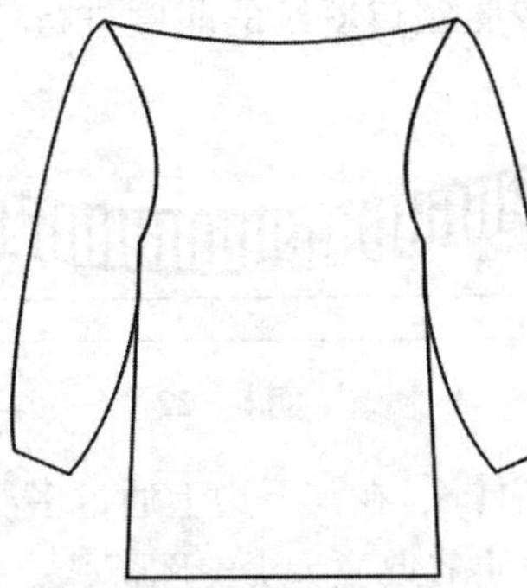
图 5－15

4. 绘制轮廓罗纹：利用手绘工具，绘制一条竖向直线。通过变换对话框的位置选项，设置水平数据为 1 cm，鼠标连续单击【应用于再制】命令按钮若干次，使直线组的左右宽度与领口宽度略小。利用挑选工具，整体框选选中直线组，鼠标单击交互式属性栏的结合图标，使其结合为一个图形(图 5－16)。

利用手绘工具和形状工具，绘制与领口曲线相同的两条平行曲线，其距离为 3 cm 左右(图 5－17)。

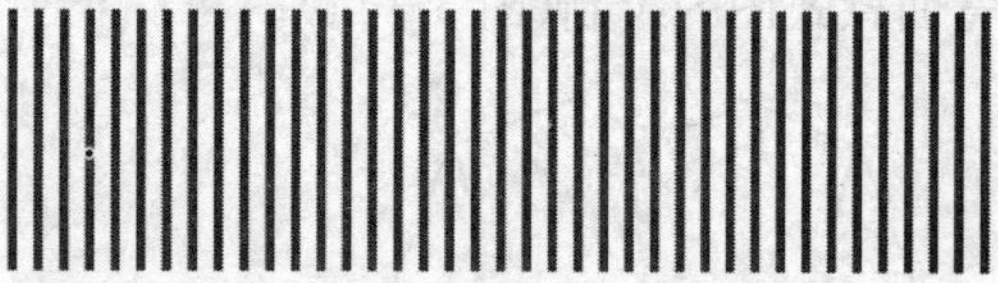

图 5－16

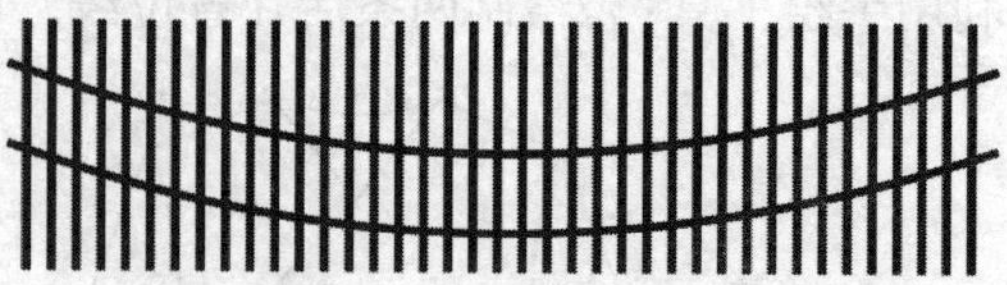

图 5－17

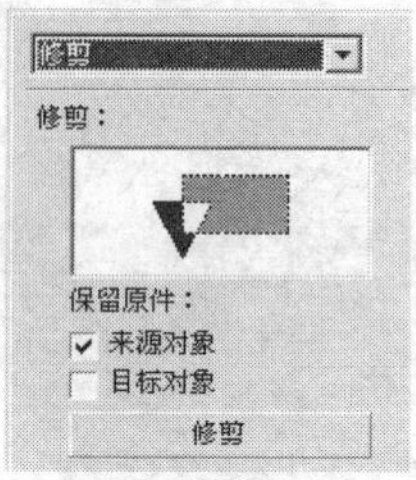

图 5－18

鼠标单击【排列】→【造型】→【造型】命令，打开修剪对话框，并进行如图设置(图 5－18)。

利用挑选工具，选中其中一条曲线，鼠标单击修剪对话框的【修剪】命令按钮，鼠标再单击已经结合的直线组。再次选中另一条曲线，鼠标单击修剪对话框的【修剪】命令按钮，鼠标单击以及结合的直线组。这时已经将直线组按照两条曲线的形状进行了修剪。鼠标单击【排列】→【拆分曲线图层】命令，将整个图形分离。分别选中两条曲线上面和下面的直线并删除，只留下两条曲线之间的直线(图 5－19)。

利用挑选工具，同时选中两条曲线。鼠标单击交互式属性栏的结合图标，将其结合为一个图形。利用形状工具，分别框选选中两条曲线左端的两个节点，鼠标单击交互式属性栏的延长曲线使之闭合图标，使左端封闭。利用同样的方法将右端封闭，并为其填充灰色，即完成了领口罗纹的绘制(图 5－20)。

利用挑选工具将领口罗纹，整体选中罗纹并群组。将其移动到款式图的领口处(图 5－21)。

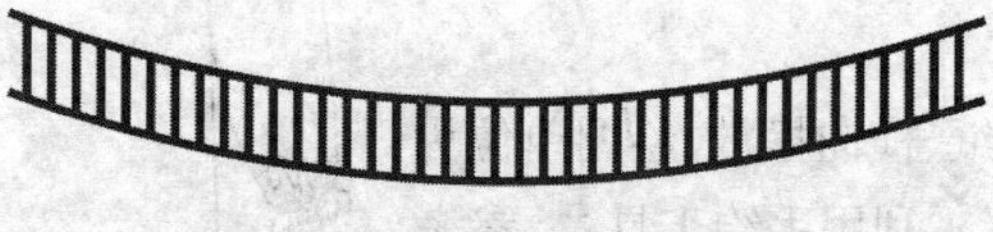

图 5－19

图 5－20

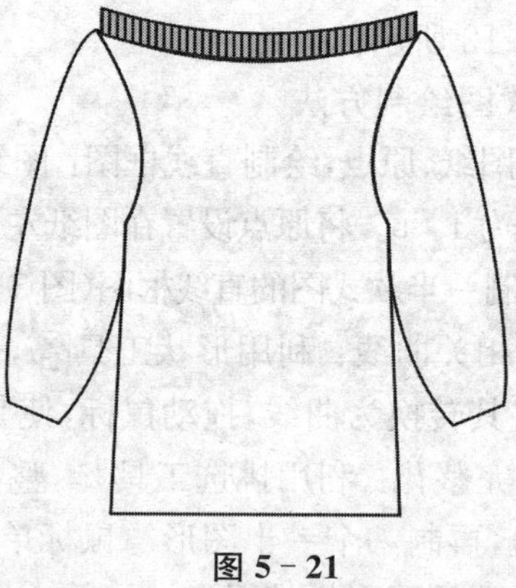

图 5－21

5. 绘制皱褶荷叶边

利用手绘工具，按照领口罗纹的宽度，绘制一个梯形，并弯曲填充白色(图 5－22)。

利用形状工具，框选选中整个梯形，鼠标单击交互式属性栏的转换直线为曲线图标，将其整体转换为曲线。其上边按照领口罗纹的曲度进行弯曲。左、右、下边弯曲为如图造型(图 5－23)。

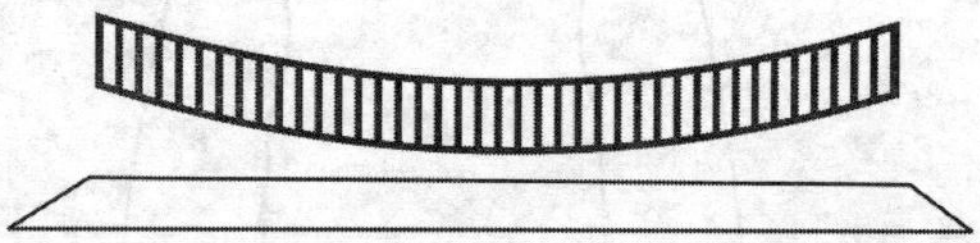

图 5－22

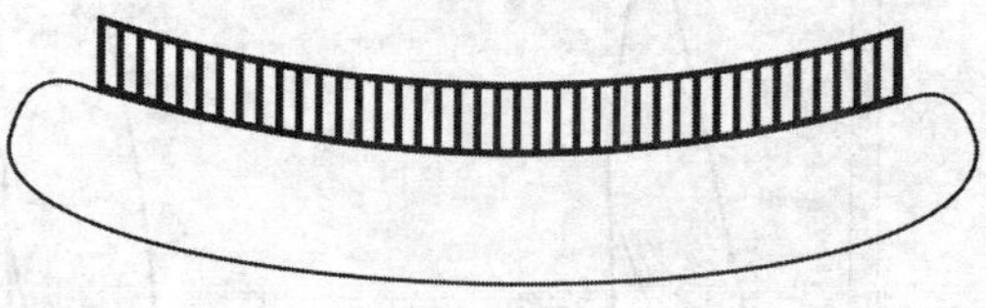

图 5－23

利用形状工具，在其下边上通过多次双击鼠标，点击之间若干节点。框选选中下边上的所有节点，鼠标单击交互式属性栏的使节点成为尖突图标。将每两个节点之间的曲线段反向弯曲为如图造型(图 5－24)。

利用挑选工具，选中图形 5－24，通过变换对话框再制一个如图 5－24 的图形。利用形状工具，分别选中图形下边上两端的节点，鼠标单击交互式属性栏的分割曲线图标，使节点断开。鼠标单击【排列】→【拆分曲线图层】命令，使图形下边与其他部分分离。删除其他部分，留下下边图形。通过变换对话框，再制一个下边图形，将其垂直向上移动 1 cm。利用挑选工具，同时框选选中两个下边图形，鼠标单击交互式属性栏的结合图标，将其结合为一个图形。利用形状工具分别框选选中左端两个节点和右端两个节点，鼠标单击交互式属性栏的连接两个节点图标，将其封闭，成为封闭图形，并为其填充灰色（图 5－25）。

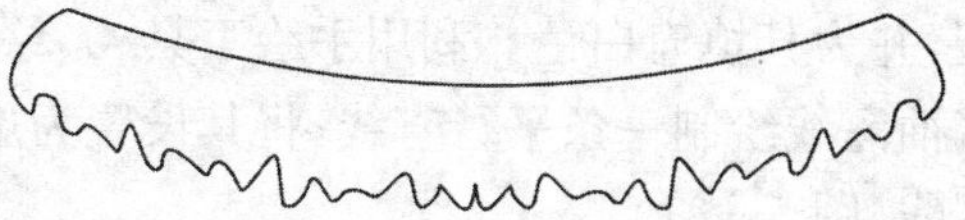

图 5－24

利用挑选工具将其移动到皱褶荷叶边的下边上，并覆盖原来的下边。利用手绘工具，绘制荷叶边的上下皱褶线，造型美观与否主要看你运用鼠标的熟练程度（图 5－26）。

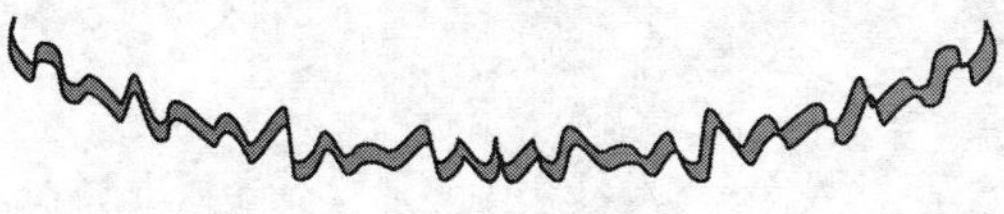

图 5－25

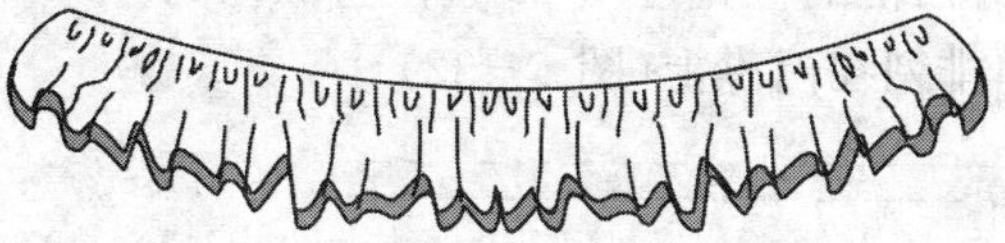

图 5－26

利用挑选工具，整体框选选中完整的荷叶边，将其群组为一个整体。将其移动到领口罗纹的下方，并将其置于最上层，覆盖在衣片上部图形线（图 5－27）。

6. 绘制袖口荷叶边和衣片、袖子上部皱褶线

利用绘制领口荷叶边的方法，绘制一个袖口荷叶边。通过再制、翻转、移动的方法，绘制另一个袖口荷叶边。

利用手绘工具，绘制衣片、袖子上部皱褶线，即完成了正面款式图的绘制。背面款式图与正面款式图一样，绘制步骤略去（图 5－28）。

图 5－27

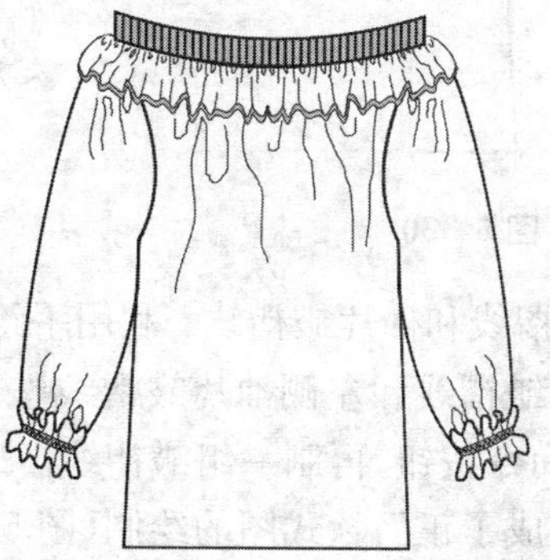

图 5－28

5.4 皱褶立翻领衬衣数字化设计

立翻领是传统的男式衬衣领，在服装趋向“中性”的潮流中，男式衬衣领也受到女士的喜爱。在有男式衬衣领的女装中夸张地运用皱褶，能为“阳刚”的服装增添许多“妩媚”。

一、款式图

如图 5－29 所示。

二、款式图绘制方法

1. 设置图纸、原点，绘制直线框图：图纸设置为 A4 图纸、横向摆放、绘图单位为 cm、绘图比例为 1∶5。将原点设置在图纸左侧上部适当位置。利用手绘工具，参考图中数据，绘制一半款式图的直线框图（图 5－30）。

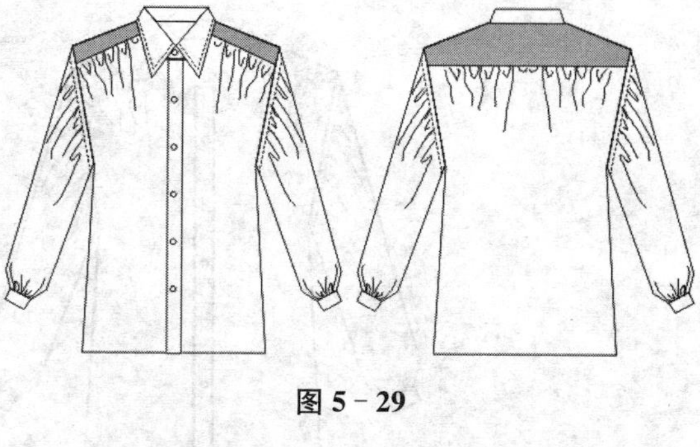

图 5－29

2. 绘制领子、领座、肩部拼接、袖口皱褶和袖窿明线

利用手绘工具，绘制一个封闭的领子造型，并为其填充白色。利用手绘工具，绘制一个封闭的领座造

型，并为其填充白色。利用手绘工具，绘制一个封闭的肩部拼接造型，并为其填充灰色。利用手绘工具，沿着袖窿线绘制一条平行直线，将其设置为虚线。利用同样的方法绘制领座明线。利用手绘工具，绘制袖口皱褶线(图 5-31)。

3. 图形完整化、绘制门襟和扣子

利用挑选工具，整体框选一半图形。通过变换对话框的大小选项，鼠标单击【应用于再制】命令按钮，再制一个一半图形。鼠标单击交互式属性栏的水平翻转图标，将其水平翻转。将其水平向右拖动，使其与左侧图形拼接对齐。

利用矩形工具绘制一个宽度为 3 cm 的矩形，高度直达衣片底边，作为门襟图形。

利用椭圆工具，按住 Ctrl 键，绘制一个直径为 1.5 cm 的圆形，利用挑选工具，将其放置在门襟上部。通过变换对话框的位置选项，设置垂直数值为-11 cm，鼠标连续单击【应用于再制】命令按钮 5 次，再制 5 个扣子，并均匀排列在门襟上(图 5-32)。

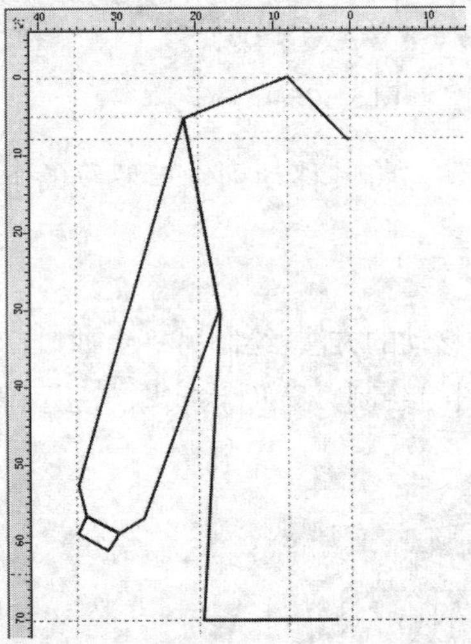

图 5-30

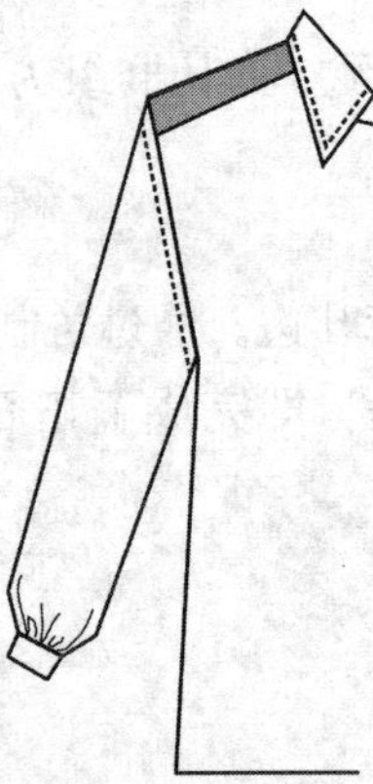

图 5-31

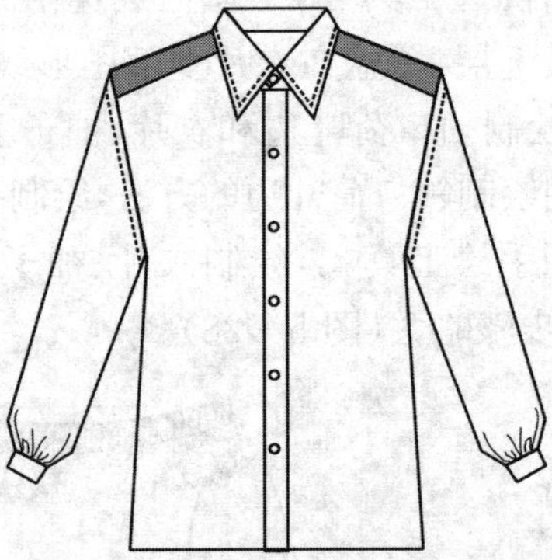

图 5-32

4. 绘制衣片皱褶线和袖片皱褶线：利用手绘工具，绘制左侧衣片皱褶线和左侧袖片皱褶线。利用挑选工具，将左侧衣片皱褶线和左侧袖片皱褶线整体框选选中，并将其群组。通过变换对话框的大小选项，鼠标单击【应用于再制】命令按钮，再制一组皱褶线。通过交互式属性栏的镜像工具，将其水平翻转。将其水平移动到右侧相应位，即完成了正面款式图的绘制(图 5-33)。

5. 绘制背面款式图：利用挑选工具，整体框选正面款式图。通过变换对话框的大小选项，鼠标单击【应用于再制】命令按钮，再制一个正面款式图，将其拖动到图纸右侧空白处。分别选中并删除领子、门襟、扣子、肩部拼接图形和衣片皱褶线。

利用手绘工具，绘制后片封闭的肩部拼接图形，并为其填充灰色。

利用手绘工具，绘制后片皱褶线，即完成了背面款式图的绘制(图 5-34)。

图 5-33

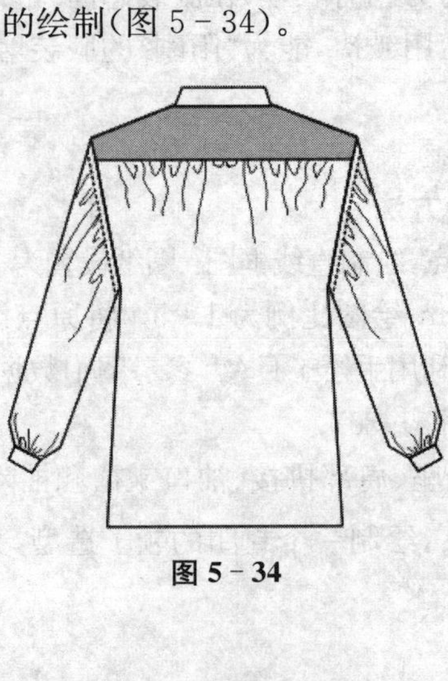

图 5-34

5.5 小立领衬衣数字化设计

将立翻领的领面去掉，就可以将领型变成更加轻松、休闲的小立领。

一、款式图

如图 5－35 所示。

二、款式图绘制方法

1. 设置图纸、原点，绘制直线框图：图纸设置为 A4 图纸、横向摆放、绘图单位为 cm、绘图比例为 1∶5。将原点设置在图纸左侧上部适当位置。利用手绘工具，参考图中数据，绘制一半款式图的直线框图(图 5－36)。

2. 图形完整化：利用挑选工具，整体框选一半图形。通过变换对话框的大小选项，鼠标单击【应用于再制】命令按钮，再制一个一半图形。鼠标单击交互式属性栏的水平翻转图标，将其水平翻转。将其水平向右拖动，使其与左侧图形拼接对齐(图 5－37)。

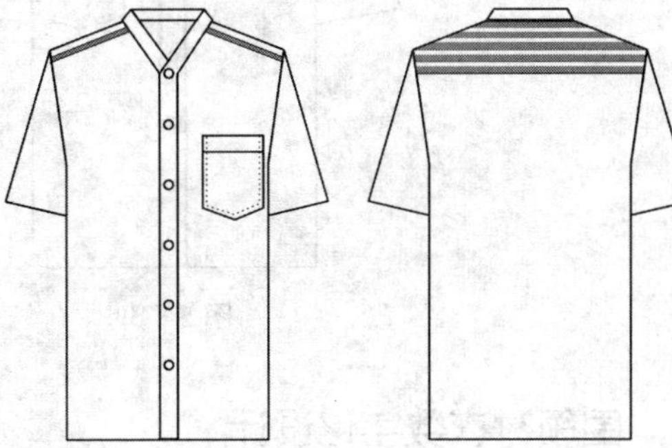

图 5－35

3. 绘制领子：利用手绘工具，分别绘制左侧前领、右侧前领和后片领子(图 5－38)。

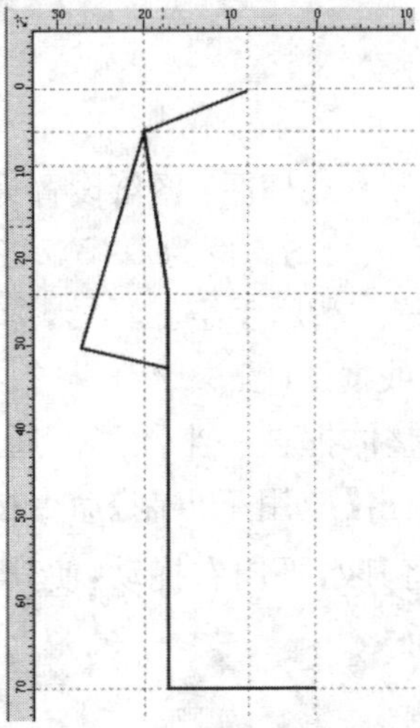

图 5－36

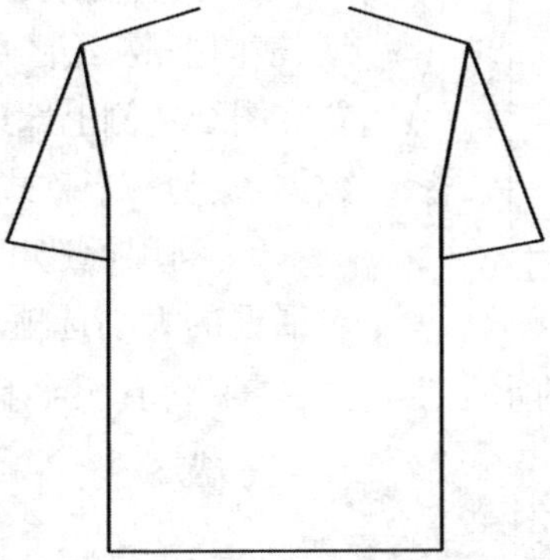

图 5－37

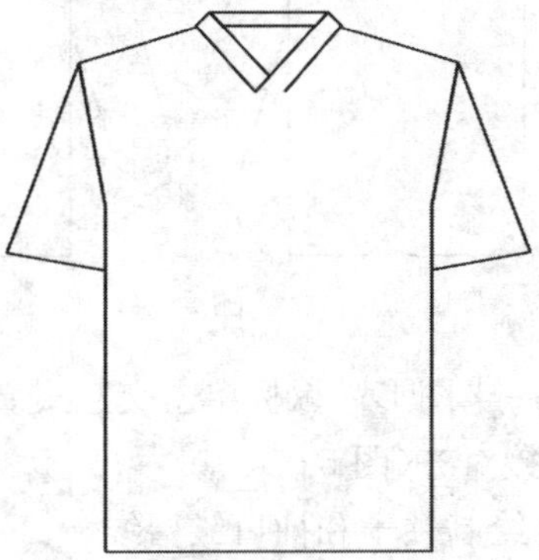

图 5－38

4. 绘制门襟、扣子、口袋和肩部拼接图形

利用手绘工具，接着右侧领子绘制两条竖向平行线，作为明门襟。

利用椭圆工具，按住 Ctrl 键，绘制一个直径为 1.5 cm 的圆形，利用挑选工具，将其放置在门襟上部。通过变换对话框的位置选项，设置垂直数值为－11 cm，鼠标连续单击【应用于再制】命令按钮 5 次，再制 5 个扣子，并均匀排列在门襟上。

利用矩形工具，绘制一个高度为 12 cm、宽度为 10 cm 的矩形，将其转换为曲线图形。利用形状工具，在底边中间双击鼠标，增加一个节点。向下拖动节点 2 cm，形成尖角造型。利用手绘工具，绘制袋口贴边横线。利用挑选工具，选中口袋轮廓线。通过变换对话框的大小选项，鼠标单击【应用于再制】命令按钮，再制一个口袋轮廓线。通过向内均匀缩小口袋轮廓线两侧的宽度、向上缩小口袋轮廓线的高度，形成双线轮廓线(袋口线还是单线)。通过交互式属性栏的轮廓选项，设置轮廓样式为虚线，即完成了口袋的绘制。

利用手绘工具绘制封闭的肩部拼接图形，并为其填充灰色，即完成了正面款式图的绘制(图 5－39)。

5. 绘制背面款式图：利用挑选工具，整体框选正面款式图。通过变换对话框的大小选项，鼠标单击【应用于再制】命令按钮，再制一个正面款式图，将其拖动到图纸右侧空白处。分别选中并删除前领子、门襟、扣子、口袋和肩部拼接图形。利用手绘工具，绘制后片5个封闭的肩部拼接图形，并为其填充灰色，即完成了背面款式图的绘制(图5-40)。

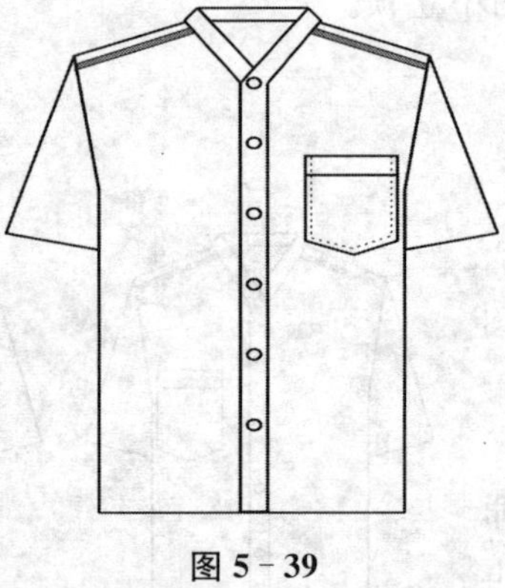
图5-39

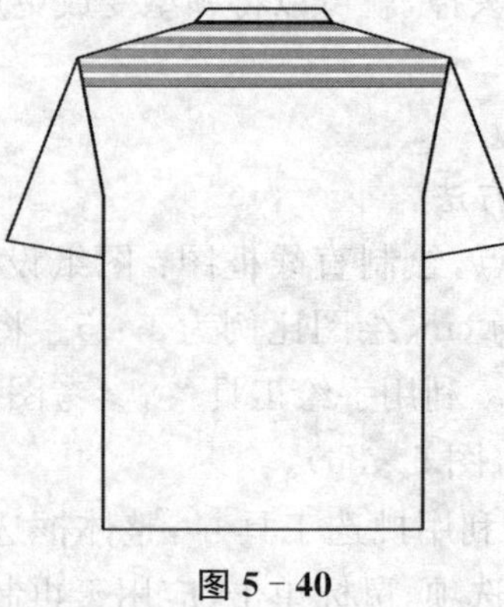
图5-40

5.6 围领衬衣数字化设计

围领即包围在颈项周围的领。围领的造型比较简洁，其变化的形式主要在领面的高低和领口的宽窄。由于围领具有简洁的审美特征，因此，服装中与之相匹配的其他局部变化也会比较简洁。

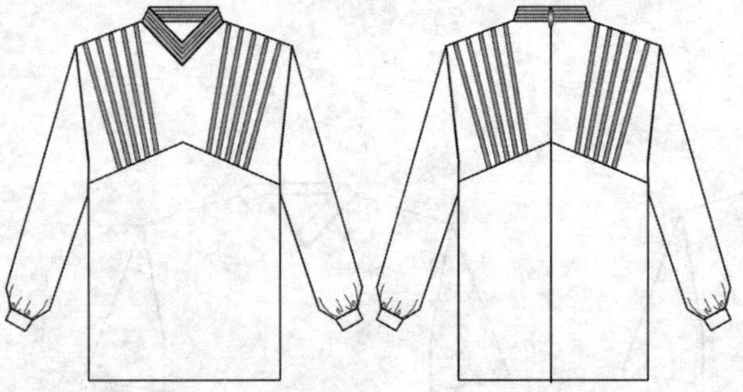
图5-41

一、款式图

款式如图5-41所示。

二、款式图绘制方法

1. 设置图纸、原点，绘制直线框图：图纸设置为A4图纸、横向摆放、绘图单位为cm、绘图比例为1∶5。将原点设置在图纸左侧上部适当位置。利用手绘工具，参考图中数据，绘制一半款式图的直线框图(图5-42)。

2. 利用挑选工具，整体框选一半图形。通过变换对话框的大小选项，鼠标单击【应用于再制】命令按钮，再制一个一半图形。鼠标单击交互式属性栏的水平翻转图标，将其水平翻转。将其水平向右拖动，使其与左侧图形拼接对齐(图5-43)。

3. 绘制领子和袖口皱褶线

利用手绘工具，绘制前领轮廓线，并使其成为封闭图形，为其填充灰色。在领子内部绘制3条直线折线。绘制后领轮廓线，并使其成为封闭图形，为其填充灰色。在领子内部绘制3条直线。

利用手绘工具，绘制左侧袖口皱褶线。通过选中、再制、翻转、移动的方法，绘制另一个袖口皱褶线(图5-44)。

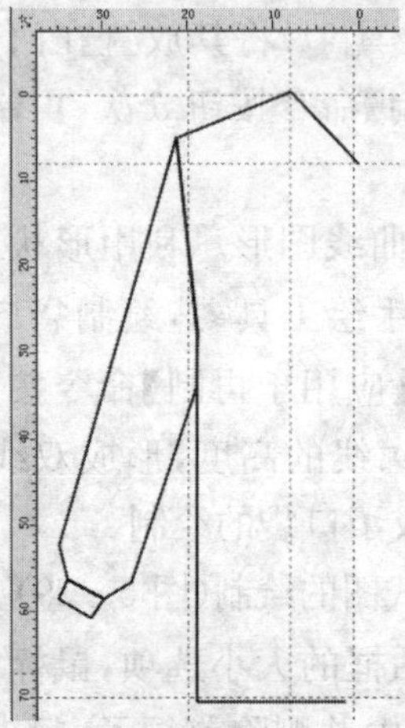

图5-42

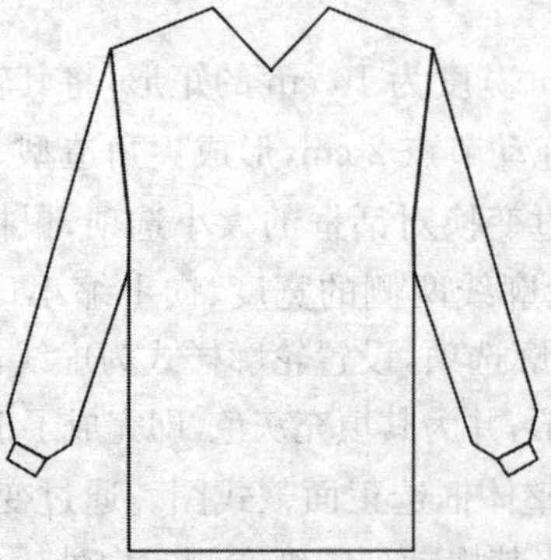
图5-43

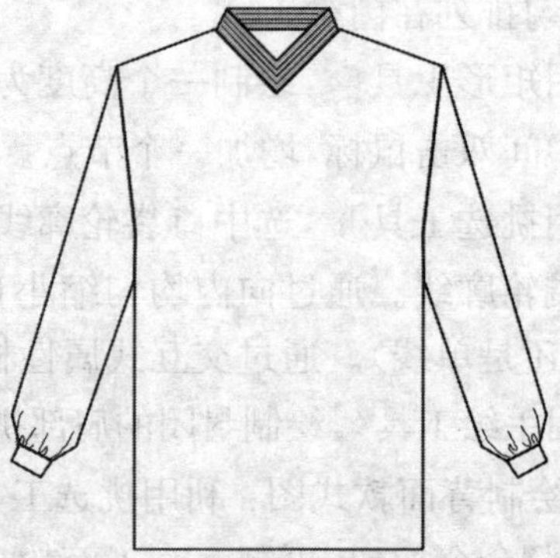
图5-44

4. 绘制拼接线和装饰线

利用手绘工具，绘制衣片上下部分的拼接线。

利用手绘工具，首先在左衣片的左侧绘制一条装饰线(装饰线是封闭的矩形，填充灰色)，再在左衣片的右侧绘制一条装饰线。利用交互式调和工具，按在一侧装饰线上，拖动鼠标到另一侧装饰线上，这时两条装饰线之间会出现若干装饰线。通过交互式属性栏的调和步数工具，将数值调整为 3，即成为分布均匀的 5 条装饰线。

利用挑选工具，整体选中左侧装饰线，通过变换对话框的大小选项，鼠标单击【应用于再制】命令按钮，再制一组装饰线，鼠标单击交互式属性栏的水平翻转图标，将其水平翻转。将其移动到衣片一侧相应位置。

利用手绘工具，绘制左侧袖口皱褶线。通过选中、再制、翻转、移动的方法，绘制另一个袖口皱褶线，即完成了正面款式图的绘制(图 5－45)。

5. 绘制背面款式图：利用挑选工具，整体框选正面款式图。通过变换对话框的大小选项，鼠标单击【应用于再制】命令按钮，再制一个正面款式图，将其拖动到图纸右侧空白处。选中并删除前领。利用形状工具，调整后领造型。利用手绘工具，绘制后片中心线。利用椭圆工具，绘制一个竖向小椭圆，作为拉链的拉手。即完成了背面款式图的绘制(图 5－46)。

图 5－45

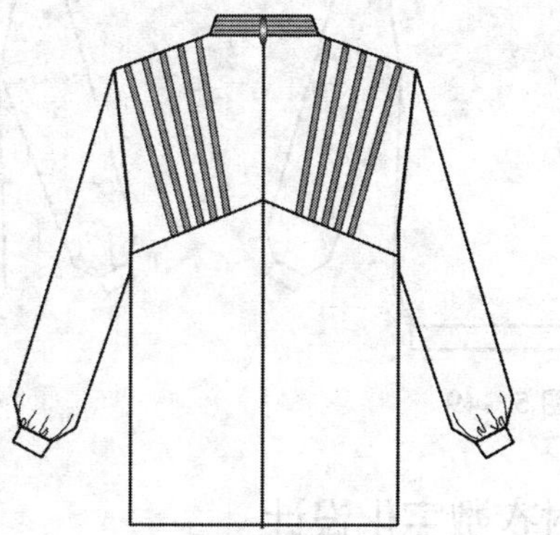
图 5－46

5.7 蝴蝶结领衬衣数字化设计

蝴蝶结也是衬衣常用的装饰手法之一。将领面延伸成带状、在颈部系结就可以产生蝴蝶结。运用这种手法时应结合当时当地服装流行的趋势对结的大小、长短、宽窄作适当调整，同时，还可以改变系结的位置，或在前胸居中、或在后背居中、或在前胸偏左、或在前胸偏右，使系出的蝴蝶结更加富于变化。

一、款式图

如图 5－47 所示。

二、款式图绘制方法

1. 设置图纸、原点，绘制直线框图：图纸设置为 A4 图纸、横向摆放、绘图单位为 cm、绘图比例为 1∶5。将原点设置在图纸左侧上部适当位置。利用手绘工具，参考图中数据，绘制一半款式图的直线框图(图 5－48)。

2. 图形完整化：利用挑选工具，整体框选一半图形。通过变换对话框的大小选项，鼠标单击【应用于再制】命令按钮，再制一个一半图形。鼠标单击交互式属性栏的水平翻转图标，将其水平翻转。将其水平向右拖动，使其与左侧图形拼接对齐(图 5－49)。

图 5－47

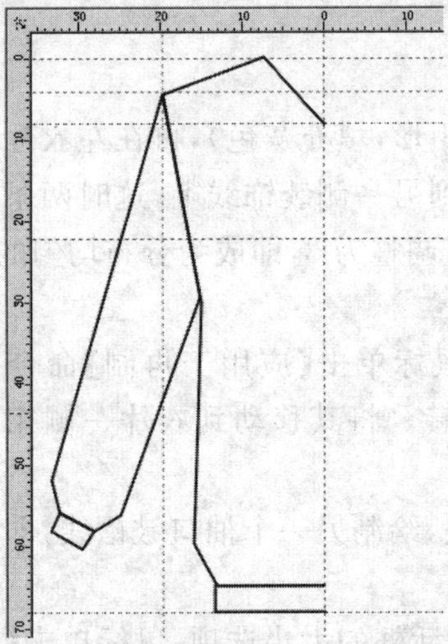

图 5－48

3. 绘制领子、蝴蝶结及袖口皱褶

利用手绘工具，绘制领子造型。蝴蝶结的绘制方法是，分别绘制横向环形结、左侧飘带、右侧飘带、缠绕结 4 个部分，将它们拼凑在一起。通过分别放大和缩小，达到理想的造型。将其群组并放置在领子下部适当位置。

利用手绘工具，分别绘制左右袖口的皱褶线，即完成了正面款式图的绘制(图 5－50)。

4. 绘制背面款式图：利用挑选工具，整体框选正面款式图。通过变换对话框的大小选项，鼠标单击【应用于再制】命令按钮，再制一个正面款式图，将其拖动到图纸右侧空白处。分别选中并删除前领口线和蝴蝶结。即完成了背面款式图的绘制(图 5－51)。

图 5－49

图 5－50

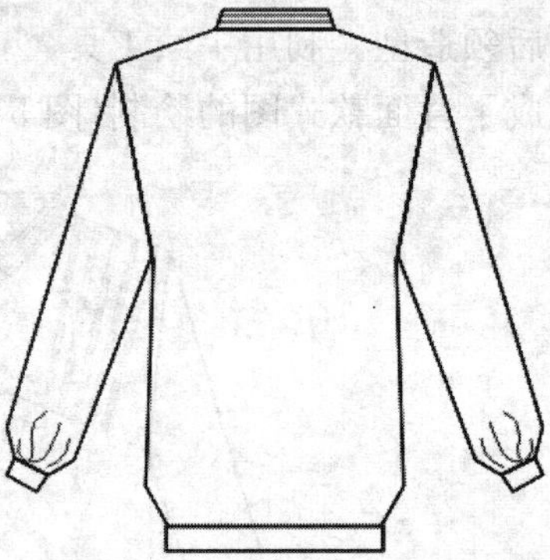

图 5－51

5.8　交叉领衬衣数字化设计

用柔软的面料设计在前胸左右叠置的领型能产生端庄而潇洒的审美效果，裁剪时最好用立体的形式去处理，以方便对织物褶纹的把握。

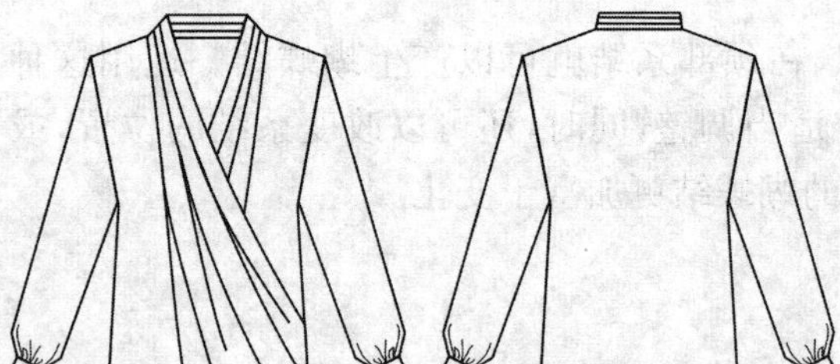

图 5－52

一、款式图

如图 5－52 所示。

二、款式图绘制方法

1. 设置图纸、原点，绘制直线框图：图纸设置为 A4 图纸、横向摆放、绘图单位为 cm、绘图比例为 1∶5。将原点设置在图纸左侧上部适当位置。利用手绘工具，参考图中数据，绘制一半款式图的直线框图(图 5－53)。

2. 图形完整化：利用挑选工具，整体框选一半图形。通过变换对话框的大小选项，鼠标单击【应用于再制】命令按钮，再制一个一半图形。鼠标单击交互式属性栏的水平翻转图标，将其水平翻转。将其水平向右拖动，使其与左侧图形拼接对齐(图 5－54)。

3. 绘制左侧前领直线框图和袖口皱褶线

利用手绘工具，绘制领子轮廓直线框图，并使其封闭。在领子轮廓线内部绘制两条斜直线，作为领子皱褶线。

利用手绘工具，绘制左侧袖口皱褶线。利用选中、再制、翻转、移动的方法，绘制另一个袖口皱褶线(图5－55)。

4. 修画相关曲线：利用形状工具，整体选中领子轮廓线，将其整体转换为曲线。将领子轮廓线的左右两侧曲线弯曲为如图造型。

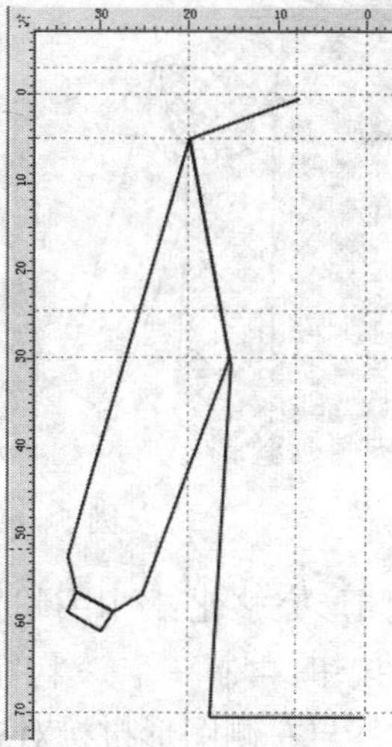
图 5－53

利用形状工具，分别选中两条内部直线，将其分别转换为曲线。分别弯曲为如图造型(图 5－56)。

5. 绘制右侧领子：利用挑选工具，整体选中领子及其内部皱褶线，通过变换对话框的大小选项，鼠标单击【应用于再制】命令按钮，再制一个领子。鼠标单击交互式属性栏的水平翻转图标，并将其水平翻转。将其移动到右侧领子应有位置(即衣片中心辅助线与领子轮廓线的交点处)。利用形状工具，选中右侧领子轮廓线。在两侧领子轮廓线交点处，分别双击鼠标，增加节点。框选选中两个节点，鼠标单击交互式属性栏的使节点成为尖突图标。框选选中右侧领子轮廓线右下方的两个节点，将其删除，这时该段线条变为弧线。选中弧线，鼠标单击转换曲线为直线图标，即去掉了右侧领子轮廓线与左领的重叠部分。同理，利用形状工具，分别选中右侧领子内部曲线。在与左侧领子轮廓线交点处，双击鼠标增加节点。分别删除内部曲线的右下方节点。即完全删除了左右领子的重叠部分(图 5－57)。

6. 绘制后领：利用手绘工具，绘制如图造型的后领封闭图形，并在内部绘制两条横向直线，作为后领折叠线。利用挑选工具，分别选中后领、前领和袖头。即完成了正面款式图的绘制(图 5－58)。

7. 绘制背面款式图：利用挑选工具，整体框选正面款式图。通过变换对话框的大小选项，鼠标单击【应用于再制】命令按钮，再制一个正面款式图，将其拖动到图纸右侧空白处。选中并删除前领。利用形状工具，调整后领造型。即完成了背面款式图的绘制(图 5－59)。

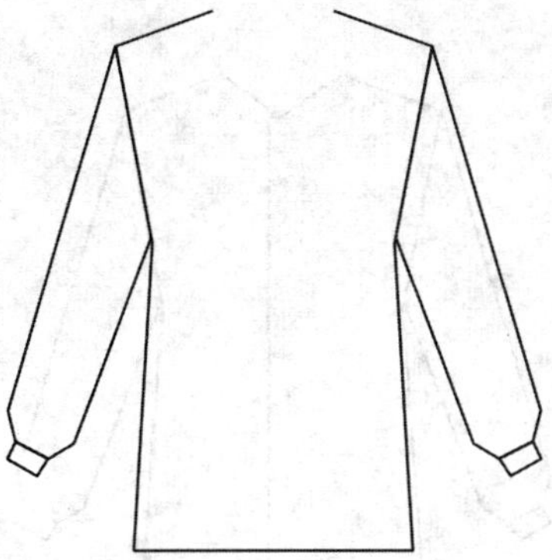
图 5－54

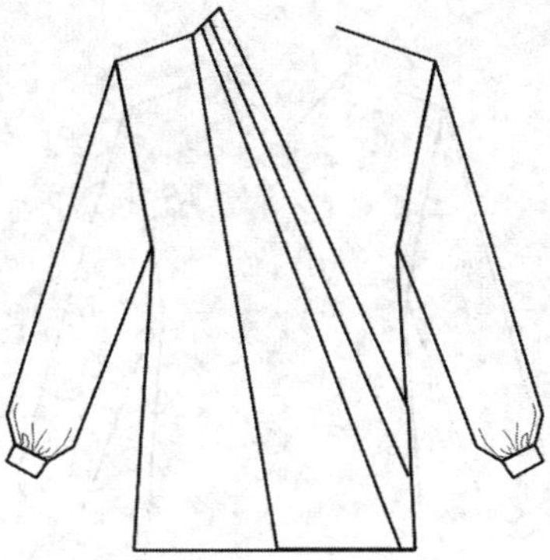
图 5－55

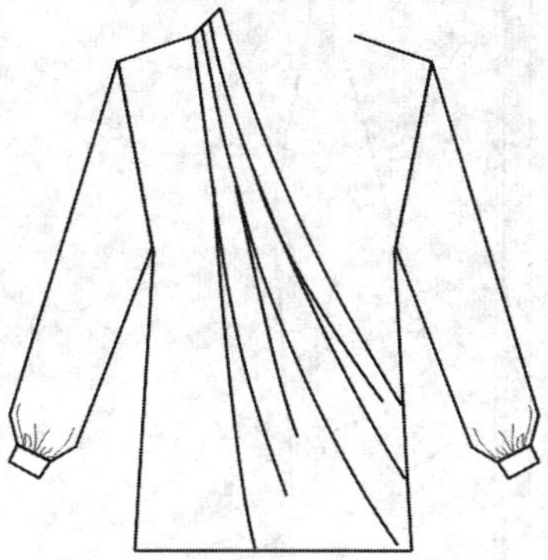
图 5－56

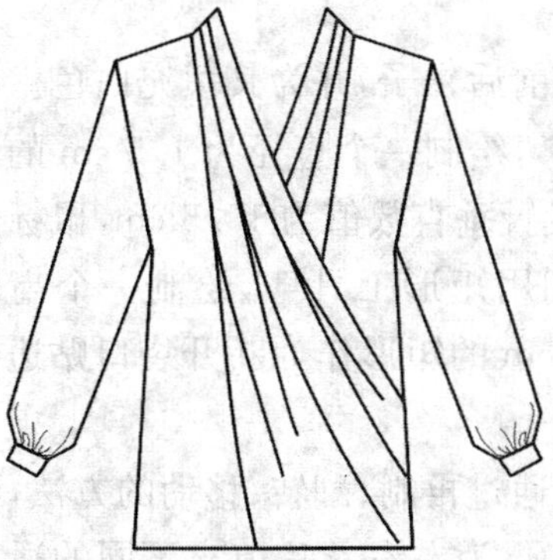
图 5－57

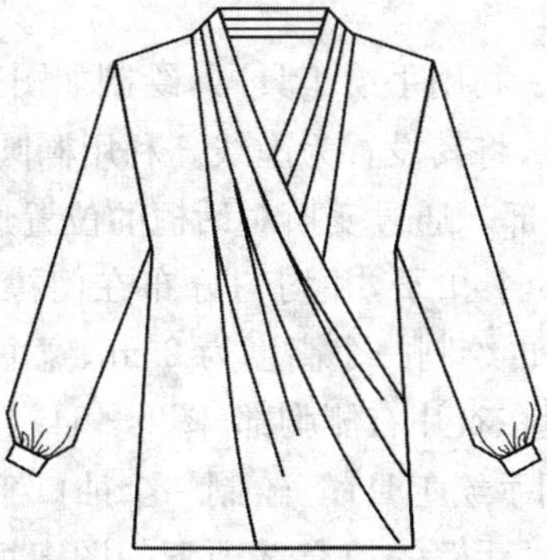
图 5－58

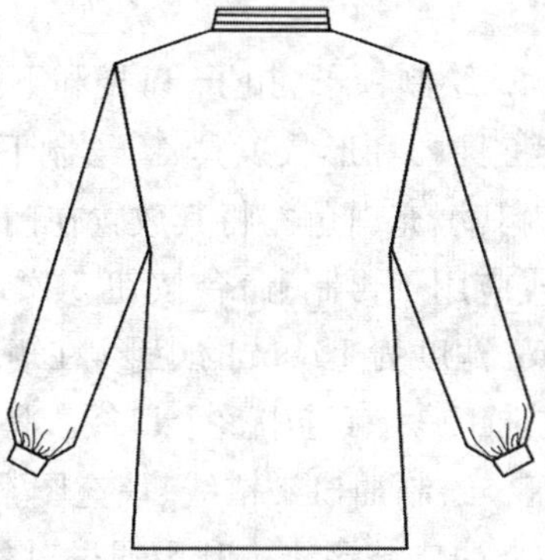
图 5－59

5.9 拼花布衬衣数字化设计

衬衣设计中除了可以对衬衣的外形以及领、袖等局部形态进行变化以外，还可以运用不同花色的衣片进行拼接使同样的衬衣款式产生不同的审美效果。在运用不同花色的衣片进行拼接时，要注意使不同衣片在色彩

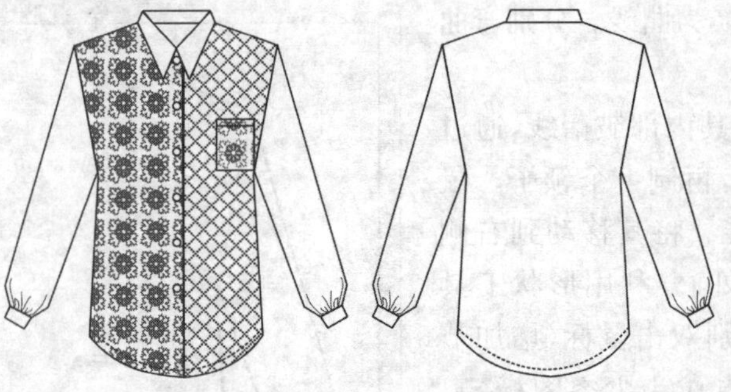

图 5－60

和花纹的对比中相互协调。

一、款式图

如图 5－60 所示。

二、款式图绘制方法

1. 设置图纸、原点，绘制直线框图：图纸设置为 A4 图纸、横向摆放、绘图单位为 cm、绘图比例为 1∶5。将原点设置在图纸左侧上部适当位置。利用手绘工具和形状工具，参考图中数据，绘制一半款式图的框图（图 5－61）。

2. 图形完整化：利用挑选工具，整体框选一半图形。通过变换对话框的大小选项，鼠标单击【应用于再制】命令按钮，再制一个一半图形。鼠标单击交互式属性栏的水平翻转图标，将其水平翻转。将其水平向右拖动，使其与左侧图形拼接对齐（图 5－62）。

3. 绘制门襟、分别封闭左右衣片图形：利用挑选工具选中左侧衣片图形。利用手绘工具，接着左侧衣片图形的领口节点，连续绘制门襟线，与左侧衣片下摆节点连接，使其成为封闭图形，并为其暂时填充白色。利用手绘工具，接着右侧衣片图形的领口节点，绘制中心线，与左侧衣片下摆节点连接，使其成为封闭图形，并为其暂时填充白色（图 5－63）。

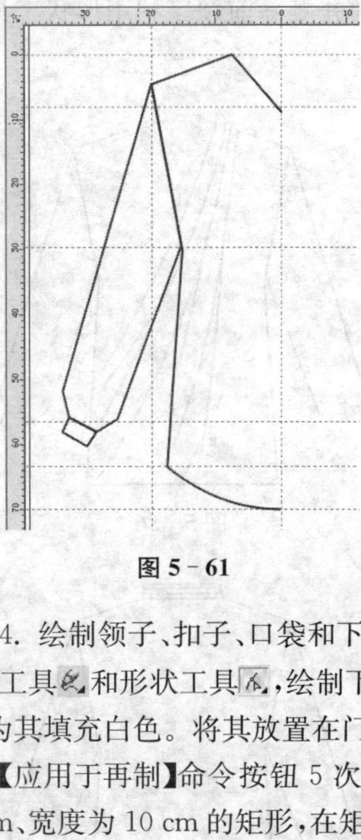

图 5－61

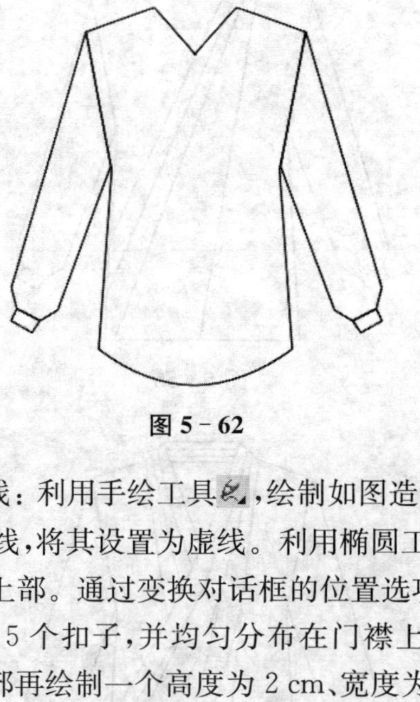

图 5－62

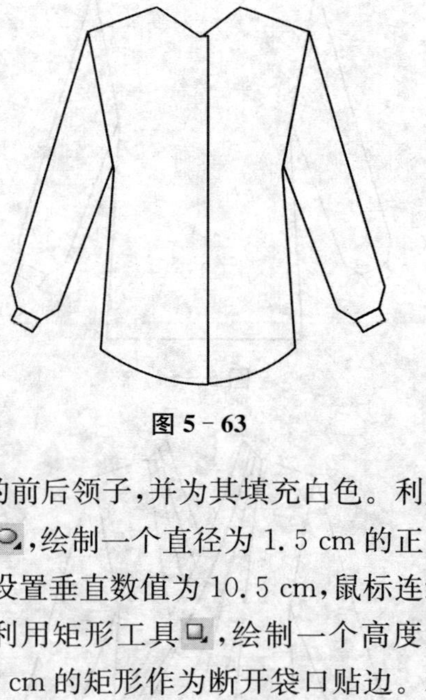

图 5－63

4. 绘制领子、扣子、口袋和下摆明线：利用手绘工具，绘制如图造型的前后领子，并为其填充白色。利用手绘工具和形状工具，绘制下摆明线，将其设置为虚线。利用椭圆工具，绘制一个直径为 1.5 cm 的正圆形，为其填充白色。将其放置在门襟的上部。通过变换对话框的位置选项，设置垂直数值为 10.5 cm，鼠标连续单击【应用于再制】命令按钮 5 次，再制 5 个扣子，并均匀分布在门襟上。利用矩形工具，绘制一个高度为 12 cm、宽度为 10 cm 的矩形，在矩形上部再绘制一个高度为 2 cm、宽度为 10 cm 的矩形作为断开袋口贴边。利用挑选工具，选中整个口袋。将其放置在衣片右侧胸部（图 5－64）。

5. 绘制袖口皱褶线、填充图案：利用手绘工具，绘制一个袖口皱褶线，通过再制、翻转、移动的方法，绘制另一个袖口皱褶线。利用通过对象属性对话框的填充选项下的图案填充选项，为左右衣片填充不同的适当的图案。为口袋填充与左侧衣片相同的图案，即完成了正面款式图的绘制（图 5－65）。

6. 绘制背面款式图：利用挑选工具，整体框选正面款式图。通过变换对话框的大小选项，鼠标单击【应用于再制】命令按钮，再制一个正面款式图，将其拖动到图纸右侧空白处。选中并删除前领、口袋、扣子。利用形状工具，通过增加节点、断开节点、删除节点的方法，将左右衣片的门襟线和中心线删除，同时也删除了图案填充。利用形状工具，调整后领造型。即完成了背面款式图的绘制（图 5－66）。

图 5－64

图 5－65

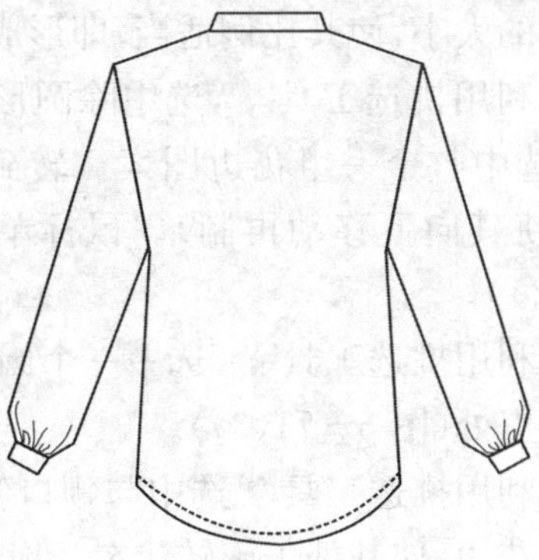

图 5－66

5.10 用花边装饰的衬衣数字化设计

花边是女式衬衣常用的装饰物，不同色彩、不同质地、不同纹样、不同宽窄的花边具有不同的风格。在选用花边装饰衬衣时要注意让花边的风格与所装饰的衬衣风格协调。

一、款式图

如图 5－67 所示。

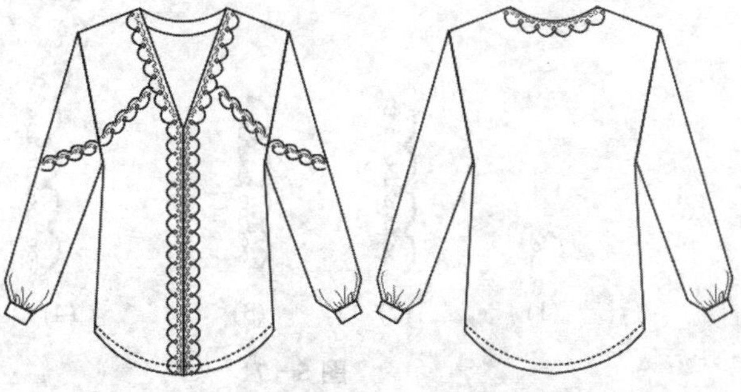

图 5－67

二、款式图绘制方法

1. 设置图纸、原点，绘制直线框图：图纸设置为 A4 图纸、横向摆放、绘图单位为 cm、绘图比例为 1∶5。将原点设置在图纸左侧上部适当位置。利用手绘工具，参考图中数据，绘制一半款式图的框图(图 5－68)。

2. 图形完整化：利用挑选工具，整体框选一半图形。通过变换对话框的大小选项，鼠标单击【应用于再制】命令按钮，再制一个一半图形。鼠标单击交互式属性栏的水平翻转图标，将其水平翻转。将其水平向右拖动，使其与左侧图形拼接对齐(图 5－69)。

3. 修画相关曲线、绘制袖口皱褶线：利用形状工具，将底边斜直线，修画为如图曲线造型。利用手绘工具，绘制一组袖口皱褶线。利用再制、翻转、移动的方法，绘制另一组袖口皱褶线(图 5－70)。

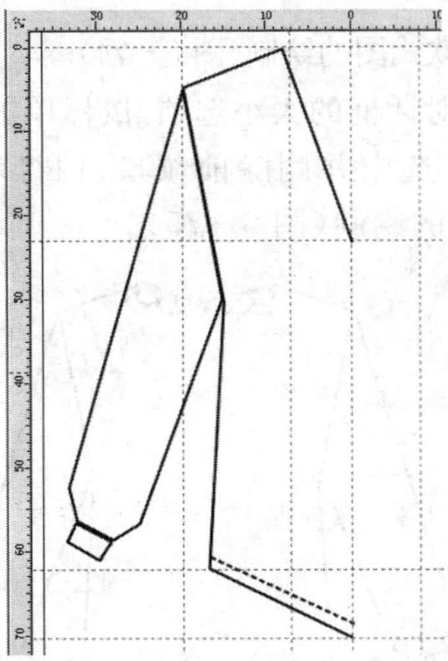

图 5－68

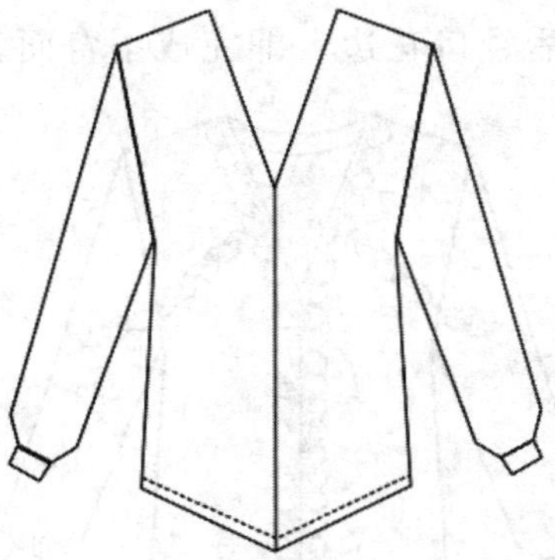

图 5－69

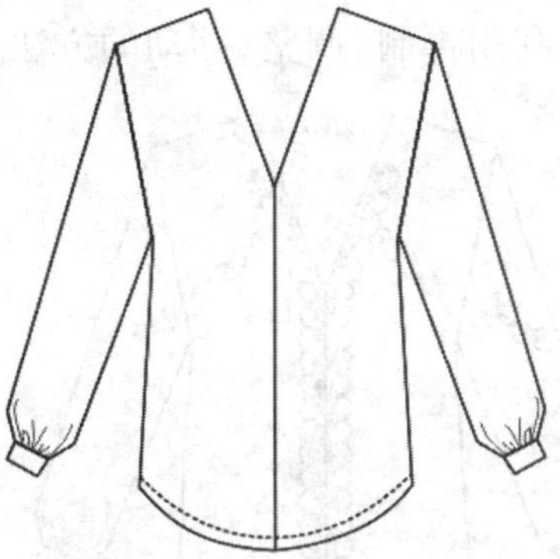

图 5－70

4. 绘制门襟花边：在门襟上部的左侧，利用手绘工具和形状工具，在左侧绘制一个短弧线，在右侧绘制两个竖向相对的图案线。利用椭圆工具，绘制一个小圆形，将其放置在短弧线的上端点处。通过调整各个图形的大小，使其比例适当，即形成一组花边图案(图 5－71(1))。

利用挑选工具，选中除圆形以外的图形。通过变换对话框的大小选项，读取其竖向数值。利用挑选工具，选中整个一组花边图案。转到变换对话框的位置选项，在垂直数值框内输入刚才读取的数据的负值(即使其向下移动再制)。鼠标单击【应用于再制】命令按钮若干次，使花边图案排满整个门襟左侧(图 5－71(2))。

利用挑选工具，选中一个圆形，通过变换对话框的大小选项，再制一个圆形。将其垂直移动到短弧线的下端点处(图 5－71(3))。

利用挑选工具选中与领口斜线等长的花边图案，作为领口花边。再制一组领口花边。鼠标再单击一次领口花边，使其处于旋转状态。拖动鼠标使其旋转，其方向与领口斜线方向平行。将其放置在领口处，其下部的圆形与门襟花边上部的圆形重叠，即完成了一侧花边的绘制(图 5－71(4))。

利用挑选工具，选中整个花边。通过变换对话框的大小选项，再制一组整个花边。鼠标单击交互式属性栏的水平翻转图标，使其水平翻转。将其水平移动到门襟右侧相对位置即完成了门襟花边的绘制(图 5－72)。

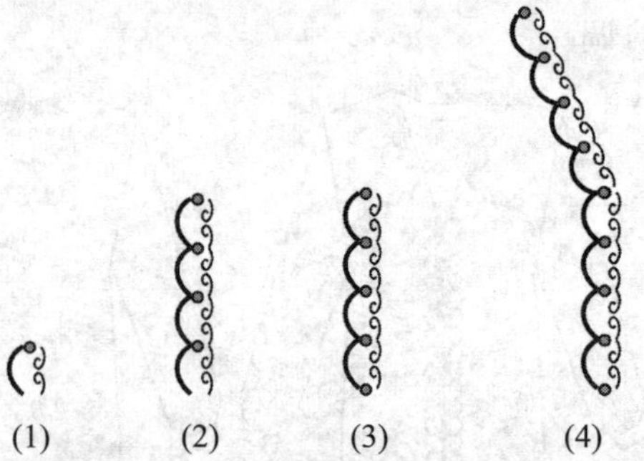

图 5－71

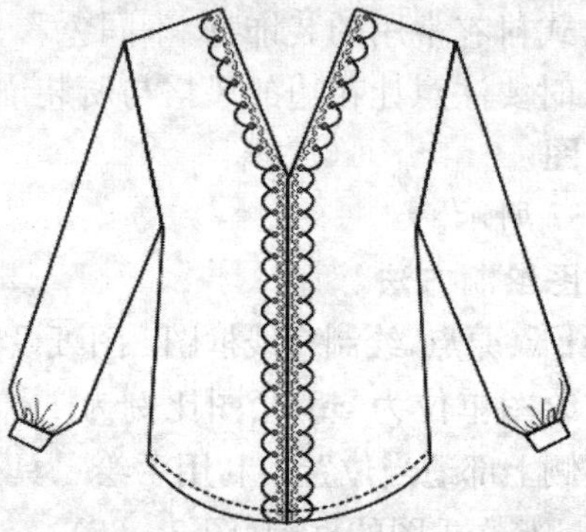
图 5－72

5. 绘制其他装饰花边：绘制其他花边与绘制门襟花边的方法基本相同。利用挑选工具，选中 4 个门襟花边图案。通过再制、移动，将其放置在空白处，将其旋转为水平方向。利用挑选工具，选中其中的所有短弧线，通过再制、垂直翻转、移动，将其放置在原来花边的上部。并与原来短弧线错开位置，形成一组其他花边。利用挑选工具，整体选中一组其他花边。通过旋转、移动，将其放置在衣片左侧胸部适当位置。再制一组，再次旋转方向，将其放置在袖子上部适当位置，即完成了左侧其他花边的绘制。通过整体选中其他花边、再制、水平翻转、移动的方法，将其放置在右侧相对的适当位置(图 5－73)。

6. 绘制后领口：利用手绘工具，绘制如图造型的后领口。即完成了正面款式图的绘制(图 5－74)。

7. 绘制背面款式图：利用挑选工具，整体框选正面款式图。通过变换对话框的大小选项，鼠标单击【应用于再制】命令按钮，再制一个正面款式图，将其拖动到图纸右侧空白处。选中并删除前领口、门襟和花边。利用再制、调整、移动的方法，绘制后领口花边。即完成了背面款式图的绘制(图 5－75)。

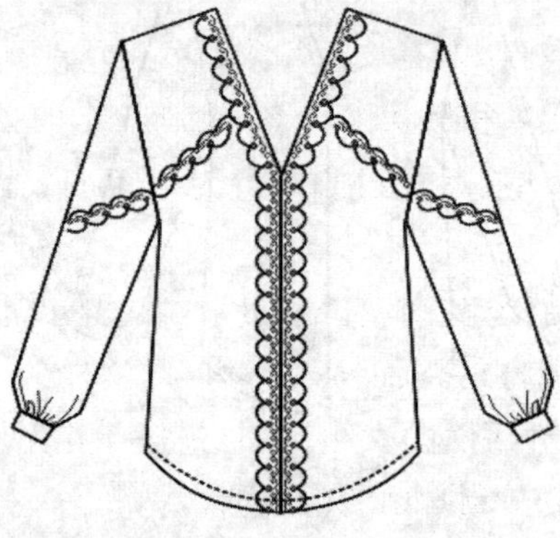
图 5－73

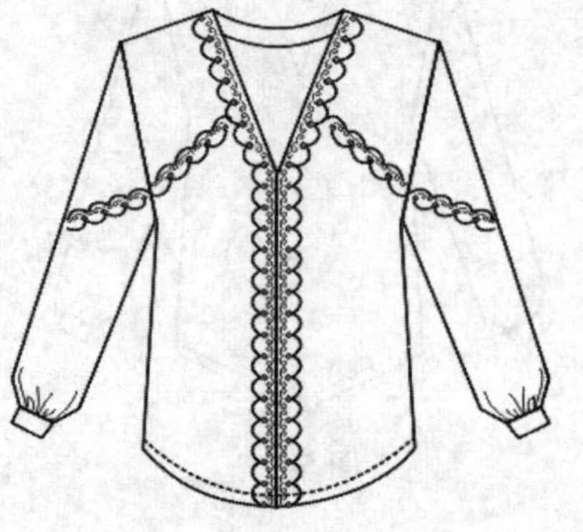
图 5－74

图 5－75

5.11 图案装饰衬衣数字化设计

图案装饰也是衬衣设计的常用手法。可以运用于衬衣的图案纹样很多，如花卉纹样、人物纹样、几何纹样等。同时，将图案运用于衬衣还须通过必要的工艺形式，如刺绣、印染、手绘等。不同的纹样以及纹样的工艺形式会有不同的风格，而将图案运用于衬衣一定要注意让图案纹样的风格与衬衣的风格协调。

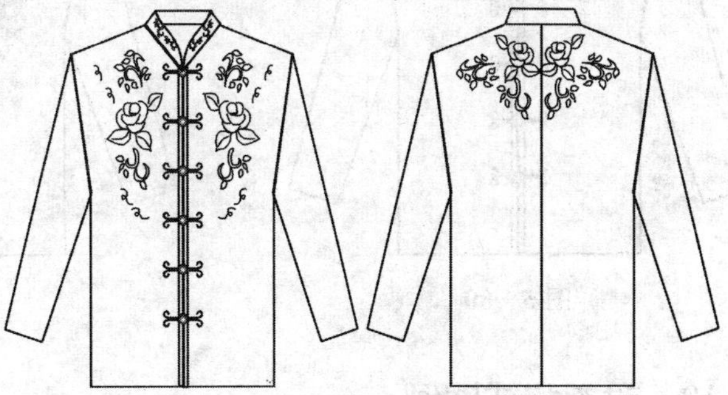
图 5-76

一、款式图

如图 5-76 所示。

二、款式图绘制方法

1. 设置图纸、原点，绘制直线框图：图纸设置为 A4 图纸、横向摆放、绘图单位为 cm、绘图比例为 1∶5。将原点设置在图纸左侧上部适当位置。利用手绘工具，参考图中数据，绘制一半款式图的框图（图 5-77）。

2. 图形完整化：利用挑选工具，整体框选一半图形。通过变换对话框的大小选项，鼠标单击【应用于再制】命令按钮，再制一个一半图形。鼠标单击交互式属性栏的水平翻转图标，将其水平翻转。将其水平向右拖动，使其与左侧图形拼接对齐（图 5-78）。

3. 绘制领子：利用手绘工具和形状工具，绘制如图造型的领子，前后领子分别绘制为封闭图形（图 5-79）。

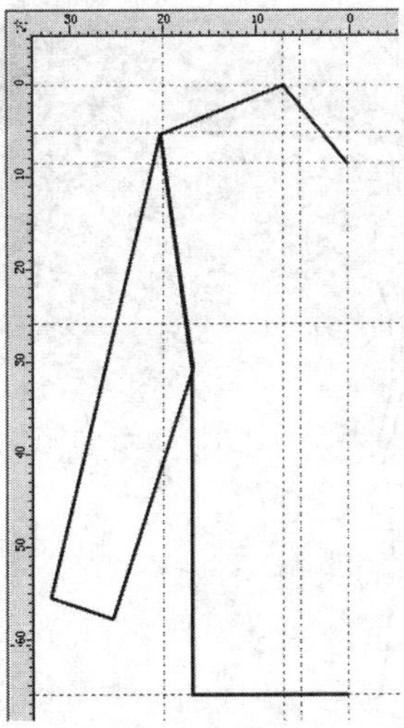
图 5-77

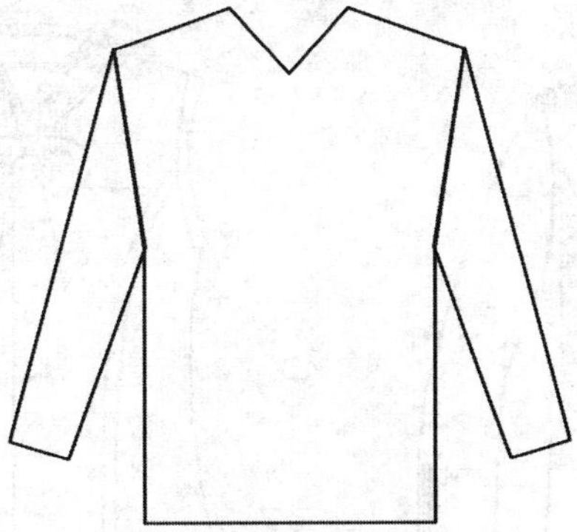
图 5-78

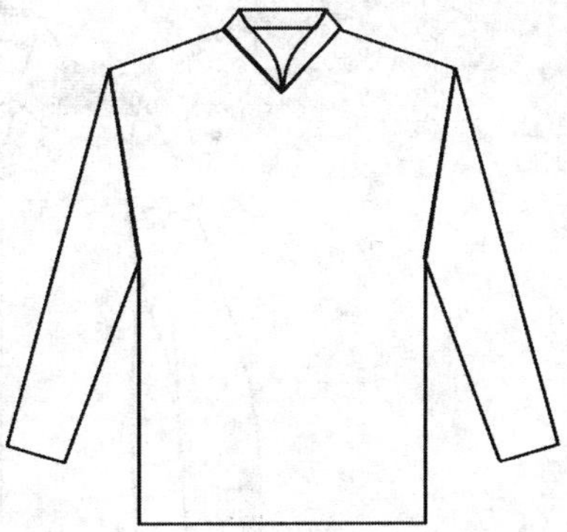
图 5-79

4. 绘制门襟、扣子：利用手绘工具，在衣片中心线处，绘制三条垂直直线，作为衣片门襟线。

利用椭圆工具，绘制一个直径为 1 cm 的圆形，作为扣子。利用手绘工具和形状工具，绘制扣子的扣攀，形成一组扣子。利用挑选工具选中一组扣子，通过变换对话框的位置选项，垂直数值设置为－11 cm 左右，鼠标连续单击【应用于再制】命令按钮 5 次（图 5-80）。

5. 绘制绣花图案：利用手绘工具和形状工具，绘制左侧领子和衣片的绣花图案。通过选中、再制、水平翻转、移动的方法，绘制右侧绣花图案。即完成了正面款式图的绘制（图 5-81）。

6. 绘制背面款式图：利用挑选工具，整体框选正面款式图。通过变换对话框的大小选项，鼠标单击【应用于再制】命令按钮，再制一个正面款式图，将其拖动到图纸右侧空白处。选中并删除前领口、门襟和花边。利用再制、调整、移动的方法，绘制后片绣花图案。利用形状工具，调整后领造型，即完成了背面款式图的绘制（图 5-82）。

图 5－80

图 5－81

图 5－82

5.12　衬衫款式图例

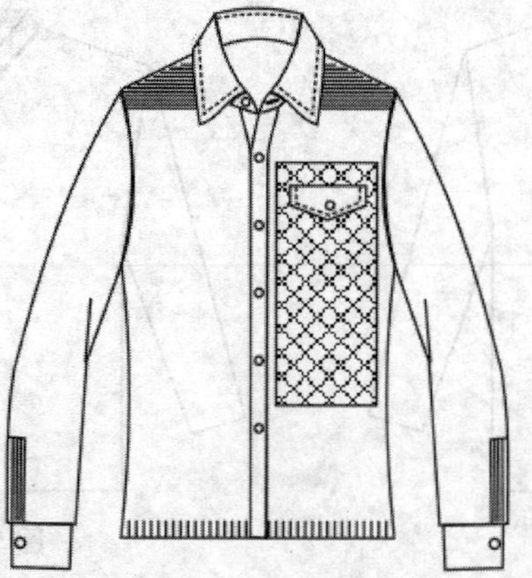

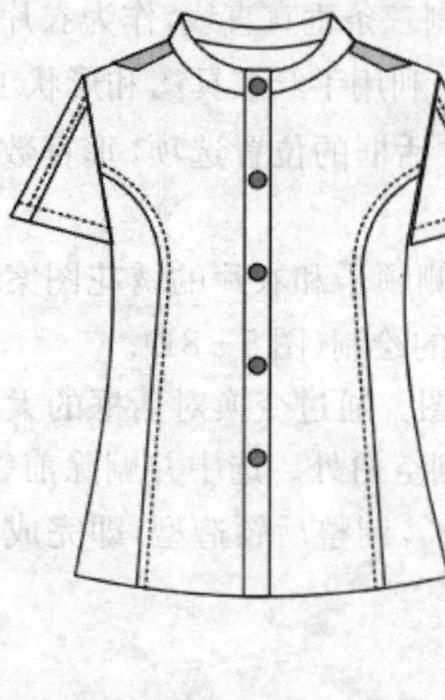

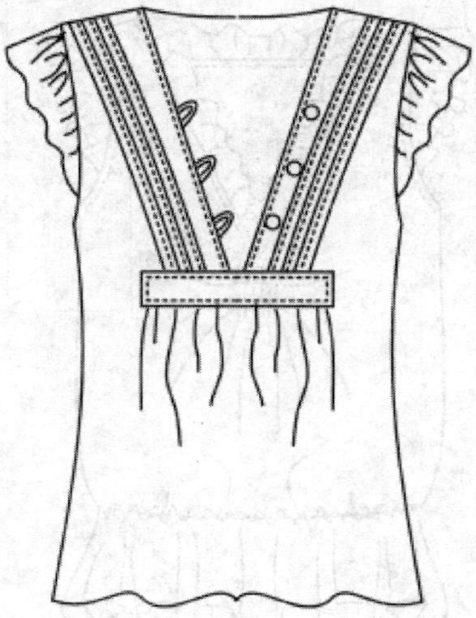

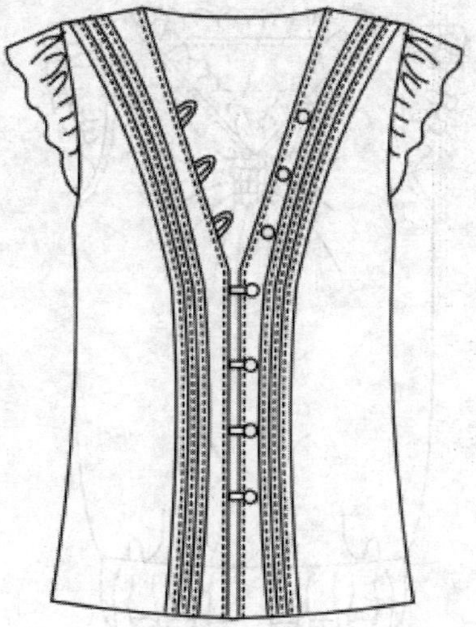

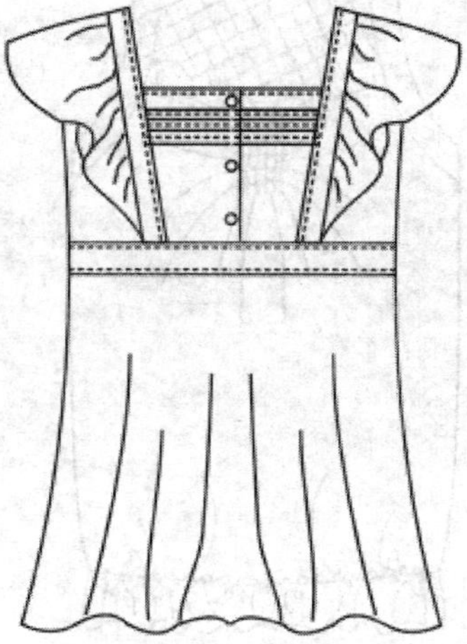

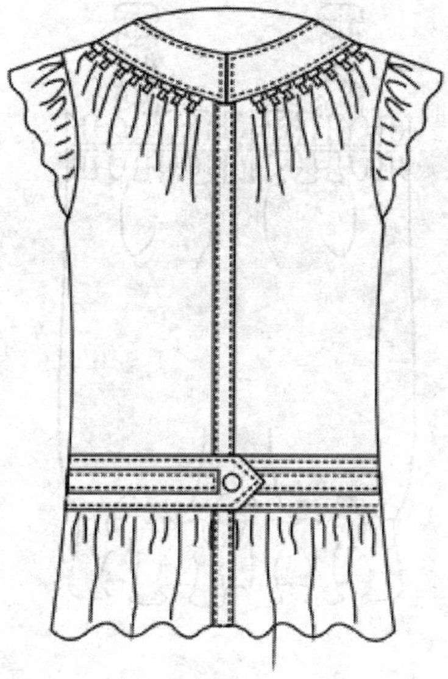

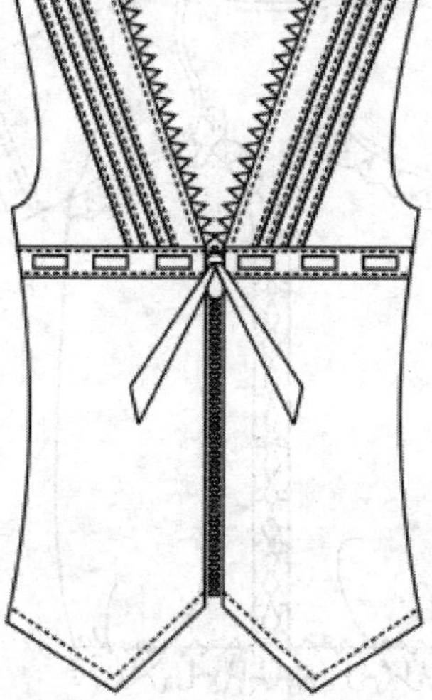

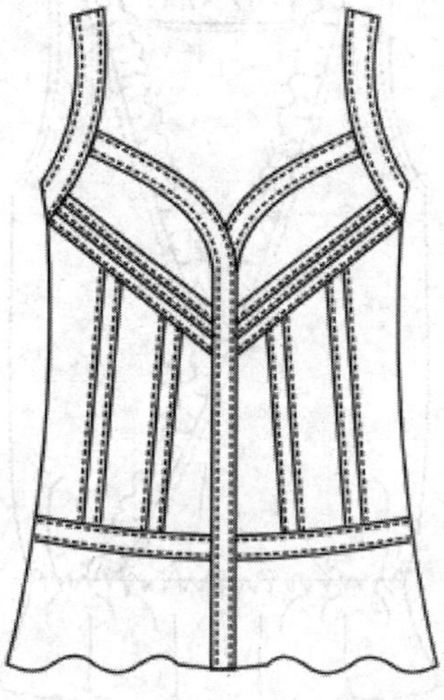

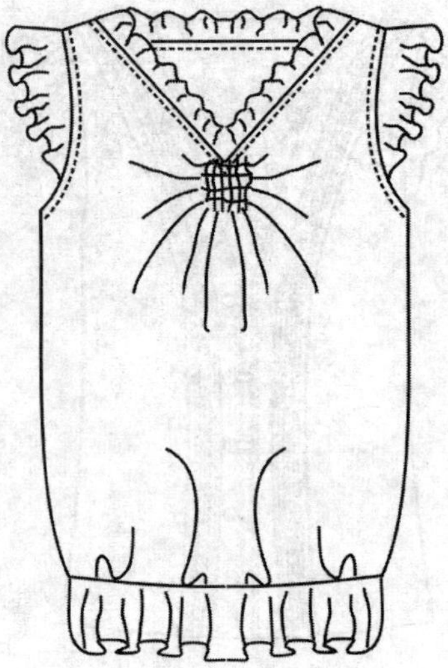

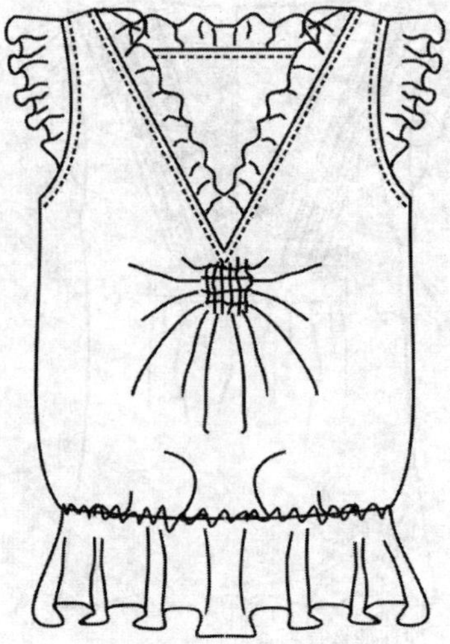

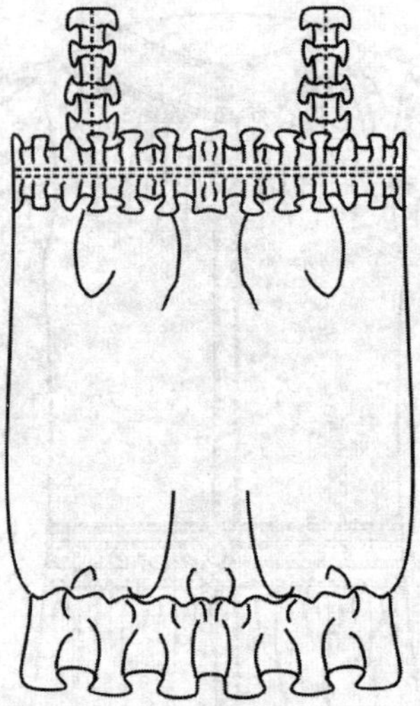

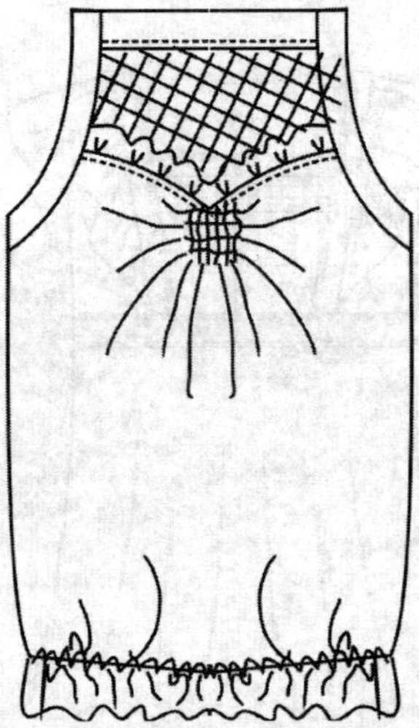

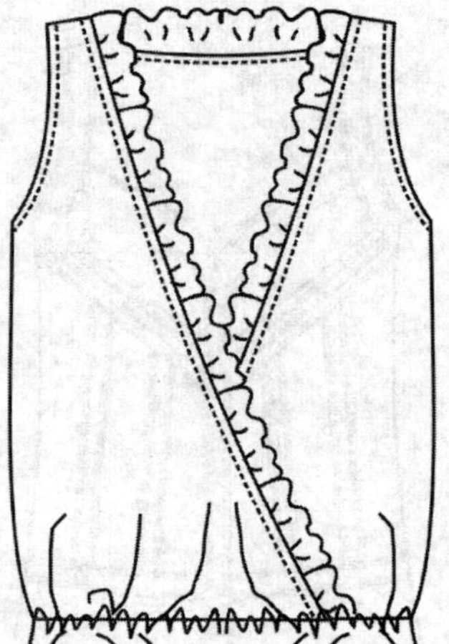

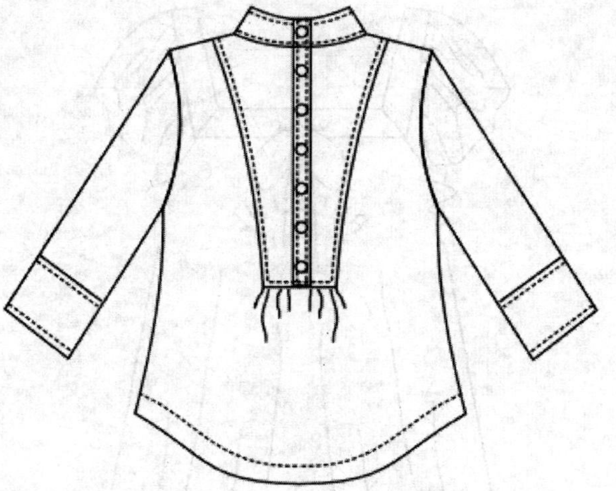

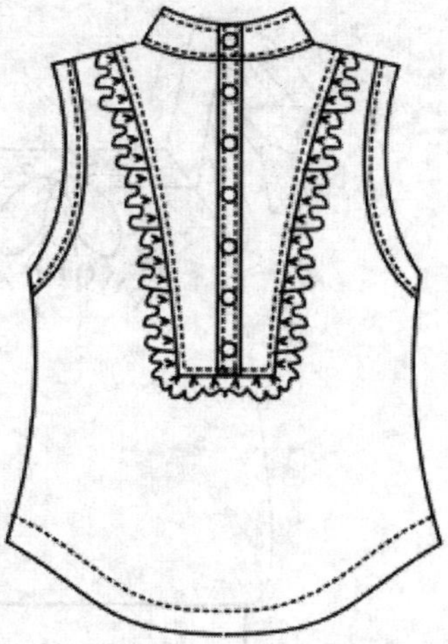

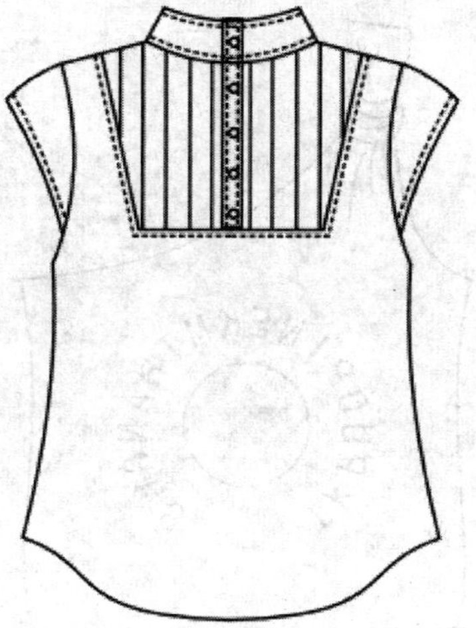

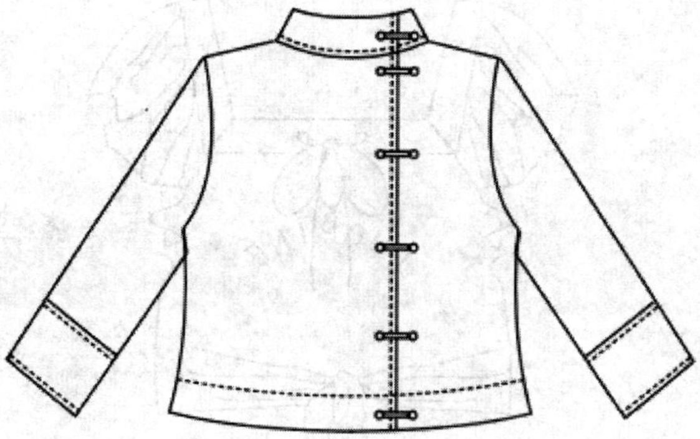

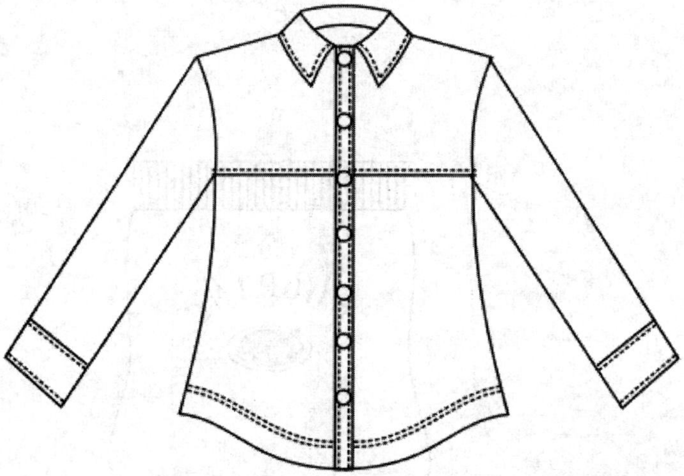

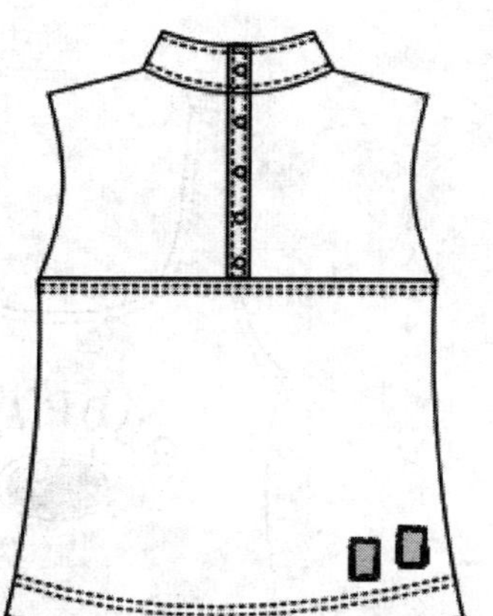

PUOPINE

PUOPINE

PUOPINE

TKPUOPINEKMTHANGWS

PUOPINE

PUOPINE

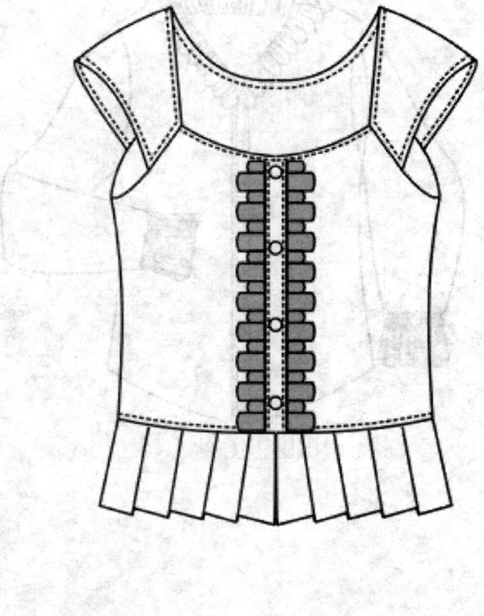

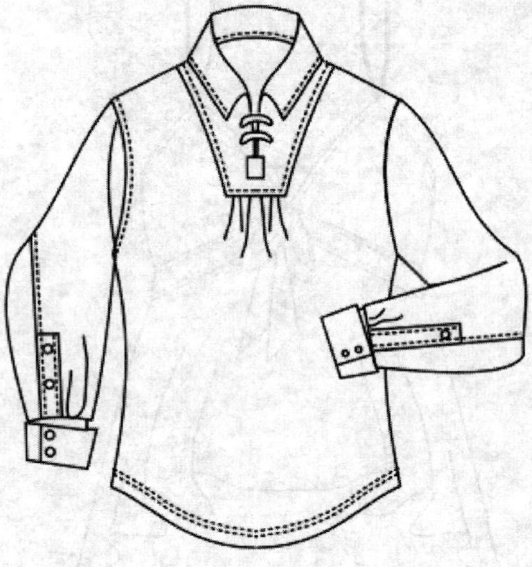

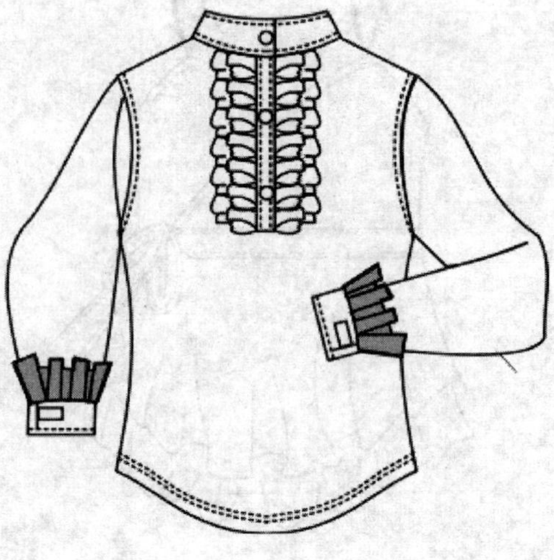

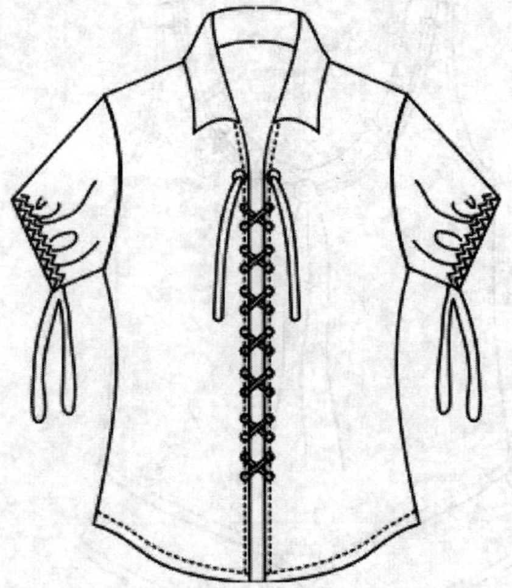

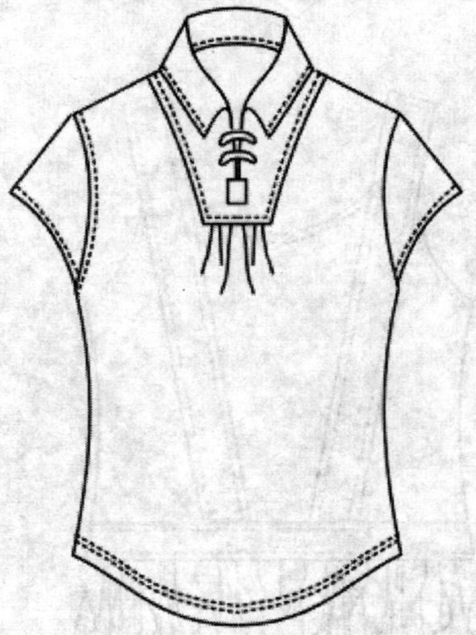

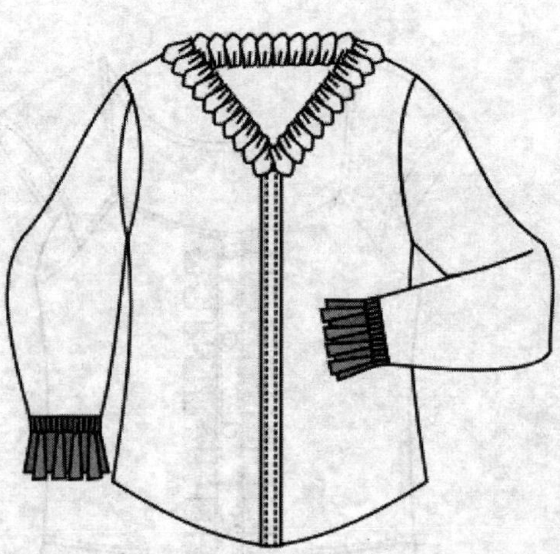

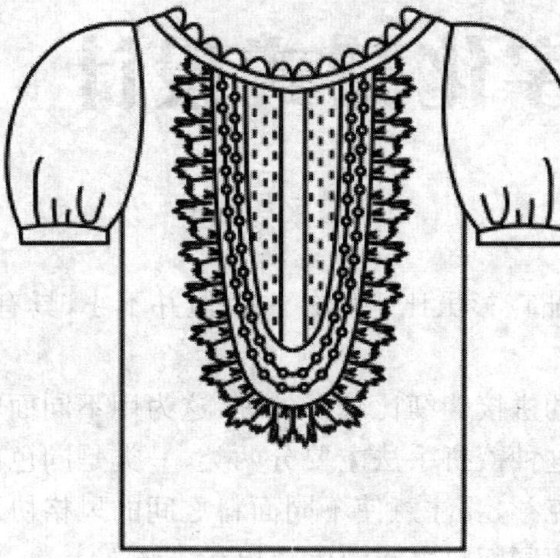

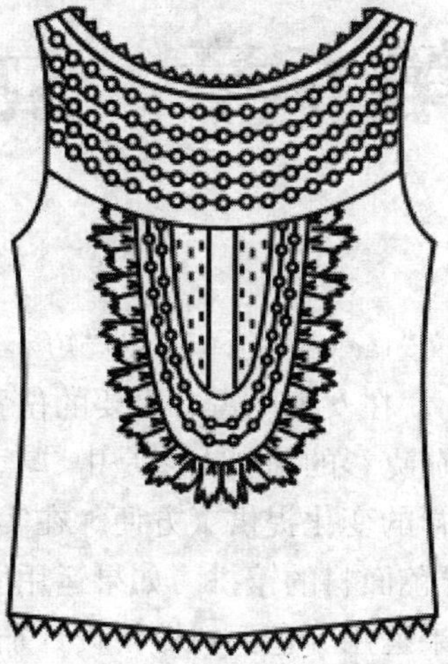

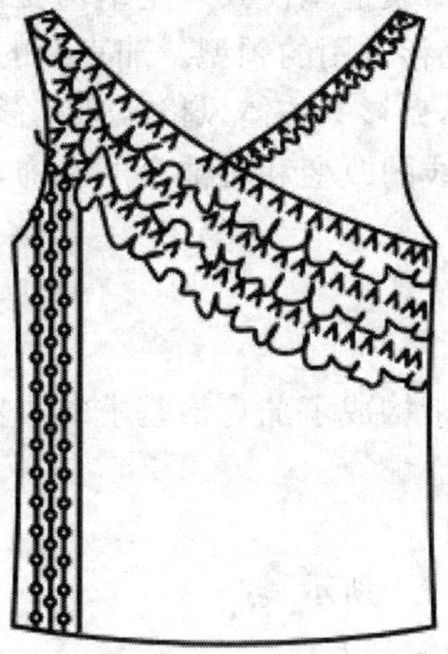

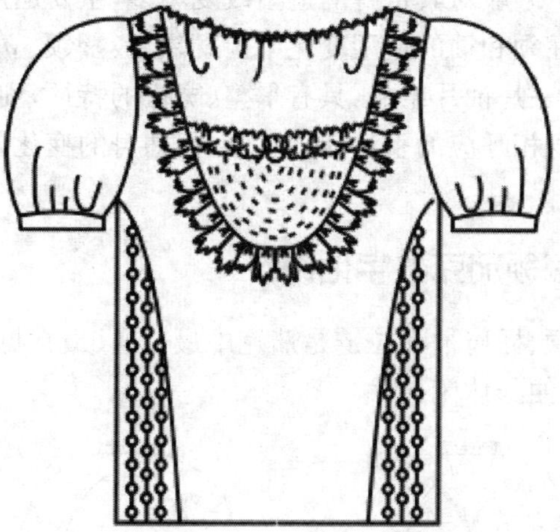

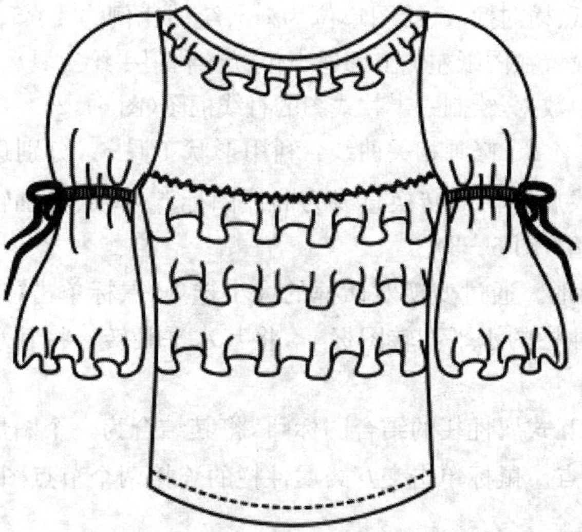

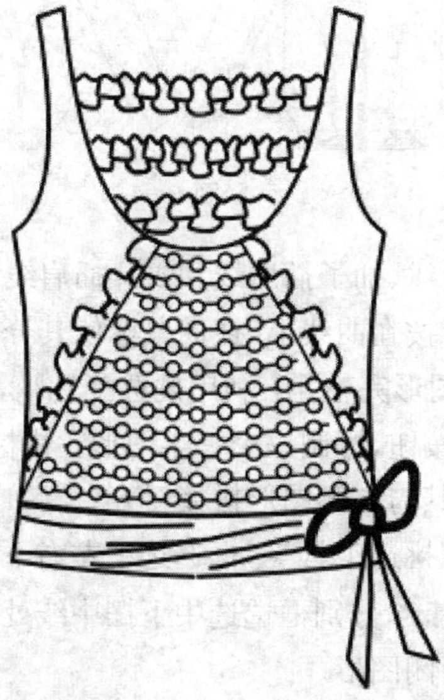

第 6 章　女茄克数字化款式设计

茄克是英文“Jacket”的译音，即“短小”的意思。而实际上茄克衫虽比一般外衣短但并不小，具有宽松、舒适、粗犷的特征。在女装中占有重要的位置。

由于制作茄克衫的面料大多是中、厚型面料，中、厚型面料的拼接缝纫比较好处理，这为用不同面料镶拼的手法丰富茄克衫的变化提供了方便。在实践中，用于茄克衫的这种镶拼手法主要分两类，一类是同色面料的镶拼，另一类是异色面料的镶拼。如果运用同色面料镶拼设计茄克衫，要注意使不同面料之间的风格协调而肌理对比较强。如果运用异色面料镶拼设计茄克衫，则还要注意使不同面料之间的色彩相互协调。

除了镶拼手法以外，茄克衫的款式变化也比较多。茄克衫的基本外形为方形，衣底边向内收紧。在茄克衫的设计中一般对其正身的造型改变不多，主要运用不同的分割手法和口袋造型使其产生结构变化，而将设计的重点放在领和袖的造型变化中。翻领、驳翻领、立领和连帽领都是茄克衫常用的领型。茄克衫的袖一般都是平装袖，由一片袖片组成，具有平整、宽松的特征，而这些特点也正适合茄克衫的整体风格。茄克衫的袖口常常采用与正身相呼应的手法向内收紧，而袖身的变化则主要表现在对袖窿线的改变和对袖身的装饰，见后面茄克款式图例。

6.1　翻领茄克数字化设计

翻领、插肩袖和拉链是茄克中最普通、最常见的元素，正是这些元素构成了茄克最基本的风格特征，那就是轻松、方便与休闲。

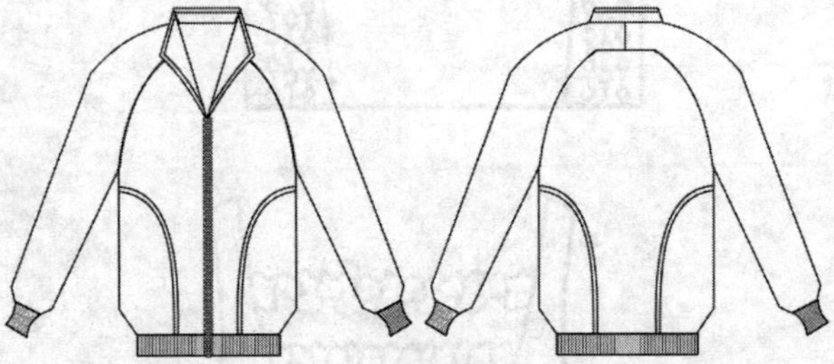

图 6－1

一、款式图

款式如图 6－1 所示。

二、款式图绘制方法

1. 设置图纸、原点、绘制直线框图：图纸设置为 A4 图纸、横向摆放、绘图单位为 cm、绘图比例为 1∶5。将原点设置在图纸左侧上部适当位置。利用手绘工具，参考图中数据，绘制一半款式图的直线框图(图 6－2)。

2. 修画相关曲线：利用形状工具，分别选中袖口图形侧边线、袖子插肩线和衣片插肩线，鼠标单击交互式属性栏的转换直线为曲线图标，将其分别转换为曲线。鼠标按在曲线上，拖动鼠标使其分别弯曲为如图造型(图 6－3)。

3. 图形完整化：利用挑选工具，整体框选一半图形。通过变换对话框的大小选项，鼠标单击【应用于再制】命令按钮，再制一个一半图形。鼠标单击交互式属性栏的水平翻转图标，将其水平翻转。将其水平向右拖动，使其与左侧图形拼接对齐。

利用挑选工具，框选选中左右下摆。鼠标单击交互式属性栏的结合图标，将其结合为一个图形。利用形状工具，分别框选选中下摆中线处未连接的两处节点。鼠标单击交互式属性栏的连接两个节点图标，使其成为封闭图形。

参考上述方法，利用挑选工具和形状工具，将领子也修改为封闭图形(图 6－4)。

4. 绘制拉链、拼接线和双线

利用矩形工具，在衣片中心线处，绘制内外两个竖向矩形，其高度为门襟高度。宽度为 2 cm 和 1 cm，作为门襟缝和拉链缝合线，并将缝合线设置为虚线。

利用矩形工具，在门襟上部绘制一个宽度为1 cm、高度为0.3 cm的矩形。再绘制一个宽度为0.5 cm、高度为0.3 cm的矩形。将其放置在第一个矩形的中间下方，形成一组拉链组合。利用挑选工具，框选选中拉链组，将其群组。通过变换对话框的位置选项，设置垂直数值为－0.6 cm。鼠标连续单击【应用于再制】命令按钮若干次。使拉链组排满整个门襟。

利用手绘工具和形状工具，绘制领子双线和衣片拼接线及其双线(图6－5)。

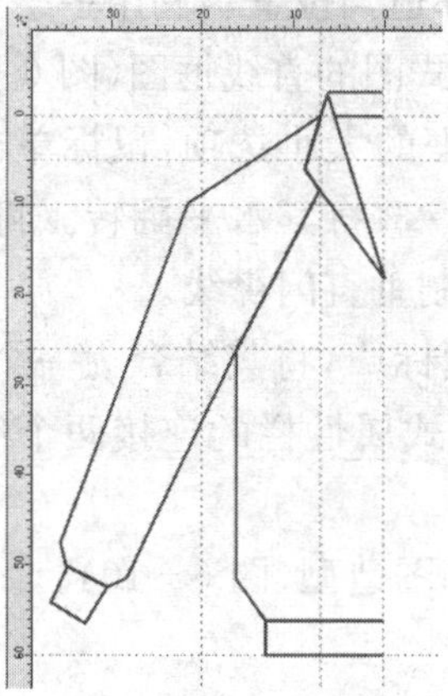

图6－2

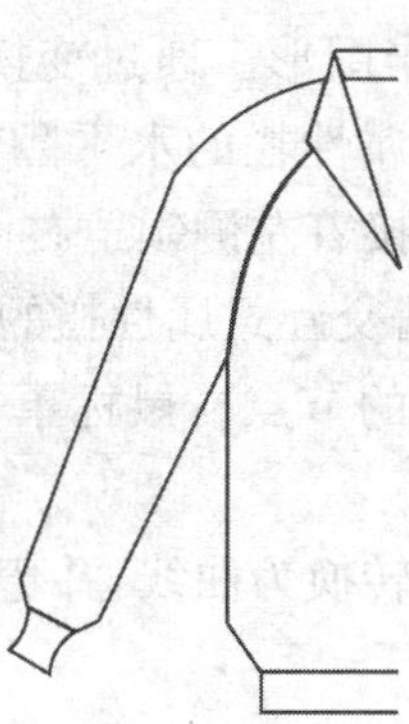

图6－3

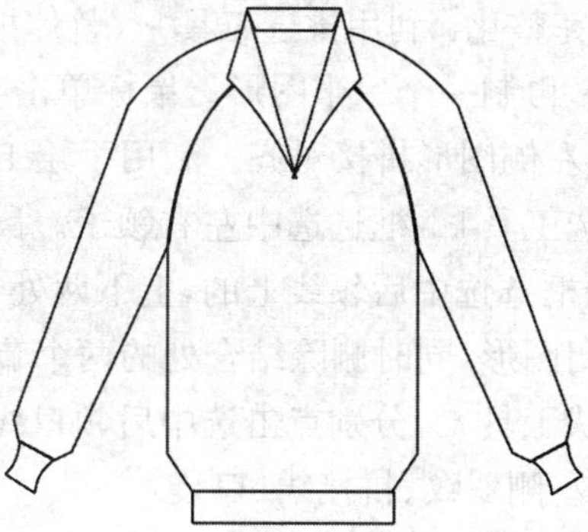

图6－4

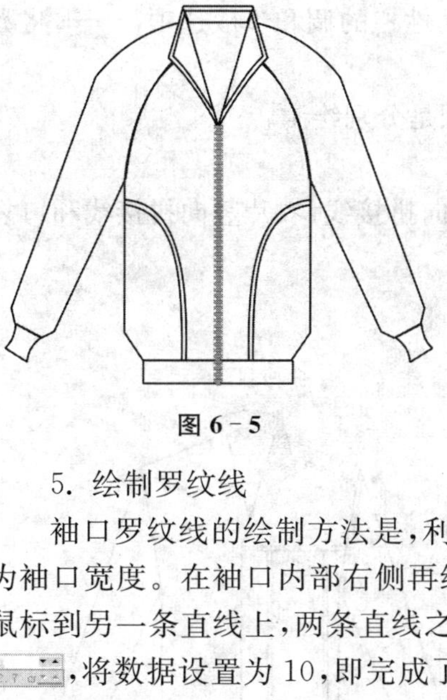

图6－5

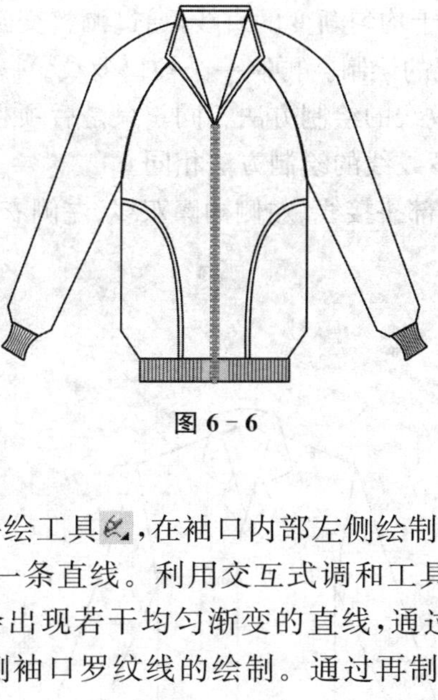

图6－6

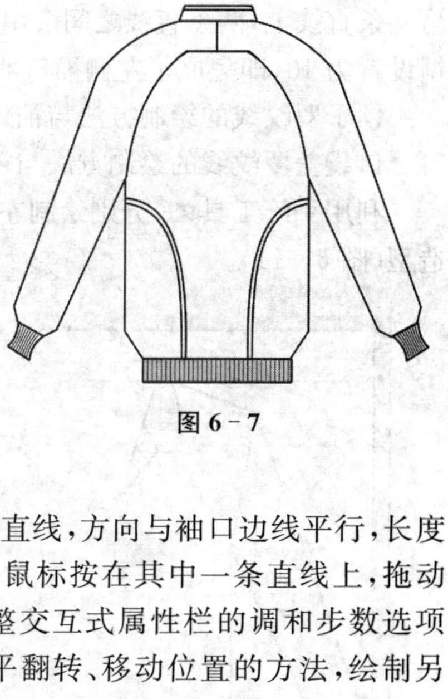

图6－7

5. 绘制罗纹线

袖口罗纹线的绘制方法是，利用手绘工具，在袖口内部左侧绘制一条直线，方向与袖口边线平行，长度为袖口宽度。在袖口内部右侧再绘制一条直线。利用交互式调和工具，鼠标按在其中一条直线上，拖动鼠标到另一条直线上，两条直线之间会出现若干均匀渐变的直线，通过调整交互式属性栏的调和步数选项，将数据设置为10，即完成了左侧袖口罗纹线的绘制。通过再制、水平翻转、移动位置的方法，绘制另一个袖口罗纹。

下摆罗纹线的绘制方法，与袖口罗纹线的绘制方法基本相同，只是罗纹线的数量较多。即完成了正面款式图的绘制(图6－6)。

6. 绘制背面款式图：利用挑选工具，整体框选正面款式图。通过变换对话框的大小选项，鼠标单击【应用于再制】命令按钮，再制一个正面款式图，将其拖动到图纸右侧空白处。分别选中并删除前领、门襟、扣子、口袋、拼接线等属于前片的部件图形。

利用形状工具，调整后领口造型。利用手绘工具，绘制后片插肩线及其双线明线，即完成了背面款式图的绘制(图6－7)。

6.2 翻领拼色茄克数字化设计

平装袖也是茄克中常见的袖型。在普通的茄克中利用与大身不同肌理或不同色彩的材料作局部拼接，能

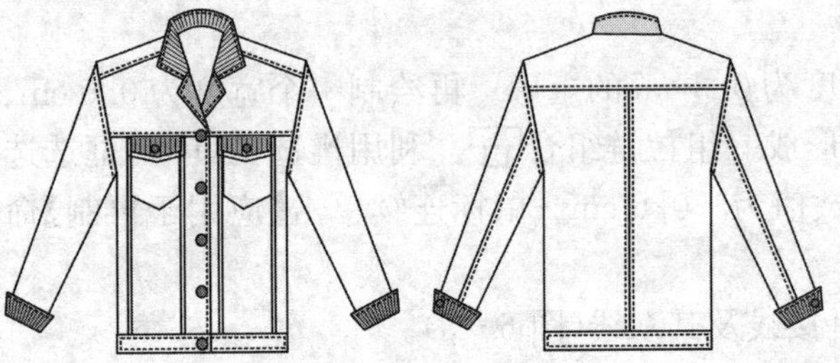

图 6－8

使平淡的款式产生生动活泼的变化。

一、款式图

如图 6－8 所示。

二、款式图绘制方法

1. 设置图纸、原点、绘制直线框图：图纸设置为 A4 图纸、横向摆放、绘图单位为 cm、绘图比例为 1∶5。将原点设置在图纸左侧上部适当位置。利用手绘工具，参考图中数据，绘制一半款式图的直线框图（图 6－9）。

2. 图形完整化：利用挑选工具，整体框选一半图形。通过变换对话框的大小选项，鼠标单击【应用于再制】命令按钮，再制一个一半图形。鼠标单击交互式属性栏的水平翻转图标，将其水平翻转。将其水平向右拖动，使其与左侧图形拼接对齐。利用手绘工具，接着左侧领子右下角绘制垂直门襟线。

利用挑选工具，框选选中左右领子。鼠标单击交互式属性栏的结合图标，将其结合为一个图形。形状工具，分别框选选中后领线上的，上下两处未连接的节点。鼠标单击交互式属性栏的连接两个节点图标，使其成为封闭图形，同时删除结合处的两个节点。

利用形状工具，分别点击选中后领口线，将其转换为曲线，并弯曲为如图造型（图 6－10）。

3. 绘制左侧罗纹、拼接线、口袋

袖口罗纹线的绘制方法是，利用手绘工具，在袖口内部左侧绘制一条直线，方向与袖口边线平行，长度为袖口宽度。在袖口内部右侧再绘制一条直线。利用交互式调和工具，鼠标按在其中一条直线上，拖动鼠标到另一条直线上，两条直线之间会出现若干均匀渐变的直线，通过调整交互式属性栏的调和步数选项，将数据设置为 10，即完成了左侧袖口罗纹线的绘制。再制一个袖口罗纹。

领子罗纹线的绘制方法与袖口罗纹线的绘制方法相同。只是后领和前领是分别绘制。

口袋盖罗纹线的绘制方法与袖口罗纹线的绘制方法相同。

利用手绘工具，分别绘制左侧肩部拼接线、左侧袖窿双线、左侧衣片横向拼接线、衣片竖向拼接线和口袋造型（图 6－11）。

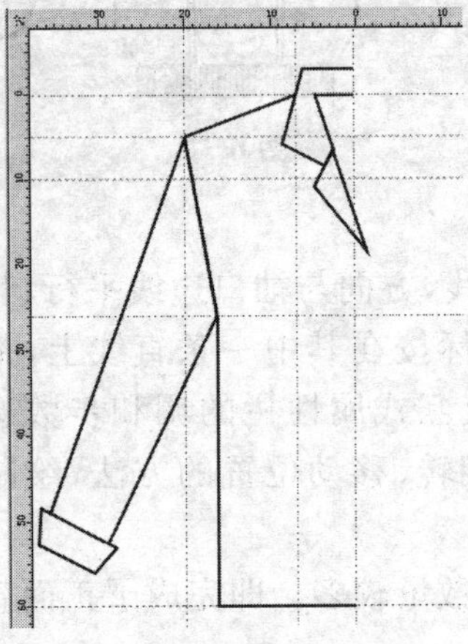

图 6－9

图 6－10

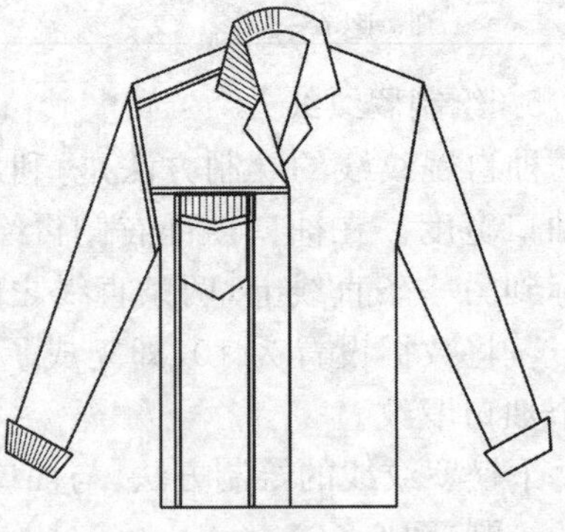

图 6－11

4. 绘制右侧罗纹、拼接线、口袋、明线、门襟、扣子及衣片下摆

利用挑选工具，选中刚才绘制的所有图形。通过变换对话框的大小选项，鼠标单击【应用于再制】命令按钮，再制一组图形。鼠标单击交互式属性栏的水平翻转图标，将其水平翻转。将其移动的右侧相应位置。

利用手绘工具，绘制衣片下摆造型，并为其填充白色。

利用手绘工具，分别绘制拼接线、领子外口线、袖口线、门襟线及下摆线的缝合明线。通过交互式属性栏的轮廓样式选项，将所有明线设置为虚线。

利用椭圆工具，在门襟上部绘制一个直径为 2 cm 的门襟扣子。利用挑选工具，选中扣子。通过变换对话框的位置选项，设置垂直数值为−10 cm 左右。鼠标连续单击 4 次【应用于再制】命令按钮，再制 4 个扣子，并均匀分布在门襟上。

利用椭圆工具，在袋盖上绘制直径为 1 cm 的扣子。通过再制、移动绘制另一个袋盖扣子。即完成了正面款式图的绘制(图 6－12)。

5. 绘制背面款式图：利用挑选工具，整体框选正面款式图。通过变换对话框的大小选项，鼠标单击【应用于再制】命令按钮，再制一个正面款式图，将其拖动到图纸右侧空白处。分别选中并删除前领、门襟、肩部拼接线、口袋等属于前片的部件图形。利用手绘工具，绘制后片拼接线和袖子拼接线。

利用椭圆工具，在袖口上绘制直径为 1 cm 的扣子。通过再制、移动绘制另一个袖口扣子。

利用手绘工具和形状工具，重新绘制后领造型。即完成了背面款式图的绘制(图 6－13)。

图 6－12

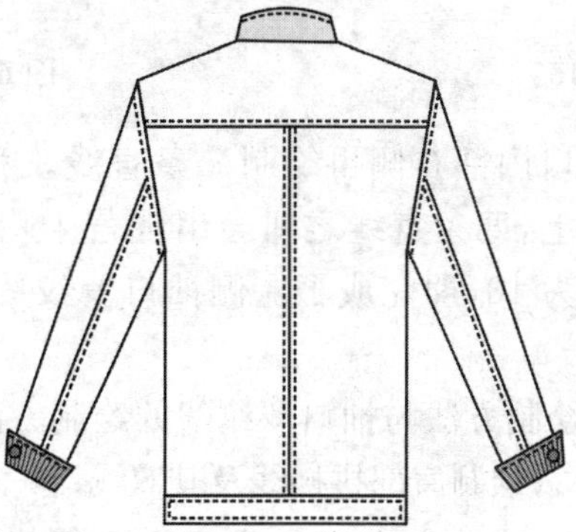

图 6－13

6.3 立翻领茄克数字化设计

立翻领是一种既可以立起又可以翻摊的领型，这种领型不仅增强了领的功能，也丰富了领的变化。

一、款式图

如图 6－14 所示。

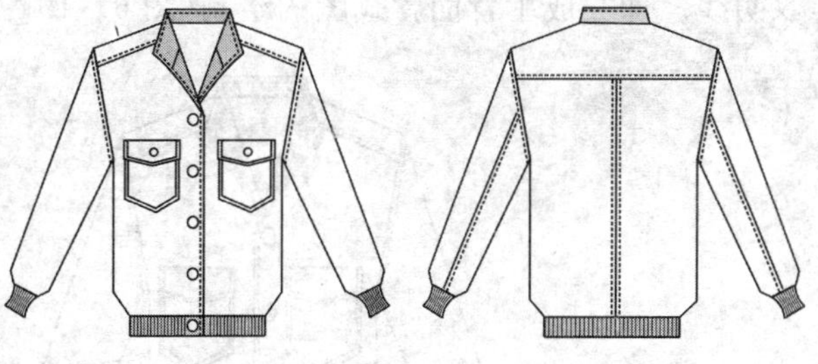

图 6－14

二、款式图绘制方法

1. 设置图纸、原点、绘制直线框图：图纸设置为 A4 图纸、横向摆放、绘图单位为 cm、绘图比例为 1∶5。将原点设置在图纸左侧上部适当位置。利用手绘工具，参考图中数据，绘制一半款式图的直线框图(图 6－15)。

2. 图形完整化：利用挑选工具，整体框选一半图形。通过变换对话框的大小选项，鼠标单击【应用于再制】命令按钮，再制一个一半图形。鼠标单击交互式属性栏的水平翻转图标，将其水平翻转。将其水平向右拖动，使其与左侧图形拼接对齐。

利用挑选工具，框选选中左右下摆。鼠标单击交互式属性栏的结合图标，将其结合为一个图形。形状工具，分别框选选中下摆中线处未连接的两处节点。鼠标单击交互式属性栏的连接两个节点图标，使其成为封闭图形。

参考上述方法，利用挑选工具和形状工具，将领子、袖口也修改为封闭图形(图 6－16)。

3. 绘制门襟、扣子、口袋

利用矩形工具、形状工具和手绘工具，绘制口袋和袋盖，并绘制双线。

接着左侧领子下端点，利用手绘工具，绘制一条竖向直线作为门襟线。

利用椭圆工具，绘制直径为 2 cm 的门襟扣子，再制 4 个，将其均匀分布在门襟线左侧的衣片中心线上。绘制左右两个直径为 1 cm 的袋盖扣子(图 6－17)。

4. 绘制罗纹、拼接线、竖向、填充颜色

袖口罗纹线的绘制方法是，利用手绘工具，在袖口内部左侧绘制一条直线，方向与袖口边线平行，长度

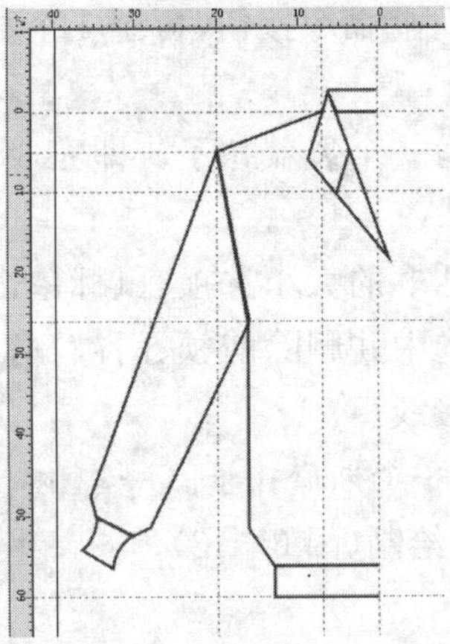

图 6 – 15

图 6 – 16

图 6 – 17

为袖口宽度。在袖口内部右侧再绘制一条直线。利用交互式调和工具，鼠标按在其中一条直线上，拖动鼠标到另一条直线上，两条直线之间会出现若干均匀渐变的直线，通过调整交互式属性栏的调和步数选项，将数据设置为 10，即完成了左侧袖口罗纹线的绘制。通过再制、水平翻转、移动位置的方法，绘制另一个袖口罗纹。

下摆罗纹线的绘制方法与袖口罗纹线的绘制方法基本相同，只是罗纹线的数量较多。

利用手绘工具，绘制肩部拼接线及其双线、领子外口双线、袖窿双线和门襟双线，并将缝合线设置为明线。

利用挑选工具，分别选中领子、袖口和下摆，分别为其填充灰色（图 6 – 18）。

5. 绘制背面款式图：利用挑选工具，整体框选正面款式图。通过变换对话框的大小选项，鼠标单击【应用于再制】命令按钮，再制一个正面款式图，将其拖动到图纸右侧空白处。分别选中并删除前领、门襟、扣子、口袋、拼接线等属于前片的部件图形。

利用形状工具，调整后领口造型。利用手绘工具，绘制后片拼接线及其双线明线，绘制选中拼接线及其双明线。即完成了背面款式图的绘制（图 6 – 19）。

图 6 – 18

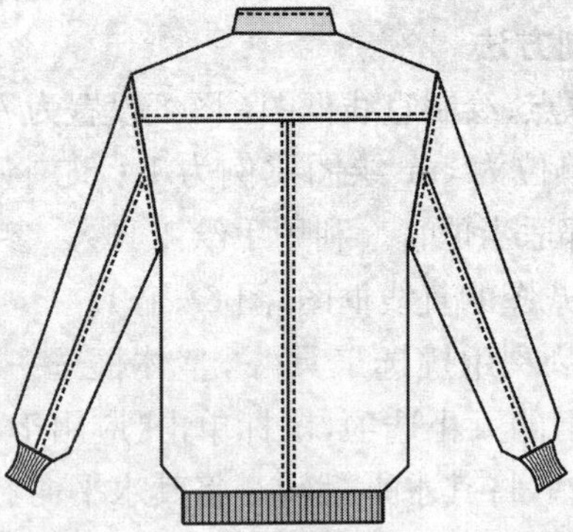

图 6 – 19

6.4 中式立领茄克数字化设计

中式立领具有端庄典雅的审美效果。将中式立领应用于茄克中能给原本十分阳刚的茄克带来几分妩媚。如果能采用风格适当的花布则效果更好。

一、款式图

如图 6 – 20 所示。

二、款式图绘制方法

1. 设置图纸、原点、绘制直线框图：图纸设置为 A4 图纸、横向摆放、绘图单位为 cm、绘图比例为 1∶5。将原点设置在图纸左侧上部适当位置。利用手绘工具，参考图中数据，绘制一半款式图的直线框图（图 6 – 21）。

2. 修画相关曲线、绘制罗纹线

利用形状工具，框选选中领子图形。鼠标单击交互式属性栏的转换直线为曲线图标，将其整体转换为曲线。鼠标按在领口线上，拖动鼠标使其弯曲为如图造型。利用同样的方法，将袖子、衣片转换为曲线，弯曲为如图造型。

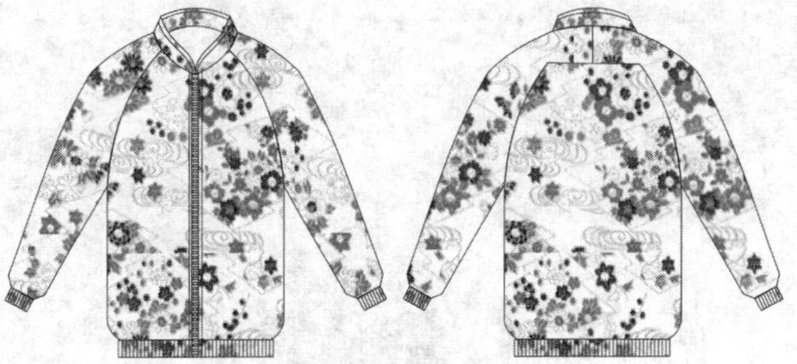

图 6－20

袖口罗纹线的绘制方法是，利用手绘工具，在袖口内部左侧绘制一条直线，方向与袖口边线平行，长度为袖口宽度。在袖口内部右侧再绘制一条直线。利用交互式调和工具，鼠标按在其中一条直线上，拖动鼠标到另一条直线上，两条直线之间会出现若干均匀渐变的直线，通过调整交互式属性栏的调和步数选项，将数据设置为 10，即完成了左侧袖口罗纹线的绘制。

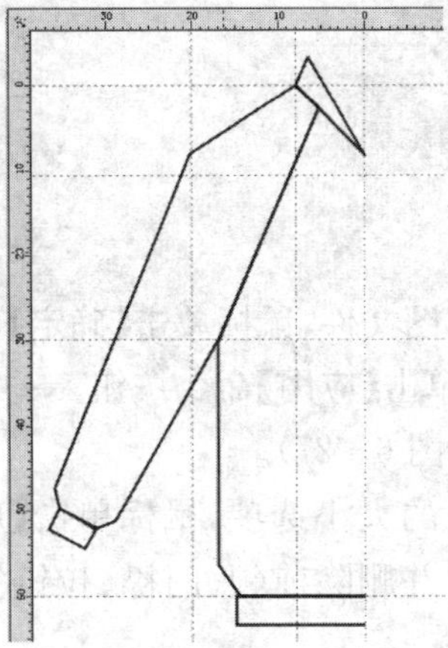

图 6－21

再制一个袖口罗纹，下摆罗纹线的绘制方法与袖口罗纹线的绘制方法基本相同，只是罗纹线的数量较多(图 6－22)。

3. 图形完整化：利用挑选工具，整体框选一半图形。通过变换对话框的大小选项，鼠标单击【应用于再制】命令按钮，再制一个一半图形。鼠标单击交互式属性栏的水平翻转图标，将其水平翻转。将其水平向右拖动，使其与左侧图形拼接对齐。

利用挑选工具，框选选中左右衣片。鼠标单击交互式属性栏的结合图标，将其结合为一个图形。利用形状工具，分别框选选中前领点处未连接的节点。鼠标单击交互式属性栏的连接两个节点图标，使其成为封闭图形。

利用挑选工具，框选选中左右下摆。鼠标单击交互式属性栏的结合图标，将其结合为一个图形。形状工具，分别框选选中下摆中线处未连接的两处节点。鼠标单击交互式属性栏的连接两个节点图标，使其成为封闭图形。

利用手绘工具和形状工具，绘制封闭的后领子，绘制前后领子双线造型(图 6－23)。

4. 绘制门襟和拉链：利用矩形工具，在衣片中心线处，绘制内外两个竖向矩形，其高度为门襟高度。宽度为 2 cm 和 1 cm，作为门襟缝和拉链合线。

利用矩形工具，在门襟上部绘制一个宽度为 1 cm、高度为 0.3 cm 的矩形。再绘制一个宽度为 0.5 cm、高度为 0.3 cm 的矩形。将其放置在第一个矩形的中间下方，形成一组拉链组合。利用挑选工具，框选选中拉链组，将其群组。通过变换对话框的位置选项，设置垂直数值为－0.6 cm。鼠标连续单击【应用于再制】命令按钮若干次。使拉链组排满整个门襟。即完成了正面款式图的绘制(图 6－24)。

5. 填充图案：利用挑选工具，框选选中整个图形。打开对象属性对话框填充选项下的位图填充选项(图 6－25)。

鼠标单击【编辑】命令按钮，打开对象属性编辑对话框(图 6－26)。

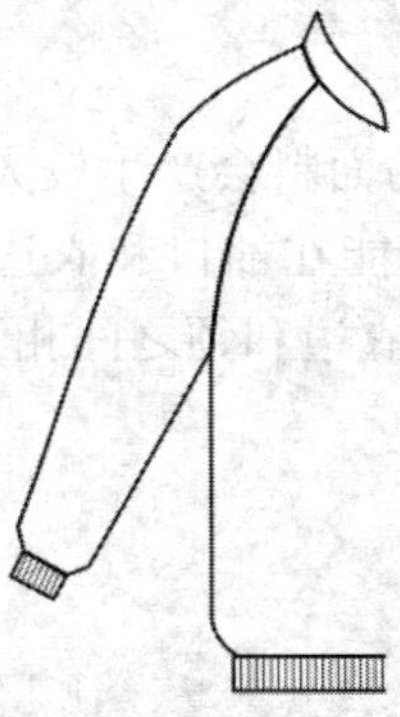

图 6－22

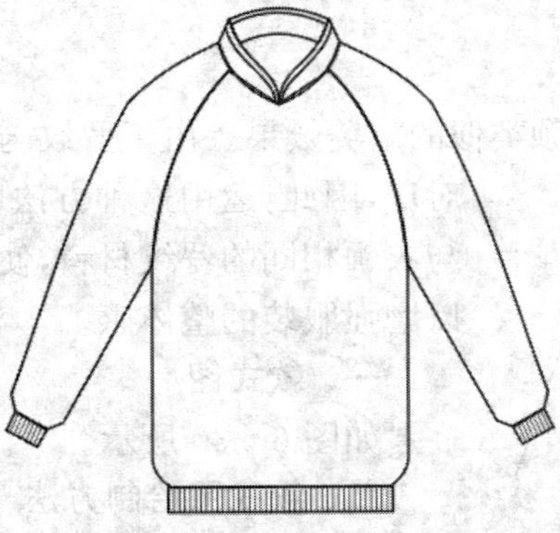

图 6－23

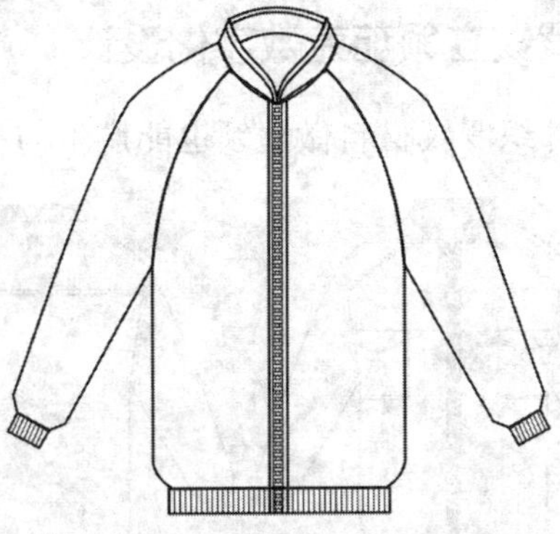

图 6－24

图 6-25

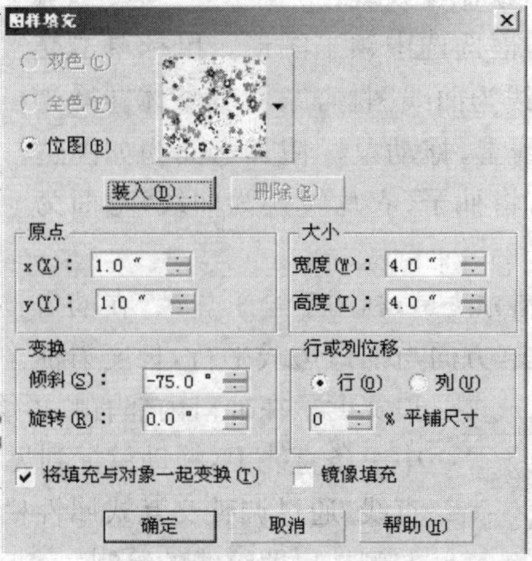

图 6-26

鼠标单击【装入】命令按钮，通过打开的文件选择对话框，选择已经保存的适当的位图文件，鼠标单击【确定】命令按钮。这个位图文件就会装入编辑器中。通过调整大小等，鼠标单击【确定】。鼠标单击【应用】命令按钮。一个适当的位图就充满了整个图形。如果大小、方向不合适，可以重新调整，直至满意为止(图 6-27)。

6. 绘制背面款式图：利用挑选工具，整体框选正面款式图。通过变换对话框的大小选项，鼠标单击【应用于再制】命令按钮，再制一个正面款式图，将其拖动到图纸右侧空白处。分别选中并删除前领、门襟、拉链等属于前片的部件图形。

利用手绘工具和形状工具，调整后领造型、调整插肩袖造型、绘制两片插肩袖缝合线等。即完成了背面款式图的绘制(图 6-28)。

7. 背面款式图填充图案：背面款式图的填充方法与正面款式图的填充方法相同，不再赘述(图 6-29)。

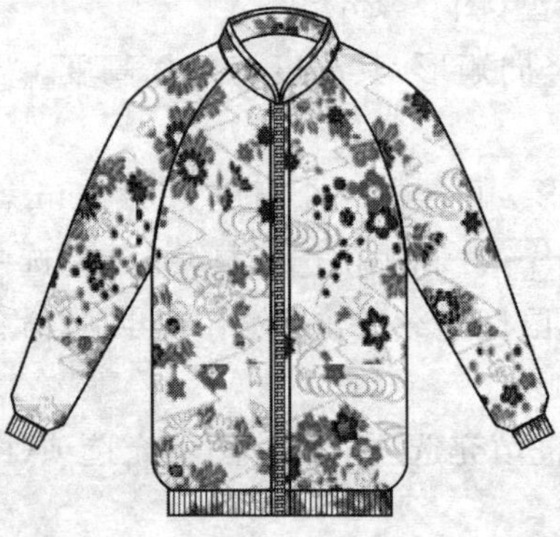

图 6-27

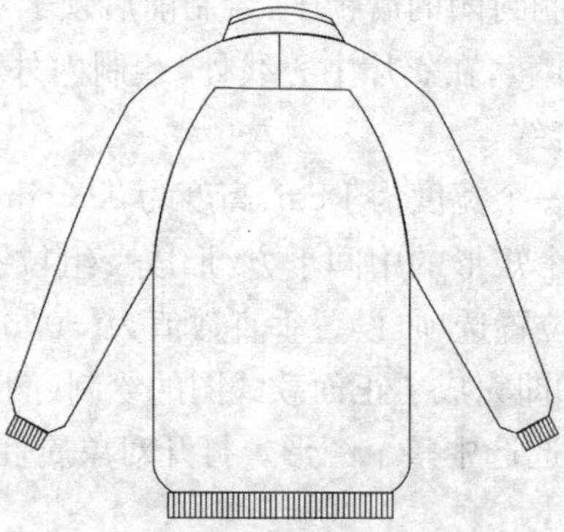

图 6-28

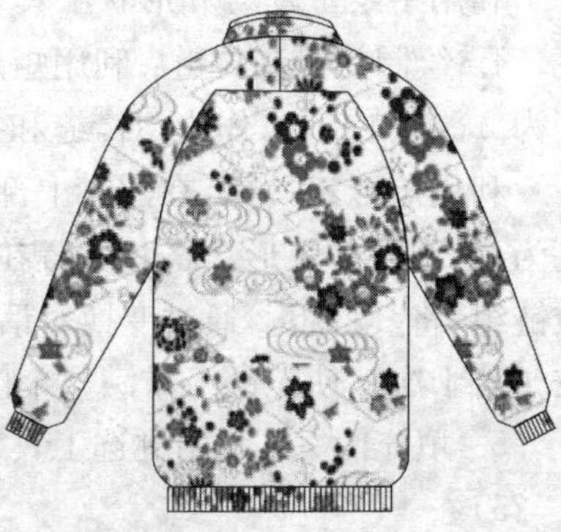

图 6-29

6.5 罗纹立领茄克数字化设计

用针织罗纹材料做立领也能产生与中式立领类似的审美效果。由于罗纹与大身的面料会产生较大的肌理对比，因此，运用这种方法时最好能在袖口和衣边处安排与衣领相同的罗纹材料，使袖口、衣边和领之间相互呼应，以增强服装的整体感。

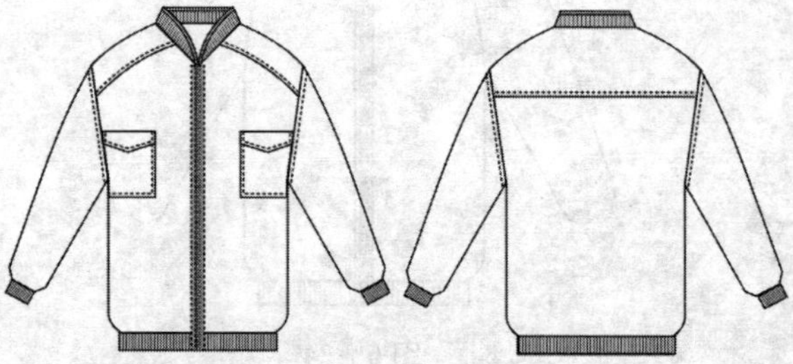

图 6-30

一、款式图

如图 6-30 所示。

二、款式图绘制方法

1. 设置图纸、原点、绘制直线框图：图纸设置为 A4 图纸、横向摆放、绘图单位为 cm、绘图比例为 1∶5。将原点设置在图纸左侧上部适当位置。利用手绘工具，参考图中数据，绘制一半款式图的直线框图(图 6－31)。

2. 修画相关曲线：利用挑选工具，框选选中领子图形，利用形状工具，框选选中领子图形。鼠标单击交互式属性栏的转换直线为曲线图标，将其整体转换为曲线。鼠标按在领口线上，拖动鼠标使其弯曲为如图造型。利用同样的方法，将袖子、衣片转换为曲线，弯曲为如图造型(图 6－32)。

3. 图形完整化：利用挑选工具，整体框选一半图形。通过变换对话框的大小选项，鼠标单击【应用于再制】命令按钮，再制一个一半图形。鼠标单击交互式属性栏的水平翻转图标，将其水平翻转。将其水平向右拖动，使其与左侧图形拼接对齐。

利用挑选工具，框选选中左右衣片。鼠标单击交互式属性栏的结合图标，将其结合为一个图形。利用形状工具，分别框选选中前领点处未连接的节点。鼠标单击交互式属性栏的连接两个节点图标，使其成为封闭图形。

利用挑选工具，框选选中左右下摆。鼠标单击交互式属性栏的结合图标，将其结合为一个图形。形状工具，分别框选选中下摆中线处未连接的两处节点。鼠标单击交互式属性栏的连接两个节点图标，使其成为封闭图形。

利用手绘工具和形状工具，绘制封闭的后领子(图 6－33)。

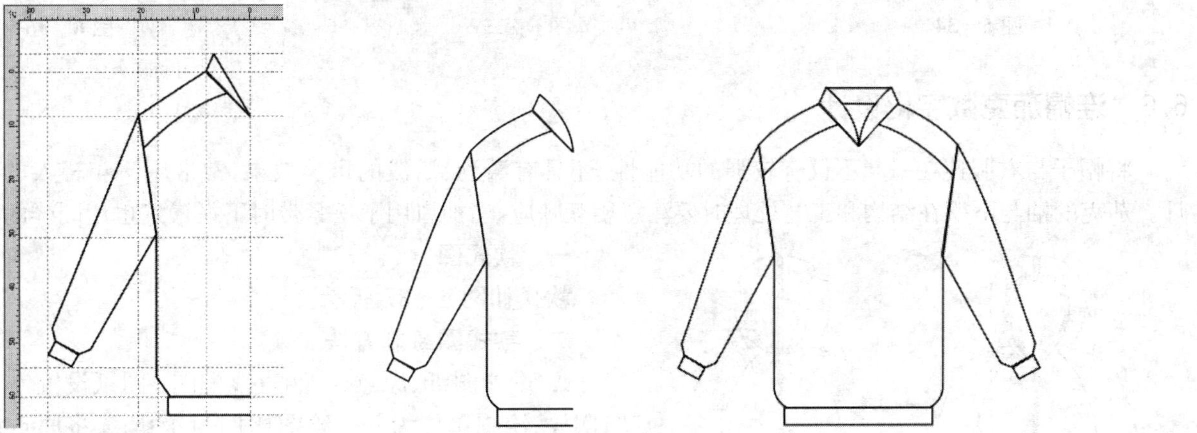

图 6－31　　图 6－32　　图 6－33

4. 绘制口袋、拉链和缝合明线

利用矩形工具和手绘工具，绘制口袋和袋盖，并将缝合明线设置为虚线。

利用手绘工具，绘制袖窿缝合线、拉链缝合线，并将缝合线设置为虚线。

利用挑选工具，选中肩部拼接线，通过再制、移动的方法，绘制拼接线的缝合线，并将缝合线设置为虚线。

利用手绘工具和形状工具，绘制领子双线。

利用矩形工具，在衣片中心线处，绘制内外两个竖向矩形，其高度为门襟高度。宽度为 2 cm 和 1 cm，作为门襟缝和拉链缝合线，并将缝合线设置为虚线。

利用矩形工具，在门襟上部绘制一个宽度为 1 cm、高度为 0.3 cm 的矩形。再绘制一个宽度为 0.5 cm、高度为 0.3 cm 的矩形。将其放置在第一个矩形的中间下方，形成一组拉链组合。利用挑选工具，框选选中拉链组，将其群组。通过变换对话框的位置选项，设置垂直数值为－0.6 cm。鼠标连续单击【应用于再制】命令按钮若干次。使拉链组排满整个门襟，即完成了正面款式图的绘制(图 6－34)。

5. 绘制罗纹

袖口罗纹线的绘制方法是，利用手绘工具，在袖口内部左侧绘制一条直线，方向与袖口边线平行，长度为袖口宽度。在袖口内部右侧再绘制一条直线。利用交互式调和工具，鼠标按在其中一条直线上，拖动鼠标到另一条直线上，两条直线之间会出现若干均匀渐变的直线，通过调整交互式属性栏的调和步数选项，将数据设置为 10，即完成了左侧袖口罗纹线的绘制。再制一个袖口罗纹，将其水平翻转，放置在右侧袖口处。

下摆罗纹线和领子罗纹线的绘制方法，与袖口罗纹线的绘制方法基本相同，只是罗纹线的数量较多。即完成了正面款式图的绘制(图 6－35)。

6. 绘制背面款式图：利用挑选工具，整体框选正面款式图。通过变换对话框的大小选项，鼠标单击【应用于再制】命令按钮，再制一个正面款式图，将其拖动到图纸右侧空白处。分别选中并删除前领、门襟、口袋、拉链等属于前片的部件图形。

利用手绘工具和形状工具，调整后领造型、绘制后片拼接线。即完成了背面款式图的绘制(图 6－36)。

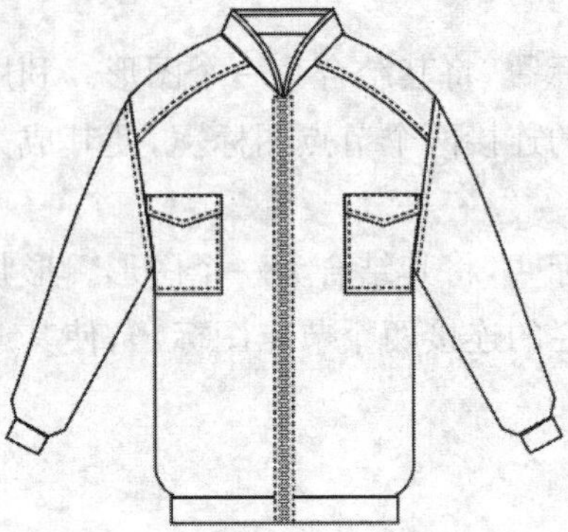

图 6－34

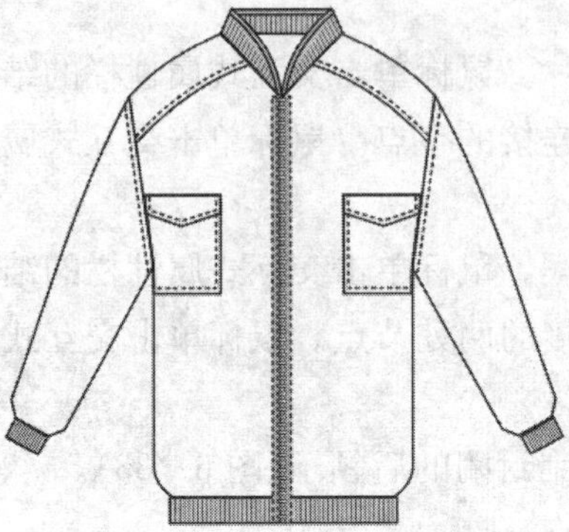

图 6－35

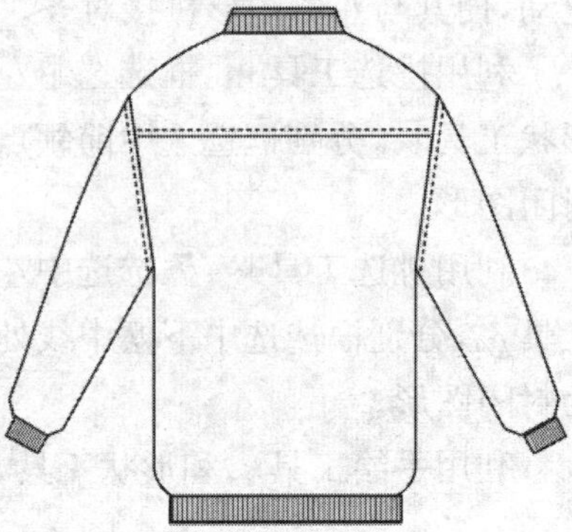

图 6－36

6.6 连帽茄克数字化设计

将帽子与衣服连在一起不仅有较强的功能性，还具有潇洒、活泼的审美效果，常常用于年轻人的外衣领型设计。茄克的袖与下摆在结构和工艺处理时要注意相互呼应，当袖口用了松紧带时下摆最好也用同样的松紧带。

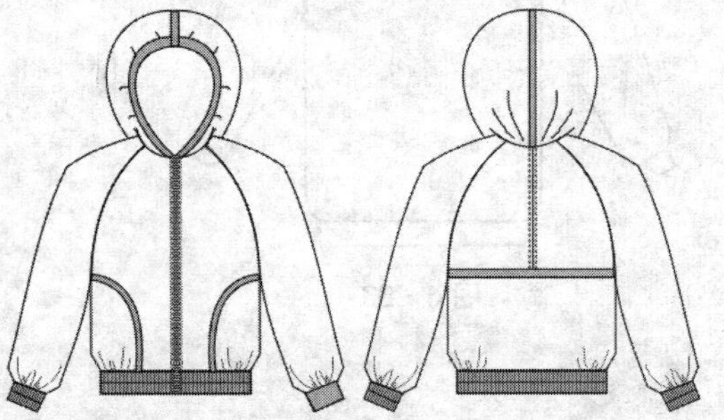

图 6－37

一、款式图

款式如图 6－37 所示。

二、款式图绘制方法

1. 设置图纸、原点、绘制直线框图：图纸设置为 A4 图纸、横向摆放、绘图单位为 cm、绘图比例为 1∶5。将原点设置在图纸左侧上部适当位置。利用手绘工具，参考图中数据，绘制一半款式图的直线框图(图 6－38)。

2. 修画相关曲线

利用形状工具，分别选中帽子图形的各个图形线，鼠标单击交互式属性栏的转换直线为曲线图标，将其分别转换为曲线。鼠标按在曲线上，拖动鼠标使其分别弯曲为如图造型。利用同样的方法，将袖子和衣片的相关图形线转换为曲线，弯曲为如图造型(图 6－39)。

3. 绘制罗纹和衣片下部拼接线

袖口罗纹线的绘制方法是，利用手绘工具，在袖口内部左侧绘制一条直线，方向与袖口边线平行，长度为袖口宽度。在袖口内部右侧再绘制一条直线。利用交互式调和工具，鼠标按在其中一条直线上，拖动鼠标到另一条直线上，两条直线之间会出现若干均匀渐变的直线，通过调整交互式属性栏的调和步数选项，将数据设置为 10，即完成了左侧袖口罗纹线的绘制。

下摆罗纹线的绘制方法与袖口罗纹线的绘制方法基本相同，只是罗纹线的数量较多。

利用手绘工具和形状工具，绘制左侧如图造型的衣片拼接线，使其成为封闭图形。

利用手绘工具，绘制袖口皱褶线、下摆皱褶线和帽子皱褶线(图 6－40)。

4. 图形完整化：利用挑选工具，整体框选一半图形。通过变换对话框的大小选项，鼠标单击【应用于再制】命令按钮，再制一个一半图形。鼠标单击交互式属性栏的水平翻转图标，将其水平翻转。将其水平向右拖动，使其与左侧图形拼接对齐。

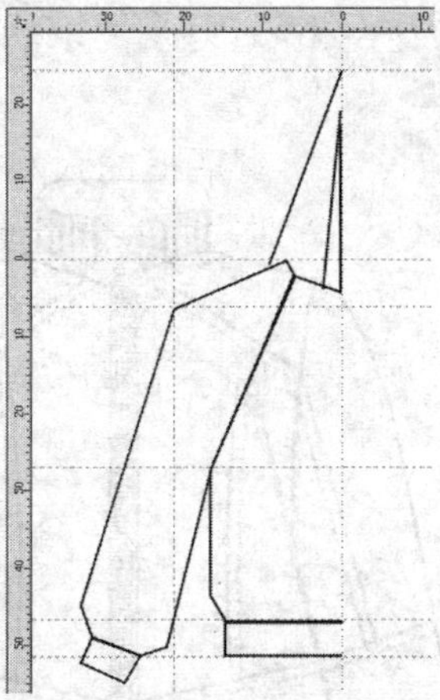

图 6－38

图 6－39

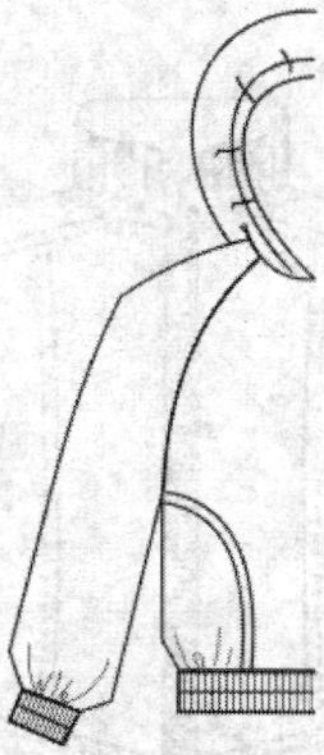

图 6－40

利用挑选工具，同时选中左右衣片。鼠标单击交互式属性栏的结合图标，将其结合为一个图形。利用形状工具，分别框选选中前领点处未连接的节点。鼠标单击交互式属性栏的连接两个节点图标，使其成为封闭图形。

利用挑选工具，框选选中左右下摆。鼠标单击交互式属性栏的结合图标，将其结合为一个图形。形状工具，分别框选选中下摆中线处未连接的两处节点。鼠标单击交互式属性栏的连接两个节点图标，使其成为封闭图形。

利用挑选工具和形状工具，将帽子贴边修改为封闭图形(图 6－41)。

5. 绘制拉链和门襟

利用矩形工具，在衣片中心线处，绘制内外两个竖向矩形，其高度为门襟高度。宽度为 2 cm 和 1 cm，作为门襟缝和拉链缝合线，并将缝合线设置为虚线。

利用矩形工具，在门襟上部绘制一个宽度为 1 cm、高度为 0.3 cm 的矩形。再绘制一个宽度为 0.5 cm、高度为 0.3 cm 的矩形。将其放置在第一个矩形的中间下方，形成一组拉链组合。利用挑选工具，框选选中拉链组，将其群组。通过变换对话框的位置选项，设置垂直数值为－0.6 cm。鼠标连续单击【应用于再制】命令按钮若干次。使拉链组排满整个门襟。

利用矩形工具，在帽子顶部中间，绘制一个矩形，作为帽子顶部拼接图形。

分别为帽子顶部拼接、帽子贴边、袖口和下摆填充灰色，即完成了正面款式图的绘制(图 6－42)。

6. 绘制背面款式图：利用挑选工具，整体框选正面款式图。通过变换对话框的大小选项，鼠标单击【应用于再制】命令按钮，再制一个正面款式图，将其拖动到图纸右侧空白处。分别选中并删除前领、门襟、拉链等属于前片的部件图形。

利用手绘工具和形状工具，调整后领口造型、绘制后片拼接线，绘制帽子皱褶线。即完成了背面款式图的绘制(图 6－43)。

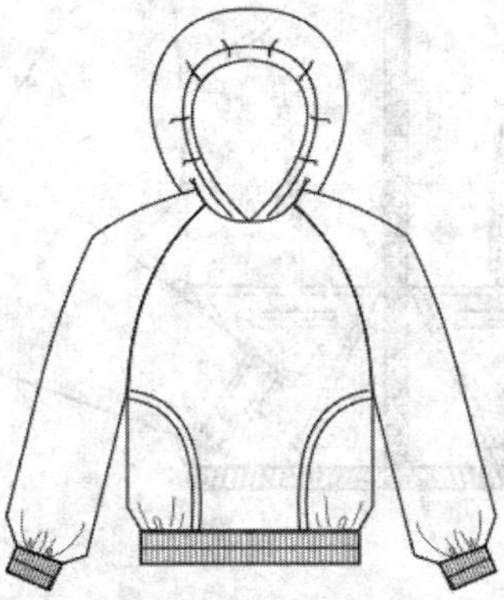

图 6－41

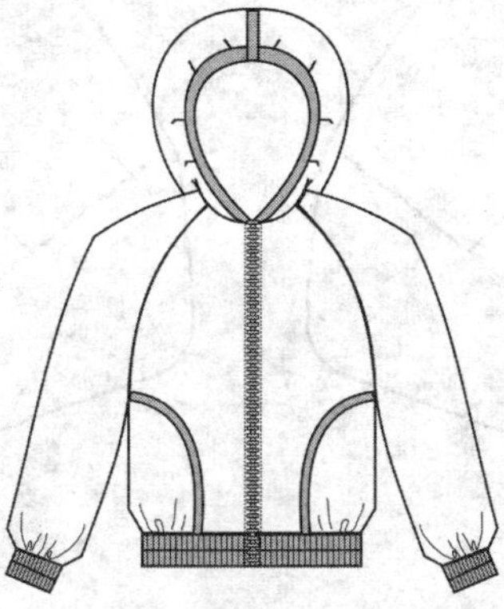

图 6－42

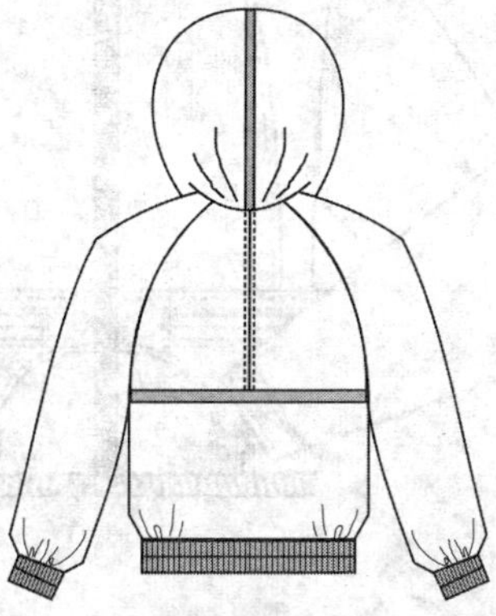

图 6－43

6.7 茄克款式图例

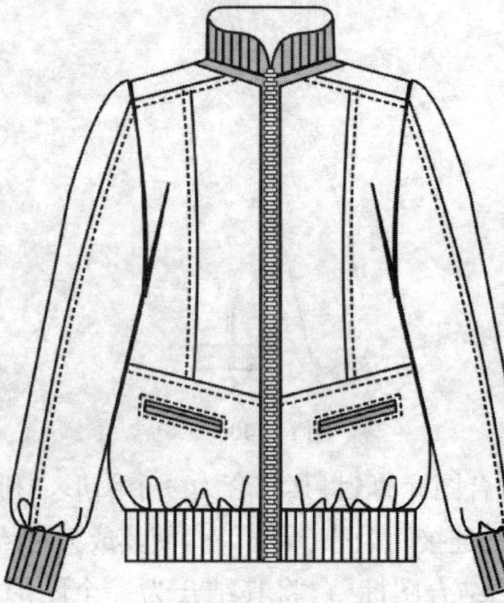

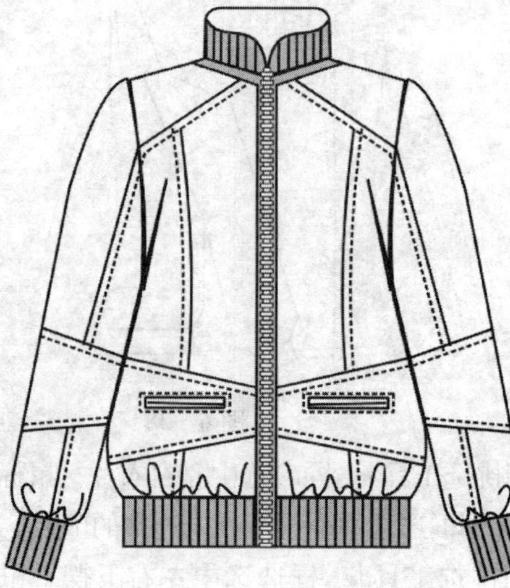

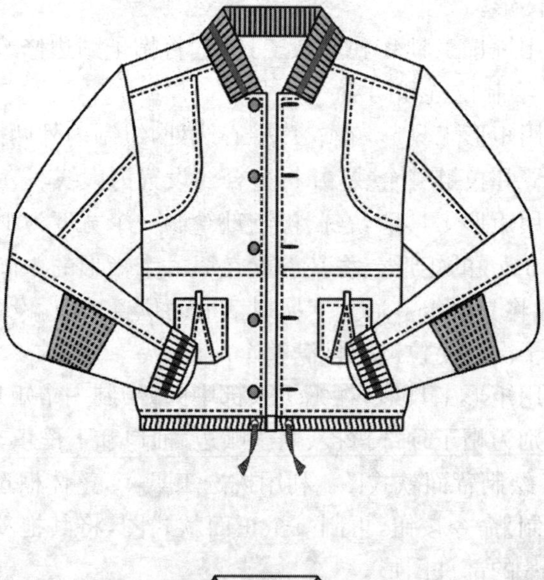

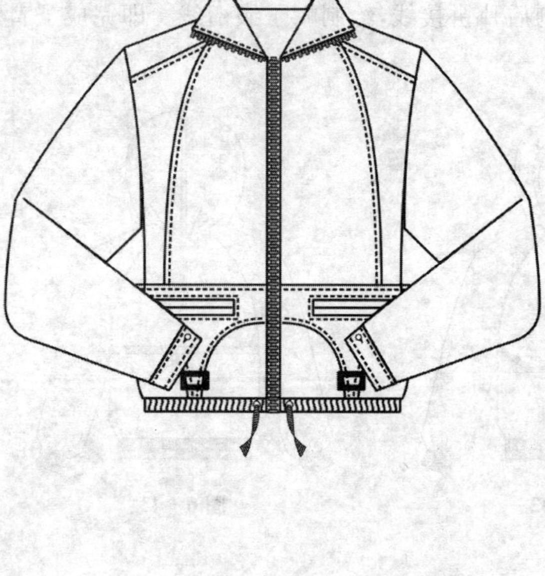

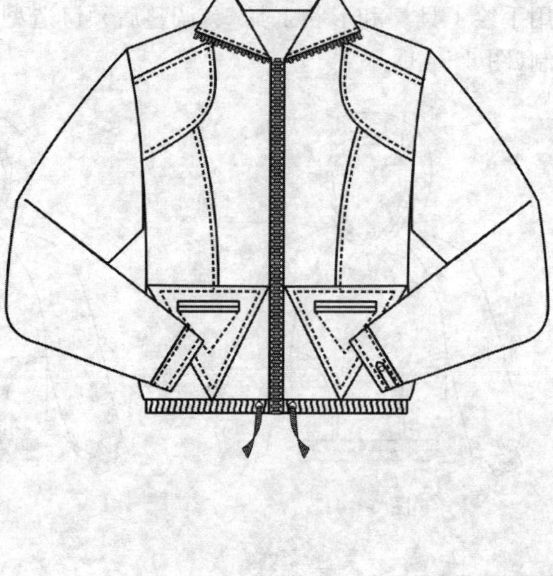

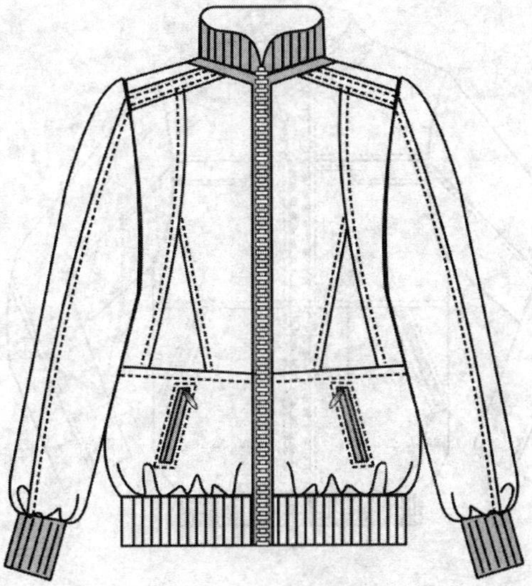

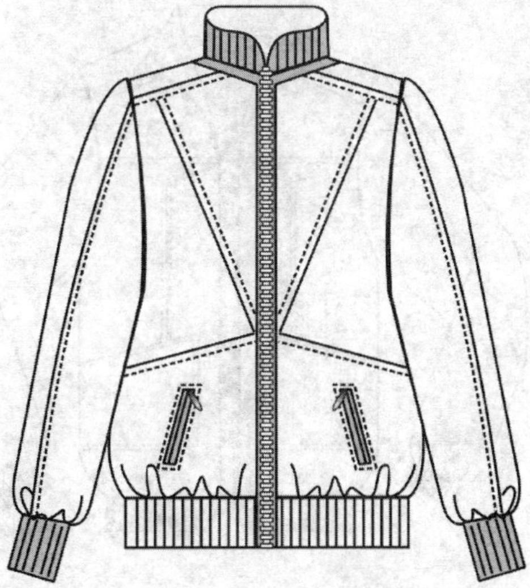

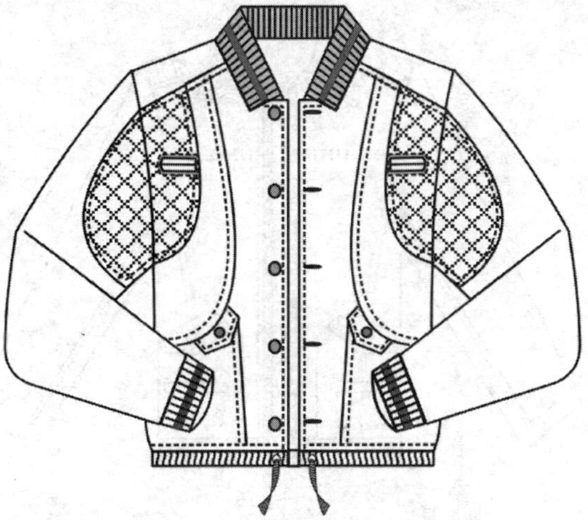

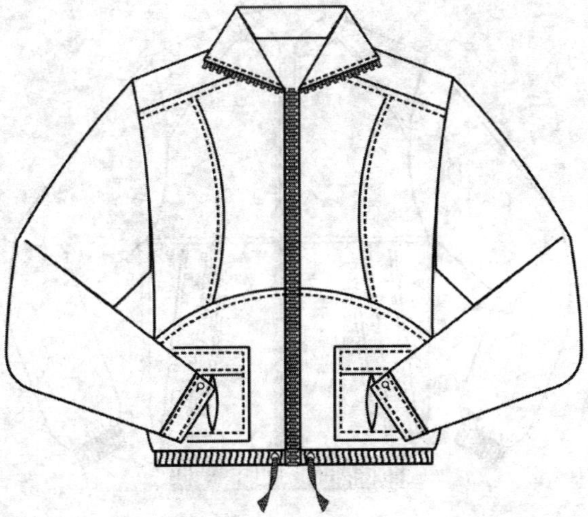

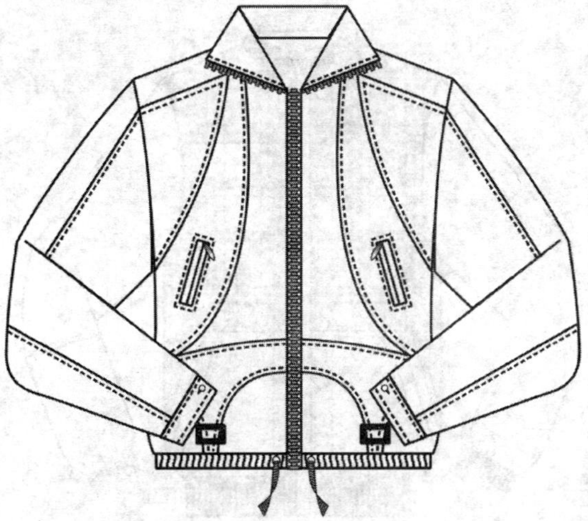

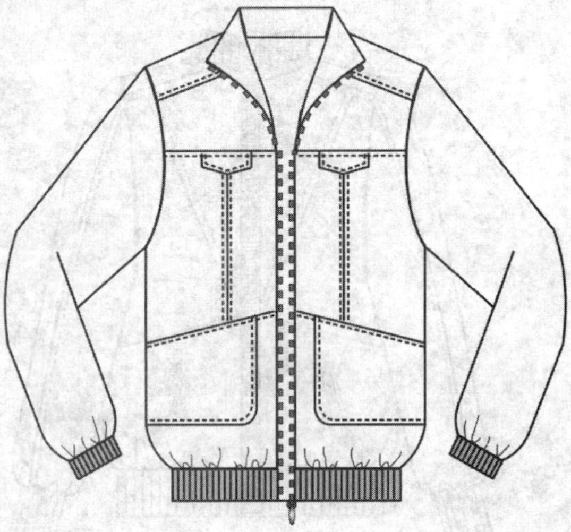

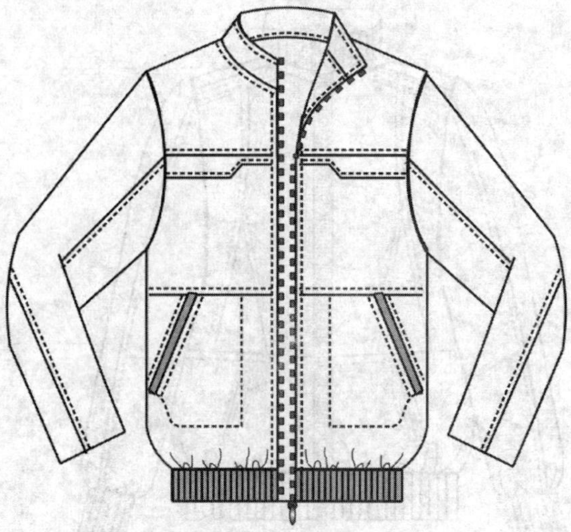

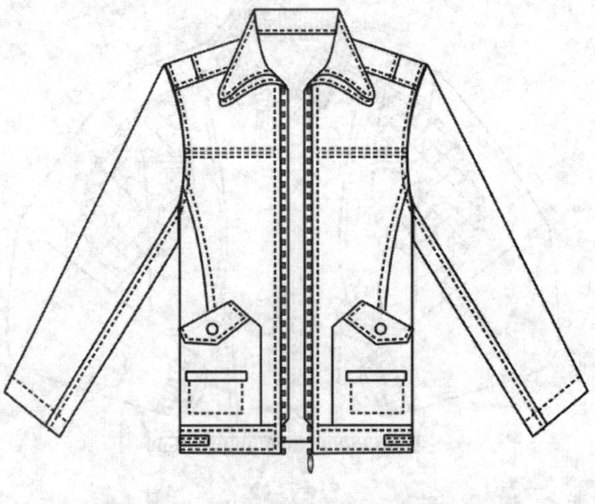

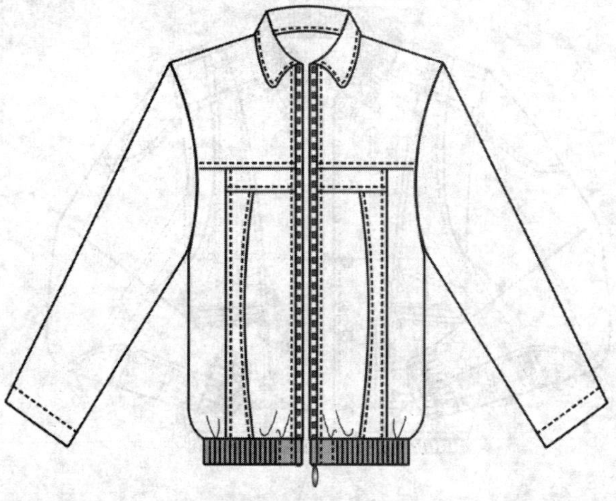

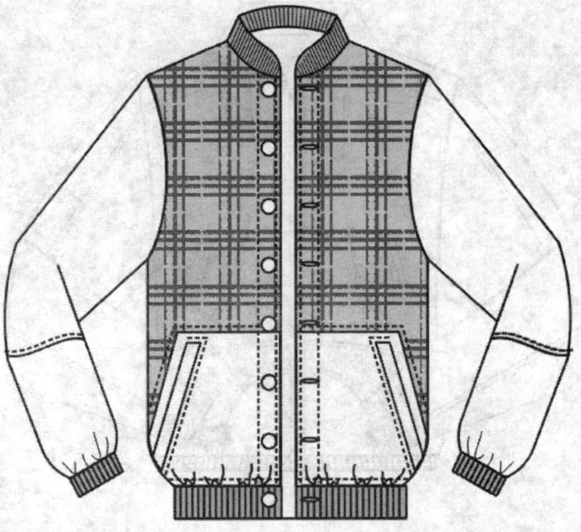

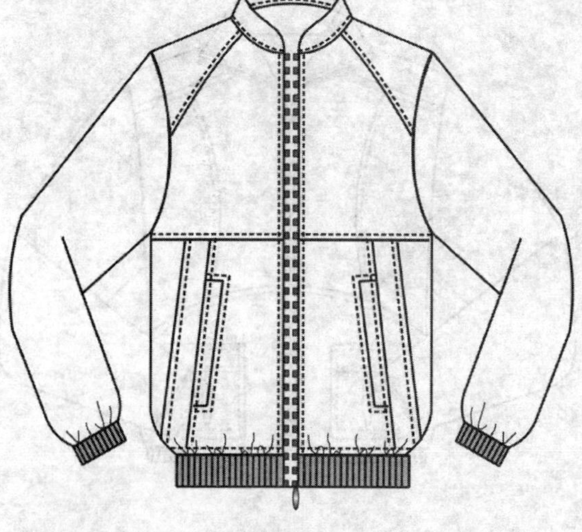

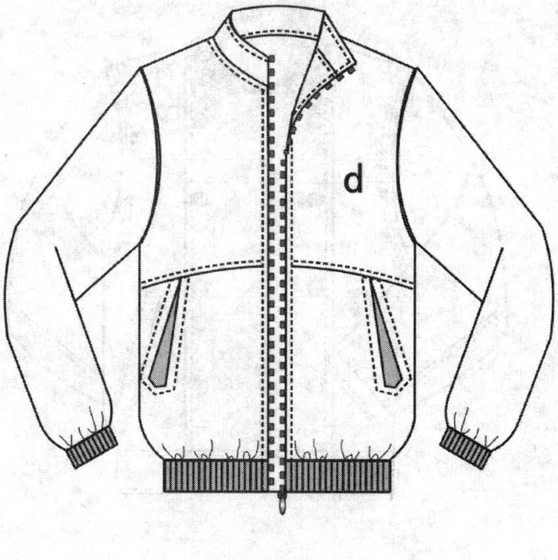
d

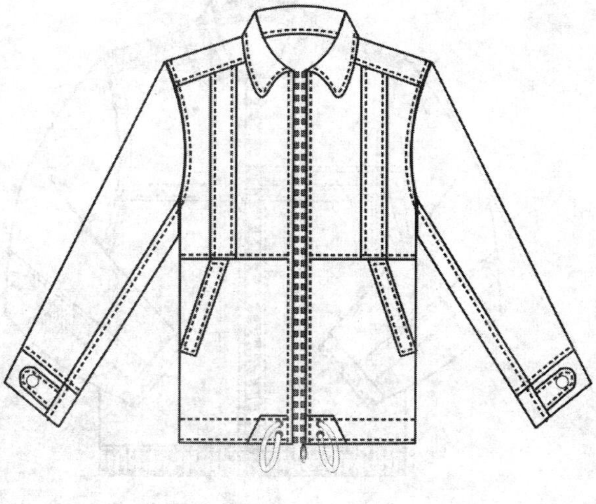

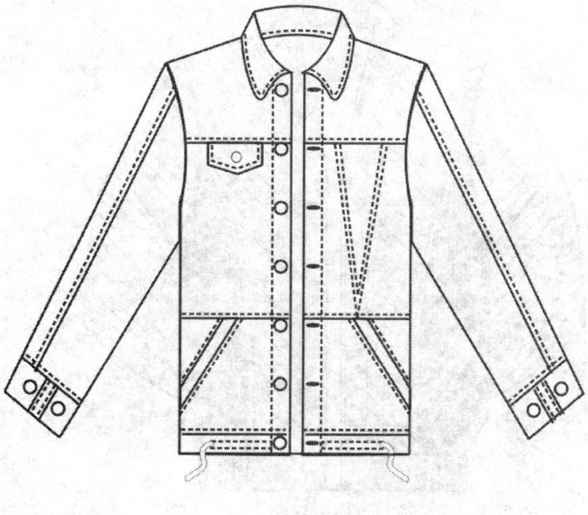

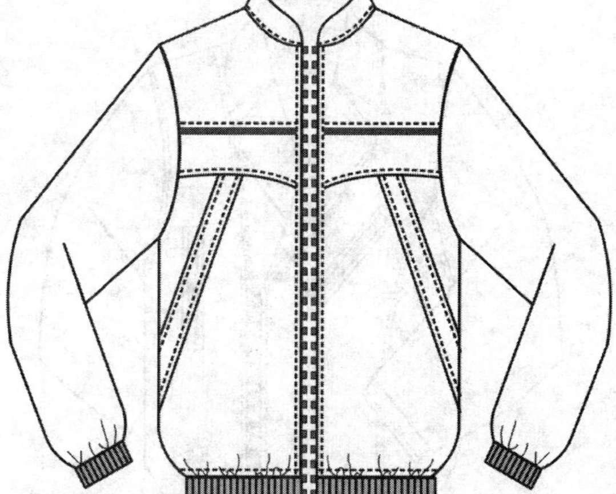

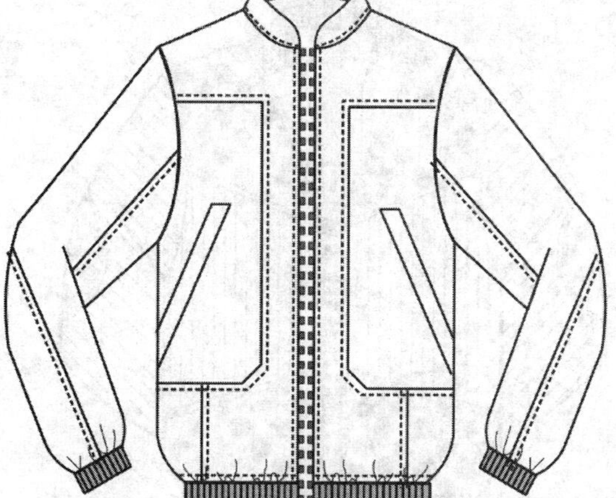

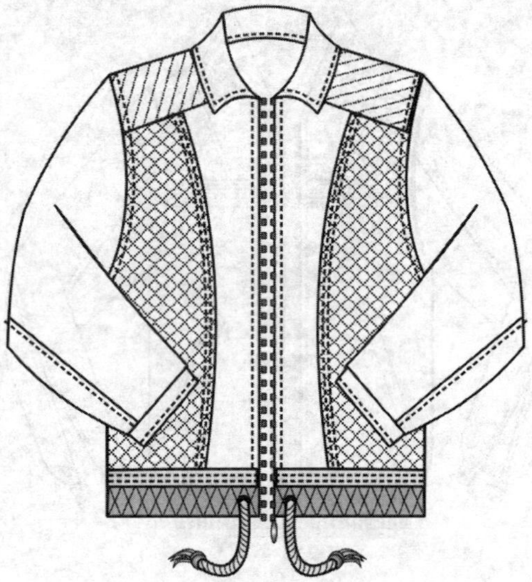

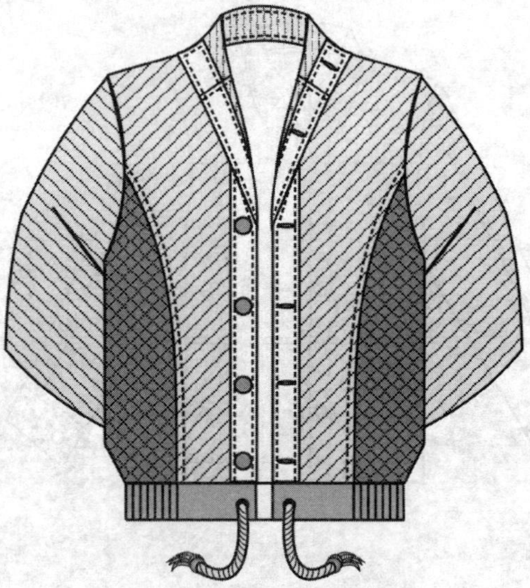

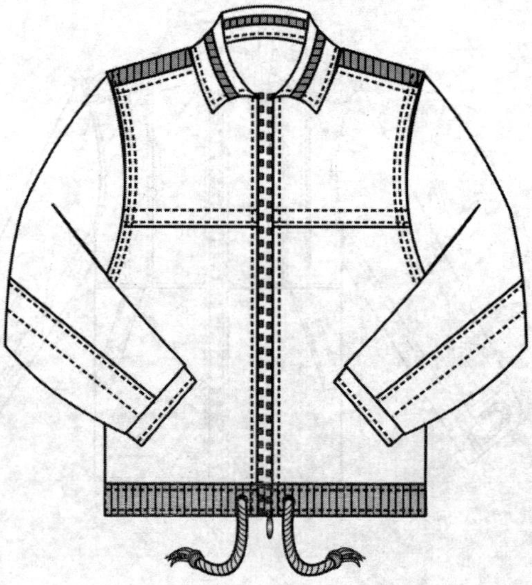

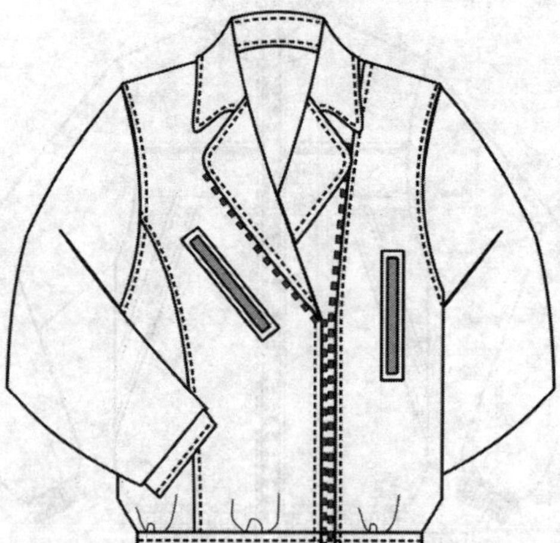

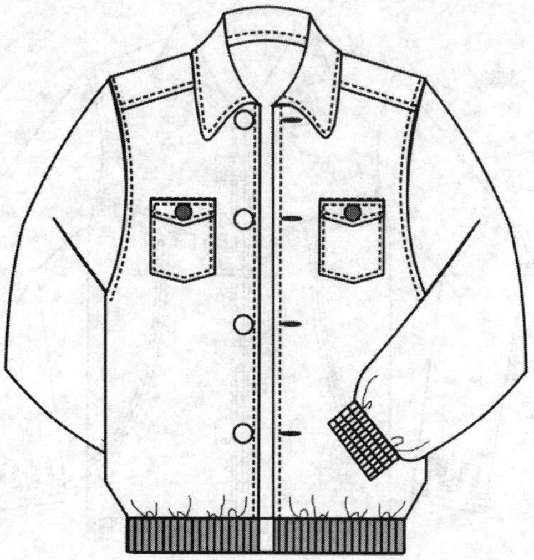
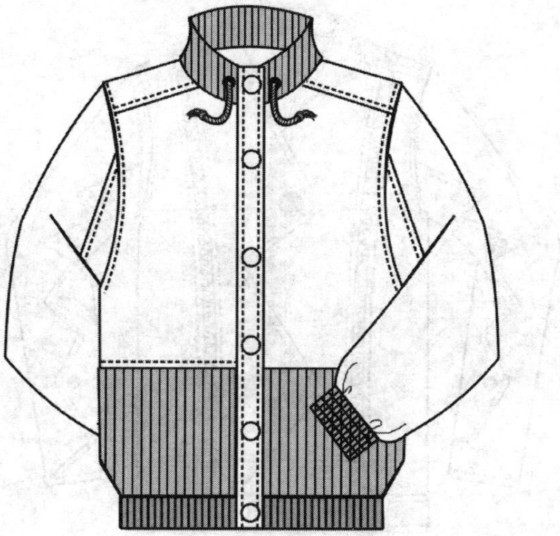
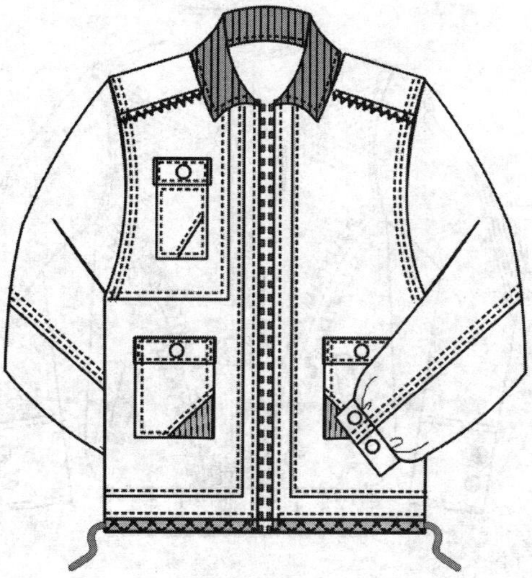
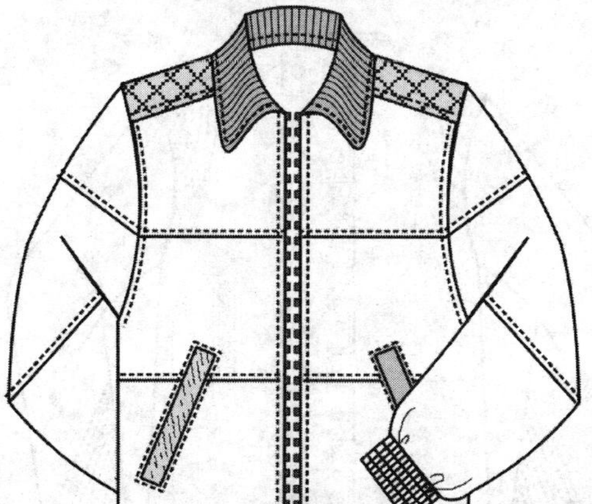
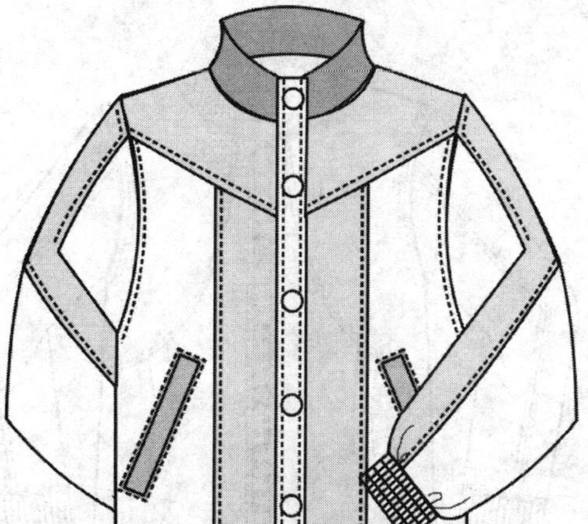

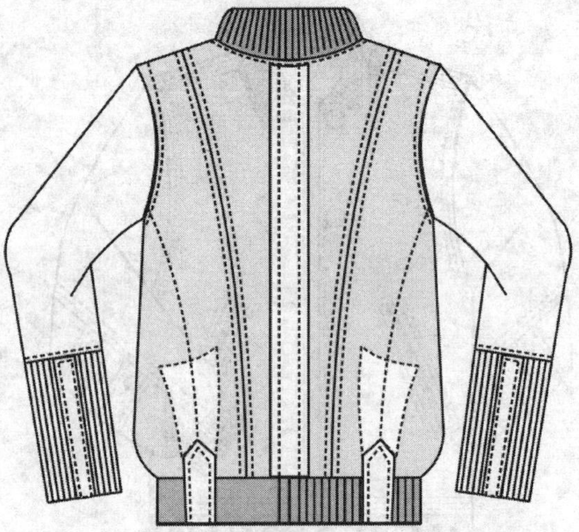
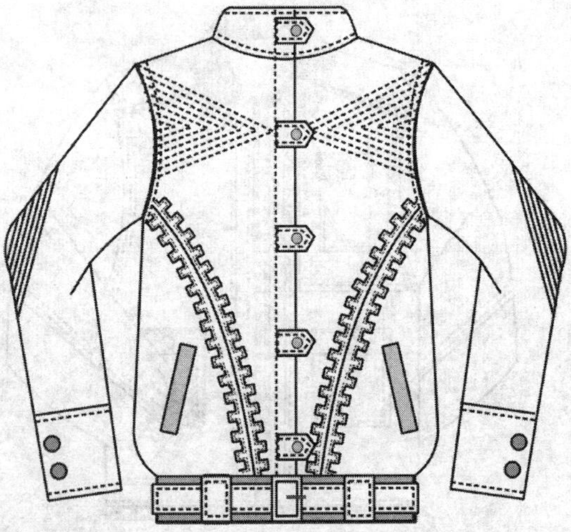

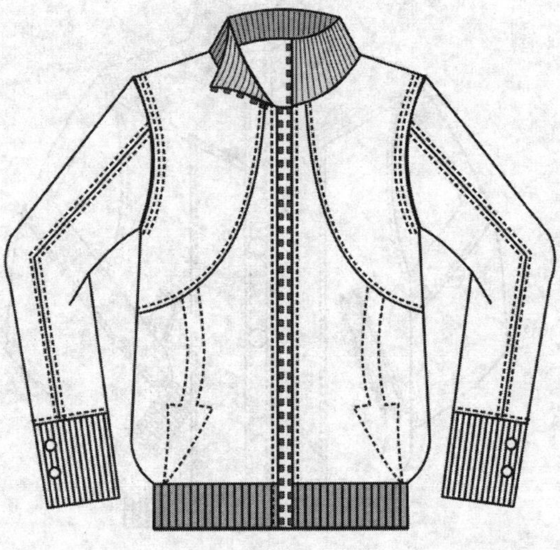
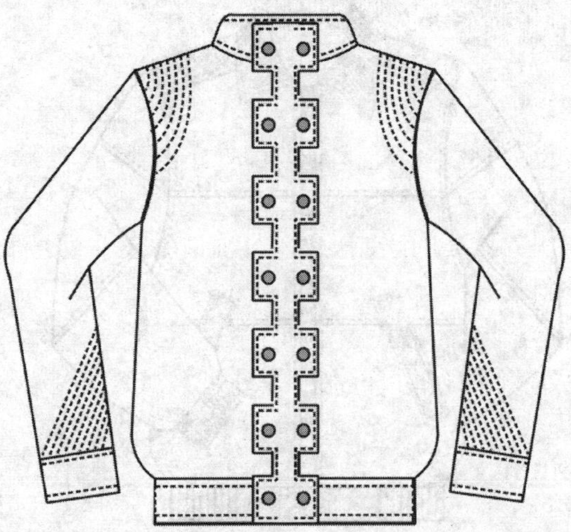

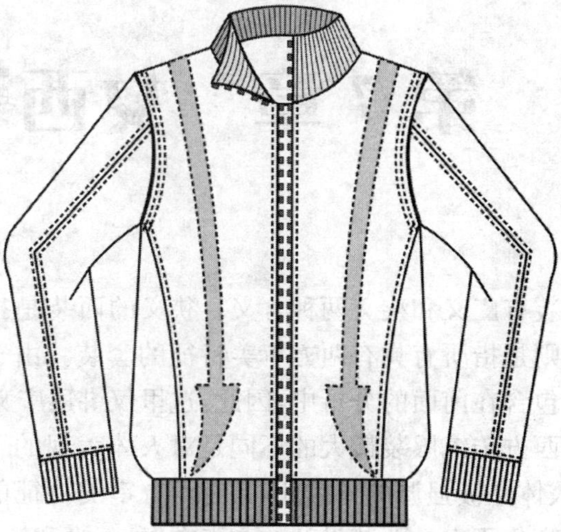

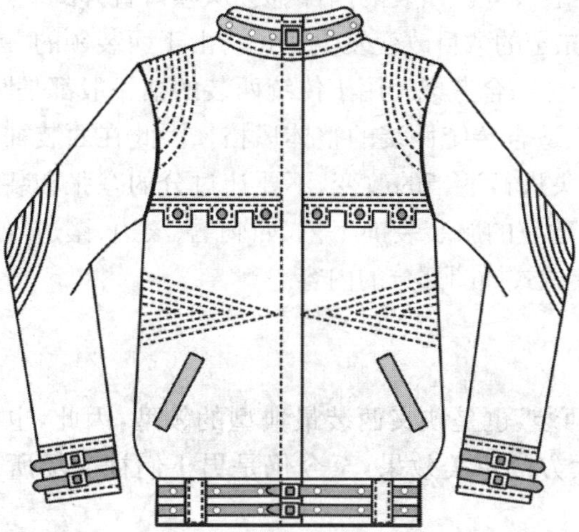

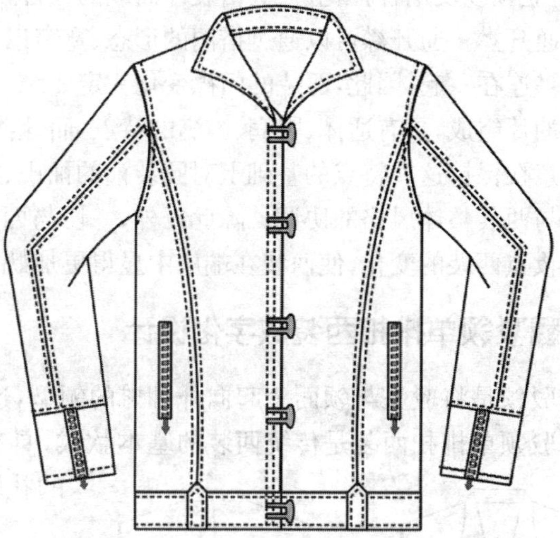

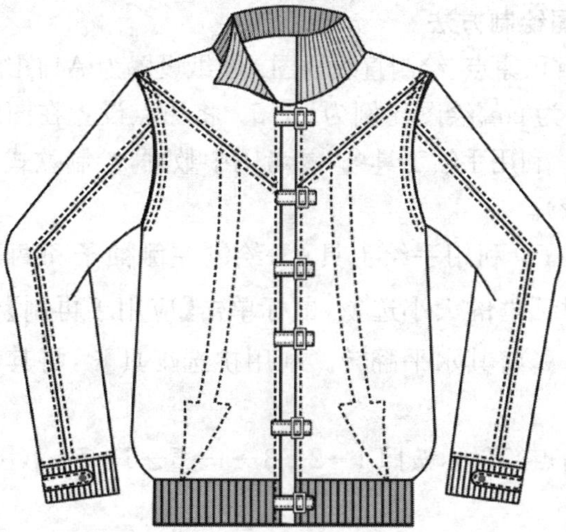

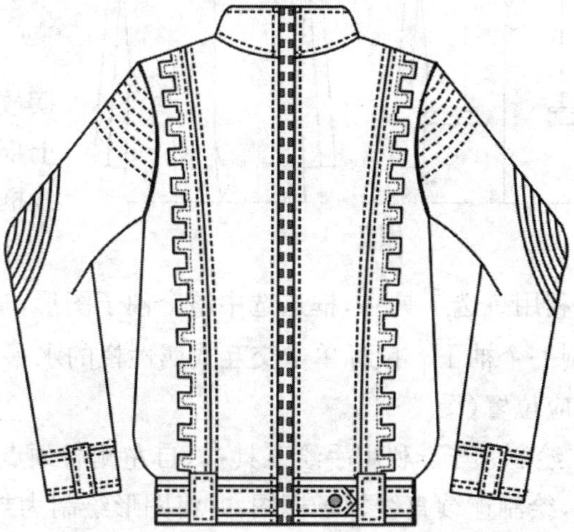

第 7 章　女西装数字化款式设计

西装有广义和狭义两种含义。狭义的西装是指源于欧洲、在社交正式场所中男士们穿用的服装。而广义的西装则是指所有具有西方审美特征的套装。由于狭义的西装款式变化不大，而广义的西装中半截裙和裤的变化已包含在前面的分析中，因此，这里仅讲述广义中西装上衣的设计。

东西方传统服装最大的不同是对人体表现的不同。人体在东方人的服装中是被隐藏的，而在西方人的服装中，人体是被强调的。因此，具有西方审美特征的西装必然具有与人体十分协调的外形，且这种外形在设计中一般变化不大。西装设计的重点在领、门襟和袖的变化上。

其中领的变化最丰富，驳翻领是传统西装的经典领型，驳头的长短、宽窄是驳翻领变化的主要手法。而现在无领、连身立领以及用各种花边、皱褶装饰而成的领都可以用于西装设计。西装的门襟都会从领口直开到底边，这种门襟叫通开襟。通开襟可以通过搭门的形态、宽窄以及门襟上扣子的数目改变发生变化。由于西装领的一部分常常与门襟连在一起，因此，西装的门襟变化一定要结合领型的变化综合考虑。用于传统西装的袖一般都是圆装袖，由两片袖片组成，具有适体、圆润、饱满的特点，而这些特点也正适合传统西装的整体风格。因此在西装袖的设计中应注意在保持这些特点的基础上对圆装袖的袖山、袖身和袖头进行适当的改变，不要让过分的夸张和装饰破坏西装袖与西装整体风格的协调。除此以外，一切与西装风格相适应的服装装饰工艺，如刺绣、滚边、镶边等也都可以用来妆点西装的变化，使西装在端庄中显得更加妩媚，见西装款式插图部分的内容。

7.1　翻驳领单排扣西装数字化设计

翻驳领是将驳头与领面一起向外翻摊的领型，这是传统西装、也是狭义西装最典型的领型，因此，也叫西装领。翻驳领单排扣西装是传统西装的基本款式，具有端庄、大方的审美效果，至今仍是男士们社交场所最正统的礼服。

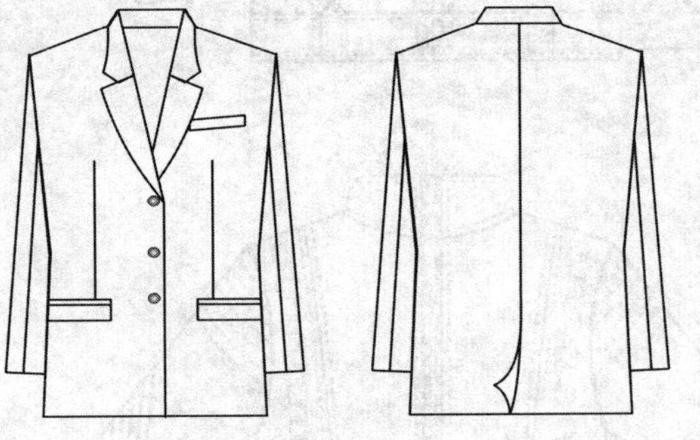

图 7-1

一、款式图

款式如图 7-1 所示。

二、款式图绘制方法

1. 设置图纸、原点、绘制直线框图：图纸设置为 A4 图纸、横向摆放、绘图单位为 cm、绘图比例为 1∶5。将原点设置在图纸左侧上部适当位置。利用手绘工具，参考图中数据，绘制款式图的直线框图(图 7-2)。

2. 绘制袖子：利用手绘工具，绘制左侧袖子和两片袖拼接线。利用挑选工具，框选选中整个袖子图形，通过变换对话框的大小选项，鼠标单击【应用于再制】命令按钮，再制一个袖子。鼠标单击交互式属性栏的水平翻转图标，将其水平翻转。利用挑选工具，将其移动的右侧相应位置(图 7-3)。

3. 绘制领子：利用手绘工具，自左侧肩颈点(领座最高点)开始，按照 1→2→3→4→5→6→7→1(图7-4)的顺序，绘制连续直线领子框图，并将图形绘制为封闭图形。

利用形状工具，将驳头外口线和领子外口线，修画为如图曲线造型，即完成了左侧领子的绘制。

利用挑选工具，选中领子图形。通过变换对话框的大小选项，鼠标单击【应用于再制】命令按钮，再制一个领子。鼠标单击交互式属性栏的水平翻转图标，将其水平翻转，将其水平移动到右侧相应位置。

利用形状工具，在左右领子重叠交点处的右侧领子图形线上，分别双击鼠标，增加两个节点。框选选中两个节点，鼠标单击交互式属性栏的使较多成为尖突图标。鼠标选中右侧领子的最下方节点，删除该节点。选中该段曲线，鼠标单击交互式属性栏的转换曲线为直线图标，将该段曲线转换为直线。这样就删除了左右领子的重叠部分，即完成了整个领子的绘制(图 7－4)。

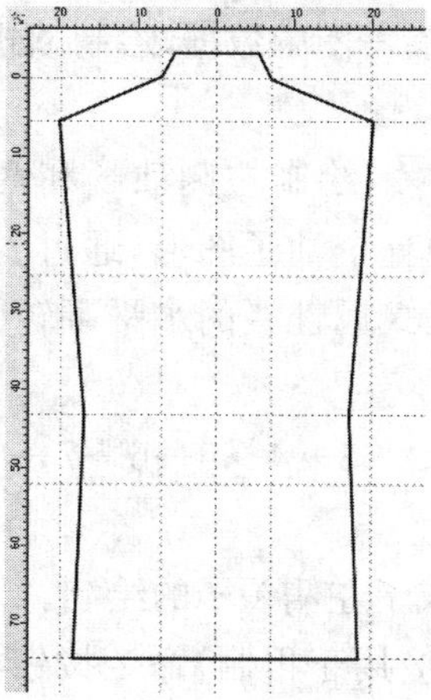

图 7－2

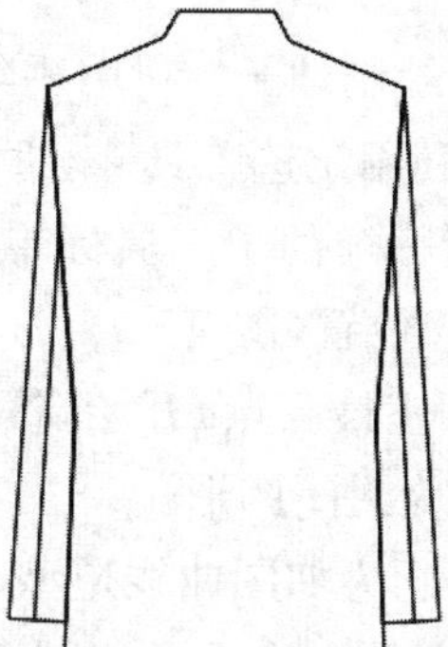

图 7－3

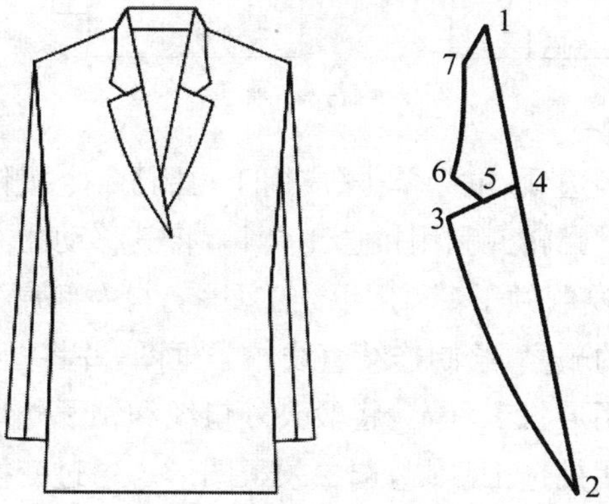

图 7－4

4．绘制门襟、扣子、口袋和省线

利用手绘工具，接着左侧领子最下方节点，绘制竖向直线，作为单排扣门襟线。

利用椭圆工具，绘制一个直径为 2 cm 的圆形，作为一个扣子。利用挑选工具将其放置在驳头下方，靠近门襟线的位置。通过再制、移动位置的方法，绘制如图所示的其他扣子。

利用手绘工具，绘制口袋和省位线(图 7－5)。

5．绘制背面款式图：利用挑选工具，整体框选正面款式图。通过变换对话框的大小选项，鼠标单击【应用于再制】命令按钮，再制一个正面款式图，将其拖动到图纸右侧空白处。分别选中并删除领子、口袋等属于前片的部件图形。

利用手绘工具和形状工具调整后领线造型。

利用手绘工具和形状工具，绘制后中心线及后开衩造型，即完成了背面款式图的绘制(图 7－6)。

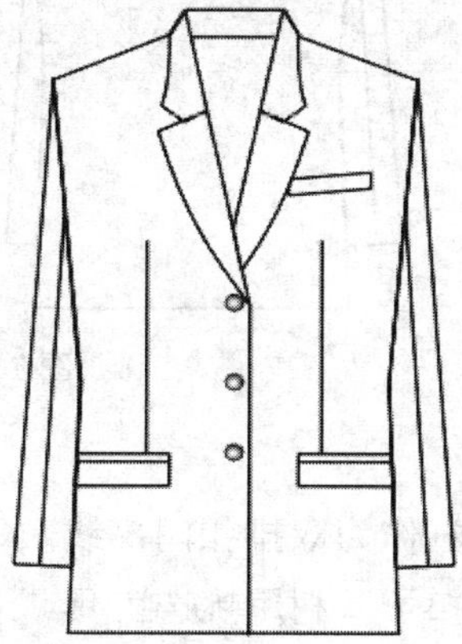

图 7－5

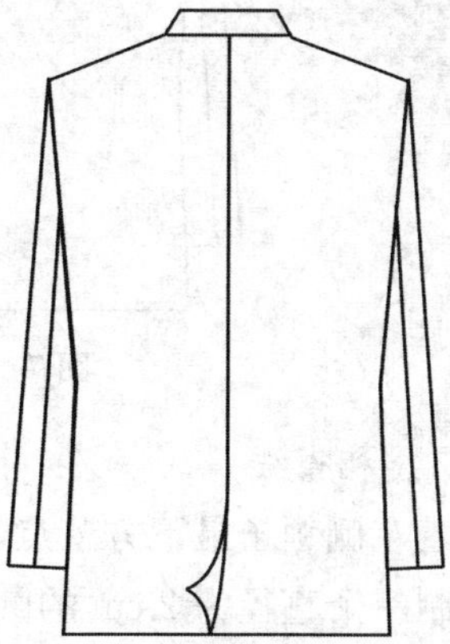

图 7－6

7.2　驳翻领双排扣西装数字化设计

翻驳领双排扣西装也是传统西装的基本款式，同样具有端庄、大方的审美效果，不同的是前胸部位的扣子呈中心轴对称状态放置。

图 7－7

一、款式图

如图 7－7 所示。

二、款式图绘制方法

1. 设置图纸、原点、绘制直线框图：图纸设置为 A4 图纸、横向摆放、绘图单位为 cm、绘图比例为 1∶5。将原点设置在图纸左侧上部适当位置。利用手绘工具，参考图中数据，绘制款式图的直线框图(图 7－8)。

2. 绘制袖子：利用手绘工具，绘制左侧袖子和两片袖拼接线。利用挑选工具，框选选中整个袖子图形，通过变换对话框的大小选项，鼠标单击【应用于再制】命令按钮，再制一个袖子。鼠标单击交互式属性栏的水平翻转图标，将其水平翻转。利用挑选工具，将其移动的右侧相应位置(图 7－9)。

3. 绘制领子：利用手绘工具，自左侧肩颈点(领座最高点)开始，按照 1→2→3→4→5→6→7→8→1(图 7－10)的顺序，绘制连续直线领子框图，并将图形绘制为封闭图形。

利用形状工具，将驳头外口线和领子外口线，修画为如图曲线造型，即完成了左侧领子的绘制。

利用挑选工具，选中领子图形。通过变换对话框的大小选项，鼠标单击【应用于再制】命令按钮，再制一个领子。鼠标单击交互式属性栏的水平翻转图标，将其水平翻转。将其水平移动到右侧相应位置。

利用形状工具，在左右领子重叠交点处的右侧领子图形线上，分别双击鼠标，增加两个节点。框选选中两个节点，鼠标单击交互式属性栏的使较多成为尖突图标。鼠标选中右侧领子的最下方节点，删除该节点。选中该段曲线，鼠标单击交互式属性栏的转换曲线为直线图标，将该段曲线转换为直线。这样就删除了左右领子的重叠部分，即完成了整个领子的绘制(图 7－10)。

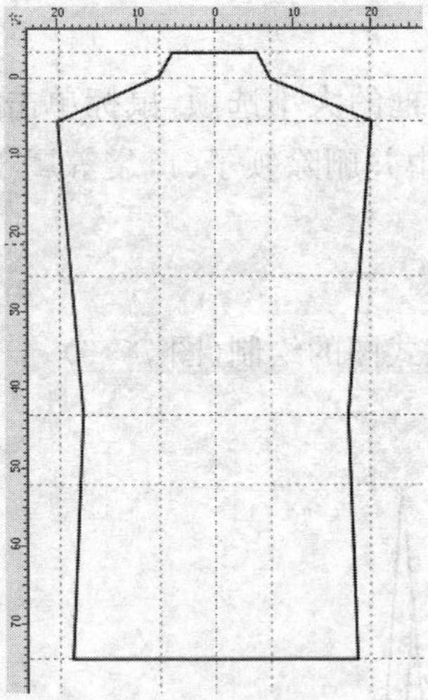

图 7－8

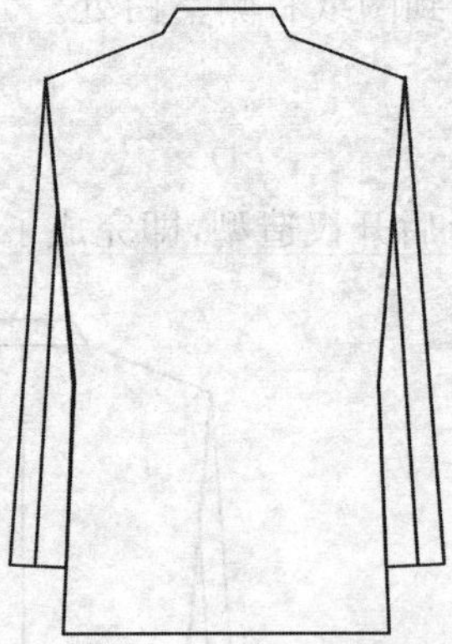

图 7－9

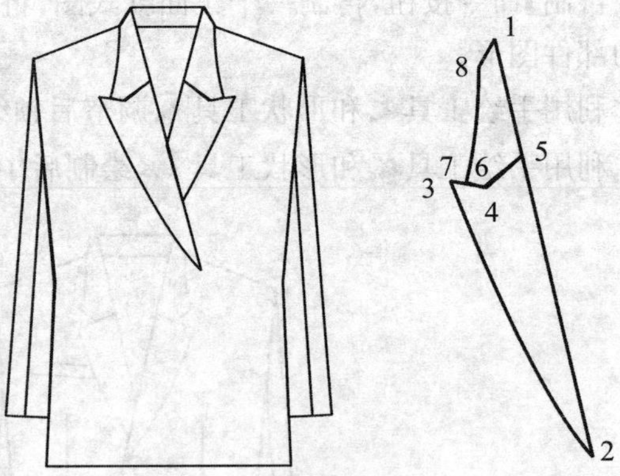

图 7－10

4. 绘制门襟、扣子、口袋和省线

利用手绘工具，接着左侧领子最下方节点，绘制竖向直线，作为双排扣门襟线。

利用椭圆工具，绘制一个直径为 2 cm 的圆形，作为一个扣子。利用挑选工具将其放置在驳头下方，靠近门襟线的位置。通过再制、移动位置的方法，绘制如图所示的其他扣子。

利用手绘工具，绘制口袋和省位线(图 7－11)。

5. 绘制背面款式图：利用挑选工具，整体框选正面款式图。通过变换对话框的大小选项，鼠标单击【应用于再制】命令按钮，再制一个正面款式图，将其拖动到图纸右侧空白处。分别选中并删除领子、口袋等属于前片的部件图形。

利用手绘工具和形状工具调整后领线造型。

利用手绘工具和形状工具，绘制后中心线及后开衩造型，即完成了背面款式图的绘制(图 7-12)。

图 7-11

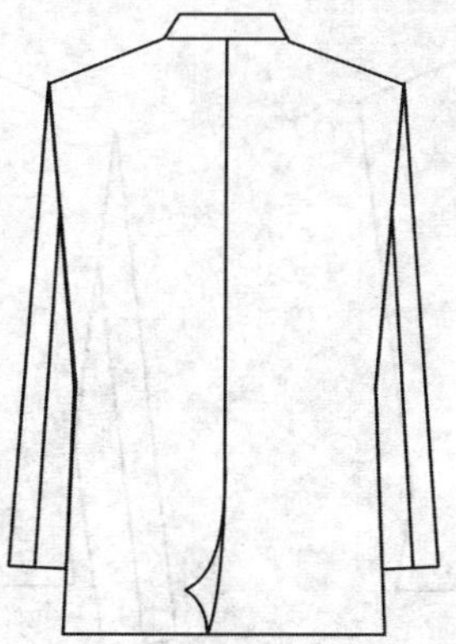

图 7-12

7.3　翻驳领偏襟西装数字化设计

作为正式社交场所的女式西装却可以有较大的变化，本图例是一款将门襟移位的设计。偏向一侧的门襟打破了服装的绝对对称，从而产生了比较活泼的审美效果。将门襟作这样的偏移要注意把握好偏移的分寸，太偏不好，偏得不够也不好。

一、款式图

如图 7-13 所示。

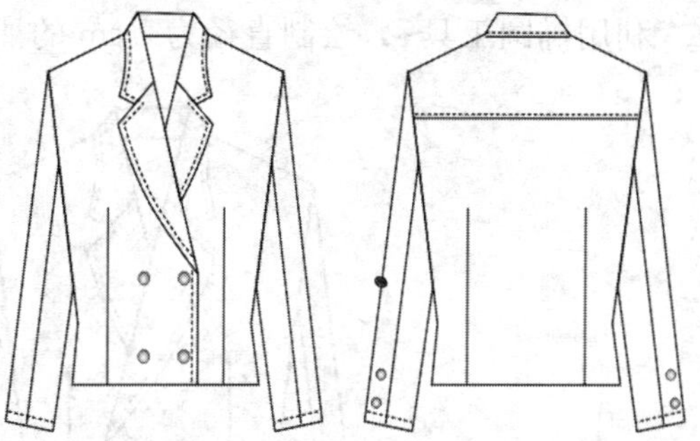

图 7-13

二、款式图绘制方法

1. 设置图纸、原点、绘制直线框图：图纸设置为 A4 图纸、横向摆放、绘图单位为 cm、绘图比例为 1∶5。将原点设置在图纸左侧上部适当位置。利用手绘工具，参考图中数据，绘制款式图的直线框图(图 7-14)。

2. 绘制袖子：利用手绘工具，绘制左侧袖子和两片袖拼接线。利用挑选工具，框选选中整个袖子图形，通过变换对话框的大小选项，鼠标单击【应用于再制】命令按钮，再制一个袖子。鼠标单击交互式属性栏的水平翻转图标，将其水平翻转。利用挑选工具，将其移动的右侧相应位置(图 7-15)。

3. 绘制领子：利用手绘工具，自左侧肩颈点(领座最高点)开始，按照 1→2→3→4→5→6→7→1(图 7-16)的顺序，绘制连续直线领子框图，并将图形绘制为封闭图形。

利用形状工具，将驳头外口线和领子外口线，修画为如图曲线造型，即完成了左侧领子的绘制。

利用挑选工具，选中领子图形。通过变换对话框的大小选项，鼠标单击【应用于再制】命令按钮，再制一个领子。鼠标单击交互式属性栏的水平翻转图标，将其水平翻转。将其水平移动到右侧相应位置。

利用形状工具，在左右领子重叠交点处的右侧领子图形线上，分别双击鼠标，增加两个节点。框选选中两个节点，鼠标单击交互式属性栏的使较多成为尖突图标。鼠标选中右侧领子的最下方节点，删除该节点。选中该段曲线，鼠标单击交互式属性栏的转换曲线为直线图标，将该段曲线转换为直线。这样就删除了左右领子的重叠部分，即完成了整个领子的绘制。

利用手绘工具，绘制后领口线和门襟线(图 7-16)。

4. 绘制扣子、省位线和明线

利用手绘工具和形状工具，绘制明线，并将其设置为虚线。

利用椭圆工具，绘制一个直径为 2 cm 的圆形，作为一个扣子。利用挑选工具将其放置在驳头下方，靠近门襟线的位置。通过再制、移动位置的方法，绘制如图所示的其他扣子。

利用手绘工具，绘制省位线，即完成了正面款式图的绘制(图 7-17)。

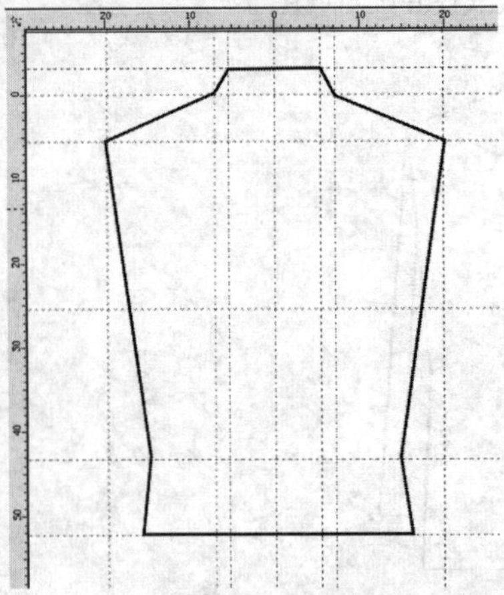

图 7－14

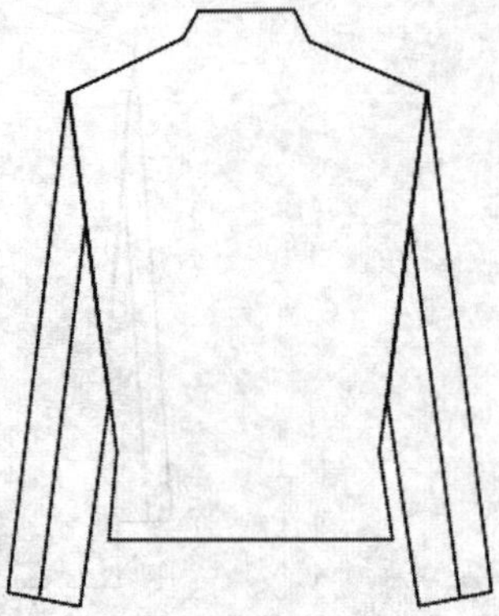

图 7－15

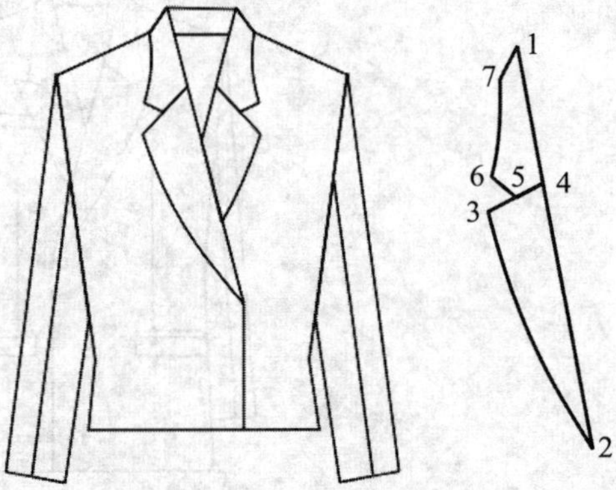

图 7－16

5. 绘制背面款式图

利用挑选工具，整体框选正面款式图。通过变换对话框的大小选项，鼠标单击【应用于再制】命令按钮，再制一个正面款式图，将其拖动到图纸右侧空白处。分别选中并删除领子、门襟和扣子等属于前片的部件图形。

利用手绘工具，绘制后片拼接线和明线。利用形状工具调整后领口线，并绘制后领明线。

利用椭圆工具，绘制直径为 1 cm 的袖口扣子，即完成了背面款式图的绘制(图 7－18)。

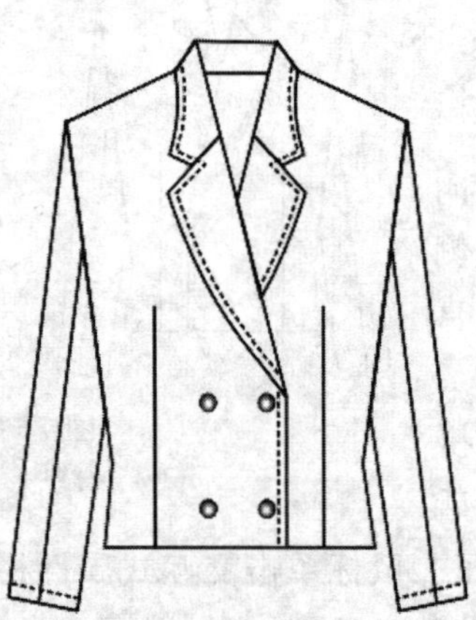

图 7－17

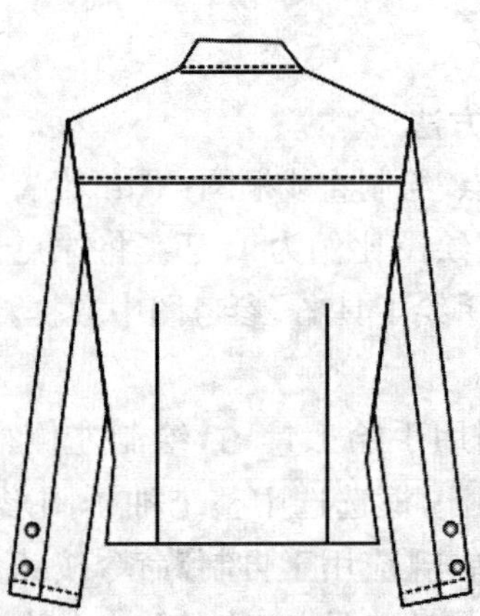

图 7－18

7.4 连身领短袖西装数字化设计

连身领即领面与衣片直接相连的一类领型。此款西装没有另外独立的领面，而是将驳头夸张后向外翻摊变成了领。这种领型较正式西装领轻松、活泼，很适合夏季穿着。

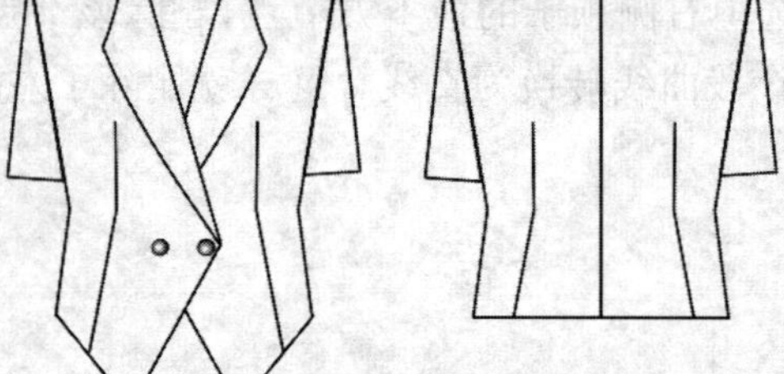

图 7－19

一、款式图

如图 7－19 所示。

二、款式图绘制方法

1. 设置图纸、原点、绘制直线框图：图纸设置为 A4 图纸、横向摆放、绘图单位为 cm、绘图比例为 1∶5。将原点设置在图纸左侧上部适当位置。利用手绘工具，参考图中数据，绘制款式图的直线框图。图中的左门襟和下摆是一个图形，右门襟和下摆是一个图形，其他是一个图形(图 7－20)。

2. 绘制袖子、修画领口

利用手绘工具，绘制左侧袖子。利用挑选工具，框选选中左侧袖子图形，通过变换对话框的大小选项，鼠标单击【应用于再制】命令按钮，再制一个袖子。鼠标单击交互式属性栏的水平翻转图标，将其水平翻转。利用挑选工具，将其移动的右侧相应位置。

利用形状工具，选中领口直线。将其转换为曲线，鼠标按在曲线上，拖动鼠标使其弯曲为如图造型(图7－21)。

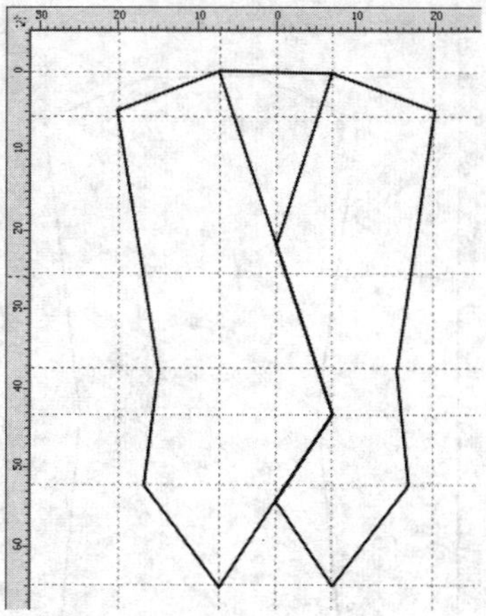

图7－20

3. 绘制领子、扣子及省位线：利用手绘工具和形状工具，绘制左侧领子。利用挑选工具，框选选中左侧领子。通过变换对话框的大小选项，鼠标单击【应用于再制】命令按钮，再制一个领子。鼠标单击的水平翻转图标，将其水平翻转。将其移动到右侧相应位置。

利用椭圆工具，绘制一个直径为 2 cm 的圆形，作为一个扣子。通过再制、移动位置的方法，绘制另一个扣子。

利用手绘工具，绘制左侧省位线。利用挑选工具，选中左侧省位线。通过变换对话框的大小选项，鼠标单击【应用于再制】命令按钮，再制一个领子。鼠标单击的水平翻转图标，将其水平翻转。将其移动到右侧相应位置。即完成了正面款式图的绘制(图7－22)。

4. 绘制背面款式图

利用挑选工具，整体框选正面款式图。通过变换对话框的大小选项，鼠标单击【应用于再制】命令按钮，再制一个正面款式图，将其拖动到图纸右侧空白处。分别选中并删除门襟、领子、下摆和扣子等属于前片的部件图形。

利用手绘工具，绘制后片中心线，即完成了背面款式图的绘制(图7－23)。

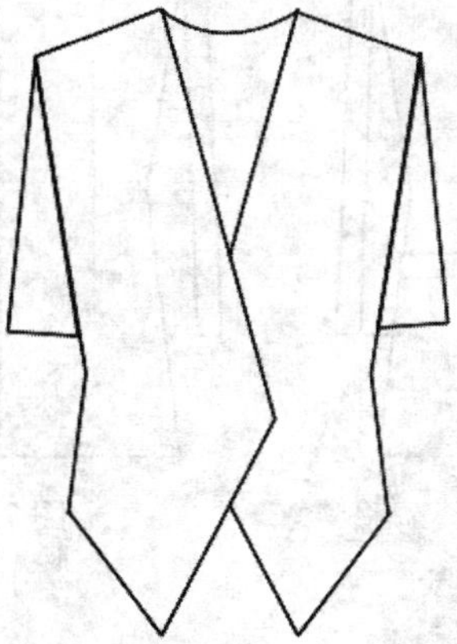

图7－21

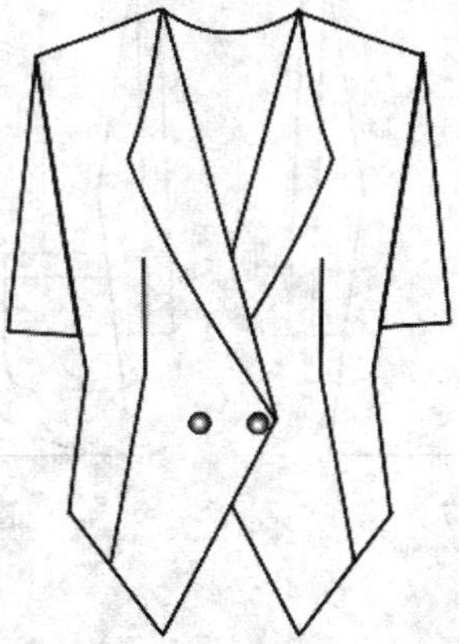

图7－22

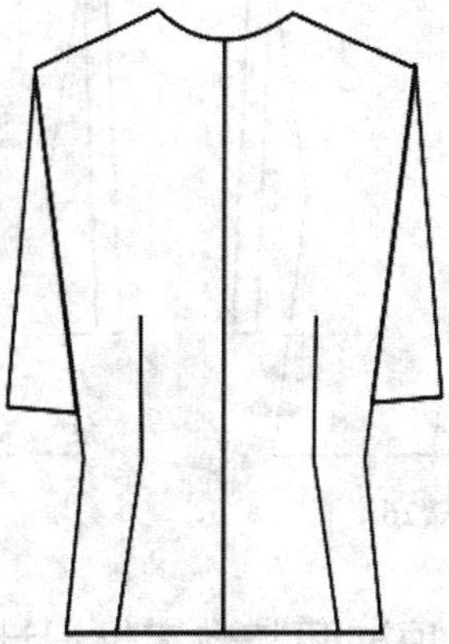

图7－23

7.5 无领长袖西装数字化设计

无领西装具有简洁、优雅和休闲的审美特征。受现代服装流行趋势的影响，近几年无领西装受到许多女士的喜爱。

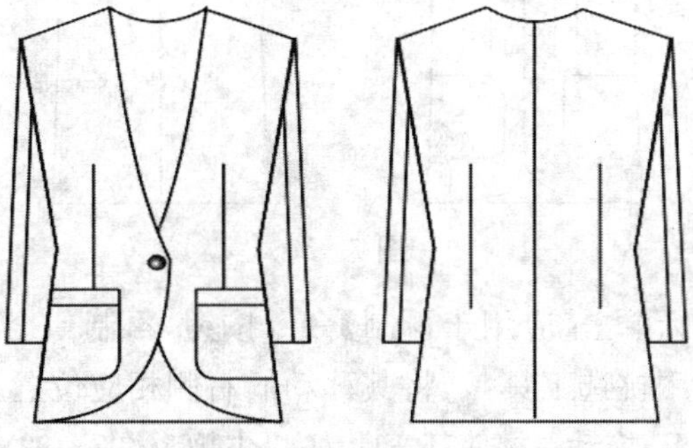

图7－24

一、款式图

如图7－24所示。

二、款式图绘制方法

1. 设置图纸、原点、绘制直线框图：图纸设置为A4图纸、横向摆放、绘图单位为cm、绘图比例为1∶5。将原点设置在图纸左侧上部适当位置。利用手绘工具，参考图中数据，绘制款式图的直线框图(图7－25)。

2. 绘制袖子、修画领口

利用手绘工具，绘制左侧袖子和两片袖拼接线。利用挑选

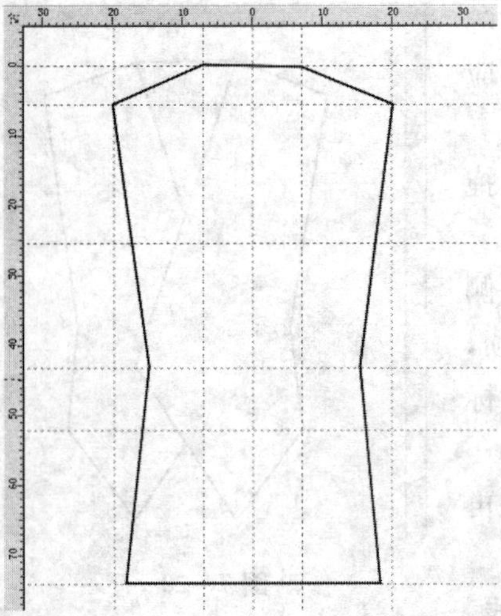

图 7-25

工具，框选选中整个袖子图形，通过变换对话框的大小选项，鼠标单击【应用于再制】命令按钮，再制一个袖子。鼠标单击交互式属性栏的水平翻转图标，将其水平翻转。利用挑选工具，将其移动的右侧相应位置。

利用形状工具，选中领口直线。将其转换为曲线，鼠标按在曲线上，拖动鼠标使其弯曲为如图造型(图7-26)。

3. 绘制门襟和扣子：利用手绘工具和形状工具，绘制如图造型的门襟。利用椭圆工具，绘制一个直径为2 cm的圆形，作为扣子，将其放置在应有位置(图 7-27)。

4. 绘制口袋和省位线：利用手绘工具和形状工具，绘制口袋、袋盖和省位线，即完成了正面款式图的绘制(图 7-28)。

5. 绘制背面款式图：

利用挑选工具，整体框选正面款式图。通过变换对话框的大小选项，鼠标单击【应用于再制】命令按钮，再制一个正面款式图，将其拖动到图纸右侧空白处。分别选中并删除门襟、下摆、扣子和省位线等属于前片的部件图形。

利用手绘工具，绘制后片中心线和后片省位线，即完成了背面款式图的绘制(图 7-29)。

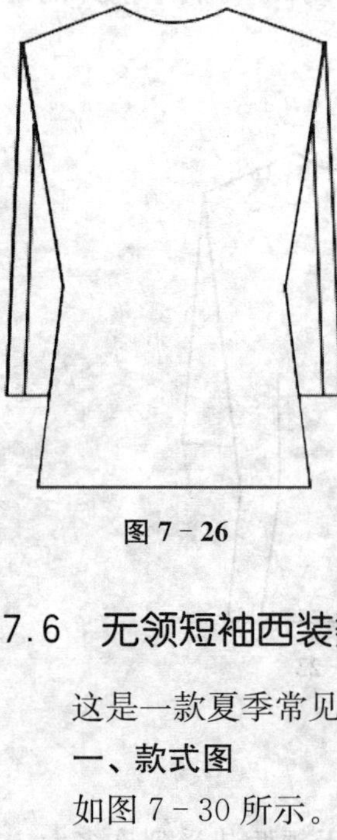

图 7-26

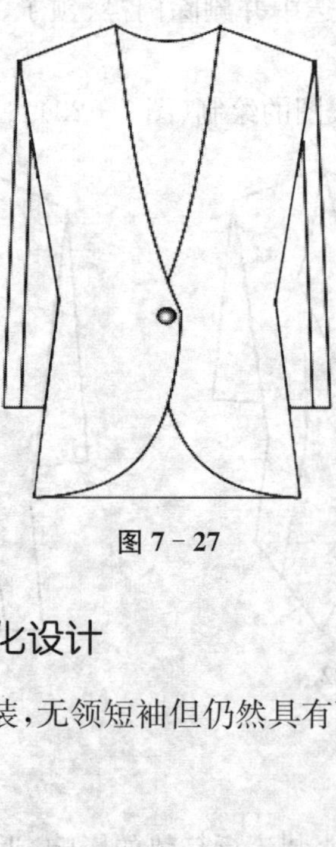

图 7-27

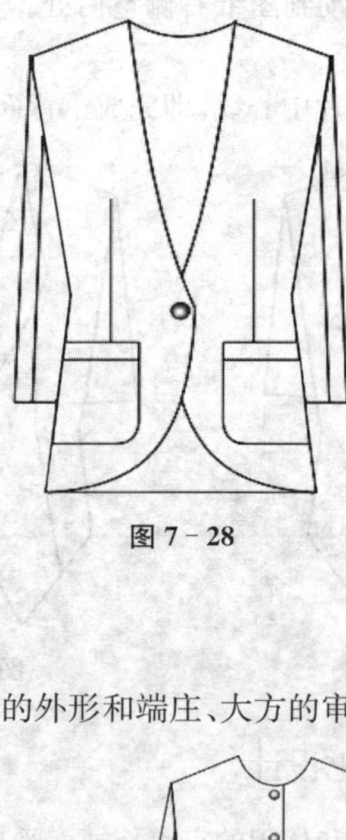

图 7-28

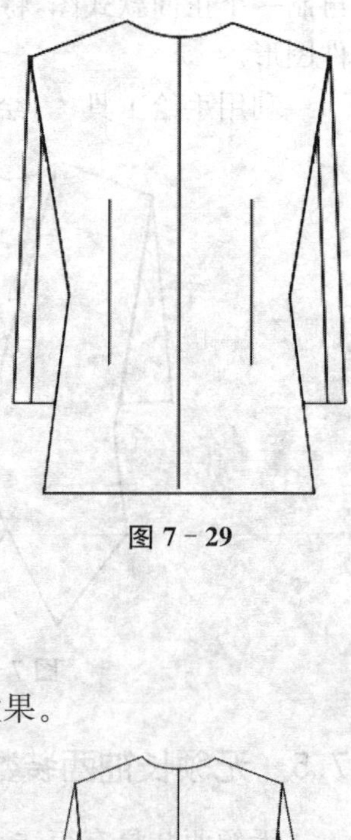

图 7-29

7.6 无领短袖西装数字化设计

这是一款夏季常见的西装，无领短袖但仍然具有西装的外形和端庄、大方的审美效果。

一、款式图

如图 7-30 所示。

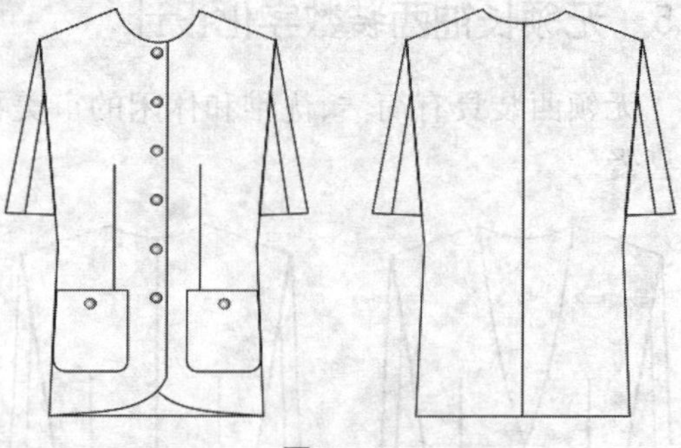

图 7-30

二、款式图绘制方法

1. 设置图纸、原点、绘制直线框图：图纸设置为 A4 图纸、横向摆放、绘图单位为 cm、绘图比例为 1∶5。将原点设置在图纸左侧上部适当位置。利用手绘工具，参考图中数据，绘制款式图的直线框图(图 7-31)。

2. 绘制袖子、修画领口

利用手绘工具，绘制左侧袖子和两片袖拼接线。利用挑选工具，框选选中整个袖子图形，通过变换对话框的大小选项，鼠标单击【应用于再制】命令按钮，再制一个袖子。鼠标单击交互式属性栏的水平翻转图标，将其水平翻转。利用挑选工具，将其移动的右侧相应位置。

利用形状工具，选中领口直线。将其转换为曲线，鼠标按在曲线上，拖动鼠标使其弯曲为如图造型(图7-32)。

3. 绘制门襟、曲线下摆和扣子

利用手绘工具，在中心线右侧 2 cm 位置的领口处，绘制一条接近下摆的竖向直线，接着向左下角绘制斜直线。

利用形状工具，将斜直线转换为曲线。并将其弯曲为如图造型。利用挑选工具，框选选中门襟和下摆图形，通过变换对话框的大小选项，鼠标单击【应用于再制】命令按钮，再制一个门襟和下摆。鼠标单击交互式属性栏的水平翻转图标，将其水平翻转。利用挑选工具，将其移动的右侧相应位置。利用形状工具，在门襟交叉点的右侧门襟上，双击鼠标，增加节点。框选选中交叉点上部的两个节点，并将其删除，只留下曲线下摆。

利用椭圆工具，在中心线上领口处，绘制一个直径为 2 cm 的圆形，作为一个扣子。通过再制、移动位置的方法，绘制其他扣子(图 7－33)。

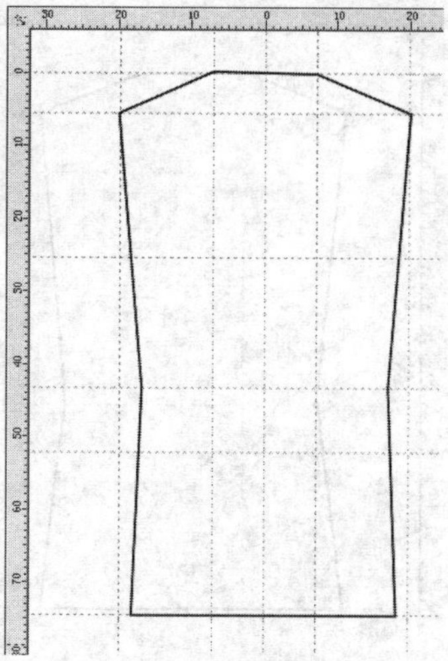

图 7－31

4. 绘制口袋和省位线：利用手绘工具和形状工具，绘制口袋、口袋扣子和省位线，即完成了正面款式图的绘制(图 7－34)。

5. 绘制背面款式图：利用挑选工具，整体框选正面款式图。通过变换对话框的大小选项，鼠标单击【应用于再制】命令按钮，再制一个正面款式图，将其拖动到图纸右侧空白处。分别选中并删除口袋、扣子和门襟等属于前片的部件图形。

利用形状工具调整后领线造型。

利用手绘工具，绘制后片中心线，即完成了背面款式图的绘制(图 7－35)。

图 7－32

图 7－33

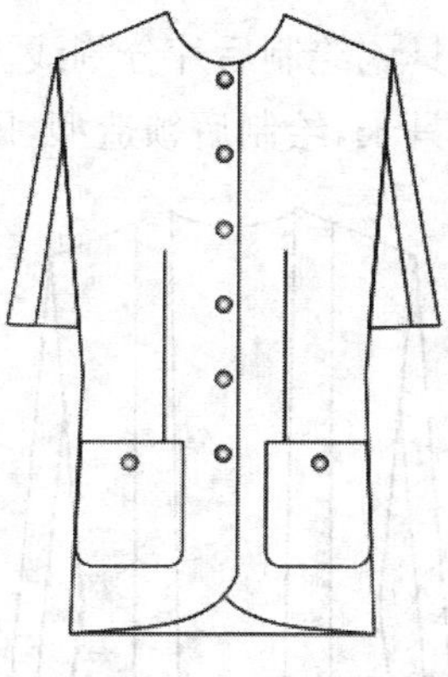

图 7－34

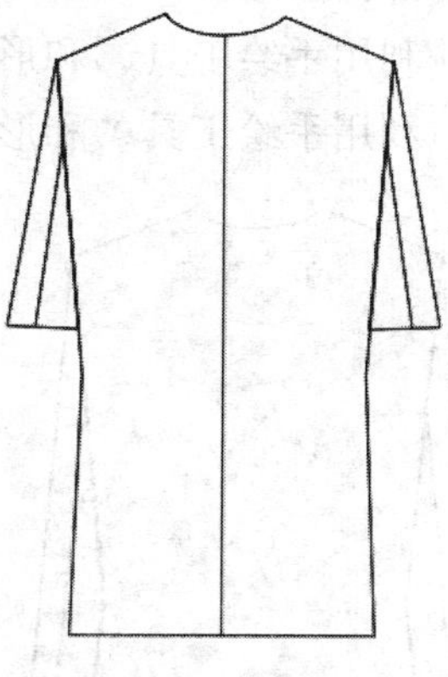

图 7－35

7.7 香蕉领开襟西装数字化设计

作为礼服的西装门襟一般不能开敞，但作为日常生活中穿着的西装则可以将门襟开敞。利用这一着装特征，在设计日常西装时可以将门襟作开敞设计，开敞的门襟为丰富西装的变化提供了方便。这是一款将香蕉形领面安置在开敞了的西装门襟上的设计。

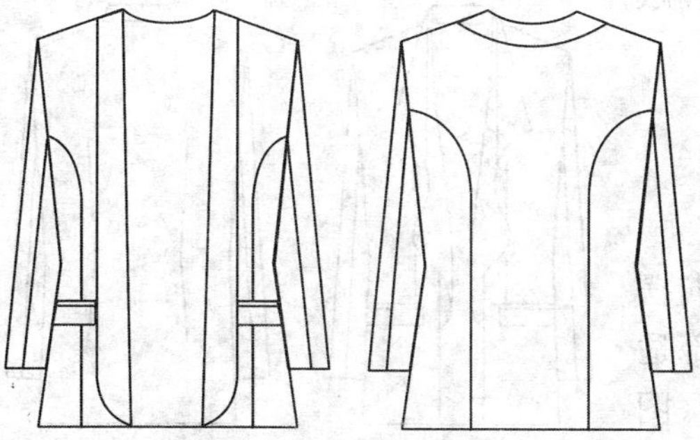

图 7－36

一、款式图

如图 7－36 所示。

二、款式图绘制方法

1. 设置图纸、原点、绘制直线框图：图纸设置为 A4 图纸、横向摆放、绘图单位为 cm、绘图比例为 1∶5。将原点设置在图纸左侧上部适当位置。利用手绘工具，参考图中数据，绘制款式图的直线框图(图 7－37)。

2. 修画领口曲线、绘制袖子

利用形状工具，点选选中领口直线，鼠标单击交互式属性

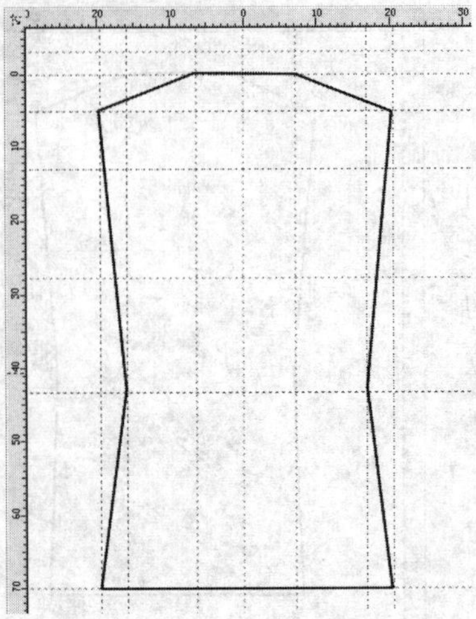

图 7－37

栏的转换直线为曲线图标，将其转换为曲线。鼠标按在曲线上，拖动鼠标使其弯曲为如图造型。

利用手绘工具，绘制左侧袖子和两片袖拼接线。利用挑选工具，框选选中整个袖子图形，通过变换对话框的大小选项，鼠标单击【应用于再制】命令按钮，再制一个袖子。鼠标单击交互式属性栏的水平翻转图标，将其水平翻转。利用挑选工具，将其移动的右侧相应位置(图 7－38)。

3. 绘制领子：利用手绘工具和形状工具，绘制如图造型的左侧领子，并将领子图形绘制为封闭图形。通过变换对话框的大小选项，鼠标单击【应用于再制】命令按钮，再制一个领子。鼠标单击交互式属性栏的水平翻转图标，将其水平翻转。将其移动的右侧相应位置(图 7－39)。

4. 绘制分割线和口袋

利用手绘工具和形状工具，绘制左侧衣片分割线。利用手绘工具，绘制口袋图形。利用挑选工具，框选选中分割线和口袋图形。通过变换对话框的大小选项，鼠标单击【应用于再制】命令按钮，再制一个分割线和口袋。鼠标单击交互式属性栏的水平翻转图标，将其水平翻转。将其移动的右侧相应位置，即完成了正面款式图的绘制(图 7－40)。

5. 绘制背面款式图：利用挑选工具，整体框选正面款式图。通过变换对话框的大小选项，鼠标单击【应用于再制】命令按钮，再制一个正面款式图，将其拖动到图纸右侧空白处。分别选中并删除领子、口袋等属于前片的部件图形。

利用手绘工具和形状工具绘制后片分割线。

利用手绘工具和形状工具，绘制后领造型，即完成了背面款式图的绘制(图 7－41)。

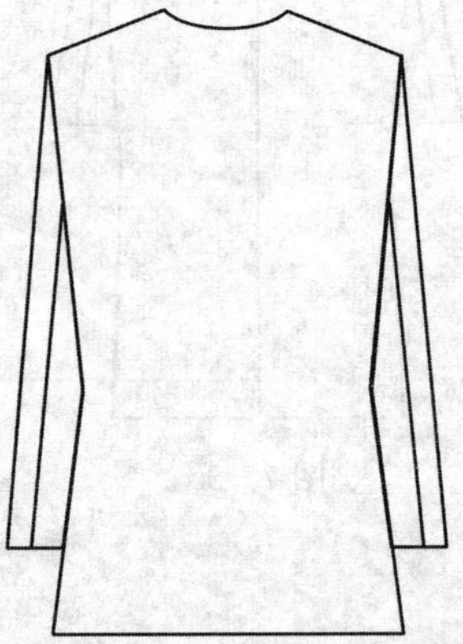

图 7－38

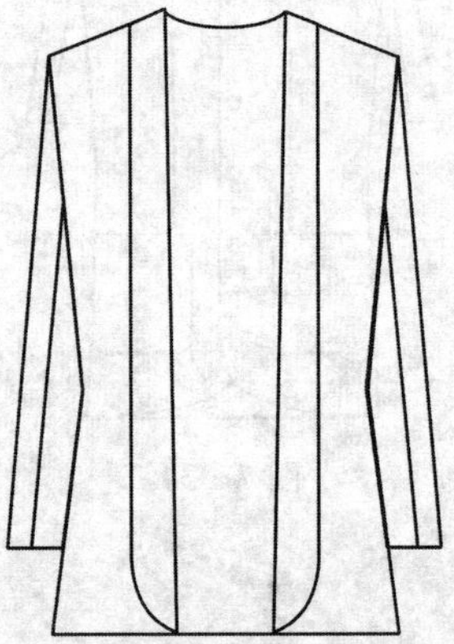

图 7－39

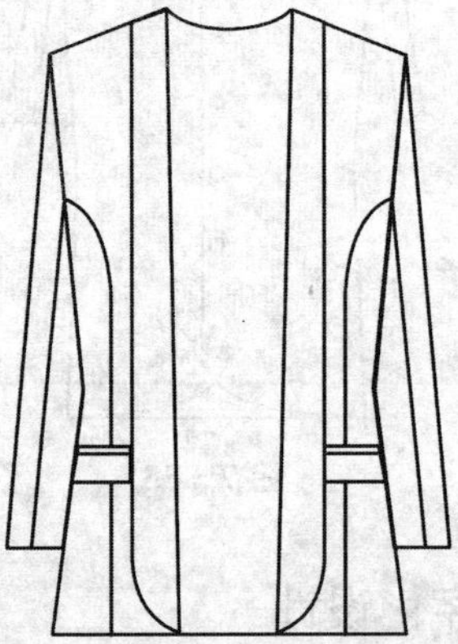

图 7－40

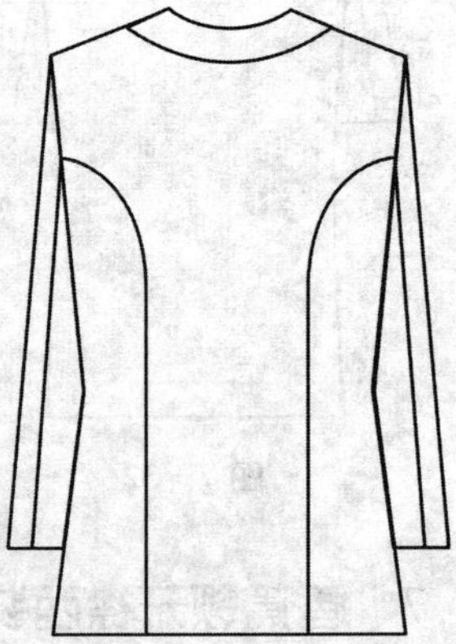

图 7－41

7.8 波浪领开襟西装数字化设计

波浪具有轻柔、活泼的审美效果，将波浪形的领面安置在西装开敞的门襟上，能缓和西装的严肃和拘谨风格特征。

一、款式图

如图 7－42 所示。

二、款式图绘制方法

1. 设置图纸、原点、绘制直线框图：图纸设置为 A4 图纸、横向摆放、绘图单位为 cm、绘图比例为 1∶5。将原点设置在图纸左侧上部适当位置。利用手绘工具，参考图中数据，绘制款式图的直线框图(图 7－43)。

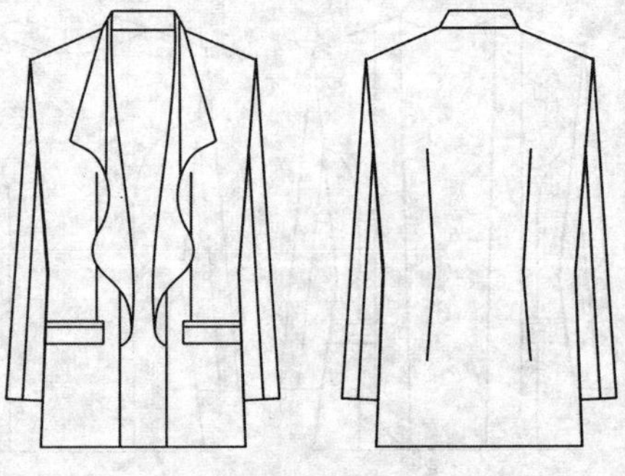

图 7－42

2. 绘制袖子：利用手绘工具，绘制左侧袖子和两片袖拼接线。利用挑选工具，框选选中整个袖子图形，通过变换对话框的大小选项，鼠标单击【应用于再制】命令按钮，再制一个袖子。鼠标单击交互式属性栏的水平翻转图标，将其水平翻转。利用挑选工具，将其移动的右侧相应位置(图7-44)。

3. 绘制领子和门襟：利用手绘工具和形状工具，首先绘制如图造型的左侧领子和门襟。利用挑选工具，框选选中左侧领子和门襟。通过变换对话框的大小选项，鼠标单击【应用于再制】命令按钮，再制一个领子。鼠标单击的水平翻转图标，将其水平翻转。将其移动到右侧相应位置(图7-45)。

4. 绘制口袋和省位线：利用矩形工具，绘制左侧口袋图形。利用手绘工具，绘制左侧口袋双线和省位线。利用挑选工具，同时选中左侧口袋和省位线，再制一个口袋和省位线。将其水平翻转，并将其移动到右侧相应位置，即完成了正面款式图的绘制(图7-46)。

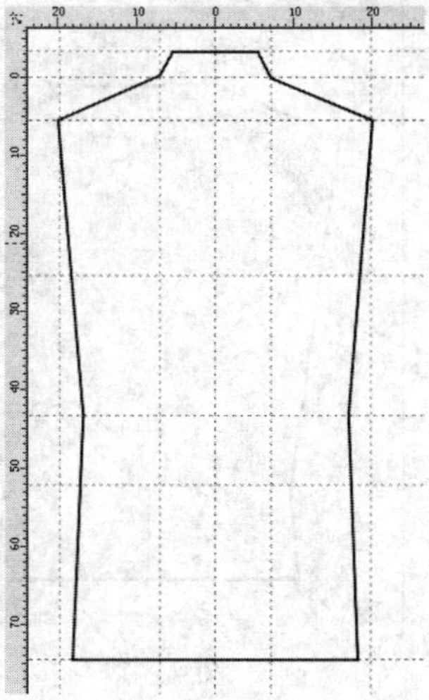

图7-43

5. 绘制背面款式图：利用挑选工具，整体框选正面款式图。通过变换对话框的大小选项，鼠标单击【应用于再制】命令按钮，再制一个正面款式图，将其拖动到图纸右侧空白处。分别选中并删除领子、口袋和门襟等属于前片的部件图形。

利用手绘工具和形状工具调整后领线造型。

利用手绘工具和形状工具，绘制后片省位线，即完成了背面款式图的绘制(图7-47)。

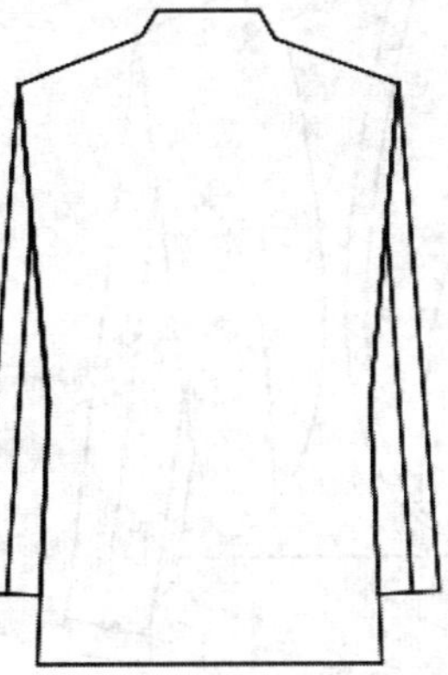

图7-44

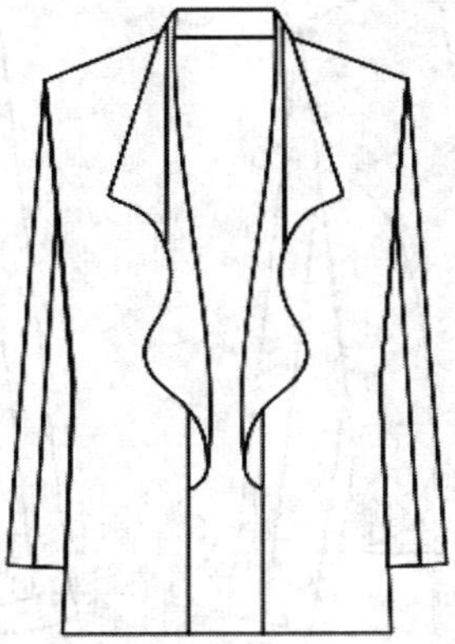

图7-45

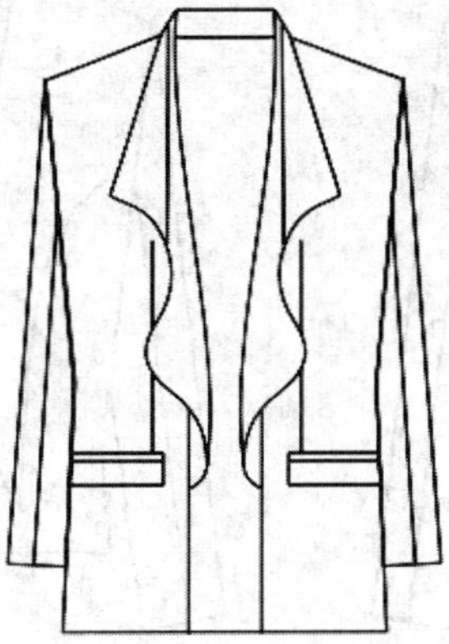

图7-46

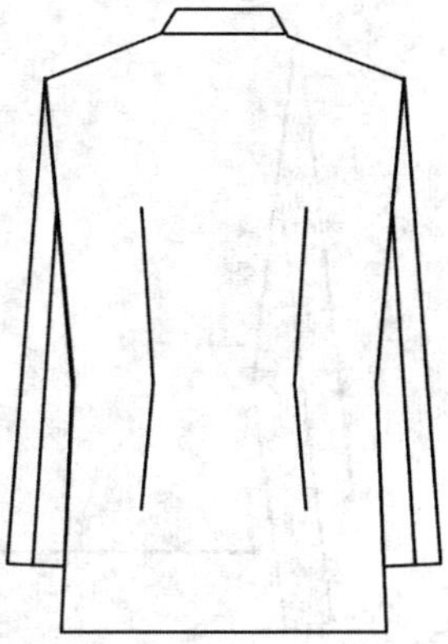

图7-47

7.9 花边领开襟西装数字化设计

花边的种类很多，不同的花边具有不同的审美效果。在决定为西装配置花边时，要注意选择与西装大身色彩一致、风格协调的花边搭配设计，以免不合适的花边破坏西装应有的端庄与大方效果。

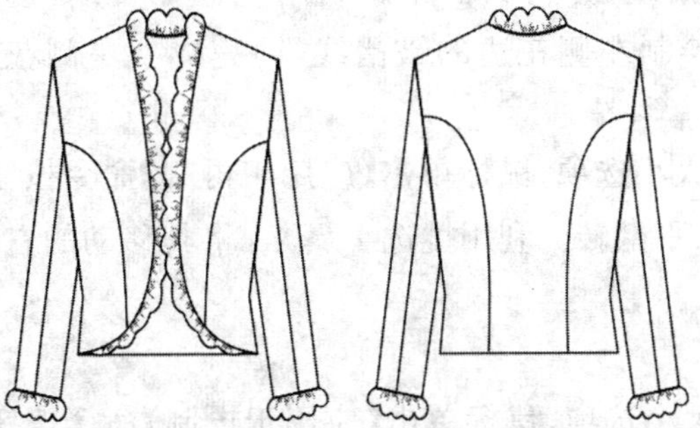

图7-48

一、款式图

如图7-48所示。

二、款式图绘制方法

1. 设置图纸、原点、绘制直线框图：图纸设置为A4图纸、横向摆放、绘图单位为cm、绘图比例为1∶5。将原点设置在图纸左侧上部适当位置。利用手绘工具，参考图中数据，绘制款式图的直线框图(图7-49)。

2. 绘制袖子、修画领口

利用手绘工具，绘制左侧袖子和两片袖拼接线。利用挑选工具，框选选中整个袖子图形，通过变换对话框的大小选项，鼠标单击【应用于再制】命令按钮，再制一个袖子。鼠标单击交互式属性栏的水平翻转图标，将其水平翻转。利用挑选工具，将其移动的

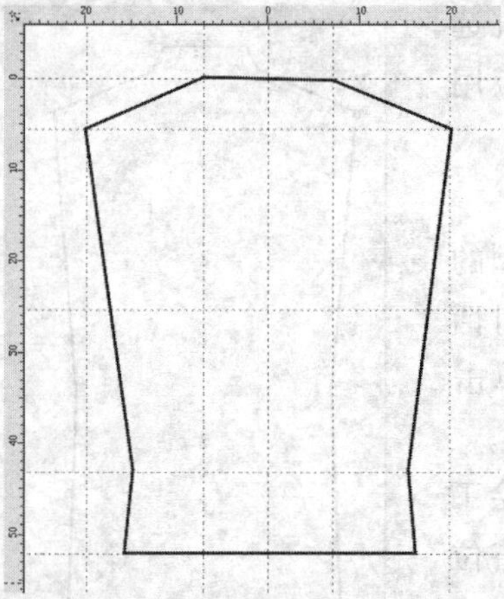

图 7-49

右侧相应位置。

利用形状工具，选中领口直线。将其转换为曲线，鼠标按在曲线上，拖动鼠标使其弯曲为如图造型(图7-50)。

3. 绘制门襟、下摆和分割线：利用手绘工具和形状工具，绘制左侧门襟线、下摆线和分割线。利用挑选工具，框选选中左侧门襟线、下摆线和分割线图形，通过变换对话框的大小选项，鼠标单击【应用于再制】命令按钮，再制一组图形。鼠标单击交互式属性栏的水平翻转图标，将其水平翻转。利用挑选工具，将其移动的右侧相应位置(图7-51)。

4. 绘制门襟、领口和袖口花边

利用手绘工具和形状工具，绘制与左侧门襟线相吻合的曲线，绘制与后领口凹凸方向相反的曲线，绘制袖口曲线，作为门襟、领口和袖口花边的基础线(图 7-52)。

利用形状工具，在花边基础线上，通过双击鼠标，增加如果节点。框选选中基础线上的所有节点，鼠标单击交互式属性栏的使节点成为尖突图标。鼠标分别拖动每一段曲线，使其弯曲为如图造型的花边。

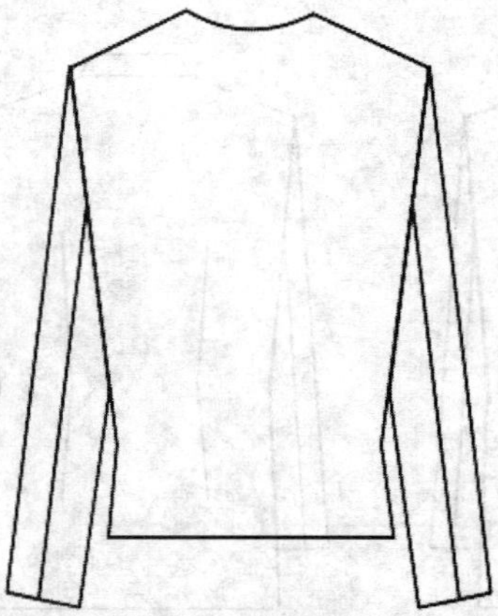

图 7-50

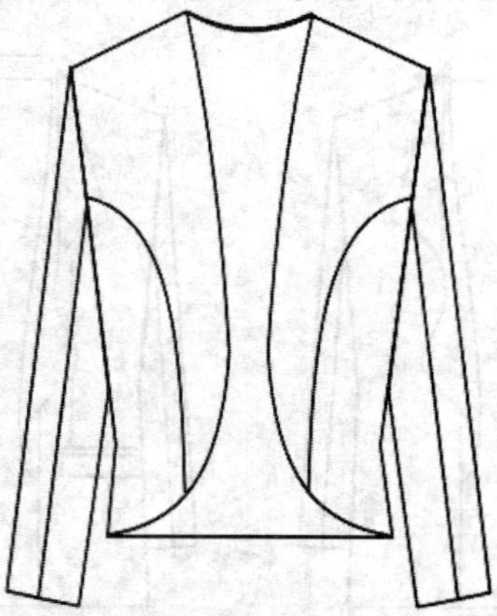

图 7-51

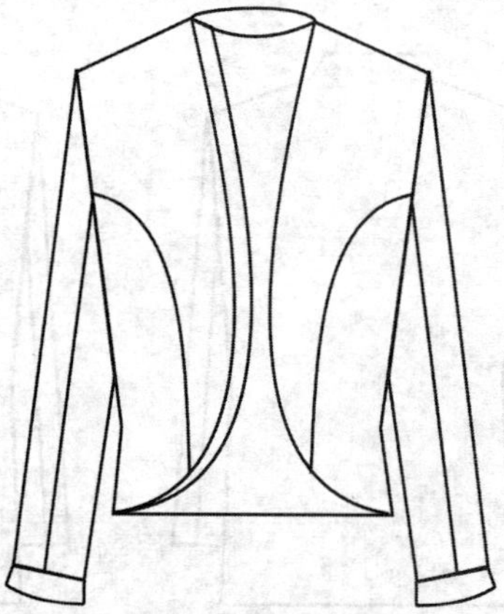

图 7-52

利用挑选工具，框选选中左侧花边图形，通过变换对话框的大小选项，鼠标单击【应用于再制】命令按钮，再制一组图形。鼠标单击交互式属性栏的水平翻转图标，将其水平翻转。利用挑选工具，将其移动的右侧相应位置(图 7-53)。

利用手绘工具，在一个花边弯曲弧线的部位，绘制一组皱褶线，并将其群组。利用挑选工具，选中一组皱褶线。通过再制、缩放大小、旋转方向、移动位置的方法，绘制左侧花边的皱褶线，即完成了左侧花边的绘制。

利用挑选工具，框选选中左侧花边图形，通过变换对话框的大小选项，鼠标单击【应用于再制】命令按钮，再制一组图形。鼠标单击交互式属性栏的水平翻转图标，将其水平翻转。利用挑选工具，将其移动的右侧相应位置，即完成了正面款式图的绘制(图 7-54)。

5. 绘制背面款式图

利用挑选工具，整体框选正面款式图。通过变换对话框的大小选项，鼠标单击【应用于再制】命令按钮，再制一个正面款式图，将其拖动到图纸右侧空白处。分别选中并删除前衣片上的门襟、花边等属于前片的部件图形。

利用形状工具调整后片分割线，即完成了背面款式图的绘制(图 7-55)。

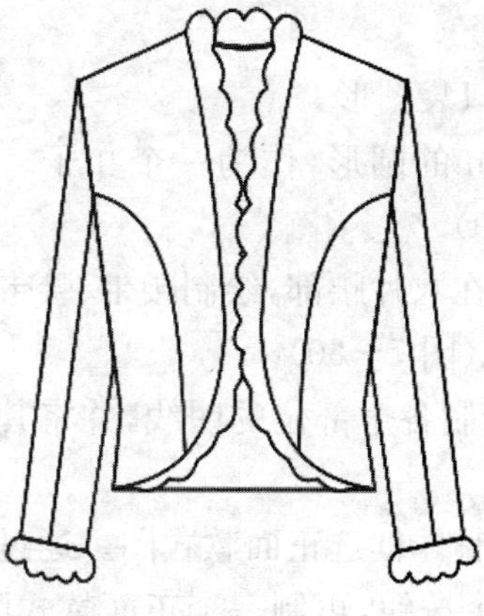
图 7 – 53

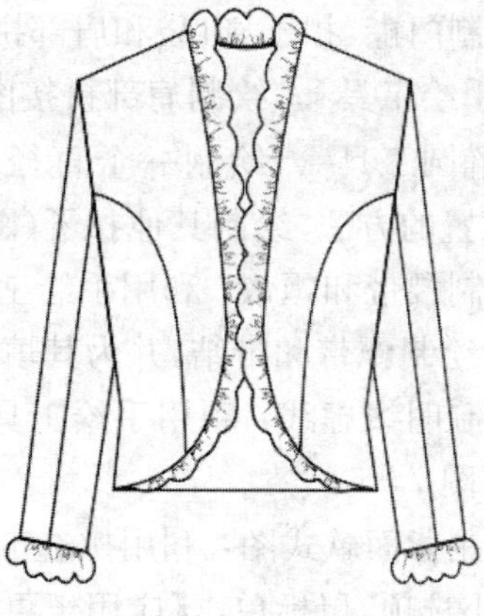
图 7 – 54

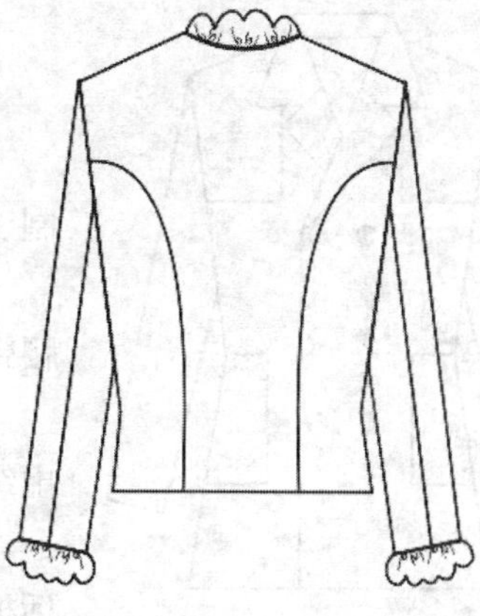
图 7 – 55

7.10 西式猎装数字化设计

最初的猎装是指人们打猎时穿用的服装。由于骑马打猎的需要，猎装后背设背缝、开后衩。同时，猎装还具有口袋多、腰间系腰带的特征。肩袢、袖袢在猎装中也常见。现在打猎的人很少了，但猎装独特的款式受到人们喜爱，猎装也成了人们日常生活中穿用的服装。

一、款式图

如图 7－56 所示。

图 7 – 56

二、款式图绘制方法

1. 设置图纸、原点、绘制直线框图：图纸设置为 A4 图纸、横向摆放、绘图单位为 cm、绘图比例为 1∶5。将原点设置在图纸左侧上部适当位置。利用手绘工具，参考图中数据，绘制一半款式图的直线框图(图 7－57)。

2. 图形完整化：利用挑选工具，框选选中左侧图形，通过变换对话框的大小选项，鼠标单击【应用于再制】命令按钮，再制一个左侧图形。鼠标单击交互式属性栏的水平翻转图标，将其水平翻转。利用挑选工具，将其移动的右侧相应位置。

利用形状工具，在左右领子重叠交点处的右侧领子图形线上，分别双击鼠标，增加两个节点。框选选中两个节点，鼠标单击交互式属性栏的使较多成为尖突图标。鼠标选中右侧领子的最下方节点，删除该节点。选中该段曲线，鼠标单击交互式属性栏的转换曲线为直线图标，将该段曲线转换为直线。这样就删除了左右领子的重叠部分(图 7－58)。

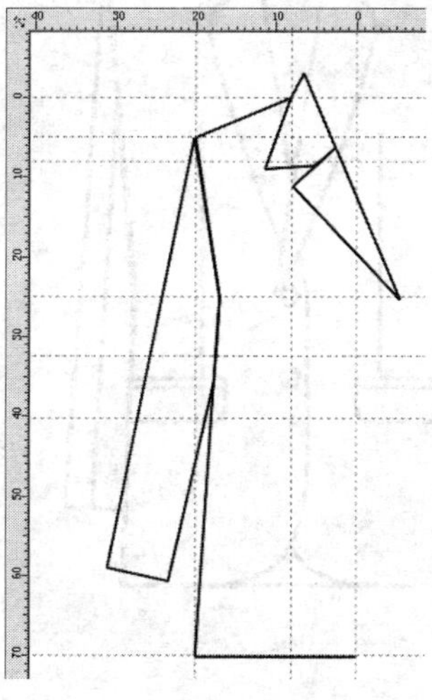
图 7 – 57

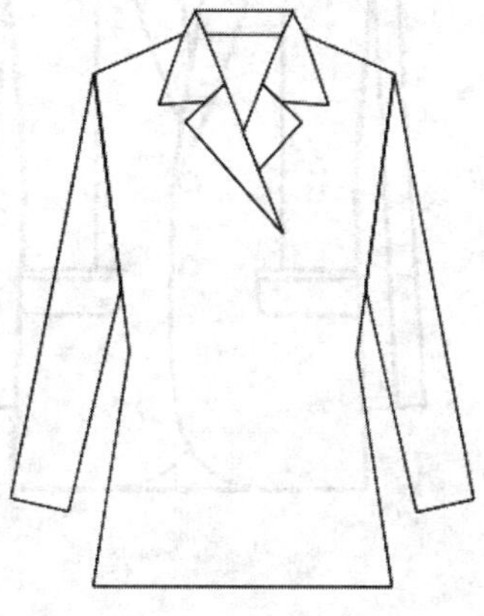
图 7 – 58

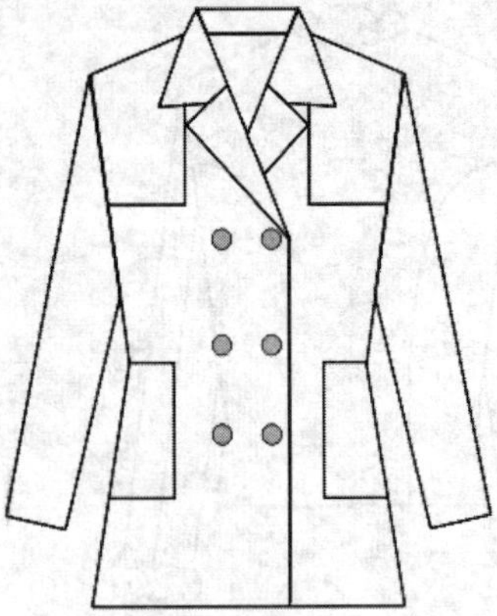

图 7－59

3. 绘制门襟、扣子、口袋和肩部拼接图形

利用手绘工具，绘制肩部拼接图形和口袋图形。

利用椭圆工具，绘制一个直径为 2 cm 的圆形，作为一个扣子。通过再制、移动位置的方法，绘制其他扣子(图 7－59)。

4. 绘制腰带和飘带：利用手绘工具，在衣片腰部，绘制腰带、腰带环。在腰带右侧，绘制飘带和带结，并为其填充白色(图 7－60)。

5. 绘制明线虚线：利用手绘工具，绘制各个部位的明线，并将其设置为虚线样式(图 7－61)。

6. 绘制背面款式图：利用挑选工具，整体框选正面款式图。通过变换对话框的大小选项，鼠标单击【应用于再制】命令按钮，再制一个正面款式图，将其拖动到图纸右侧空白处。分别选中并删除领子、口袋、肩部拼接、飘带和带结、门襟和扣子等属于前片的部件图形。

利用手绘工具绘制后过肩、中心线、后腰带和袖子拼接线。同时绘制明线虚线。形状工具调整后领线造型，即完成了背面款式图的绘制(图 7－62)。

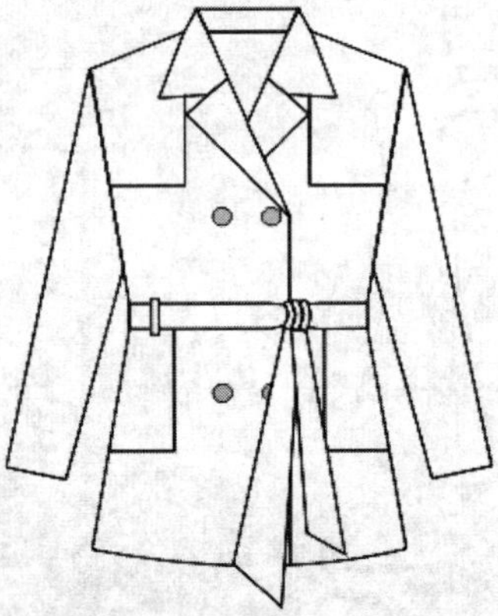

图 7－60

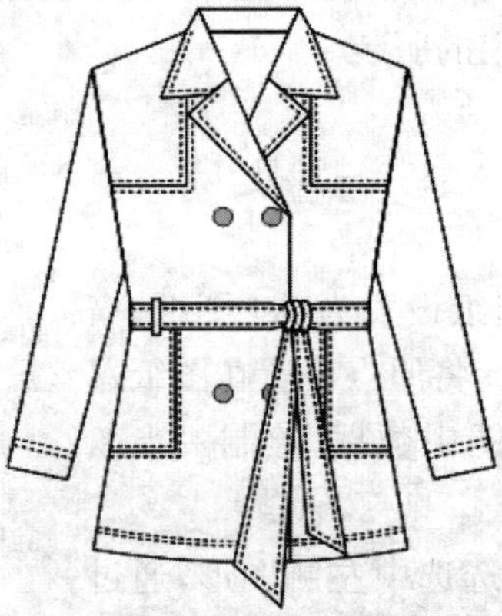

图 7－61

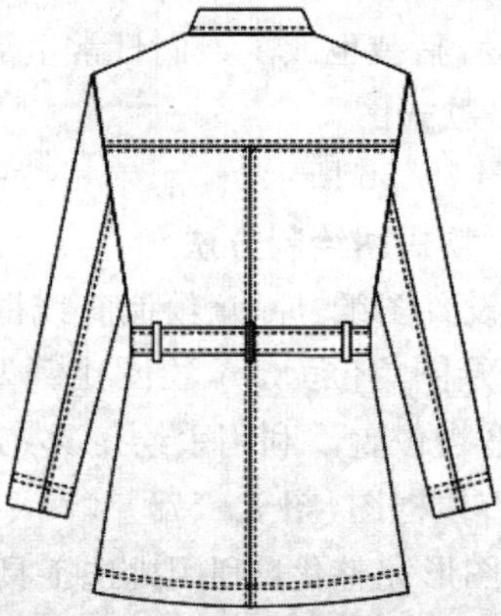

图 7－62

7.11 西装款式图例

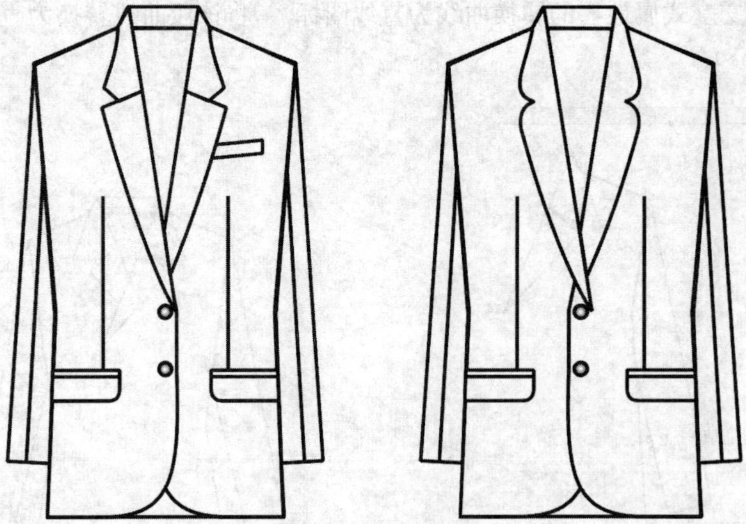

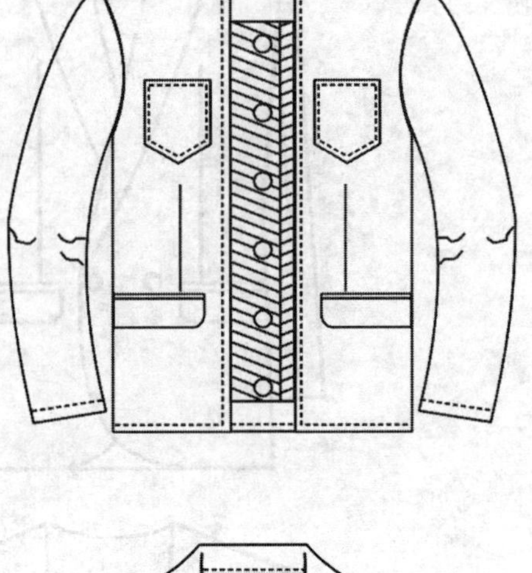

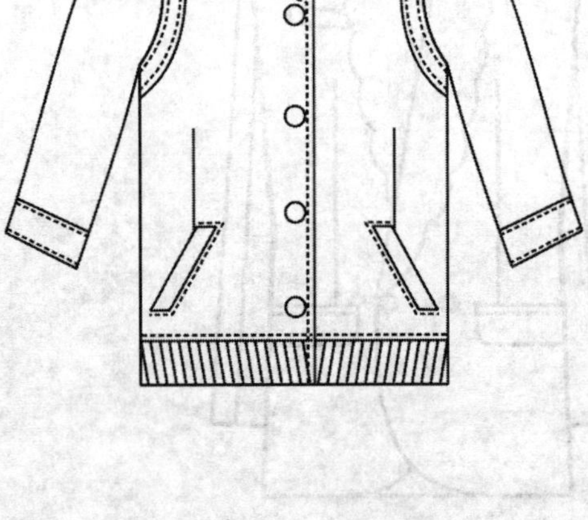

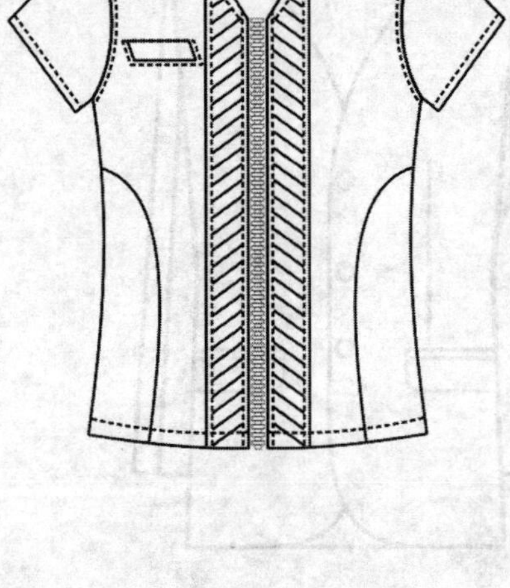

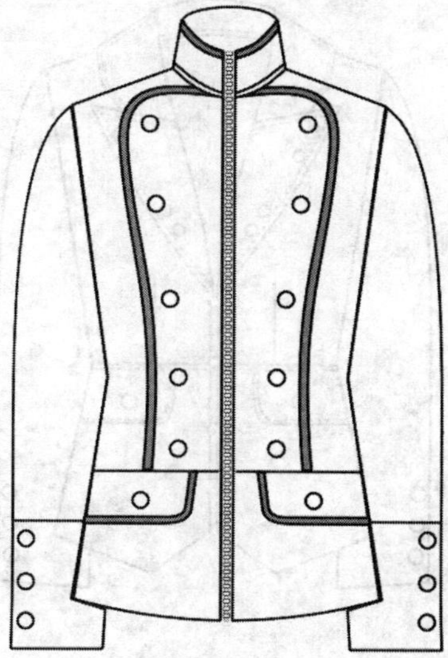

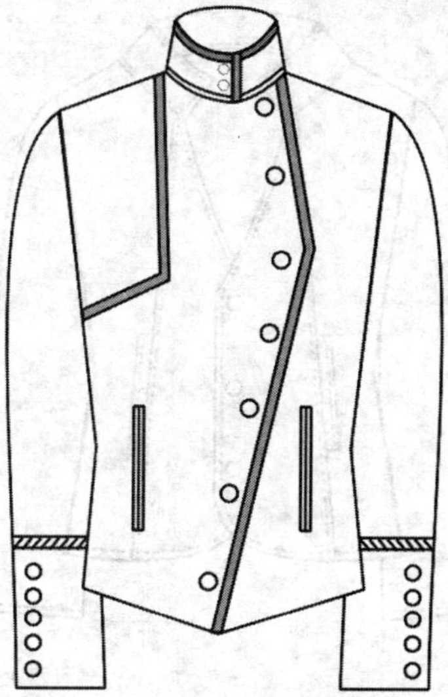

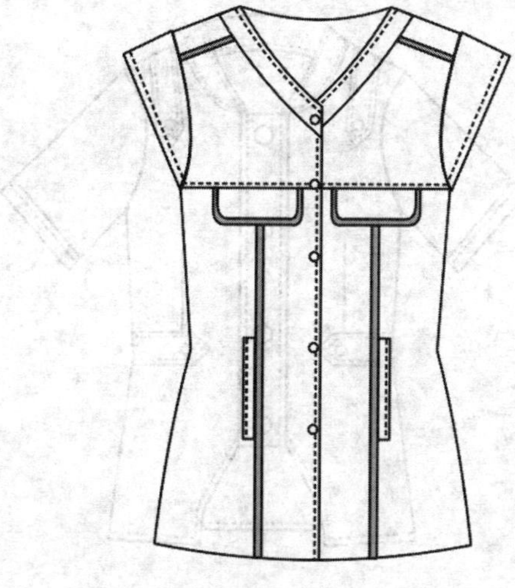

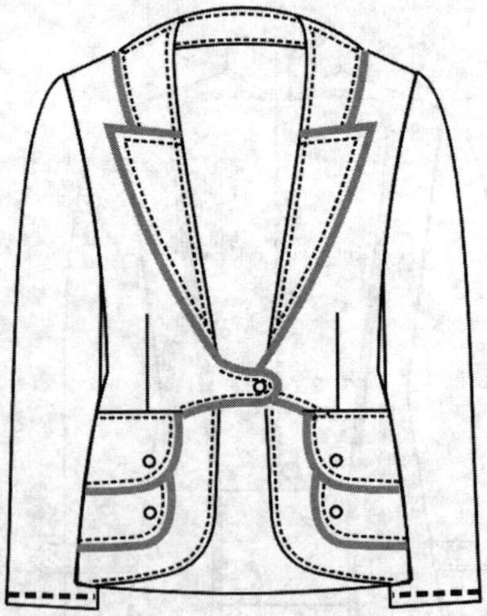

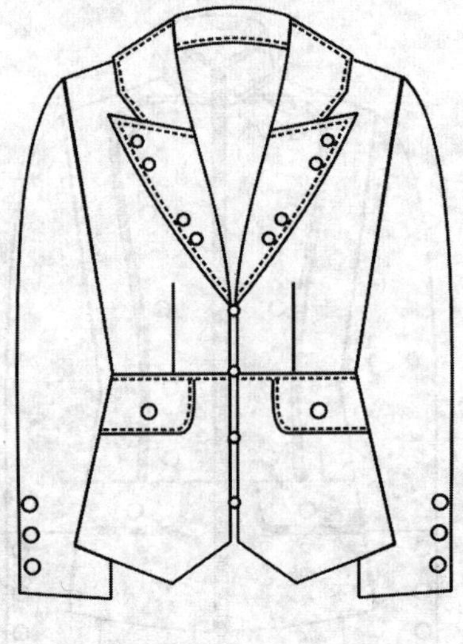

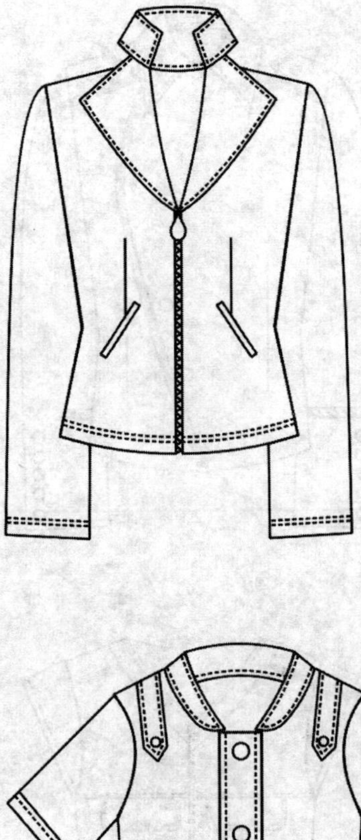

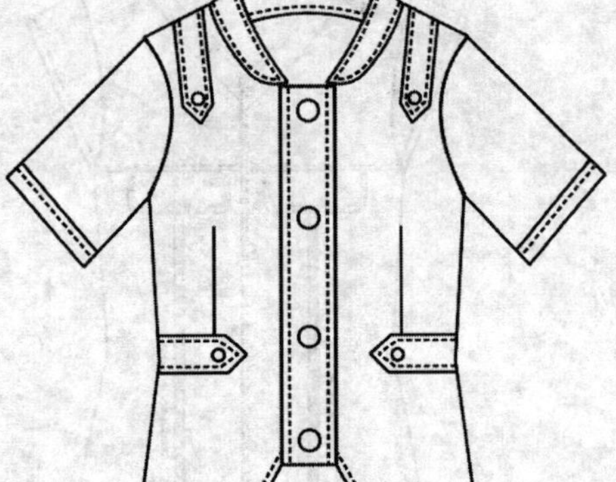

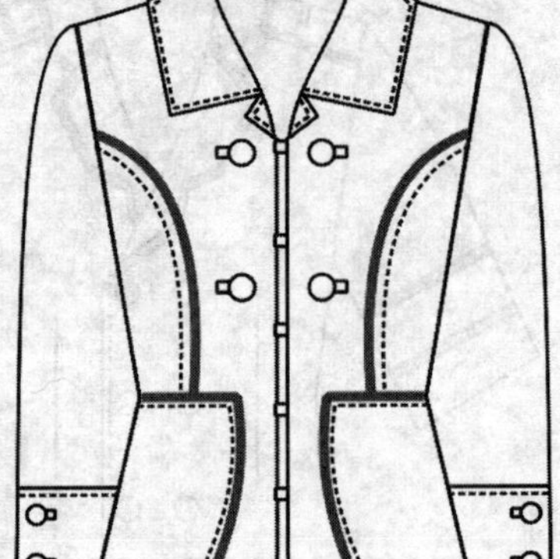

第 8 章　连衣裙和礼服数字化款式设计

连衣裙、礼服是上衣与裙直接相连的一类服装。这类服装的品种十分丰富，分类也比较复杂，如按连衣裙的外形特征分，可以分为 H 型连衣裙、A 型连衣裙、X 型连衣裙和 V 型连衣裙。如果按连衣裙腰节线的特征分，礼服、连衣裙可以分为有腰节线、无腰节线和高腰、中腰、低腰等。从礼服、连衣裙的分类中就可以看出其设计手法的多样性。

连衣裙、礼服的外形对其整体风格影响较大，因此设计应首先从外形入手，然后再考虑礼服、连衣裙的内部分割，最后考虑各局部细节。如果是针对具体穿衣人进行设计，在设计连衣裙的外形时，应该结合穿衣人的体型、气质来考虑，而如果是针对消费市场进行设计，在设计外形时，则应该结合当时、当地的流行趋势来考虑。在设计礼服、连衣裙的内部分割时，要注意各局部与局部、局部与整体之间的比例关系。在设计连衣裙的细节时，则要注意使细节的形态、色彩以及所采用的工艺手法与连衣裙的整体风格协调，见本章连衣裙款式插图。

8.1　连衣裙一款式设计

一、连衣裙一款式图

如图 8－1 所示。

图 8－1

二、连衣裙一款式图的绘制方法

1. 设置图纸、原点和辅助线：设置图纸为 A4 图纸，竖向摆放、绘图单位为 cm、绘图比例为 1∶5。利用挑选工具，鼠标按住横向标尺和竖向标尺的交叉点上，拖动鼠标，将原点设置在图纸左侧上部适当位置。参考图中数据，设置辅助线(图 8－2)。

2. 绘制直线框图：利用手绘工具，按照辅助线的标示范围，绘制如图所示的连衣裙直线框图(图 8－3)。

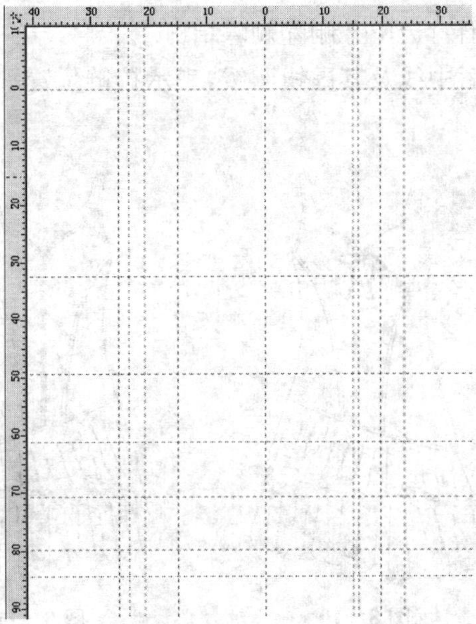

图 8－2

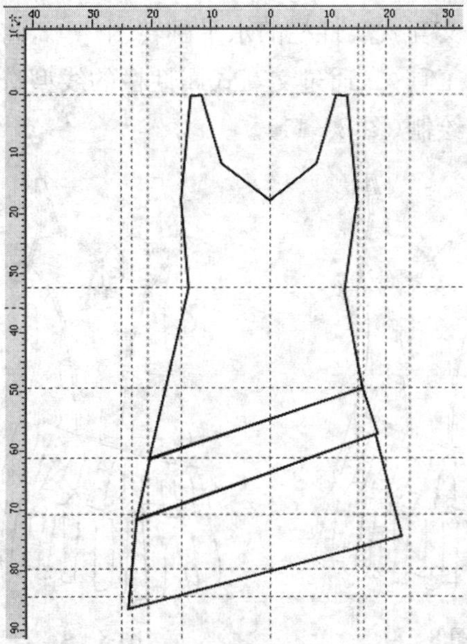

图 8－3

3. 修画相关曲线：利用形状工具，分别选中连衣裙的各个直线框图，单击交互式属性栏的转换直线为曲线图标，将其转换为曲线。利用形状工具，拖动鼠标，使其相关直线弯曲为流畅圆润曲线(图8-4)。

4. 绘制底边荷叶造型：利用形状工具，在下摆底边上，多次双击鼠标，增加若干节点。同时选中底边上的所有节点，单击交互式属性栏的使节点变为尖突图标。将底边上的每一个线段修画为不规则内外突曲线(图8-5)。

5. 绘制下摆皱褶线：利用手绘工具，分别逐个绘制下摆皱褶线(图8-6)。

6. 绘制裙身分割线和胸部圆形造型：利用手绘工具和形状工具，分别绘制裙身分割线和胸部圆形造型(图8-7)。

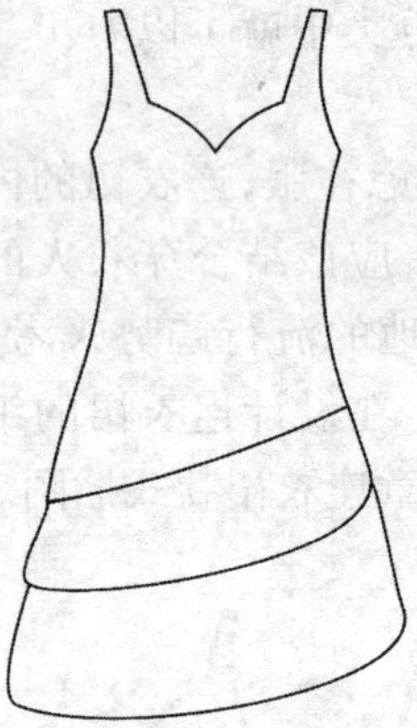

图8-4

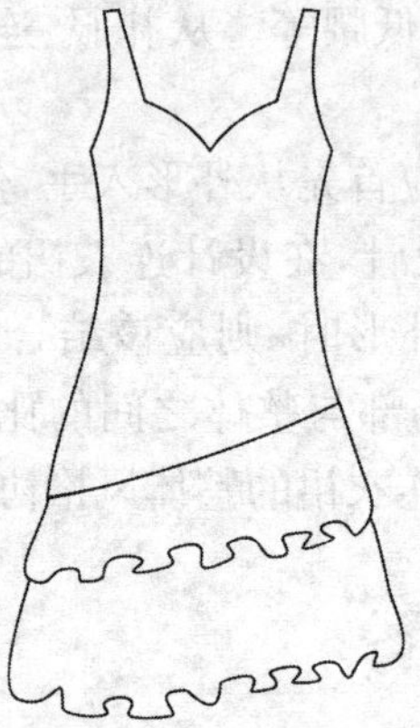

图8-5

图8-6

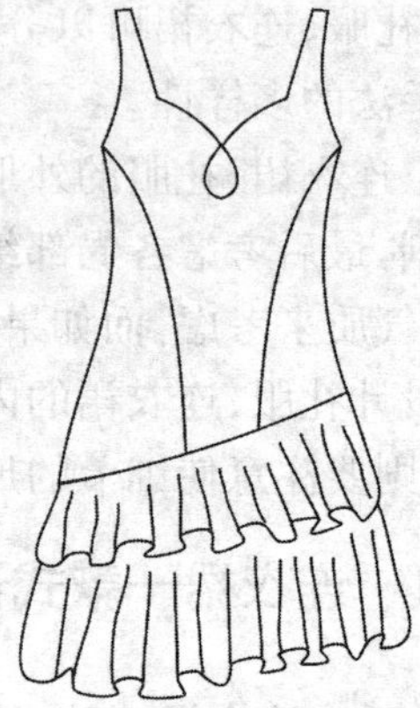

图8-7

7. 绘制虚线明线：利用手绘工具和形状工具，通过交互式属性栏的线型选项，绘制如图所示的虚线明线(图8-8)。

8. 绘制胸部蝴蝶结：利用手绘工具，绘制蝴蝶结造型，并将蝴蝶结线条宽度设置为较粗宽度(图8-9)。

9. 填充颜色：利用挑选工具，分别选中两个裙摆，通过程序界面的调色盘，分别为其填充灰色和深灰色，这样即完成了正面款式图的绘制(图8-10)。

10. 绘制背面款式图：利用挑选工具，整体选中正面款式图，通过变换对话框的大小选项，单击【应用到再制】命令按钮，再制一个正面款式图，将其移动到另外一张图纸上。

通过单击交互式属性栏的水平翻转图标，将其水平翻转，选中并删除蝴蝶结。

利用手绘工具，通过交互式属性栏的线型选项，绘制后中线及其虚线明线，表示拉链位置，这样即完成了正面款式图的绘制(图8-11)。

图8-8

图8-9

图8-10

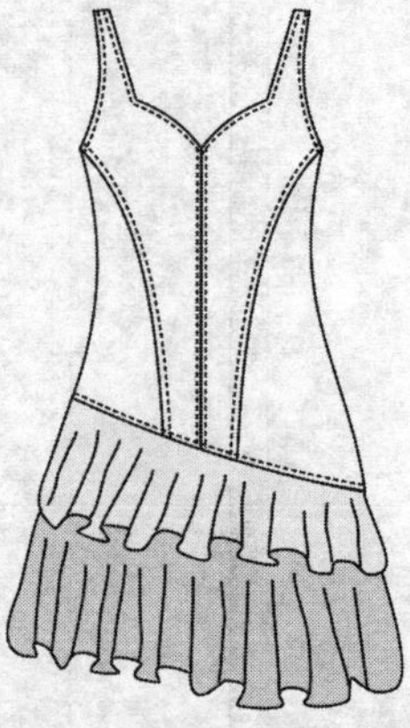

图8-11

8.2 连衣裙二款式设计

一、连衣裙二款式图

如图 8－12 所示。

图 8－12

二、连衣裙二款式图绘制方法

1. 设置图纸、原点和辅助线：设置图纸为 A4 图纸，竖向摆放、绘图单位为 cm、绘图比例为 1∶5。利用挑选工具，鼠标按住横向标尺和竖向标尺的交叉点上，拖动鼠标，将原点设置在图纸左侧上部适当位置。参考图中数据，设置辅助线(图 8－13)。

2. 绘制直线框图：利用手绘工具，按照辅助线的标示范围，绘制如图所示的连衣裙直线框图(图 8－14)。

3. 修画相关曲线：利用形状工具，分别选中连衣裙的各个直线框图，单击交互式属性栏的转换直线为曲线图标，将其转换为曲线。利用形状工具，拖动鼠标，使其相关直线弯曲为流畅圆润曲线(图 8－15)。

4. 绘制领口滚边、裙摆荷叶边、袖口和底边虚线明线、侧开衩：

利用手绘工具，绘制领口双线滚边。

利用形状工具，在下摆底边上，多次双击鼠标，增加若干节点。同时选中底边上的所有节点，单击交互式属性栏的使节点变为尖突图标。将底边上的每一个线段修画为内外突曲线。

利用手绘工具和形状工具，通过交互式属性栏的线型选项，绘制袖口和荷叶边的虚线明线。

利用手绘工具，绘制裙摆侧开衩(图 8－16)。

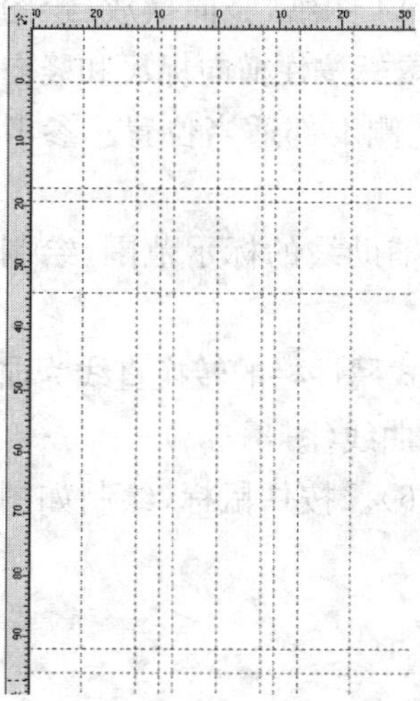

图 8－13

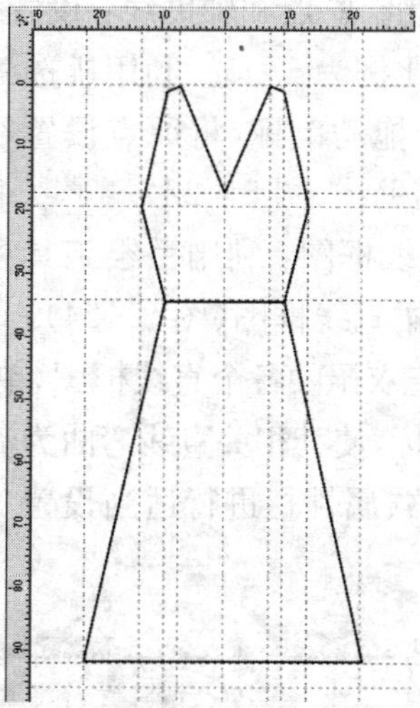

图 8－14

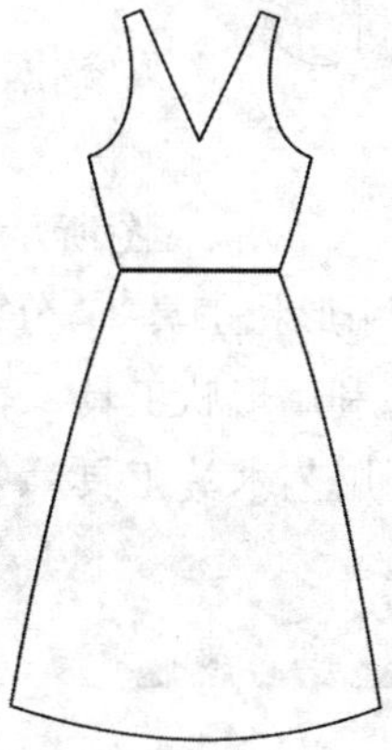

图 8－15

图 8－16

5. 绘制胸部斜线明线装饰：利用手绘工具和形状工具，通过交互式属性栏的线型选项，绘制胸部斜线明线装饰，使其形成封闭图形(图 8－17)。

6. 绘制腰部装饰带结：利用手绘工具和形状工具，绘制如图所示的腰部装饰带结。

通过单击【字符】→【插入字符】命令，打开插入字符对话框(图 8－18)。选择其中的黑色花字符图形，将其拖到图纸的相应位置，通过程序界面的调色盘，为其填充白色(图 8－19)。

7. 填充颜色：利用挑选工具，选中领口滚边和胸部斜线装饰图形，通过程序界面的调色盘，为其填充深灰色，这样即完成了正面款式图的绘制(图 8－20)。

8. 绘制背面款式图

利用挑选工具，选中正面款式图，通过变换对话框的大小选项，单击【应用到再制】命令按钮，再制一个正面款式图，将其移动到另外一张图纸上。

选中并删除前领口、胸部斜线装饰、腰部装饰带结等。

利用手绘工具，绘制后片领口滚边，并为其填充深灰色。

利用手绘工具，在上部裙身中间绘制后中线和拉链位置线，这样即完成了背面款式图的绘制(图 8-21)。

图 8-17

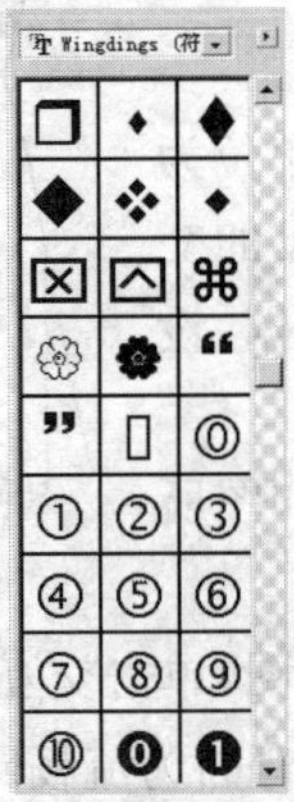

图 8-18

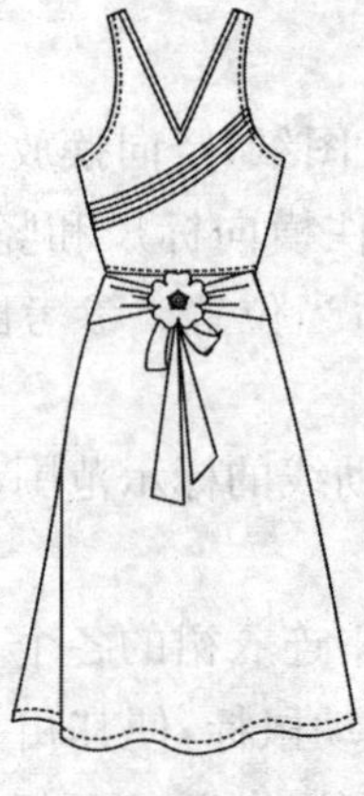

图 8-19

图 8-20

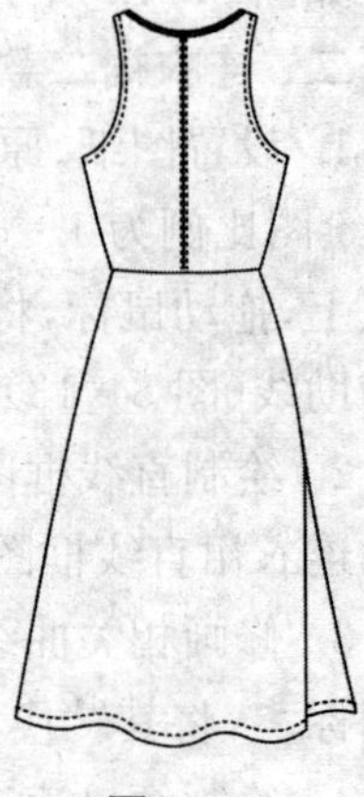

图 8-21

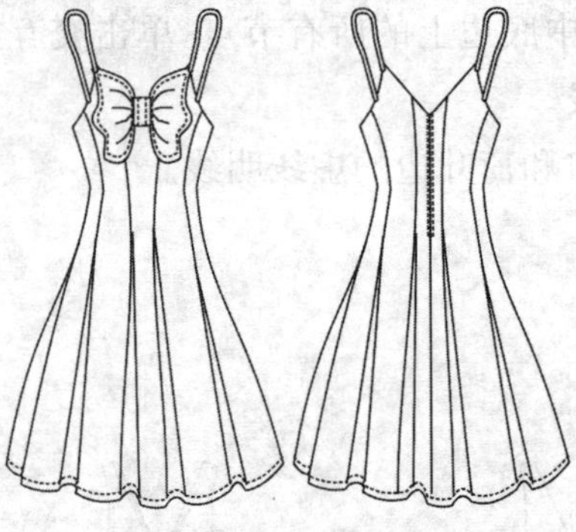

图 8-22

8.3 连衣裙三款式设计

一、连衣裙三款式图

如图 8-22 所示。

二、连衣裙三款式图绘制方法

1. 设置图纸、原点和辅助线：设置图纸为 A4 图纸，竖向摆放、绘图单位为 cm、绘图比例为 1∶5。利用挑选工具，鼠标按住横向标尺和竖向标尺的交叉点上，拖动鼠标，将原点设置在图纸左侧上部适当位置。参考图中数据，设置辅助线(图 8-23)。

2. 绘制直线框图：利用手绘工具，按照辅助线的标示范围，绘制如图所示的连衣裙直线框图(图 8-24)。

3. 修画相关曲线：利用形状工具，分别选中连衣裙的各个直线框图，单击交互式属性栏的转换直线为曲线图标，将其转换为曲线。利用形状工具，拖动鼠标，使其相关直线弯曲为流畅圆润曲线(图 8-25)。

4. 绘制裙子吊带：利用艺术笔工具，对交互式属性栏进行适当设置(图 8-26)。按住鼠标，绘制如图所示的裙子吊带(图 8-27)。

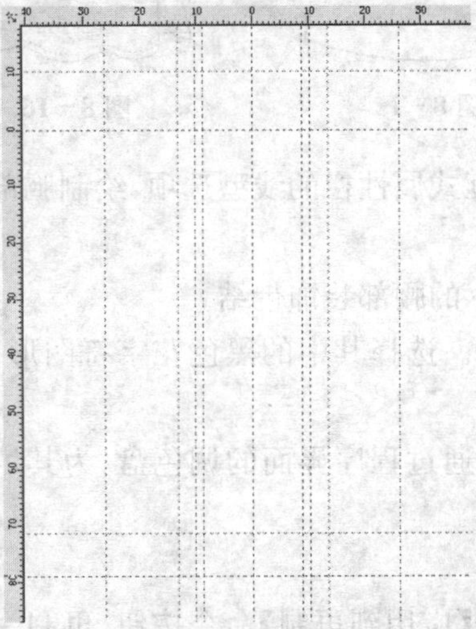

图 8-23

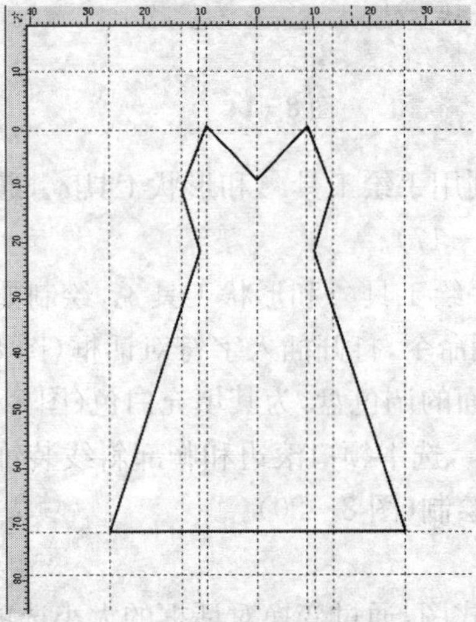

图 8-24

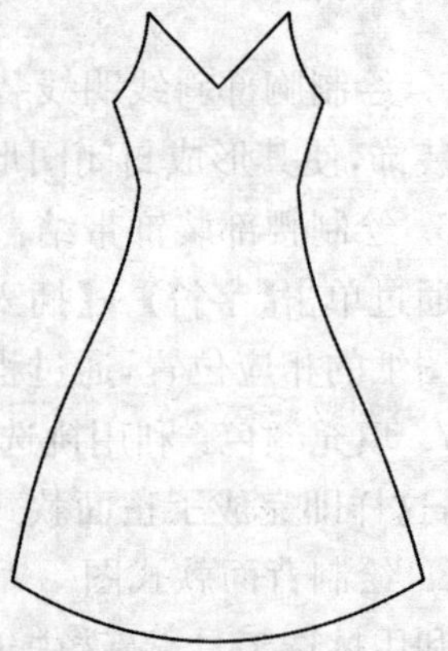

图 8-25

图 8－26

5. 绘制裙摆荷叶边及其明线：利用形状工具，在下摆底边上，多次双击鼠标，增加若干节点。同时选中底边上的所有节点，单击交互式属性栏的使节点变为尖突图标。将底边上的每一个线段修画为内外突曲线。

利用挑选工具，选中裙身，通过变换对话框的大小选项，单击【应用到再制】命令按钮，再制一个裙身图形。利用形状工具，删除荷叶边以外的其他线条，并将其设置为虚线，将其向上移动一段距离，形成荷叶边的虚线明线(图 8－28)。

图 8－27

6. 绘制胸部装饰花朵

利用矩形工具，绘制花朵中间的方形扎带，将内部小矩形轮廓线设置为虚线。

利用手绘工具和形状工具，首先绘制左侧的花瓣及其虚线明线。利用挑选工具，选中左侧花瓣，通过变换对话框的大小选项，单击【应用到再制】命令按钮，再制一个花瓣。通过单击交互式属性栏的水平翻转图标，将其水平翻转，并将其水平移动到右侧相对位置(图 8－29)。

图 8－28

7. 绘制前片分割线：利用手绘工具和形状工具，首先绘制左侧两条分割线。利用挑选工具，选中左侧分割线，通过变换对话框的大小选项，单击【应用到再制】命令按钮，再制一组分割线。通过单击交互式属性栏的水平翻转图标，将其水平翻转，并将其水平移动到右侧相对位置(图 8－30)。

8. 绘制裙摆活褶线：利用手绘工具和形状工具，逐条绘制如图所示的裙摆活褶线，这样即完成了正面款式图的绘制(图 8－31)。

9. 绘制背面款式图：利用挑选工具，选中正面款式图，通过变换对话框的大小选项，单击【应用到再制】命令按钮，再制一个正面款式图。将其移动到另外一张图纸上，选中并删除装饰花朵等。

利用手绘工具，在裙身中间绘制后中线和拉链位置线，这样即完成了背面款式图的绘制(图 8－32)。

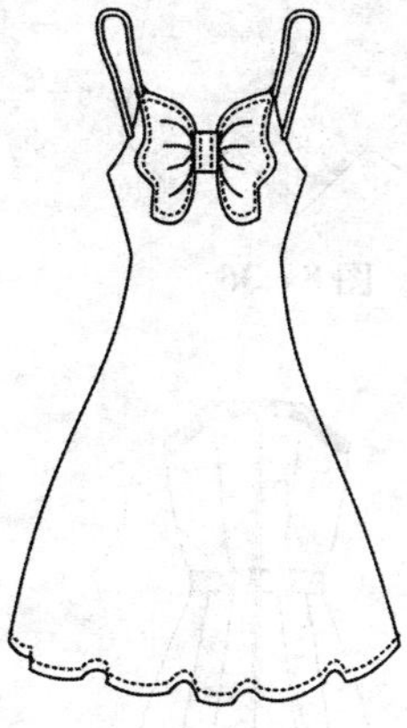

图 8－29

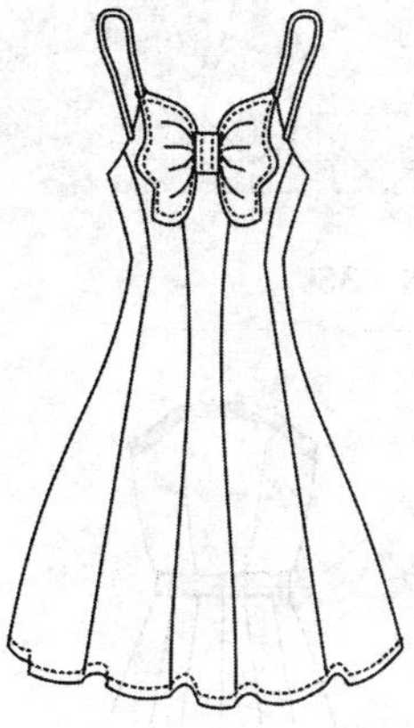

图 8－30

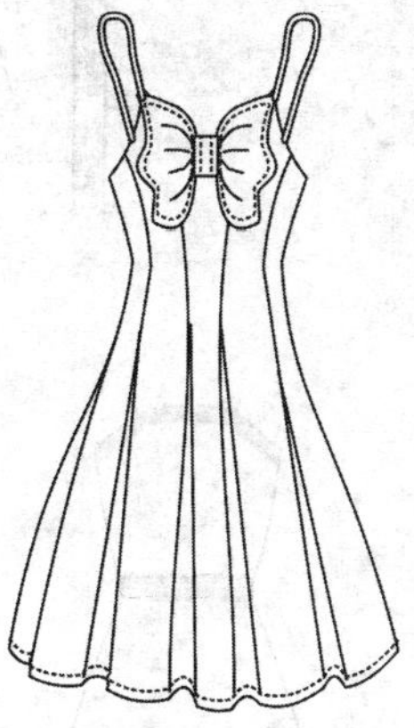

图 8－31

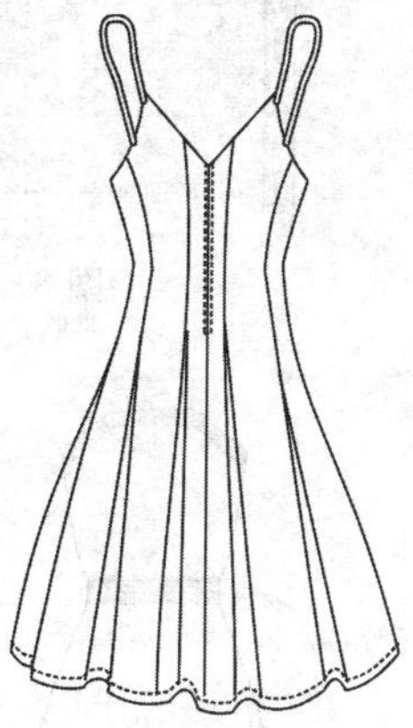

图 8－32

8.4 礼服裙一款式设计

一、礼服裙一款式图

如图 8－33 所示。

二、礼服裙一款式图绘制方法

1. 设置图纸、原点和辅助线：设置图纸为 A4 图纸，竖向摆放、绘图单位为 cm、绘图比例为 1∶5。利用挑

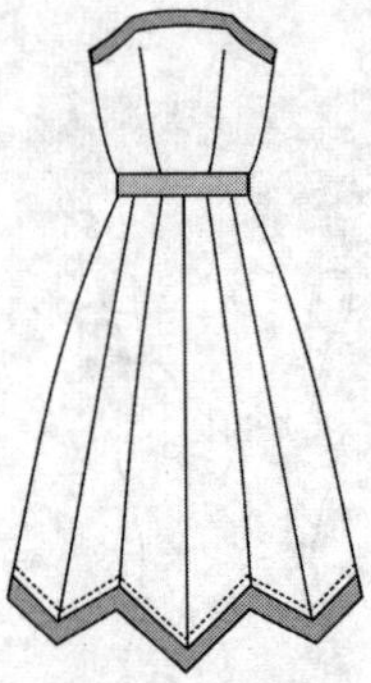

图 8-33

选工具，鼠标按住横向标尺和竖向标尺的交叉点上，拖动鼠标，将原点设置在图纸左侧上部适当位置。参考图中数据，设置辅助线(图 8-34)。

2. 绘制直线框图：利用手绘工具，在辅助线的标示范围绘制上下两部分裙身直线框图(图 8-35)。

3. 修画相关曲线：利用形状工具，选中裙身直线框图，单击交互式属性栏的转换直线为曲线图标，将其转换为曲线。利用形状工具，拖动鼠标，使其相关直线弯曲为流畅圆润曲线(图 8-36)。

4. 绘制裙身上口、裙腰和底边的拼接图形：利用手绘工具和形状工具，分别绘制如图所示的上口、裙腰和底边拼接图形，并使其形成封闭图形。通过程序界面的调色盘，为其填充深灰色(图 8-37)。

5. 绘制底边拼接图形的虚线明线：利用手绘工具，通过交互式属性栏的线型选项，绘制底边拼接图形的虚线明线(图 8-38)。

6. 绘制分割线：利用手绘工具和形状工具，分别绘制裙身上部和裙摆的分割线，这样即完成了正面款式图的绘制(图 8-39)。

7. 绘制背面款式图：利用挑选工具，选中正面款式图，通过变换对话框的大小选项，单击【应用到再制】命令按钮，再制一个正面款式图，将其移动到另外一张图纸上。

利用手绘工具，绘制后中线，绘制表示拉链位置的虚线，这样即完成了背面款式图的绘制(图 8-40)。

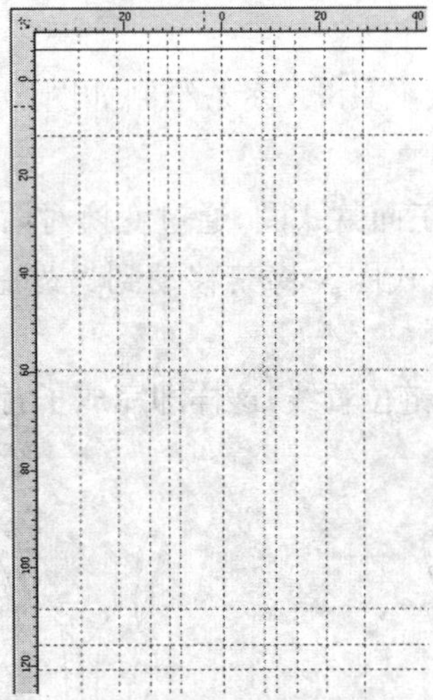

图 8-34

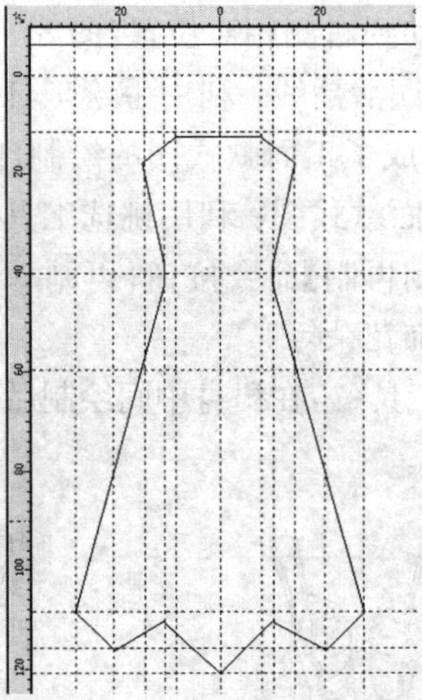

图 8-35

图 8-36

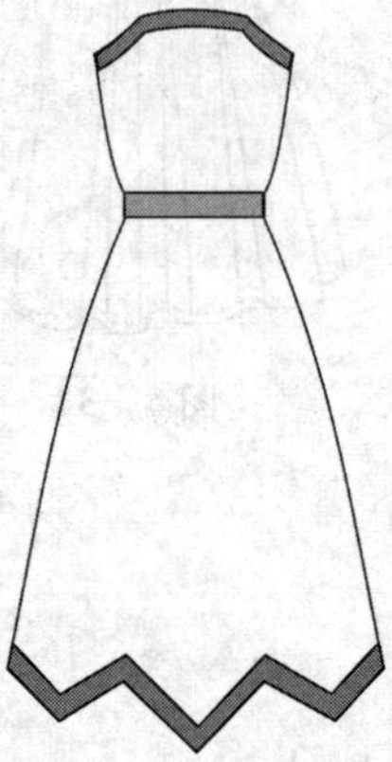

图 8-37

图 8-38

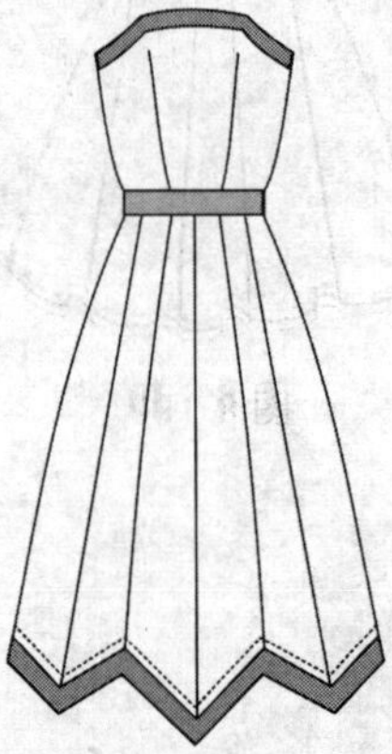

图 8-39

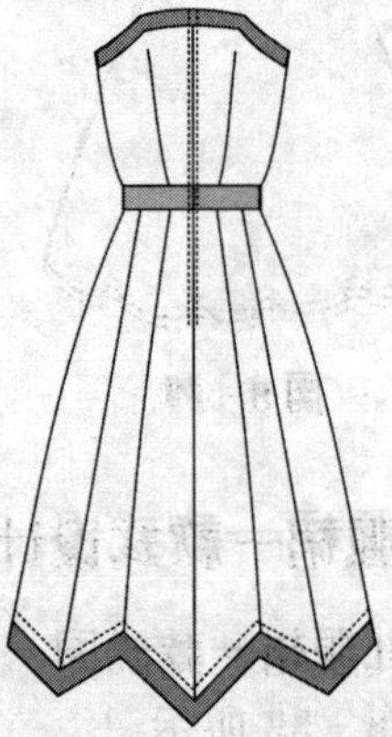

图 8-40

8.5 礼服裙二款式设计

图 8 - 41

一、礼服裙二款式图

如图 8 - 41 所示。

二、礼服裙二款式图的绘制方法

1. 设置图纸、原点和辅助线：设置图纸为 A4 图纸，竖向摆放、绘图单位为 cm、绘图比例为 1∶5。利用挑选工具，鼠标按住横向标尺和竖向标尺的交叉点上，拖动鼠标，将原点设置在图纸左侧上部适当位置。参考图中数据，设置辅助线（图 8 - 42）。

2. 绘制直线框图：利用手绘工具，在辅助线的标示范围绘制上下两部分裙身直线框图（图 8 - 43）。

3. 图形完整化：利用挑选工具，整体选中左侧图形，通过变换对话框的大小选项，单击【应用到再制】命令按钮，再制一个左侧图形。通过单击交互式属性栏的水平翻转图标，将其水平翻转，将其水平移动到右侧相对位置。

利用形状工具，将左右图形结合为整体图形，并通过连接节点，使其成为封闭图形（图 8 - 44）。

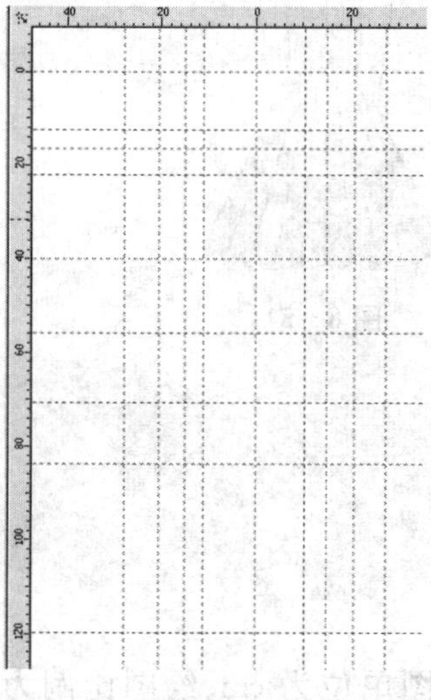

图 8 - 42

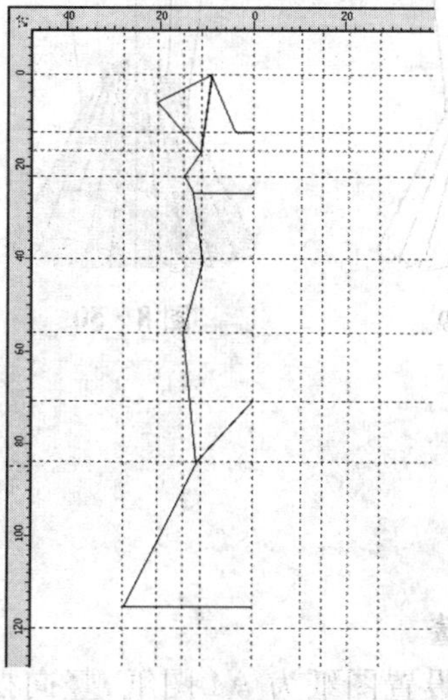

图 8 - 43

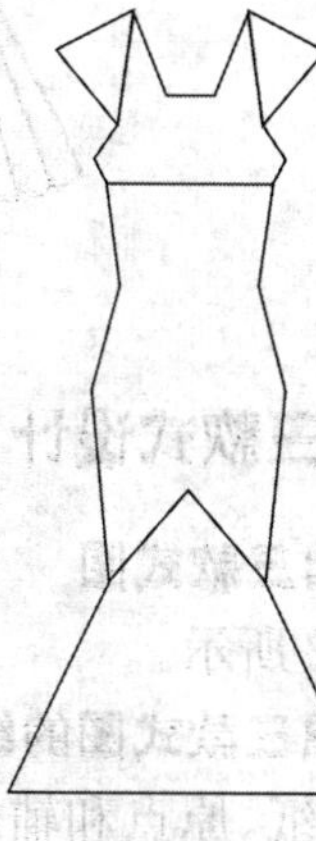

图 8 - 44

4. 修画相关曲线：利用形状工具，选中裙身直线框图，单击交互式属性栏的转换直线为曲线图标，将其转换为曲线。利用形状工具，拖动鼠标，使其相关直线弯曲为流畅圆润曲线（图 8 - 45）。

5. 绘制裙摆底边荷叶边：利用形状工具，在下摆底边上，多次双击鼠标，增加若干节点。同时选中底边上的所有节点，单击交互式属性栏的使节点变为尖突图标。将底边上的每一个线段修画为不规则内外突曲线（图 8 - 46）。

6. 绘制裙摆皱褶线：利用手绘工具，参照图示，绘制裙摆皱褶线（图 8 - 47）。

7. 绘制虚线明线：利用手绘工具和形状工具，通过交互式属性栏的线型选项，分别绘制各处相关虚线明线（图 8 - 48）。

8. 绘制裙身分割线：利用手绘工具和形状工具，绘制三条竖向裙身分割线（图 8 - 49）。

9. 填充颜色：利用挑选工具，分别选中裙摆和其他部位图形，通过程序界面的调色盘，分别为其填充深灰色和灰色，这样即完成了正面款式图的绘制（图 8 - 50）。

10. 绘制背面款式图：利用挑选工具，选中正面款式图，通过变换对话框的大小选项，单击【应用到再制】命令按钮，再制一个正面款式图，将其移动到另外一张图纸上。

利用形状工具，调整袖子和胸部拼接造型。

利用手绘工具，绘制后中线。绘制表示拉链位置的虚线。这样即完成了背面款式图的绘制（图 8 - 51）。

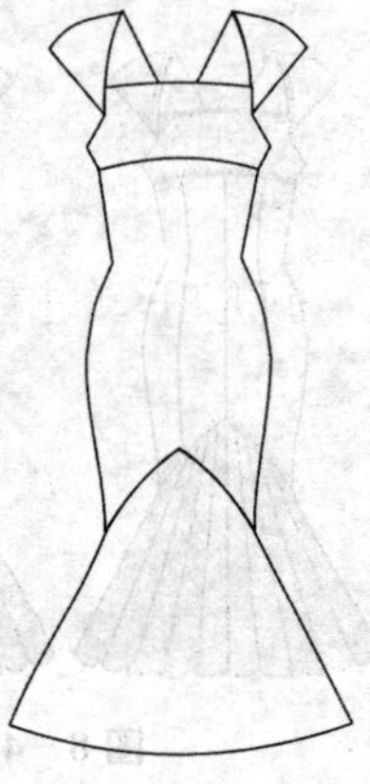

图 8－45

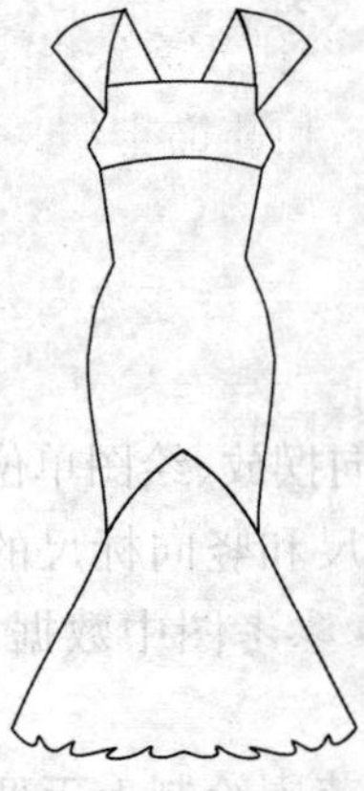

图 8－46

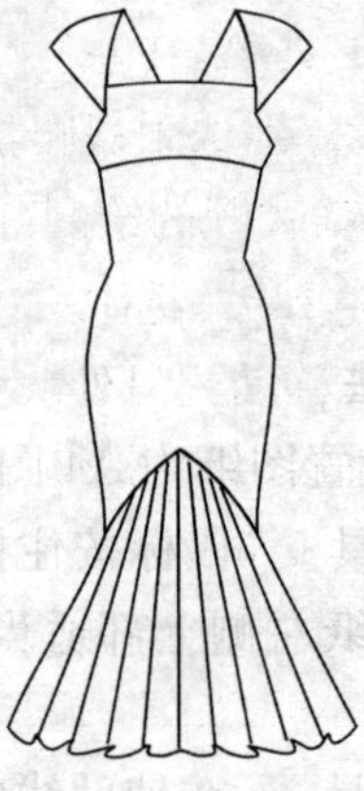

图 8－47

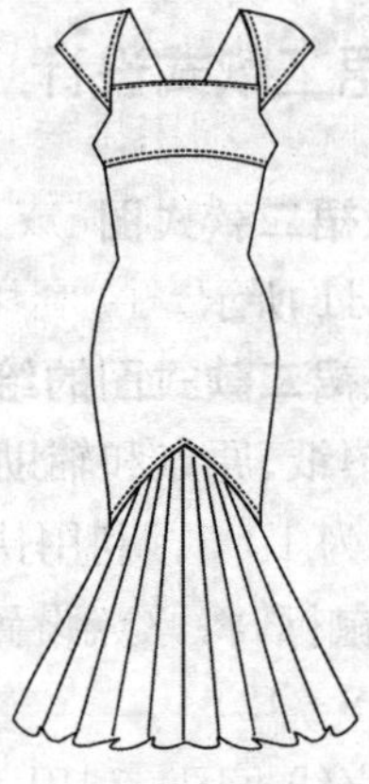

图 8－48

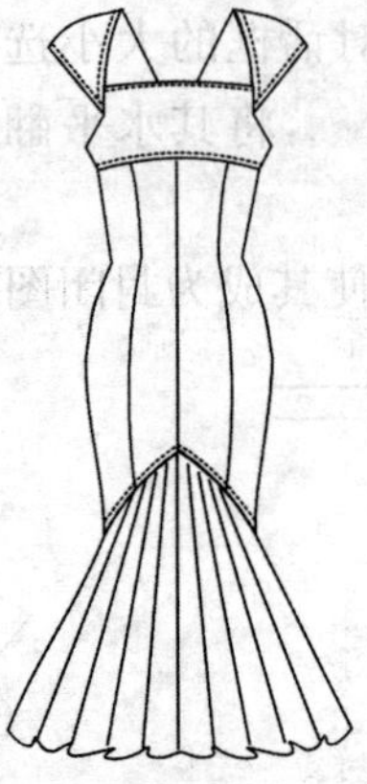

图 8－49

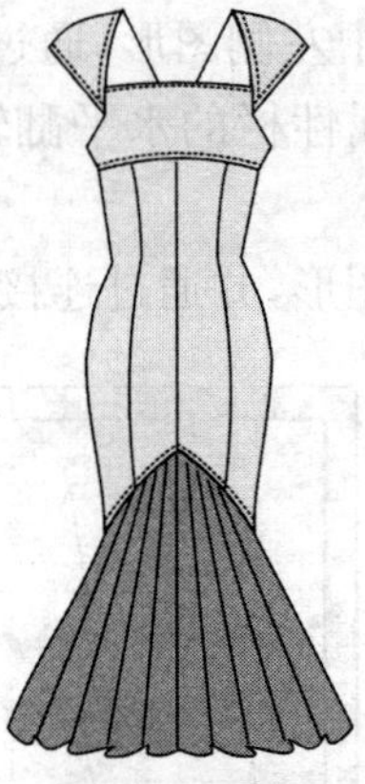

图 8－50

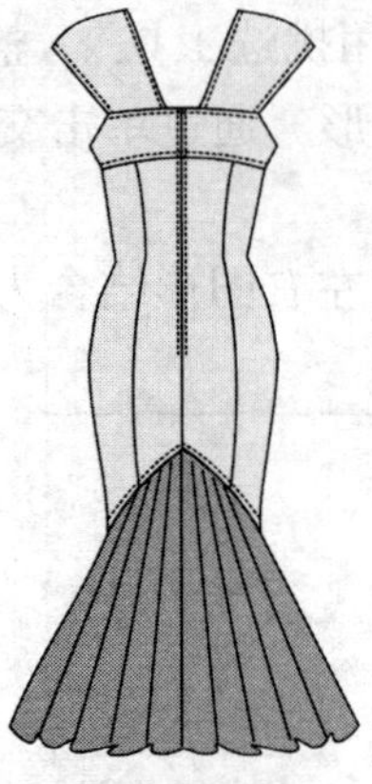

图 8－51

8.6 礼服裙三款式设计

一、礼服裙三款式图

如图 8－52 所示。

二、礼服裙三款式图的绘制方法

1. 设置图纸、原点和辅助线：设置图纸为 A4 图纸，竖向摆放、绘图单位为 cm、绘图比例为 1∶5。利用挑选工具，鼠标按住横向标尺和竖向标尺的交叉点上，拖动鼠标，将原点设置在图纸左侧上部适当位置。参考图中数据，设置辅助线（图 8－53）。

图 8－52

2. 绘制直线框图：利用手绘工具，在辅助线的标示范围绘制上下两部分裙身直线框图（图 8－54）。

3. 修画相关曲线：利用形状工具，分别选中两部分裙身直线框图的相关直线，单击交互式属性栏的转换直线为曲线图标，将其转换为曲线。利用形状工具，拖动鼠标，使其弯曲为流畅圆润曲线（图 8－55）。

4. 绘制吊带和裙腰拼接图形：利用矩形工具，分别绘制左右两个竖向矩形，作为两个吊带。利用手绘工具和形状工具，绘制裙腰拼接图形（图 8－56）。

5. 绘制腰部装饰带结和门襟线

利用手绘工具，绘制装饰带结的带子部分，绘制门襟线。

利用椭圆工具，绘制椭圆形带结（图 8－57）。

6. 绘制虚线明线：利用手绘工具和形状工具，通过交互式属性栏的线型选项，绘制相关部位的虚线明线（图 8－58）。

7. 绘制胸部皱褶线：利用手绘工具，在左侧门襟处，绘制三条皱褶线(图 8-59)。

8. 填充颜色：利用挑选工具，分别选中裙腰拼接图形和装饰带结，通过程序界面的调色盘，分别为其填充灰色和深灰色，这样即完成了正面款式图的绘制(图 8-60)。

9. 绘制背面款式图：利用挑选工具，选中正面款式图，通过变换对话框的大小选项，单击【应用到再制】命令按钮，再制一个正面款式图，将其移动到另外一张图纸上。

选中并删除门襟、皱褶线、裙腰拼接、装饰带结。

利用形状工具，调整分割线。

利用手绘工具，绘制后中线。绘制表示拉链位置的虚线，这样即完成了背面款式图的绘制(图 8-61)。

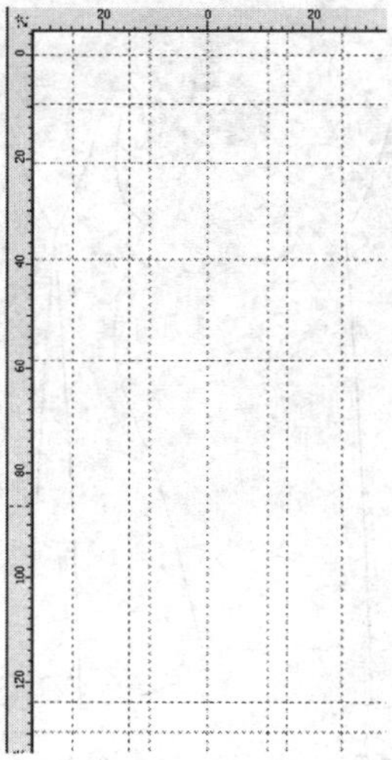
图 8-53

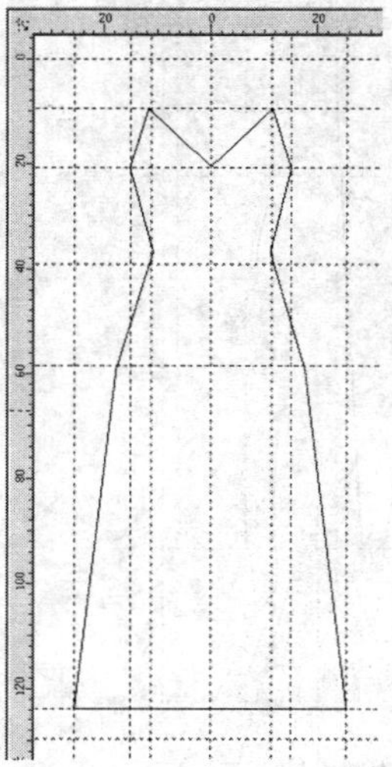
图 8-54

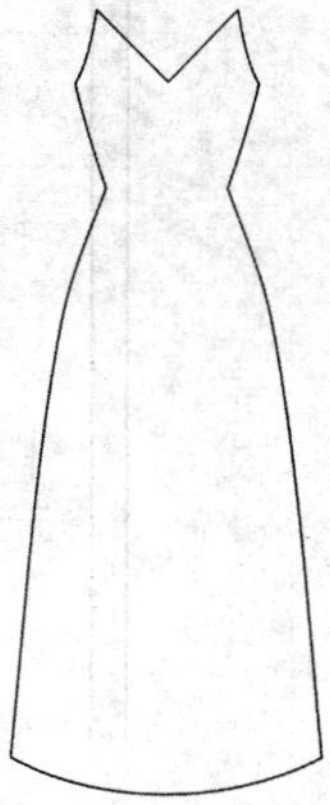
图 8-55

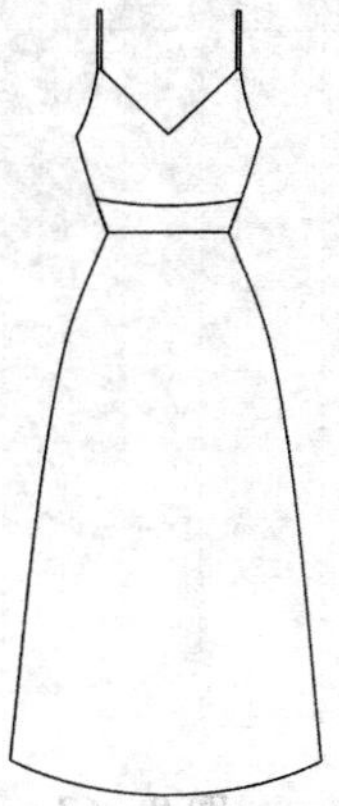
图 8-56

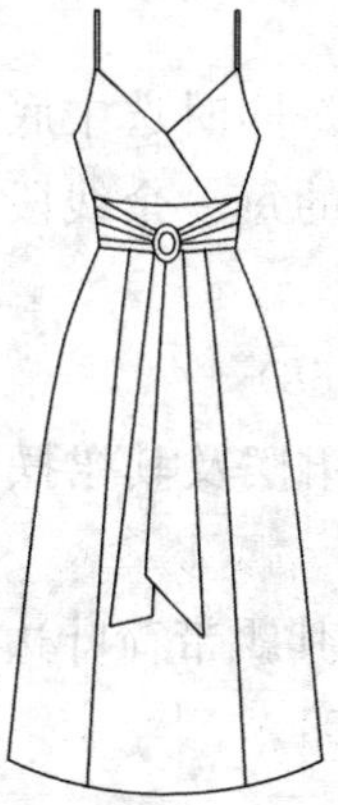
图 8-57

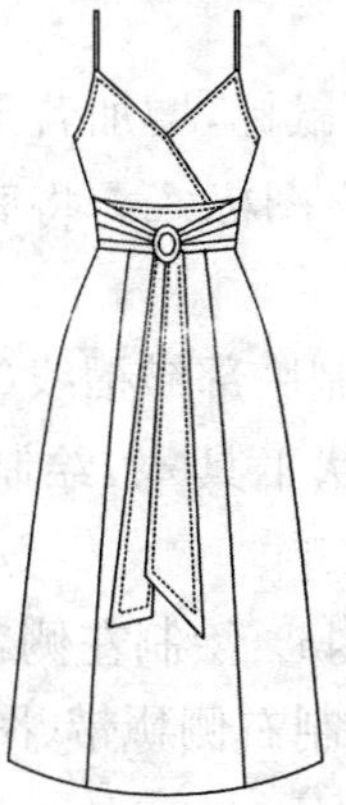
图 8-58

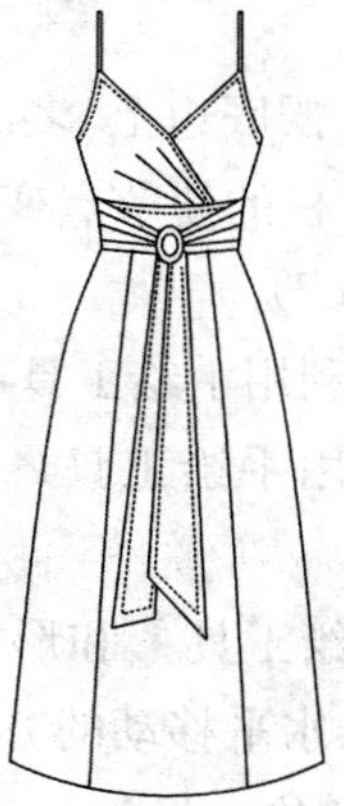
图 8-59

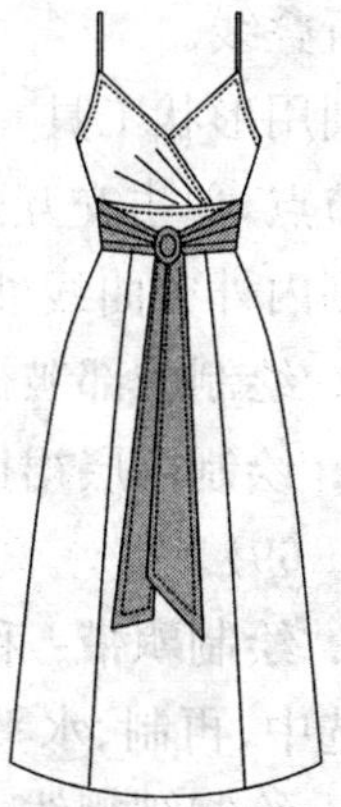
图 8-60

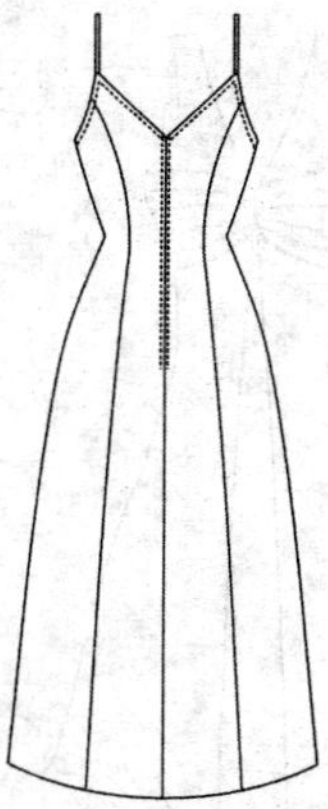
图 8-61

8.7 礼服裙四款式设计

一、礼服裙四款式图

如图 8-62 所示。

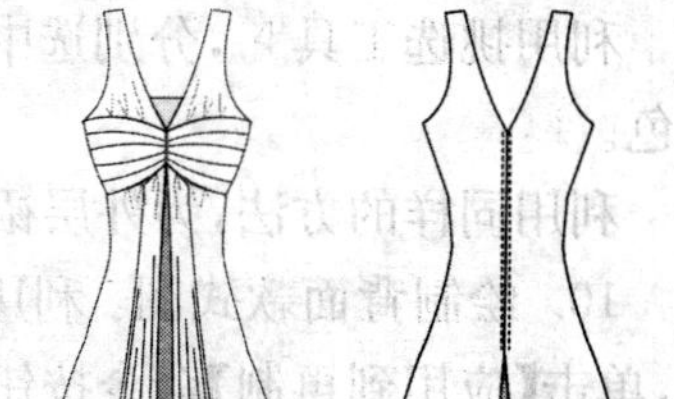
图 8-62

二、礼服裙四款式图绘制方法

1. 设置图纸、原点和辅助线：设置图纸为 A4 图纸，竖向摆放、绘图单位为 cm、绘图比例为 1∶5。利用挑选工具，鼠标按住横向标尺和竖向标尺的交叉点上，拖动鼠标，将原点设置在图纸左侧上部适当位置。参考图中数据，设置辅助线(图 8-63)。

2. 绘制直线框图：利用手绘工具，在辅助线的标示范围绘制左侧裙身直线框图(图 8－64)。

3. 修画相关曲线：利用形状工具，选中裙身直线框图，单击交互式属性栏的转换直线为曲线图标，将其转换为曲线。利用形状工具，拖动鼠标，使其相关直线弯曲为流畅圆润的曲线(图 8－65)。

4. 图形完整化：利用挑选工具，选中左侧图形，通过变换对话框的大小选项，单击【应用到再制】命令按钮，再制一个左侧图形。单击交互式属性栏的水平翻转图标，将其水平翻转，将其水平移动到右侧相对位置(图 8－66)。

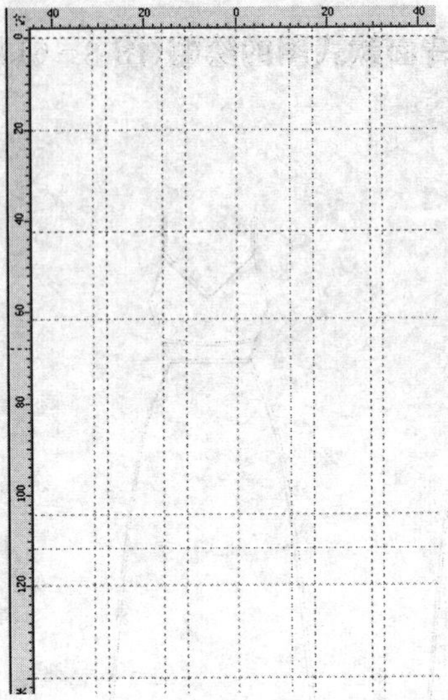

图 8－63

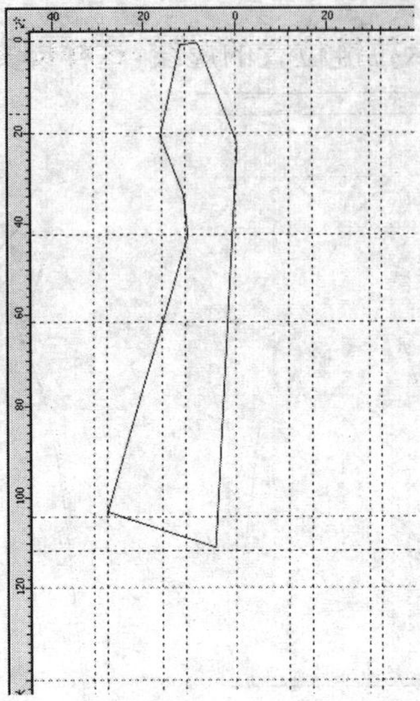

图 8－64

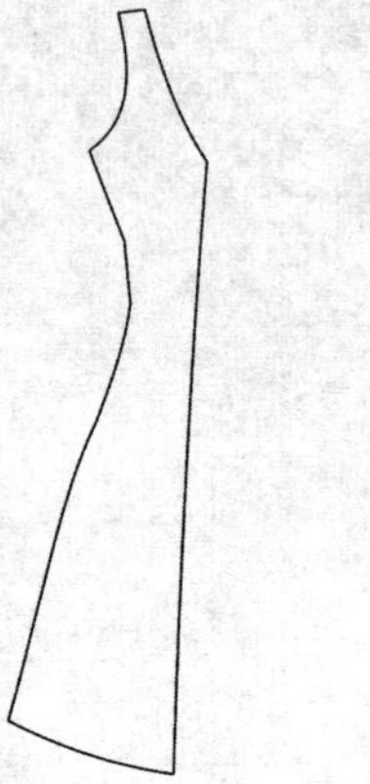

图 8－65

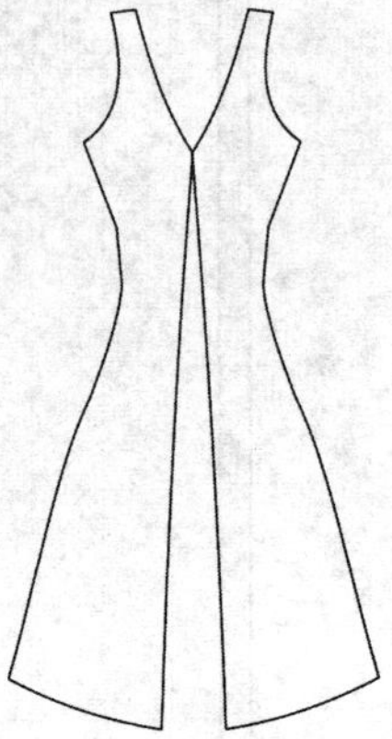

图 8－66

5. 绘制胸部装饰图形和裙摆荷叶边：利用手绘工具和形状工具，首先绘制图形的封闭外形，然后绘制内部折叠线。

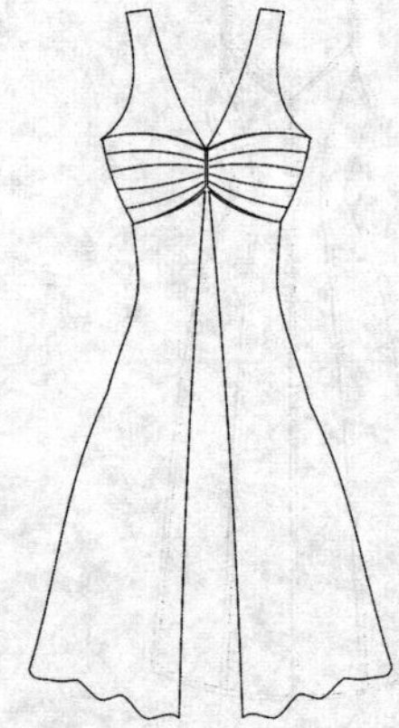

图 8－67

利用形状工具，在下摆底边上，多次双击鼠标，增加若干节点。同时选中底边上的所有节点，单击交互式属性栏的使节点变为尖突图标。将底边上的每一个线段修画为不规则内外突曲线(图 8－67)。

6. 绘制胸部皱褶线：利用手绘工具，绘制胸部皱褶线(图 8－68)。

7. 绘制内层裙摆：利用手绘工具和形状工具，绘制内层裙摆及其裙摆荷叶边(图 8－69)。

8. 绘制飘带：利用手绘工具和形状工具，绘制左侧飘带及其飘带荷叶边。然后通过选中、再制、水平翻转、水平移动的方法，绘制右侧飘带(图 8－70)。

9. 绘制皱褶线、填充颜色

利用手绘工具，分别绘制内外裙摆和飘带的皱褶线。

利用挑选工具，分别选中、飘带、胸部装饰图形，通过程序界面的调色盘，为其填充灰色。

利用同样的方法，为外层裙身填充白色，为内层裙身填充深灰色(图 8－71)。

10. 绘制背面款式图：利用挑选工具，选中正面款式图，通过变换对话框的大小选项，单击【应用到再制】命令按钮，再制一个正面款式图。将其移动到另外一张图纸上。

选中并删除胸部装饰及其皱褶线、飘带。

利用形状工具，修正后领口、后中线造型和外层裙身底边造型。

利用手绘工具，在裙身中间绘制后中线和拉链位置线，这样即完成了背面款式图的绘制(图 8－72)。

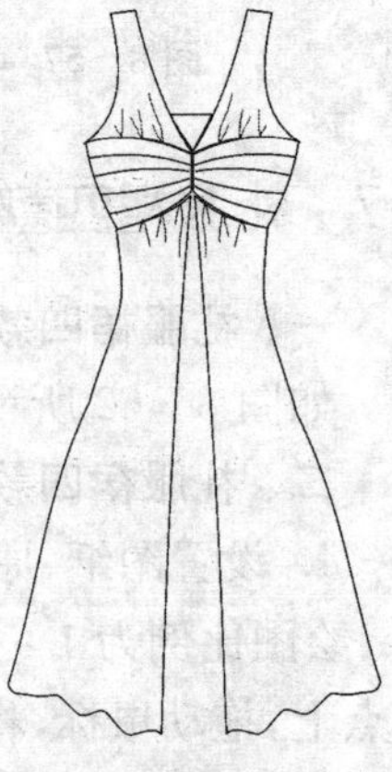

图 8－68

图 8-69

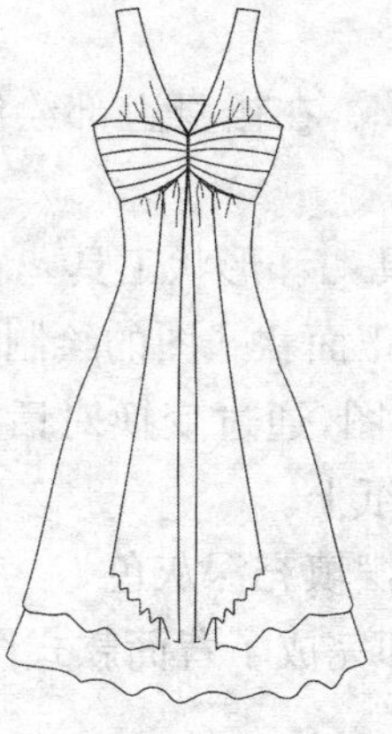

图 8-70

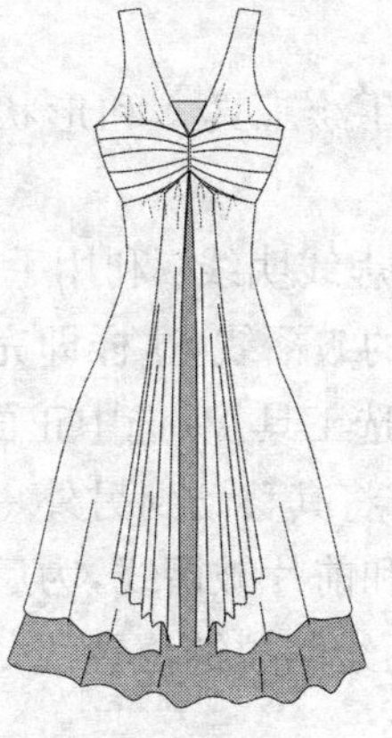

图 8-71

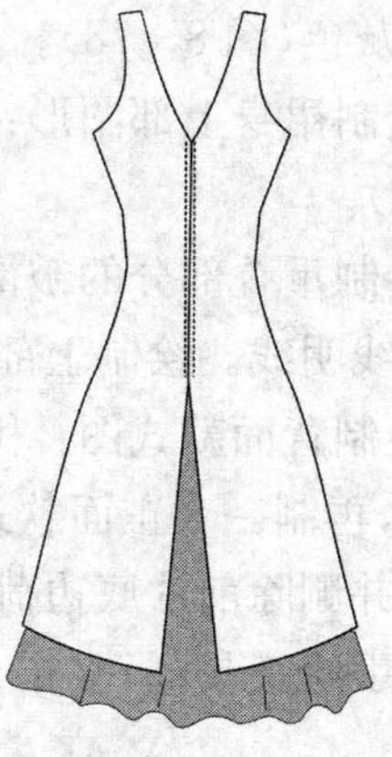

图 8-72

8.8 礼服裙五款式设计

一、礼服裙五款式图

如图 8-73 所示。

图 8-73

二、礼服裙五款式图绘制方法

1. 设置图纸、原点和辅助线：设置图纸为 A4 图纸，竖向摆放、绘图单位为 cm、绘图比例为 1∶5。利用挑选工具，鼠标按住横向标尺和竖向标尺的交叉点上，拖动鼠标，将原点设置在图纸左侧上部适当位置。参考图中数据，设置辅助线（图 8-74）。

2. 绘制直线框图：利用手绘工具，在辅助线的标示范围绘制裙身直线框图（图 8-75）。

3. 修画相关曲线、绘制荷叶边：利用形状工具，选中裙身直线框图，单击交互式属性栏的转换直线为曲线图标，将其转换为曲线。利用形状工具，拖动鼠标，使其相关直线弯曲为流畅圆润的曲线（图 8-76）。

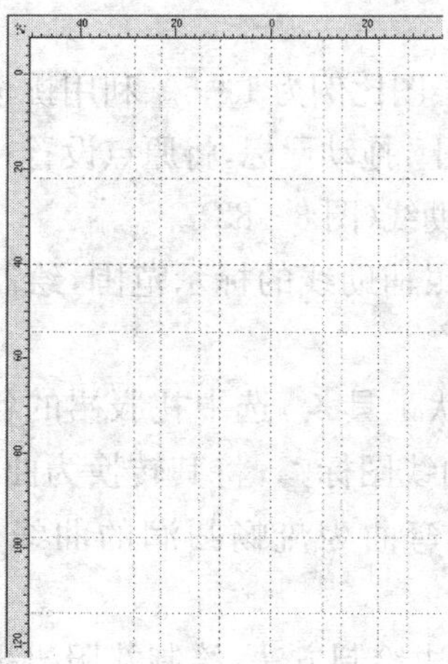

图 8-74

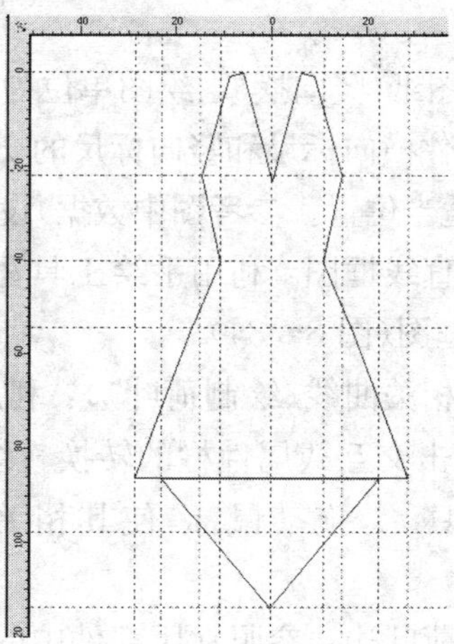

图 8-75

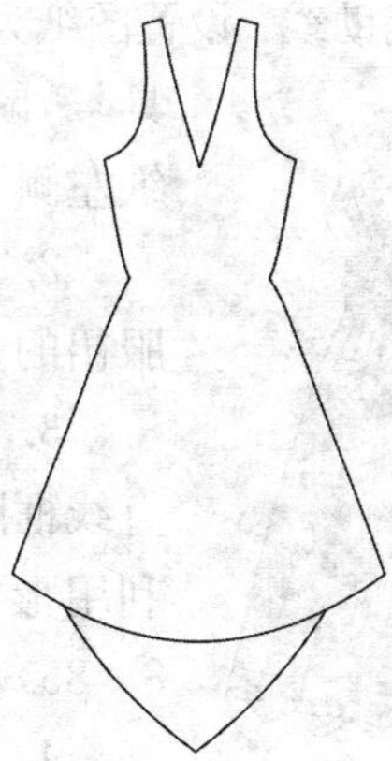

图 8-76

图 8-77

4. 绘制裙摆荷叶边：利用形状工具，在下摆底边上，多次双击鼠标，增加若干节点。同时选中底边上的所有节点，单击交互式属性栏的使节点变为尖突图标。将底边上的每一个线段修画为不规则内外突曲线（图 8-77）。

5. 绘制裙摆皱褶线、填充颜色

利用手绘工具，绘前片裙摆的皱褶线，绘制前中线。

利用挑选工具，选中前片裙身图形，通过程序界面的调色盘，为其填充灰色。利用同样的方法，为后片裙摆填充深灰色(图 8－78)。

6. 绘制裙身上部图形：利用手绘工具和形状工具，在裙身上部绘制部分重叠图形，并为其填充白色(图 8－79)。

7. 绘制重叠部分的皱褶线和虚线明线：利用手绘工具和形状工具，通过交互式属性栏的线型选项，绘制相关虚线明线。绘制上部图形的皱褶线，这样即完成了正面款式图的绘制(图 8－80)。

8. 绘制背面款式图：利用挑选工具，选中正面款式图，通过变换对话框的大小选项，单击【应用到再制】命令按钮，再制一个正面款式图。将其移动到另外一张图纸上。

选中并删除前片底边荷叶边和前片皱褶线，为后片裙摆填充深灰色。

利用手绘工具，在裙身中间绘制拉链位置线，这样即完成了背面款式图的绘制(图 8－81)。

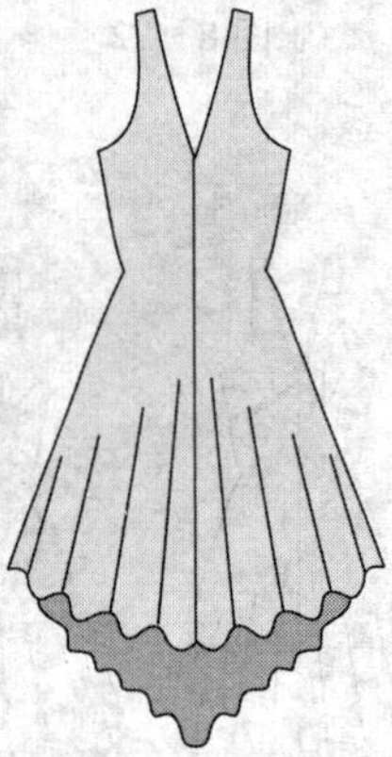

图 8－78

图 8－79

图 8－80

图 8－81

8.9 礼服裙六款式设计

一、礼服裙六款式图

如图 8－82 所示。

二、礼服裙六款式图绘制方法

1. 设置图纸、原点和辅助线：设置图纸为 A4 图纸，竖向摆放、绘图单位为 cm、绘图比例为 1∶5。利用挑选工具，鼠标按住横向标尺和竖向标尺的交叉点上，拖动鼠标，将原点设置在图纸左侧上部适当位置。参考图中数据，设置辅助线(图 8－83)。

图 8－82

2. 绘制直线框图：利用手绘工具，参照辅助线的标示范围，绘制礼服裙的直线框图(图 8－84)。

3. 修画相关曲线、绘制荷叶边：利用形状工具，选中礼服裙的各个直线框图，单击交互式属性栏的转换直线为曲线图标，将其转换为曲线。利用形状工具，拖动鼠标，使其相关直线弯曲为流畅圆润的曲线(图 8－85)。

4. 绘制荷叶边：参照常用部件中的荷叶边绘制方法，绘制礼服裙裙摆的荷叶边(图 8－86)。

5. 绘制腰部装饰图样：利用椭圆工具，首先绘制第一行的圆形装饰。中间和两侧是三个较大的圆形，之间分别是 7 个较小的圆形。利用挑选工具，选中第一行圆形装饰。通过变换对话框的位置选项，设置适当的垂直数值(如－1.3 cm)，连续单击【应用到再制】命令按钮 4 次(图 8－87)。

6. 绘制皱褶线：利用手绘工具，分别逐条绘制，腰部装饰图形和荷叶边的皱褶线(图 8－88)。

7. 绘制明线：参照常用部件中的荷叶边明线绘制方法，绘制两条荷叶边的虚线明线(图 8－89)。

8. 填充颜色：利用挑选工具，选中礼服裙裙身图形，通过单击调色盘的相应颜色图标，为其填充灰色。利用同样的方法，为腰部装饰图形和领口图形，填充深灰色，这样即完成了正面款式图的绘制（图 8－90）。

9. 绘制背面款式图：利用挑选工具，选中正面款式图，通过变换对话框的大小选项，单击【应用到再制】命令按钮，再制一个正面款式图。将其移动到另外一张图纸上。

利用挑选工具，选中并删除前片领口图形。

利用手绘工具，在裙身中间绘制拉链位置线，这样即完成了背面款式图的绘制（图 8－91）。

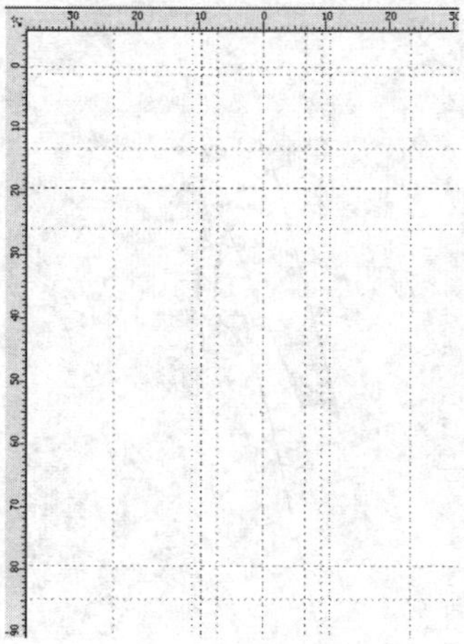
图 8－83

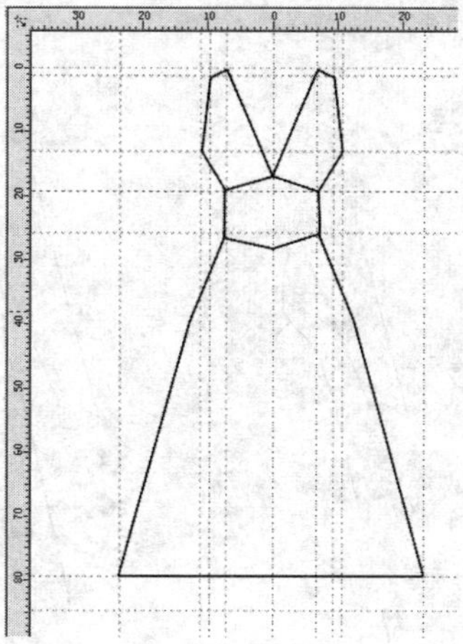
图 8－84

图 8－85

图 8－86

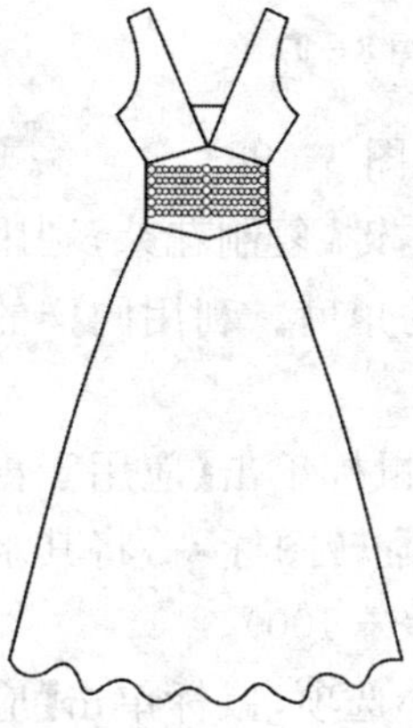
图 8－87

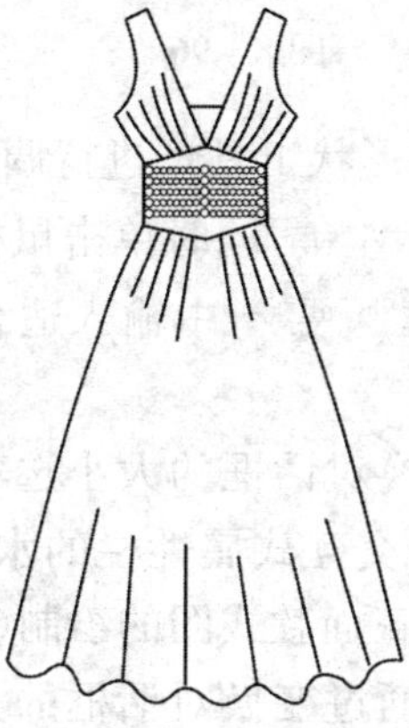
图 8－88

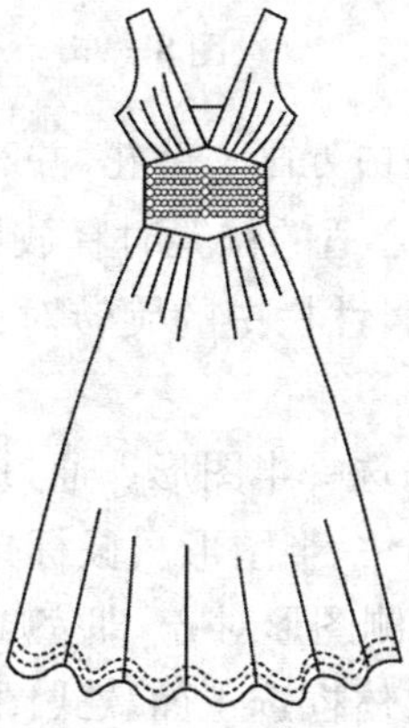
图 8－89

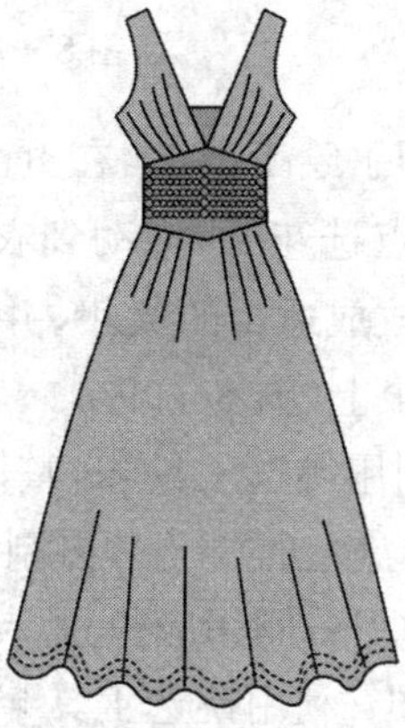
图 8－90

图 8－91

8.10 婚礼服款式设计

一、婚礼服款式图

如图 8－92 所示。

图 8－92

二、婚礼服款式图绘制方法

1. 设置图纸、原点、绘制直线框图：图纸设置为 A3 图纸、横向摆放、绘图单位为 cm、绘图比例为 1∶5。将原点设置在图纸左侧上部适当位置。利用手绘工具，参考图中数据，绘制一半款式图的直线框图，将轮廓宽度设为 3.53 mm（图 8－93）。

2. 修画相关曲线：利用形状工具，点选领口直线，鼠标单击交互式属性栏的转换直线为曲线图标，将其转换为曲线。鼠标按在曲线上，拖动鼠标使其弯曲为如图造型。利用同样的方法，将袖子、裙摆侧缝线转换为曲线，并弯曲为如图造型（图 8－94）。

3. 绘制皱褶线：点击形状工具，通过双击鼠标，在下摆曲线上增加

3 个节点。同时选中 3 个节点，鼠标单击交互式属性栏的使节点成为尖突。鼠标按在每一段曲线上，拖动鼠标使其弯曲为如图造型（图 8－95）。

利用手绘工具，分别在腰线以及裙摆褶皱处绘制如图造型的皱褶线，并将轮廓宽度设为 1.76 mm（图 8－96）。

4. 绘制暗面：利用手绘工具，在领口、袖口以及前片省位线处绘制三个完全封闭的曲线形，并填充颜色 50％的灰色（图 8－97）。

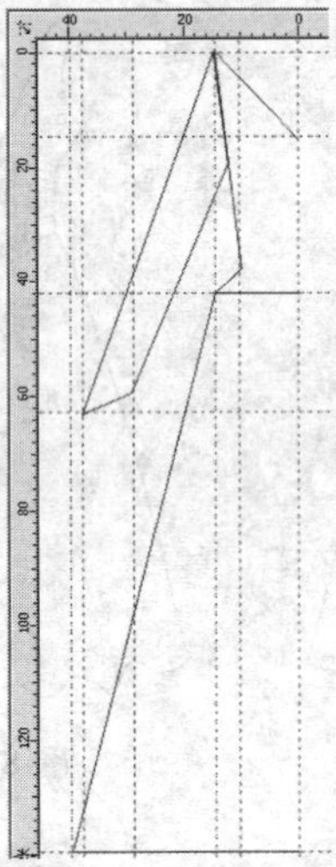

图 8－93

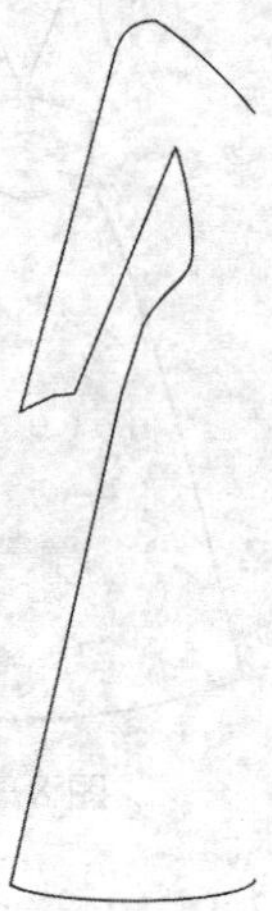

图 8－94

图 8－95

图 8－96

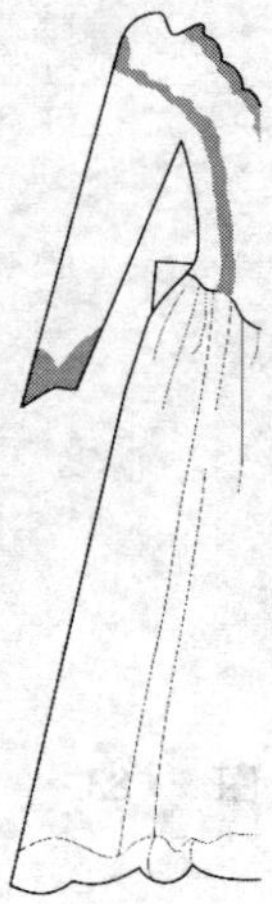

图 8－97

5. 绘制图案：利用手绘工具，在页面空白处画一朵花，并利用形状工具进行调整（图 8－98）。

利用挑选工具，点选花朵，拖动到衣服合适的位置时释放鼠标左键，同时单击鼠标右键，复制花朵；利用挑选工具，将花朵缩放成适合的大小，并在属性栏中的旋转对话框中输入适合的角度。利用同样的方法，将花朵复制到衣服上（图 8－99）。

6. 图形完整化：利用挑选工具，整体框选一半图形。通过变换对话框的大小选项，鼠标单击【应用于再制】命令按钮（或按小键盘上的“＋”），再制一个一半图形。鼠标单击交互式属性栏的水平翻转图标，将其水平转。并将其水平移动到右侧相应位置，与左侧图形对齐，即完成了正面款式图的绘制（图 8－100）。

7. 绘制背面款式图：利用挑选工具，整体框选正面款式图。通过变换对话框的大小选项，鼠标单击【应用于再制】命令按钮，再制一个正面款式图，按住键盘 Ctrl 键，将其水平拖动到图纸右侧空白处。删除腰部的褶皱线以及裙摆上的花朵。调整领口、裙摆造型（图 8－101）。

利用手绘工具，绘制腰部蝴蝶节、拉链位置线及裙摆褶皱线，即完成了背面款式图的绘制（图 8－102）。

图 8－99

图 8－100

图 8－101

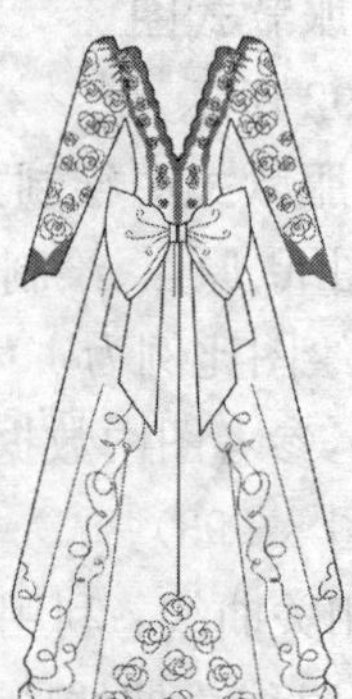

图 8－102

8.11 礼服、连衣裙款式图例

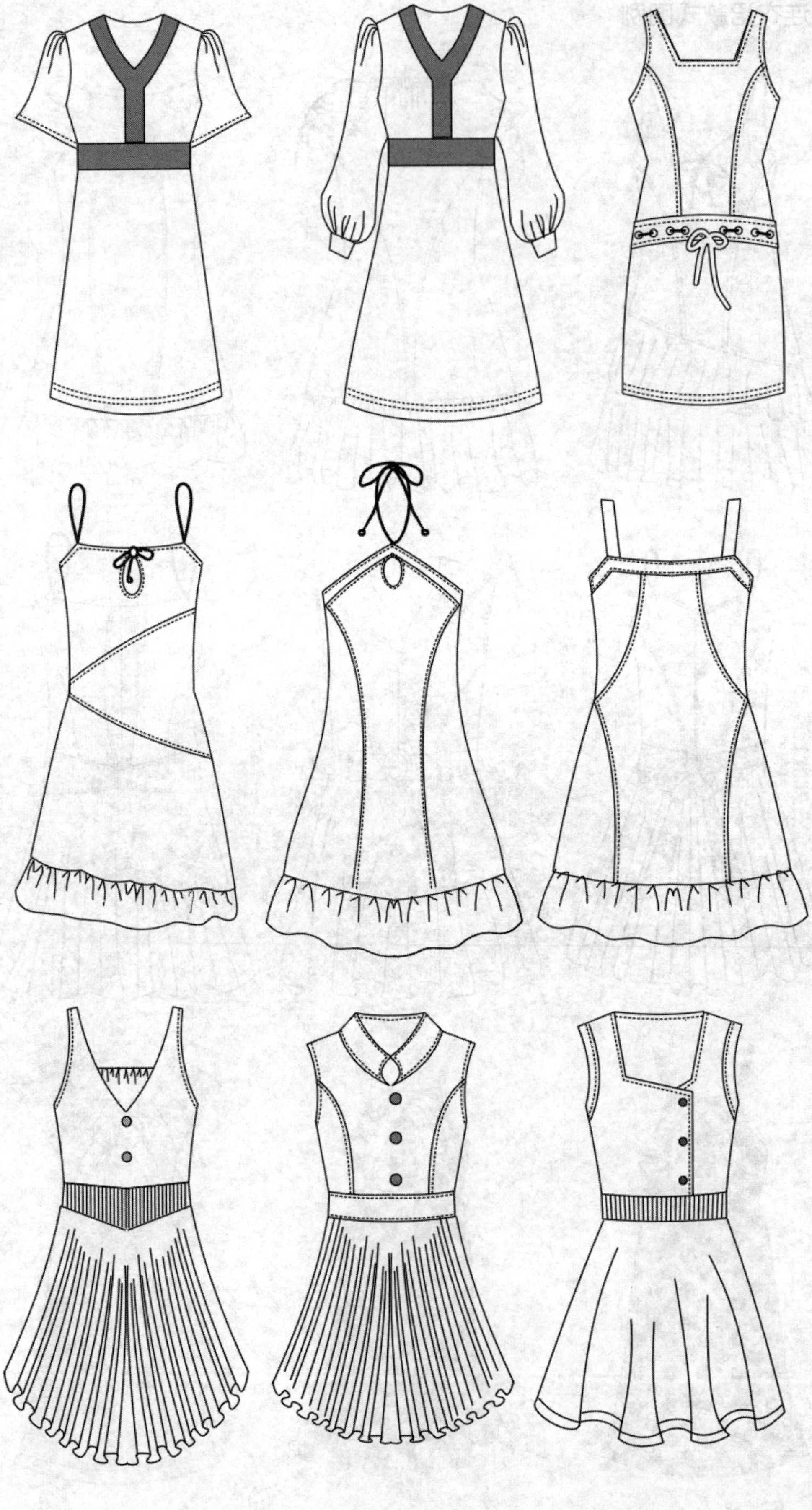

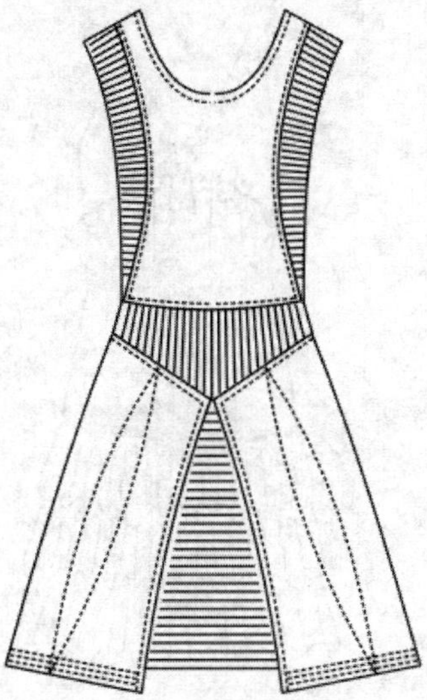
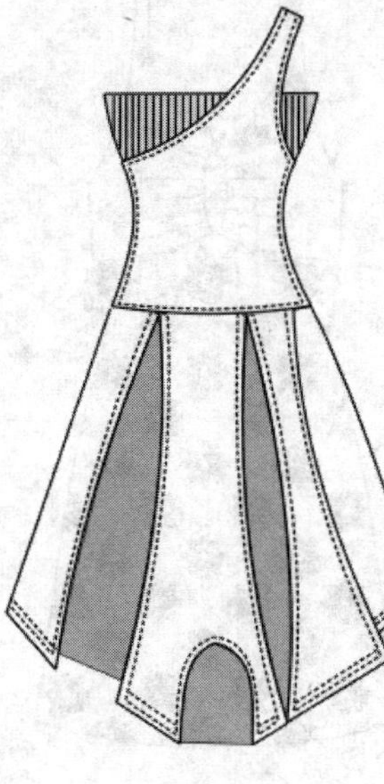
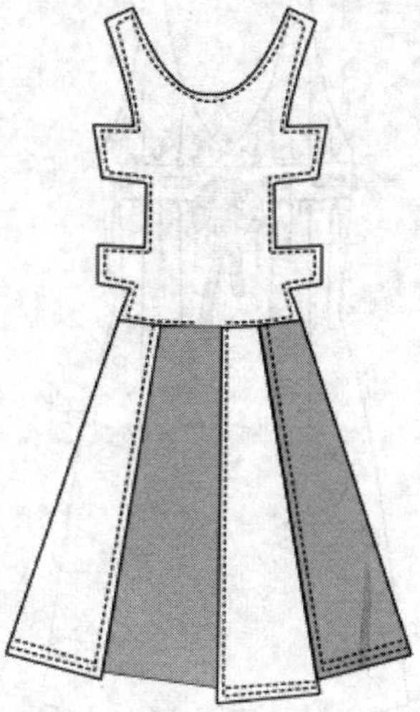
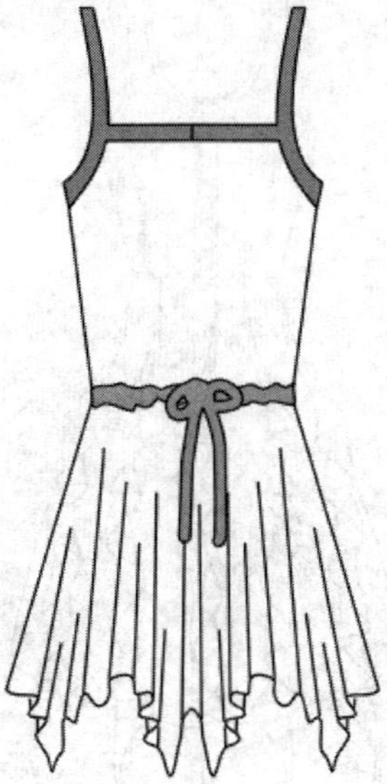
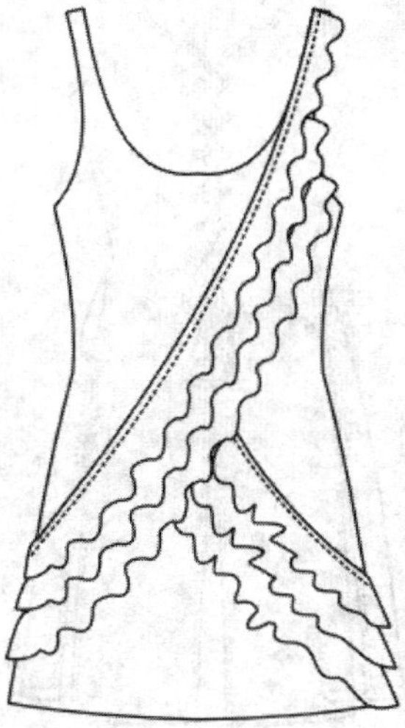
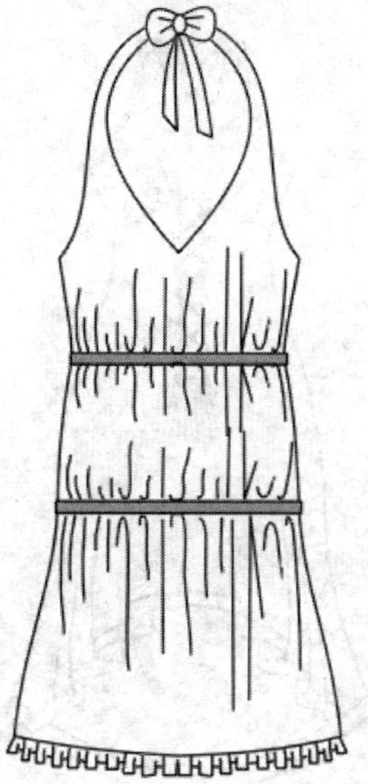
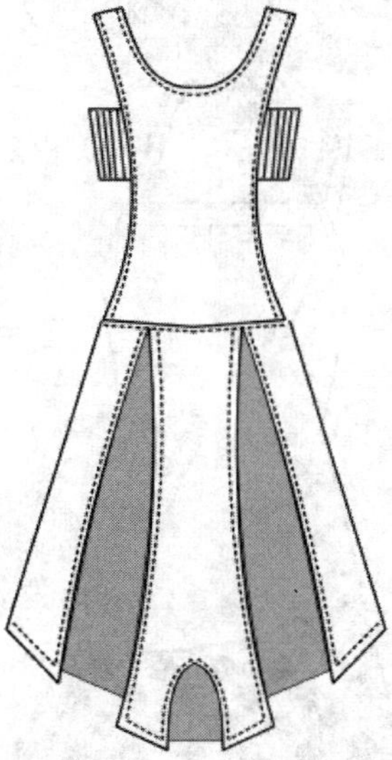
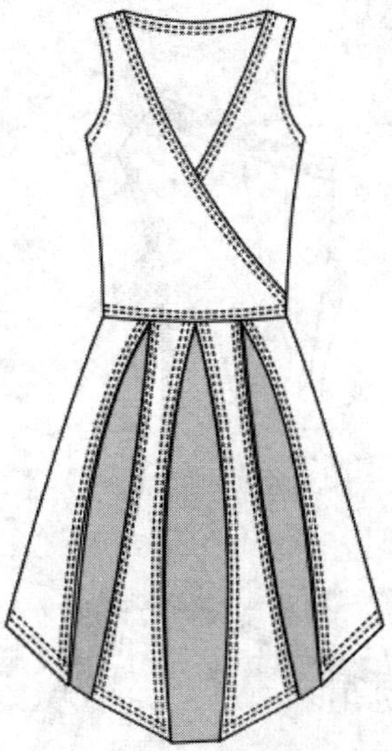

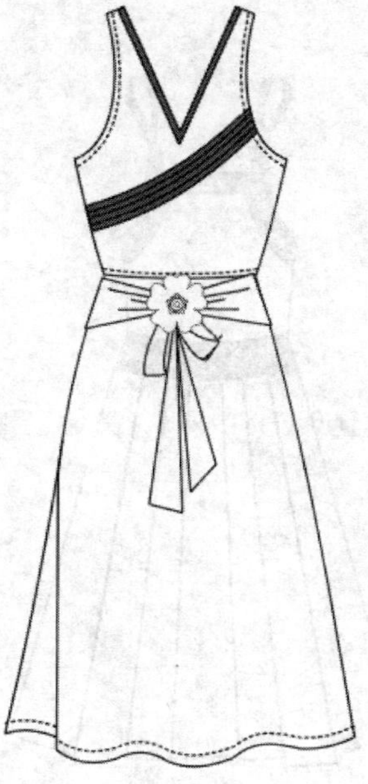

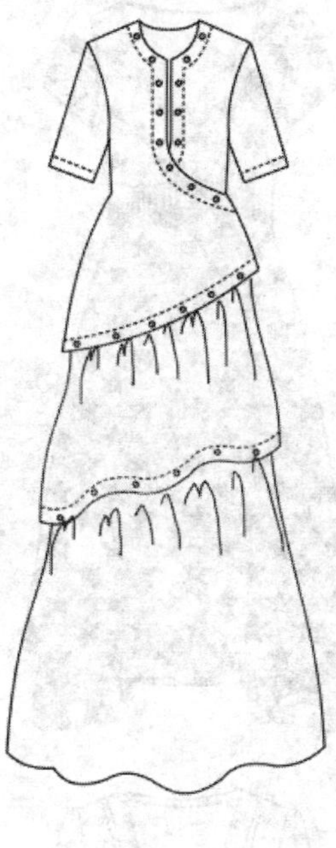

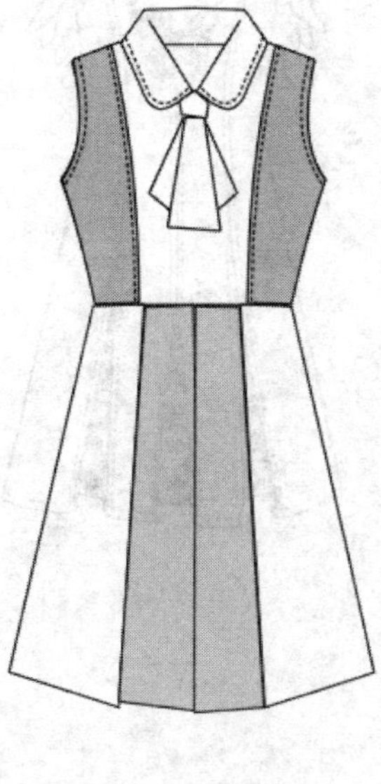
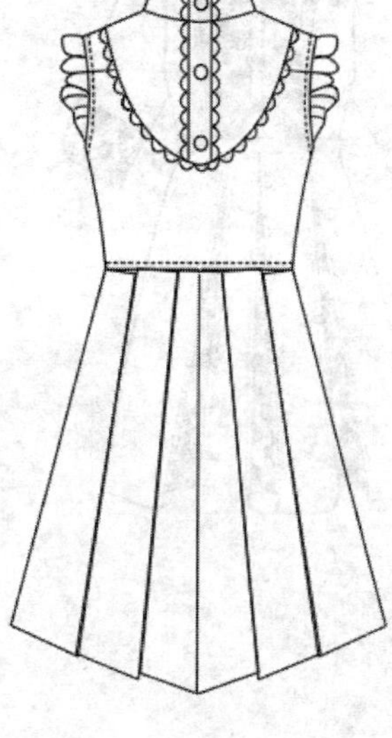

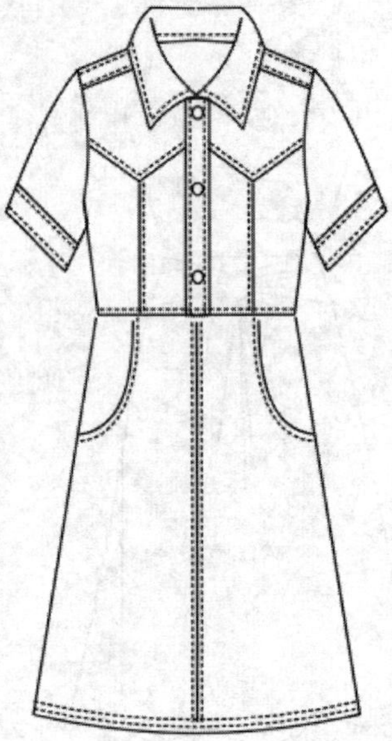

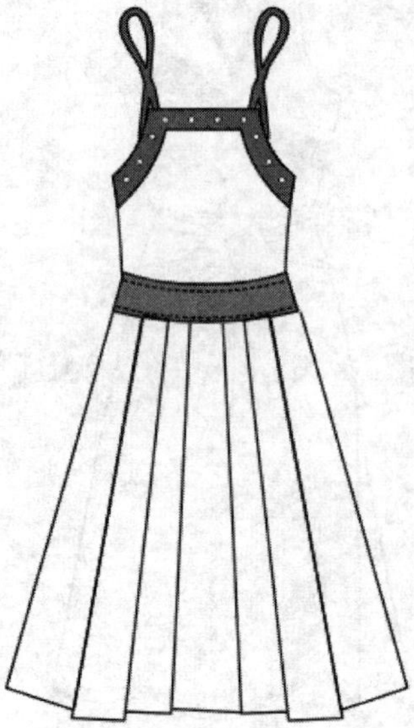

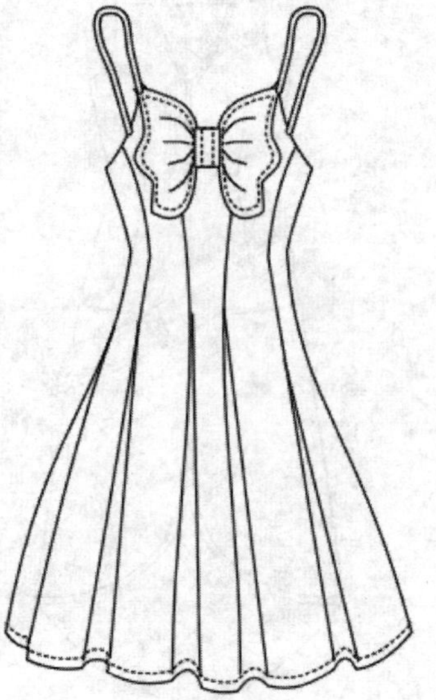

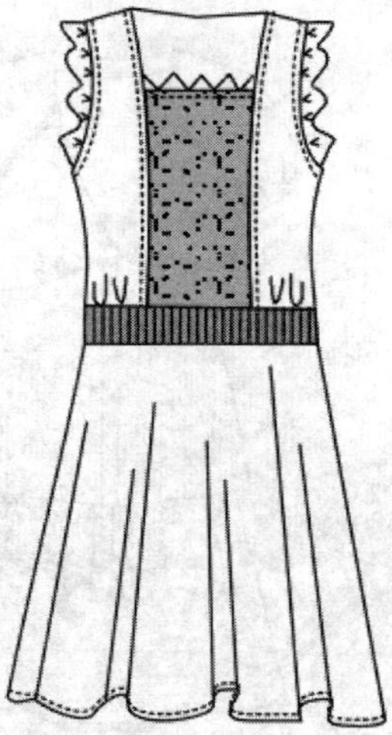

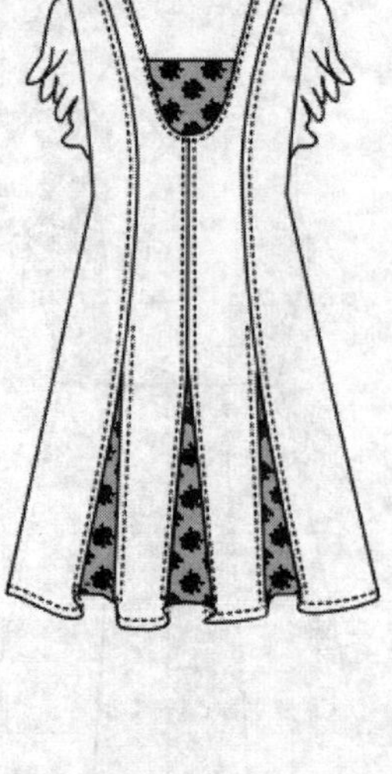

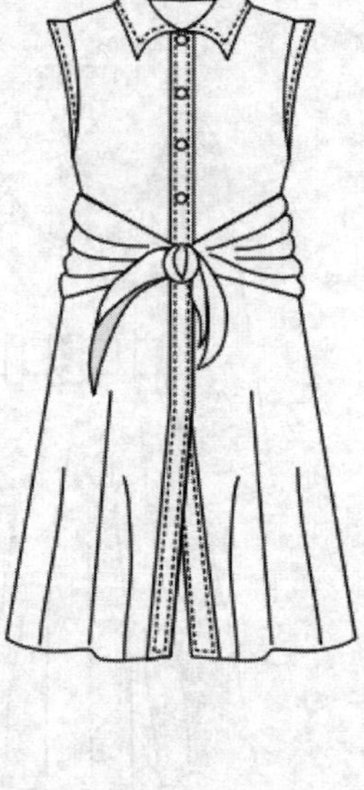

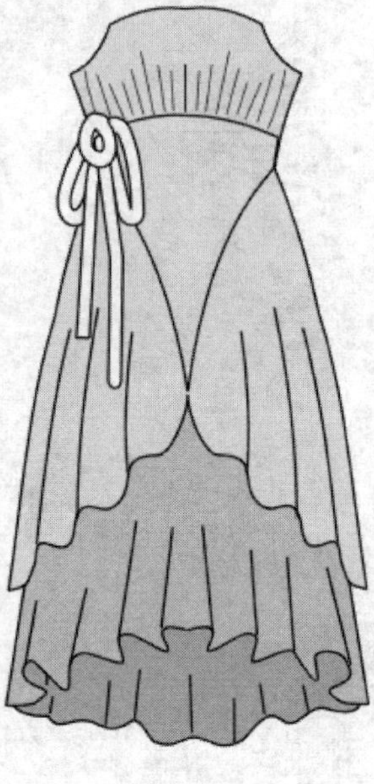

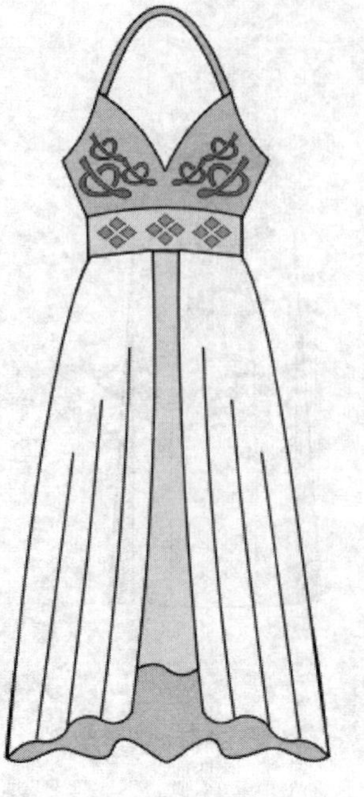

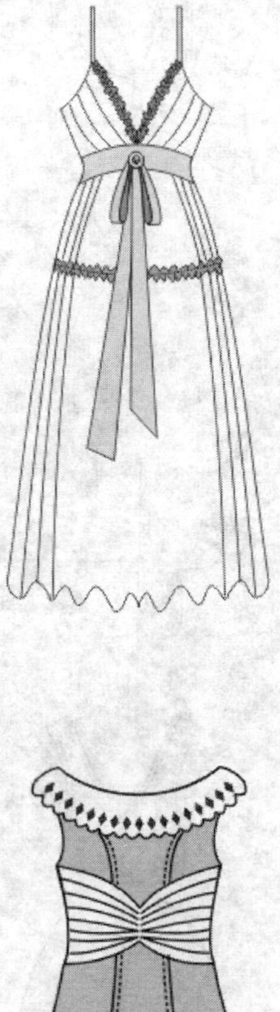

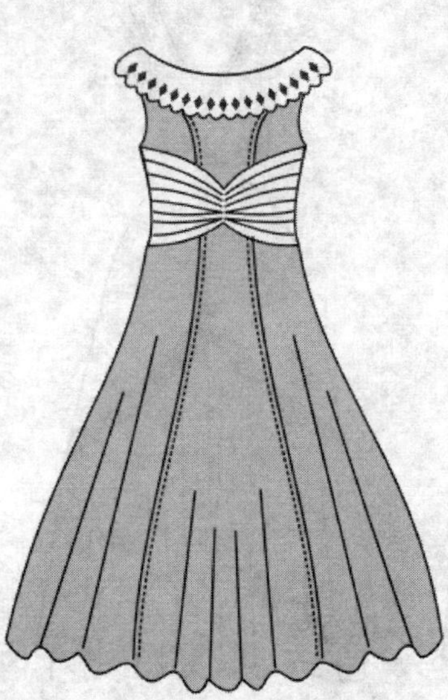

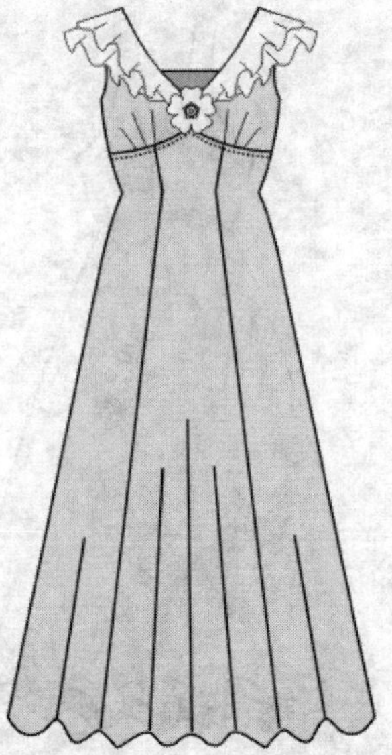

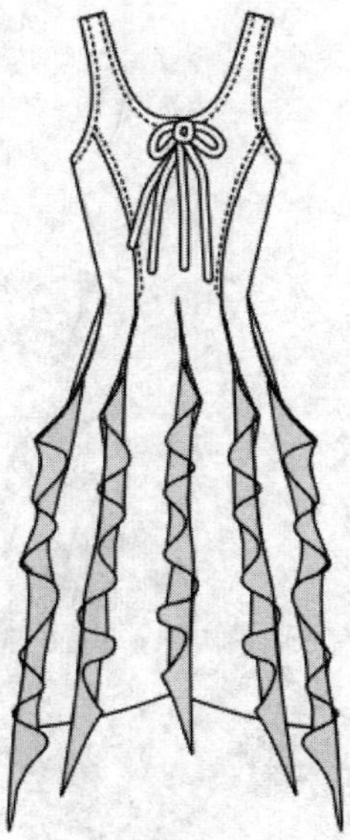
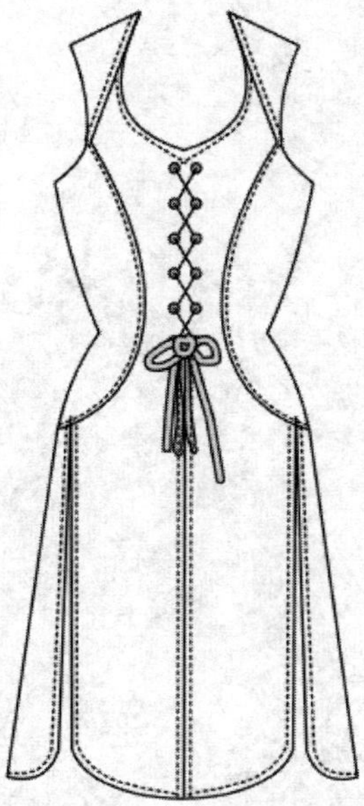